国家科学思想库

未来10年
中国学科发展战略

物理学

国家自然科学基金委员会
中国科学院

科学出版社
北京

图书在版编目（CIP）数据

未来 10 年中国学科发展战略·物理学/国家自然科学基金委员会，
中国科学院编 . —北京：科学出版社，2012.2
（未来 10 年中国学科发展战略）
ISBN 978-7-03-033426-8

I. ①未… Ⅱ. ①国…②中… Ⅲ. ①物理学–学科发展–发展战略–中国—
2011～2020 Ⅳ. ①O4 - 12

中国版本图书馆 CIP 数据核字（2012）第 014583 号

丛书策划：胡升华　侯俊琳
责任编辑：郭勇斌　卜　新／责任校对：赵桂芬
责任印制：李　彤／封面设计：黄华斌　陈　敬
编辑部电话：010-64035853
E-mail：houjunlin@ mail. sciencep. com

科 学 出 版 社 出版
北京东黄城根北街 16 号
邮政编码：100717
http://www.sciencep.com

北京凌奇印刷有限责任公司 印刷
科学出版社发行　各地新华书店经销

*

2012 年 3 月第　一　版　开本：B5（720×1000）
2023 年 1 月第七次印刷　印张：22 1/4
字数：421 000
定价：108.00 元
（如有印装质量问题，我社负责调换）

联合领导小组

组　长　　孙家广　李静海　朱道本

成　员　　（以姓氏笔画为序）

王红阳　白春礼　李衍达

李德毅　杨　卫　沈文庆

武维华　林其谁　林国强

周孝信　秦大河　郭重庆

曹效业　程国栋　解思深

联合工作组

组　长　　韩　宇　刘峰松　孟宪平

成　员　　（以姓氏笔画为序）

王　澍　申倚敏　冯　霞

朱蔚彤　吴善超　张家元

陈　钟　林宏侠　郑永和

赵世荣　龚　旭　黄文艳

傅　敏　谢光锋

战略研究组

组　长	王乃彦	院　士	北京师范大学
副组长	于　渌	院　士	中国科学院物理研究所

成　员（以姓氏笔画为序）

	甘子钊	院　士	北京大学
	叶朝辉	院　士	中国科学院武汉物理与数学研究所
	杨国桢	院　士	中国科学院物理研究所
	闵乃本	院　士	南京大学
	张仁和	院　士	中国科学院声学研究所
	张　杰	院　士	上海交通大学
	张　泽	院　士	浙江大学
	张焕乔	院　士	中国原子能研究院
	张裕恒	院　士	中国科学技术大学
	陈和生	院　士	中国科学院高能物理研究所
	陈佳洱	院　士	北京大学
	欧阳钟灿	院　士	中国科学院理论物理研究所
	郑厚植	院　士	中国科学院半导体研究所
	赵光达	院　士	北京大学
	赵忠贤	院　士	中国科学院物理研究所
	贺贤土	院　士	北京应用物理与数学研究所
	魏宝文	院　士	中国科学院近代物理研究所

秘　书　组

组　长	孙昌璞	院　士	中国科学院理论物理研究所
副组长	赵红卫	研究员	中国科学院近代物理研究所
	张守著	研究员	国家自然科学基金委员会数学物理科学部

蒲　钋	研究员	国家自然科学基金委员会数学物理科学部
赵世荣	研究员	中国科学院院士工作局

成　员（以姓氏笔画为序）

丁大军	教　授	吉林大学
万宝年	研究员	中国科学院合肥物质科学研究院
王　炜	教　授	南京大学
卢建新	教　授	中国科学技术大学
吕才典	研究员	中国科学院高能物理研究所
任中洲	教　授	南京大学
向　涛	研究员	中国科学院物理研究所
庄鹏飞	教　授	清华大学
李会红	副研究员	国家自然科学基金委员会数学物理科学部
何建华	研究员	中国科学院上海应用物理研究所
陆　卫	研究员	中国科学院上海技术物理研究所
陈　鸿	教　授	同济大学
金晓峰	教　授	复旦大学
赵政国	教　授	中国科学技术大学
倪培根	研究员	国家自然科学基金委员会数学物理科学部
盛政明	教　授	上海交通大学
龚旗煌	教　授	北京大学
程建春	教　授	南京大学

总序

路甬祥　陈宜瑜

进入 21 世纪以来，人类面临着日益严峻的能源短缺、气候变化、粮食安全及重大流行性疾病等全球性挑战，知识作为人类不竭的智力资源日益成为世界各国发展的关键要素，科学技术在当前世界性金融危机冲击下的地位和作用更为凸显。正如胡锦涛总书记在纪念中国科学技术协会成立 50 周年大会上所指出的："科技发展从来没有像今天这样深刻地影响着社会生产生活的方方面面，从来没有像今天这样深刻地影响着人们的思想观念和生活方式，从来没有像今天这样深刻地影响着国家和民族的前途命运。"基础研究是原始创新的源泉，没有基础和前沿领域的原始创新，科技创新就没有根基。因此，近年来世界许多国家纷纷调整发展战略，加强基础研究，推进科技进步与创新，以尽快摆脱危机，并抢占未来发展的制高点。从这个意义上说，研究学科发展战略，关系到我国作为一个发展中大国如何维护好国家的发展权益、赢得发展的主动权，关系到如何更好地持续推动科技进步与创新、实现重点突破与跨越，这是摆在我们面前的十分重要而紧迫的课题。

学科作为知识体系结构分类和分化的重要标志，既在知识创造中发挥着基础性作用，也在知识传承中发挥着主体性作用，发展科学技术必须保持学科的均衡协调可持续发展，加强学科建设是一项提升自主创新能力、建设创新型国家的带有根本性的基础工程。正是基于这样的认识，也基于中国科学院学部和国家自然科学基金委员会在夯实学科基础、促进科技发展方面的共同责任，我们于2009年4月联合启动了2011～2020年中国学科发展战略研究，选择数、理、化、天、地、生等19个学科领域，分别成立了由院士担任组长的战略研究组，在双方成立的联合领导小组指导下开展相关研究工作。同时成立了以中国科学院学部及相关研究支撑机构为主的总报告起草组。

两年多来，包括196位院士在内的600多位专家（含部分海外专家），始终坚持继承与发展并重、机制与方向并重、宏观与微观并重、问题与成绩并重、国际与国内并重等原则，开展了深入全面的战略研究工作。在战略研究中，我们既强调战略的前瞻性，又尊重学科的历史延续性；既提出优先发展方向，又明确保障其得以实现的制度安排；既分析各学科自身的发展态势，又审视各学科在整个学科体系和科技与经济社会发展中的地位作用；既充分肯定各学科已取得的成绩，又不回避发展中面临的困难和问题；既立足国内的现状与条件，又注重基础研究的国际化趋势。经过两年多的战略研究工作，我们不断明晰学科发展趋势，深入认识学科发展规律，进一步明确"十二五"乃至更长一段时期推动我国学科发展的战略方向和政策举措，取得了一系列丰硕的成果。

战略研究总报告梳理了学科发展的历史脉络，探讨了学科发展的一般规律，研究分析了学科发展总体态势，并从历史和现实的角度剖析了战略性新兴产业与学科发展的关系，为可能发生的新科技革命提前做好学科准备，并对我国未来 10 年乃至更长时期学科发展和基础研究的持续、协调、健康发展提出了有针对性的政策建议。19 个学科的专题报告均突出了 7 个方面的内容：一是明确学科在国家经济社会和科技发展中的战略地位；二是分析学科的发展规律和研究特点；三是总结近年来学科的研究现状和研究动态；四是提出学科发展布局的指导思想、发展目标和发展策略；五是提出未来 5～10 年学科的优先发展领域以及与其他学科交叉的重点方向；六是提出未来 5～10 年学科在国际合作方面的优先发展领域；七是从人才队伍建设、条件设施建设、创新环境建设、国际合作平台建设等方面，系统提出学科发展的体制机制保障和政策措施。

为保证此次战略研究的最终成果能够体现我国科学发展的水平，能够为未来 10 年各学科的发展指明方向，能够经得起实践检验、同行检验和历史检验，中国科学院学部和国家自然科学基金委员会多次征询高层次战略科学家的意见和建议。基金委各科学部专家咨询委员会数次对相关学科战略研究的阶段成果和研究报告进行咨询审议；2009 年 11 月和 2010 年 6 月的中国科学院各学部常委会分别组织院士咨询审议了各战略研究组提交的阶段成果和研究报告初稿；其后，中国科学院院士工作局又组织部分院士对研究报告终稿提出审读意见。可以说，这次战略研究集中了我国各学科领域科学家的集体智慧，凝聚了数百位中国科学院院士、中国工程院院士以及海外科学家的战略共识，凝结了参与此项工作的全体同志的心血和汗水。

今年是"十二五"的开局之年，也是《国家中长期科学和技术发展规划纲要（2006—2020 年）》实施的第二个五年，更是未来 10 年我国科技发展的关键时期。我们希望本系列战略研究报告的出版，对广大科技工作者触摸和了解学科前沿、认知和把握学科规律、传承和发展学科文化、促进和激发学科创新有所助益，对促进我国学科的均衡、协调、可持续发展发挥积极的作用。

在本系列战略研究报告即将付梓之际，我们谨向参与研究、咨询、审读和支撑服务的全体同志表示衷心的感谢，同时也感谢科学出版社在编辑出版工作中所付出的辛劳。我们衷心希望有关科学团体和机构继续大力合作，组织广大院士专家持续开展学科发展战略研究，为促进科技事业健康发展、实现科技创新能力整体跨越做出新的更大的贡献。

前言

　　物理学是研究自然界各种层次物质结构和基本运动规律的科学，其研究内容包括物质结构及其相互作用、物质运动形式及它们之间的转化。一方面，物理学要在更高的能量标度和更小的时空尺度上探索物质世界的深层次结构及其相互作用，揭示时空相互作用及暗物质、暗能量的本质，研究构成物质的最基本单元及其集体行为的运动与规律；另一方面，物理学要研究由大量个体组元构成的复杂体系，研究超越个体特性"衍生"出来的综合、凝聚的现象，研究涉及从传统固体系统到生命软凝聚态物质等各种经典或量子的多体复杂系统。由这些体系可以构成各种人工结构，产生更为丰富的物理现象，导致许多实际的应用。物理学通过对微观、宏观和复杂系统的深入研究，以前所未有的深度和广度加深人类对自然界的了解，从更深、更广的层次揭示自然界的秘密。在这过程中，许多物理学的新思想、新理论、新方法和新技术将涌现出来，为人类知识财富大厦增添新内容。

　　物理学是自然科学的基础，在整个自然科学的发展中发挥着至关重要的作用，是自然科学发展的重要推动力量。物理学与数学、力学、天文学、化学、地球科学、生命科学、材料科学、信息科学乃至社会经济学等学科有着极为密切的关系，有着深远甚至是决定性的影响。许多物理学的实验和理论的方法及实验设备，都被运用到了其他学科的研究之中。当然，物理学的发展也从其他学科中吸取许多养分，促进了自身的发展。物理学在促进其他学科发展进步的同时，与其结合交融，形成了生命力强、极有发展前途的交叉领域，这些交叉学科扩展和丰富了自然科学的研究领域。

　　物理学始终是高新技术发展的源泉和重要保障。历史证明，许多决定性的技术突破常常来源于一些物理学研究的成果，一些决定性的技术突破可以导致产业革命，推动经济和社会的发展。现代技术的发展也反过来回馈物理学的发展，为物理学重大突破提供了技术手段和新的契机。

　　物理学的发展蓬勃向上，充满朝气，将来它仍然是自然科学的基础，是技术发展和进步的源泉，是人类文化的一个组成部分。

　　进入 21 世纪，物理学研究的疆界不断拓展，研究对象更加广泛而深入，物理学更加成为推动技术进步、深刻改变社会生活的科学。物理学研究所需要的大型设备愈来愈多，因而需要投入巨大的经费和参加大型的国际合作，积极地组织国际学术交流，组织科研团队和培养科研人才。

在学科发展战略研究联合领导小组的统一部署下，成立了以王乃彦院士为组长，于渌院士为副组长的物理学学科发展战略研究组和以孙昌璞院士为组长，赵红卫研究员、赵世荣研究员、张守著研究员和蒲钊研究员为副组长的物理学学科发展战略秘书组。自 2009 年 5 月启动以后，按照战略研究的总体部署，召开了多次战略研究组和秘书组的联席会议，共同商讨了研究报告的结构内容、定位及物理学学科的战略地位和发展规律与态势等问题，大家同意研究报告由七章组成，即物理学的定义及其学科战略地位、物理学学科的发展规律与态势、我国物理学学科的发展现状、未来 10 年物理学学科发展布局、优先发展领域与重大交叉研究领域、国际合作与交流、保障措施与建议。由于物理学是一个大学科，分支学科较多，各章节按学科分支进行描述，本报告将物理学分为理论物理、粒子物理、原子核物理和核技术、等离子体物理、凝聚态物理、原子分子物理与光学、声学和物理学与其他学科交叉八个部分。联席会议确定撰写中对于物理学在能源、环保等方面的应用只着重从其中的物理学的问题来论述，而不去涉及能源、环保等技术的细节。联席会议认为物理学学科发展战略的研究是针对全国的，研究报告必须站在全国的高度，通盘地分析我国物理学科的发展态势，统筹和安排今后物理学学科的发展。

研究报告阶段性进展已于 2009 年 11 月和 2010 年 6 月在两次院士大会上做了汇报。院士们给予了高度的关注，提出了许多修改和完善报告的意见和建议。战略研究组和秘书组非常认真地按照院士们的意见和建议对报告做了修改，又分别多次地召开会议，并采用书面征求修改意见的方式，请一些院士对报告进行修改和补充，有的院士还亲自撰写一些章节，在这期间秘书组做了大量的工作。

这份研究报告深入地分析了物理学学科的特点和发展现状及态势，提出了未来 10 年物理学学科的重点发展方向和保障措施及建议等。希望它对我们了解物理学学科的全貌，对我国物理学学科的发展和建设能发挥积极的推动作用。

这份研究报告是在物理学学科发展战略研究组和秘书组的成员经过认真调研和充分交流、讨论的基础上，又认真地听取了院士和专家的意见后，经过多次反复的修改才撰写成文的，在此，对于众多院士、专家们的指导和帮助表示衷心的感谢！国家自然科学基金委员会数理科学部解思深主任、汲培文常务副主任对研究报告非常关心，汲培文副主任多次参加研究组和秘书组的调研和讨论，为研究报告的完善和最后成文做了大量的工作，对本研究报告的完成发挥了重要作用。

由于物理学学科所涵盖的内容广阔，又发展十分迅速，报告中会存在不足和不当之处，望读者们多多给予批评和指正。

王乃彦

物理学学科发展战略研究组组长

2011 年 5 月

摘要

一、 物理学发展现状与趋势

物理学是研究物质及运动基本规律的基础科学。其研究内容包括物质结构及其相互作用、物质运动形式以及它们之间的转化。物理学立足于实验，发展各种理论观念和思想方法，进一步引导各种技术革命和实验设备创新。一方面，物理学要在更高的能量标度和更小的时空尺度上探索物质世界的深层次结构及其相互作用，揭示时空、相互作用及暗物质、暗能量的本质。对于各种能量标度下的物质以及相关的现象，物理学所考虑的是构成其他物质的最基本单元及其集体行为的运动规律，因此是一门典型的"基础科学"。另一方面，物理学要直接面对由大量个体组元构成的复杂体系，研究超越个体特性"演生"出来的合作、凝聚现象。这方面的研究涉及从传统固体系统到生命软凝聚态物质等各种经典、量子的多体系统。这些体系进一步形成各种人工结构，导致更丰富的物理现象和实际应用。

作为一门实验科学，所有的物理理论预言最终必须与实验相符合。新的理论在解释已有实验结果的同时，必然要给出实验上可以检验的一般性质的预言，由此启发新的实验。数学为物理学提供了描述语言和理论框架，科学计算也是物理学不可分割的一部分，计算物理目前业已成为活跃的研究领域。

物理学与数学、天文学、化学、地球科学、生命科学乃至社会经济等学科，都有着极为密切的关系。物理学不断影响和推动这些学科的发展，形成的交叉领域已经成为这些学科不可分割的组成部分和其持续发展的推动力。物理学是自然科学的基础学科，在整个自然科学的发展中发挥着至关重要的作用。作为自然科学发展的重要推动力量，物理学的发展不仅极大地丰富了人类知识宝库，而且多次导致了产业革命，成为推动经济发展的高新技术源泉，对人类现代文明和社会进步起了重大的推动作用。现代技术反过来回馈物理学的发展，为物理学重大突破提供技术手段和新的契机。20 世纪是物理学革命性进步的黄金时代。从 21 世纪开始，物理学发展在深度和广度上也表现出强劲的态势。

物理学深刻改变了人们的宇宙观，促进了人类思想的革命性飞跃；实验与理论相互促进，构成了现代物理学发展的主旋律；物理学是基础性引领学科，在促进其他学科进步的同时，与其结合交融，形成生命力强、极有发展前途的交叉领域；物理学始终是高新技术发展的源泉和重要保障，不断导致产业变革，促进着社会经济发展；技术进步和导向性需求反过来为物理学发展提供工具和提出重大科学问题；物理学是培养现代人才必不可少的基础学科，是培育科学精神、实践科学道德建设学术规范的重要基础平台。

物理学通过对物质世界的主动实验和自然现象观测，对各个层次上的物质规律进行高度概括和总结。随着人类的文化进步和科学技术的逐渐深化，物理学在不断地逼近物质世界自然规律。从目前的发展趋势看，物理学研究的疆界不断拓展，研究对象更加广泛而深入，在根本上推动了技术进步，成为深刻改变社会生活的科学。目前，物理学与其他学科的交叉更为深入广泛，推动未来技术革命的特征更加明显。特别要指出的是，物理学引领了大科学的发展，需要巨大经费投入和大规模的国际合作。随着当代物理学研究向物质结构的深层次发展，大规模的高新技术支持变得至关重要。虽然物理学是一个整体，具有一般性的发展特征，但其不同的学科分支有自己的特点和内在规律。

二、我国物理学目前发展情况

改革开放 30 年以来，我国物理学基础研究有很大发展，研究水平也有很大提高，物理研究的重要基础设施和实验条件等都有了显著的改观，已形成了一支有较高研究素质的队伍。目前，物理学各分支学科已有较大的覆盖面，与其他学科的交叉正在逐步加强，在许多领域取得了国际同行广泛关注的研究成果，一些研究方向已处于学科发展的最前沿，甚至有些研究成果已成为学科发展的重要标志，在一段时间内引领学科的发展。与其他学科相比，我国物理学研究与国际水平较为接近。我国物理学发展已从过去跟踪学科前沿发展，逐渐进入推动学科前沿发展的新阶段。未来 10 年里，我国在若干重要方向上将能够逐渐引领学科的国际发展趋势。

随着我国对基础科学研究投入的加大，国家实验室的研究设备不断更新和完善，国家重点实验室、部委重点实验室也购买了大量先进的科研仪器，使我国部分研究方向的实验条件、技术积累等已与国际先进实验室平齐。例如，北京正负电子对撞机国家实验室对正负电子对撞机二期改造工程已完成，并对撞成功；兰州重离子加速器国家实验室所拥有的兰州重离子加速器冷却储存环（HIRFL-CSR）扩建工程完成；上海同步辐射光源实验室建设等。改革开放以来，我国物理学领域已获得 3 项国家自然科学奖一等奖、57 项国家自然科学奖二等奖，这些工作在国际学术界产生了很大影响，如五次对称性及 Ti-Ni 准晶相的发现与研究，高温超导体的研究以及介电体超晶格材料的设计、制备、性能和应用研究。在过去的 30 年，我国物理学家对我国的高新技术、国民经济、国防事业、国际地位等的发展和提高都做出了重要贡献，如我国自主研制的以加速器为 X 射线源的集装箱检查系统、非线性光学晶体的研制与生产等。由于我国在物理学基础研究方面的长期坚持和多年积累，近年来逐步形成了实质性参与国际竞争的强劲态势，有了一支基础雄厚、思想活跃、机动性强的中青年研究队伍，不仅能快速跟上国际新兴研究领域，而且能完成一些有一定引领性的研究工作，如纳米碳管的合成、结构及物理性质的研究，铁基超导和拓扑绝缘体的研究，最明亮的 EPR 量子纠缠光束和六光子以上的量子纠缠态实现，长距离量子通信实验演示，提高固态自旋比特相干时间的动力学解耦实验，量子避错码、概率量子克隆和腔场诱导原子量子比特耦合的理论方案以及量子临界性增强量子比特退相干的理论预言等。

虽然我国物理学的每个子学科都有若干个研究方向处在学科发展的最前沿，但原创性成果还不够显著。缺少新效应、新现象的原始性发现和新理论的创立，尚未形成一批在国际上有重要影响的实验室、研究群体和物理学家，专注物理问题研究的实验室规模还不够大，还没有充分发挥大装置的作用，国家对大装置后期的后续探测设备投入不足，使用效率不高。我国现阶段的大型精密仪器设备都依赖国外进口，实验技术与方法的创新，实验仪器设备的研制比较薄弱。国内理论研究与国内实验研究的结合不够密切，理论研究对国内实验工作的重视和引导不够，缺少理论构架的原始创新。针对一些新的研究对象、新的理论结果，提出新的实验原理、发展新实验技术的研究工作很少。科研成果向技术的转化以及科技人员与企业界的合作发展意识淡薄、技术缺乏市场竞争力。我国缺少一大批国际上的领军人才，缺少为我国抢占未来经济科技发展制高点的一大批优秀成果。我国目前的物理学发展状况与我国作为世界大国的国际地位不相称。

三、我国物理学未来 10 年发展目标

面对以上状况，我国物理学学科未来 10 年的发展，将立足于当代物理的学科前沿，面向国家重大需求驱动的基础科学问题，发展影响该学科及其交叉领域原始创新的关键技术，重点布局具有原始科学创新性的研究方向，逐渐由现在的论文数量大国变成物理研究强国；发展物理学的新概念、新方法和新技术，在一些重要基础研究领域，产出一批对科学发展有实质性贡献的研究成果，产生一些世界级科学家和领军人物，形成若干个引领国际前沿研究的团队和中心；

中国物理学家要在国际上积极参与各种学术活动，努力成为国际学术机构和学术活动的主导者，成为在国际物理学界起核心作用的重要成员；积极参与和引领物理学交叉学科的研究，争取对其他学科的发展产生深远的影响；培养出一大批为物理及其交叉领域实验服务的技术研究型人才，大力提升物理实验方法和技术的创新能力，形成若干汇聚国际一流科学家的科学实验基地；针对国民经济发展和国防安全等方面国家重大需求，凝练物理学能够发挥关键作用的科学问题，突出重点，争取重大突破，推动国内高新技术的跨越式发展。

四、我国物理学发展布局

为了实施上述我国物理学学科发展的战略目标，对未来10年必须有放眼未来、切实可行的发展战略布局，并配套具体的有效措施。过去数年，物理学研究经费已经有了大幅度的增长，研究队伍的结构也基本趋于合理，总体上讲我国物理学研究已经初步进入稳定发展、孕育突破的重要阶段。在这个时候，如果把物理学作为我国科学发展的重要方向，采取正确的顶层设计、总体布局和各种得力措施，用10年左右的时间为我国物理学的全面振兴、成为物理学强国夯实坚固的基础。

在我国未来10年物理学发展中，要合理布局纯基础性探索和应用导向型问题研究，互相促进、共同提高、协调发展。既要大力支持应用目的导向的物理问题研究，又要稳定支持暂时完全看不到应用前景的纯基础课题。对这两类项目的组织实施和成果评价应有所不同。对于应用型研究，可有选择地组织重大项目，加大经费投入，以期有所突破。在实施中加强计划性和管理，要形成科研成果的共享与转化的优化体制。对于纯基础研究的支持，首先要以课题组为主，加强对有科学信誉的个人的长期稳定支持；其次要构建自由探讨且有组织的学术交流平台，创造宽松的学术氛围，在国家层面形成孕育重大科学突破的环境和土壤。我们需要认真研究纯基础研究的规律，注意科学和技术的区别，重视积累和创新的关系。积累是基础，创新是目标。既要注重积累，又要鼓励创新。若片面追求一时或表面的轰动效应，将会贻误重大创新和长远发展的良机，造成浮躁气氛，对培养人才也极为不利。要提倡求实的科学学风，长期坚持，埋头苦干，功到自然成。对某些有较好基础、可望短期有重大突破的重要领域，在不影响整体平均投入的前提下，经过专家论证，提供更加充足的经费，组织队伍，集中攻关。

要创造物理实验和理论实质性结合的气氛与环境，高瞻远瞩地正确对待实验探索和理论研究的各自特点，促进物理学学科在我国的跨越式发展。要创造各种条件，加强理论和实验的实质性结合。对于物理实验，我们要着重支持那些有助于科学发现的原理性实验、关键性物理理论检验和对未知世界探索的物理实验，不应该只停留在对已有成熟理论结果的实验性演示上。要建立支持原创性仪器和设备（instrumentations）的专项基金，特别加大研究和技术支撑队伍的建设。要加强物理科学大装置的预研，建造若干个具有国际先进水平的大科学装置和科学研究平台。建议加大力度，在每个物理二级学科领域，建成若干个国家重点实验室。对我们已经建立的一些国家重点实验设施，应设额度较大的专款，在维持常规运行、提高运行质量和使用效率的同时，还要加大支持强度，提高开放度，满足多学科广大用户需要。要统筹兼顾自由探索和国家目标导向性研究，加强物理学研究基地和创新群体的建设。物理学的综合型研究基地或某一分支学科的基地型研究所（系）是发展物理学基础和应用研究的重要平台。建议在"十二五"期间重点发展若干个国家重点实验室，与现有的国家重点实验室一起成为我国物理学发展的重点基地。要加大力度，长期稳定地支持已经经过考验的物理学创新群体和优秀学术带头人。建议在"十二五"期间重点支持若干基础好、方向重要、学术带头人优秀的物理学基础研究创新群体。在创新群体中，也要通过半固定和流动的方式，不断优化人员结构，最后稳定一支精干的、配置合理和富于创新精神的物理学研究队伍。

要加大物理学科学普及的力度，提高我国公民的科学素质；加强科学精神的培养，提高物理学家自身的科学素质。作为专业物理学工作者，物理学家有责任让物理学为普通大众服务。普及物理知识，提高全民族的科学素养，是中国物理学家义不容辞的责任。"坚持科普"也是贯彻《中华人民共和国科学技术普及法》的重要组成部分。对物理学家自身而言，科技普及与科技创新，"如车之两轮，鸟之双翼，不可或缺"。特别要强调的是具体科学知识不能代替科学精神。通过物理学科学普及，可以加强物理学家在科学精神和科学道德方面的素养，提升对物理学的整体理解，回馈物理学科研活动本身。

结合我国物理学发展现状，面向国家需求和科学前沿，我们基于以下的原则遴选物理学学科未来 10 年优先发展领域：①学科发展的重要基础科学问题或学科发展的主流和重要前沿；②国家战略发展需求，或能产生、带动新技术发展的关键科学问题；③有利于推动交叉学科发展的基础科学问题或关键技术基础；④有较好的研究基础和人才队伍。

根据以上原则遴选的物理学优先发展领域有 9 个：①新型光场的调控及其与物质相互作用：新型光场的产生、传播、测量与相干控制；受控光场与物质相互作用的新现象、新效应及其应用基础。②随机非均匀介质中声传播的表征、控制与作用的物理问题：复杂介质中声的传播、检测与作用，海洋声场的时空特性与探测，噪声的产生与控制和新型吸声材料，新型发射与接收声换能器及其阵列。③量子信息与未来信息器件的物理基础：量子信息形态转换及探测的物理问题，量子纠缠和多组分关联的物理实现和度量，基于具体物理系统的量子信息处理和固体量子计算，单光子产生、探测及量子相干器件物理，量子模拟的理论、方案与实验。④极端条件下深层次物质的结构、性质与相互作用：标准模型检验与超出标准模型的新物理，宇宙学及宇宙演化中高能物理与核物理过程，超重新核素和新元素合成，原子核结构性质以及相对论重离子碰撞物理，统计物理与复杂系统。⑤用于探测研究亚原子粒子的新技术、实验方法与应用：新型加速器关键物理问题，高时空分辨粒子探测技术与快电子学，核技术和同步辐射先进实验技术方法及其应用，大型基础科学研究装置预研中的物理与关键技术。⑥等离子体物理与数值模拟和关键技术：惯性约束聚变与高能量密度物理，磁约束高温等离子体物理基础和控制、诊断方法，低温等离子体基础问题与应用，等离子体物理和空间科学的交叉。⑦能源中的关键物理问题：核能利用的新概念、新材料和关键技术物理基础；太阳能、氢能和其他新能源中的基础物理问题和关键技术；光合作用的物理机制、量子效应及其人工结构材料模拟，利用太阳能的光热、光伏和储能技术中的基础物理问题；CO_2 的富集、转化和再利用的物理、化学问题，大型风力发电装置及其结构和关键力学问题。⑧与人口健康相关领域的先进诊断与治疗的新方法：生物信息、生物大分子结构和与功能相关的新物理问题，生物分子或类生物分子在复杂相互作用调控下的微结构特性，癌症等重大疾病的先进诊断、治疗方法，纳米生物医学新方法。⑨新功能材料和新人工微结构材料的物理问题：新功能材料的探索及其物理，物质结构和性质的计算与模拟，高性能复合材料或器件物性的表征与优化及其物理。

五、我国物理学发展的具体措施建议

要充分认识到植根于物理学的基础科学研究本身是国家可持续发展的战略目标的一部分，从国家战略的角度加大力度，支持我国物理学长期发展。从这个大局出发，探索对物理学基础研究的长期稳定支持的新模式。首先，要加强学科发展的整体布局和战略研究，满足国家战略需求。需要制定一些新的措施，增加物理学家队伍规模，使得目前规模还偏小的研究队伍达到其可以原始创新的临界值。其次，中国作为经济发展异常迅速的大国，其综合国力必须能够反映并体现在基础科学研究的高水平中。科学发展的规律和经验表明，经济、技术大国也必定是科学大国，也就是说，科学本身的发展就是主要的国家目标，而物理学是基础学科的基础。我国物理学发展已经取得了长足的进步，但离物理学大国、强国的梦想尚有一定的距离，这种经济社会和基础科学发展不同步、不协调，学科整体需求与一些具体政策措施的失衡，大大制约了我国物理学的大规模发展和关键性突破（例如，缺乏长期稳定支持，具体项目资助时间太短等）。

为了实现这个目标，我们提出以下保障措施和建议：①加大经费投入力度，完善科研经费审批管理制度；②提高物理教育水平，培养后备人才；③调整研究队伍结构，提高科研效率；④完善科研评价体系，营造和谐科研环境；⑤提高科研管理水平，合理安排学科布局；⑥建设大科学装置、国家物理研究基地；⑦鼓励学术交流与合作，创造良好学术氛围。

为了推动我国物理学的全面持续发展，不仅要在物理学的新兴学科方向及其交叉领域（如纳米科学、量子信息和生物物理等）方面给予较大投入支持，对一些传统的基础领域（如高能物理和核物理）也丝毫不能放松，必须稳定一支有规模的研究队伍。为了真正实现我国物理学稳定长期发展，要在加大经费投入的基础上，逐步变革现有的科研项目资助模式，通过适当的中期初步评估方式，把现在具体的项目资助时间由3～5年延长至6～10年。现在急需做到的是，要在研究项目中，安排较大比例的人员费用，使研究经费通过优秀人才的培养，真正用在刀刃上。在这方面，特别要加强对那些极有发展潜力但尚未"功成名就"的物理学家（特别是青年物理学家）的支持。

要建立能够推动国内专家彼此合作、公平竞争与相互促进的管理体制；设置能够吸引境外专家和博士来国内从事短期或长期研究的基金；加大研究和技术支撑队伍建设的具体措施；建立能够推动研究成果走向高新技术转化的长效激励机制；加强学科发展的布局和布点，促进国家战略需求薄弱领域的发展和人才培养（如核科学）；加大力度，在每个物理二级学科领域建成若干个国家重点实验室（20～30个）；建造若干个具有国际先进水平的大科学装置、科学研究平台等。只要认真解决基础科学观念及政策方面的一些深层次问题，切实遵循科学发展的规律，长期稳定支持，经过不懈努力，作为已有较好基础的物理学，一定会为我国成为科学技术创新强国做出杰出贡献。

在改善科学评价体系方面，要建立符合学科特点、正确反映实际科学水平的评估标准，从而制定相对合理的科研资金的投入与分配政策。过去有一些急功近利的，以简单数量（如论文数量、一般引用数量和科研经费多少等）为导向的评价体系，严重扼杀了我国物理学发展中真正创新性的研究。因此，我们要分级、分层次逐步改变这种不健康状况，营造健康的研究环境和科学文化，使我们的物理学家能够静下心来全力专注于科学研究本身。实现这样的目标需要科学家、科学界的领导和科学管理部门的共同努力，要求科学管理者对物理学学科的发展规律有深刻认识，从而提高科学管理水平。

例如，物理学的研究领域有"大"（如高能物理、核物理、强激光和受控核聚变等大型实验装置）、"小"（如理论物理、凝聚态物理、基础光学等）之分。

对大科学、大项目的支持，应当统筹考虑我国已有基础、国家战略需求和国际物理科学发展的主流趋势，要认真准备、充分论证，选择建立必要的大型科学装置。今后物理学大科学装置的建立，要从简单技术竞争和人才培养的目标转移到以重大科学发现为目的。为此要预先安排大装置的物理实验工作，落实稳定运行费用，保证大装置的使用效率，从而做出高水平的科研成果。对大科学加强学科发展的布局和布点，促进国家战略需求薄弱领域的发展和人才培养（如核科学）。对于处于探索阶段、尚未直接导致技术革命阶段的"小"科学，在学科布局合理的前提下，宜采取自由选题、平等竞争的资助模式，采用国际通行做法，基本以课题组为单位进行运作。对国际上物理科学前沿热点科学问题，可以对基础好的课题组和个人，加大支持力度，形成研究群体，以便更好参与国际竞争、更快有所实质性突破。在具有"小科学"特征的物理领域，切忌不要以"装筐"的方式，把没有实质性联系的"小"项目集成起来申请"大"项目经费。这不仅要求物理学家个体在科学道德方面的自律，也要求科研管理部门改变其传统政绩观，以真正促进科学发展为目的进行工作。

在经济日益开放的今天，中国科学的国际化是总的发展趋势。作为基础科学的重要组成部分，物理学知识是人类共同的财富，物理学的发展历来是人类共同努力的结果。在平等互利、成果共享、遵从国际惯例的原则下，我国物理学领域的国际合作领域要不断拓宽，扩大合作规模，增多合作渠道，灵活合作方式。合作形式要从研究人员一般往来发展到大规模地开展合作研究项目，可以联合在国内外合办科研机构的新阶段，大力发展重大的国家合作研究计划。

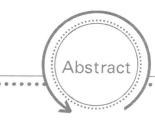

Abstract

Current status and future trends of the development of physics

Physics is a fundamental science that studies matter and its basic laws of motion. This includes the structure, interactions, and types of motion, as well as their transformation from one form to another. Based on experiment, physics develops various theoretical concepts and ways of thinking, and further pilots the revolution of all kinds of technologies and the innovation of experimental equipment. On the one hand, physics explores the innate structure and interactions of the matter world at ever higher energy levels and ever smaller space-time scales, so as to reveal the fundamental nature of time and space, interaction, dark matter, and dark energy. For matter encompassing a range of energy scales and their corresponding phenomena, physics investigates the basic building blocks that make up other matter, as well as their motion and the laws governing their collective behavior, so it is a typical "fundamental science". On the other hand, physics has to deal directly with complex systems consisting of a large number of individual components, and study the cooperative condensation phenomena that "evolve" out of and transcend the individual characteristics. Such research involves all kinds of classical and quantum many-body systems ranging from traditional solid-state systems to living soft condensed matter. Such systems can further form a variety of artificially synthesized structures, giving rise to even more abundant physical phenomena and practical applications.

All theoretical predictions in physics must eventually be consistent with experiment. While explaining existing experimental outcomes, new theories must give general predictions that can be tested by experiment, thus inspiring new experiments. Mathematics provides physics with its descriptive language and theoretical framework, while scientific computation and simulation have also become an integral part of physics. Computational physics is now an active research field.

Physics has a very close relationship with mathematics, astronomy, chemistry, earth science, life science, and even domains such as sociology and economics. It continues to influence and promote the development of these disciplines, and the consequent intersection areas have become integral elements that drive the continuous development of each discipline. Physics is a basic discipline of the natural sciences, and plays a crucial role in the development of all the sciences. As a major driving force, the development of physics has not only greatly enriched the treasure house of human knowledge, but also repeatedly revolutionized industry. It is the source of high-technology for advancing economic development, and has significantly promoted modern civilization and the progress of human society. Modern technology has, in return, provided technological means and new opportunities for major breakthroughs in physics. The twentieth century was a golden age for revolutionary advances, but since the beginning of the new century physics has also manifested great potential, with strong developments both in depth and breadth.

Physics has profoundly changed our view of the universe, transforming our way of thinking. The mutual promotion of experiment and theory constitutes the main theme in the development of modern physics; as a basic leading discipline, physics has boosted progress in other fields, and at the same time through cohesive integration has formed vibrant interdisciplines with extremely promising potential. Physics has always been the source and important safeguard for the development of new technology, constantly leading to revolutions in industry and promoting social and economic development. In return, technological progress has provided tools for the development of physics, while demand-oriented issues have posed major scientific problems to be solved. Physics is an essential basic subject for training modern talent, as well as an important platform for cultivating the scientific spirit and ethics and establishing academic standards.

Physics has demonstrated broad generalization of the laws of matter at all levels based on active experimentation and observation of natural phenomena. With the progress of culture and the gradual expansion of science and technology, physics is closing in on the laws of nature governing the matter world. Judging from current trends, we may see that physics is steadily extending its frontiers to even more widespread and profound research targets, so it is advancing technology at the fundamental level, as well as profoundly changing our life and society. Physics is now featuring even broader and deeper integration with other disciplines, further demonstrating its capability for driving technology of the future. In particular, physics has led the development of "big science", which requires huge financial investment and large-scale international collaboration. As contemporary physics reaches into the deepest layers of the structure of matter, the continued support of large-scale high-technology will be crucial. Although physics is in itself an entity, following general lines of development, its various branches all have their own inherent characteristics and behavior.

The current status of physics in China

During the past three decades of the reform and opening up, fundamental physics in China has undergone great development and has reached much higher standards. Important infrastructure facilities and experimental conditions have been significantly improved, and a research force of good caliber has taken shape. Currently, the various branches of physics cover quite a broad spectrum and its interaction with other fields is steadily increasing. The achievements in many fields have aroused the interest of colleagues around the world, and some research findings have even become milestones, leading the field over a given period of time. Compared with other disciplines, physics in China is closer to international standards, having shifted from trailing behind to entering a new stage of actually promoting research at the forefront. In the next decade, China will gradually be able to pioneer the development of physics in a number of important areas in the international arena.

With the increase of investment in basic science, the facilities of China's national labs are being constantly updated and improved; the key laboratories at the state and ministry levels have also bought a great quantity of advanced scientific instruments so that the experimental conditions and accumulated technology in some research areas are now on a par with the best laboratories in the world. For example, the Beijing Electron Positron Collider National Laboratory has completed its renovation of the Collider's Phase II project, and achieved successful collision; the Lanzhou Heavy Ion Accelerator National Laboratory has completed the addition of a cooler storage ring to its Heavy Ion Research Facility; the Shanghai Synchrotron Radiation Facility Laboratory has been constructed. Since the reform and opening up, the physics community in

China has been rewarded with three First-Class and 57 Second-Class National Natural Science Awards. These achievements, which have had a significant impact on the international academic community, include the discovery and studies of five-fold symmetry and the Ti-Ni quasi-crystal phase, high-temperature superconductors, and the design, fabrication, properties and applications of dielectric superlattice materials. During the past thirty years, Chinese physicists have made important contributions to the development and improvement of the country's advanced technology, economy, defense, and international status. For example, the independent development of container inspection systems using accelerator-based X-ray sources, the development and production of various nonlinear optical crystals, and so forth. With the accumulation of many years of perseverance in fundamental research, China is now able to take an active part in international competition, with a young and middle-aged research force endowed with a solid foundation, active thinking and good agility, which can not only rapidly catch up with new research fields, but also take the lead in certain research directions. Recent advances include, for instance, the synthesis, structure and physical properties of carbon nanotubes, iron-based superconductors and topological insulators, experimental realization of the brightest Einstein-Podolsky-Rosen entangled beams and entanglement with more than six photons, long-distance quantum communication, dynamic decoupling to increase the coherence time of solid-state spin qubits, theoretical schemes for quantum error-avoiding codes, probabilistic quantum cloning and cavity field-induced coupling of atom qubits, and the theoretical prediction of quantum decoherence aggravated by quantum criticality.

Although each branch of physics has a number of research groups at the forefront of their subject, their achievements are still not outstanding. There is a lack of primary discoveries of new effects and new phenomena, as well as the establishment of new theories; there is not yet a sizeable gathering of internationally influential laboratories, research groups or physicists, and the labs focusing on the study of physical problems are not big enough in scale. Large facilities have not fully played their roles, and the country's follow-up investment in subsequent detection equipment is inadequate, resulting in low usage rates. At present, we are still dependent on imports for large systems and high-precision instruments, being relatively weak in the innovation of experimental techniques and methods, and in the development of new experimental equipment. The links between theoretical and experimental research within the country are not close enough, and theoreticians have not attached enough importance or provided enough guidance to domestic experimental work; the theoretical framework lacks creativity. There is very little work that targets new research topics and theoretical results, or the development of new experimental principles and laboratory techniques. The transformation from research to technology, as well as collaboration between scientists and corporate businesses, has aroused too little interest, as a result of which China's technology lacks market competitiveness. There is a great shortage of team leaders of international repute, as well as a shortage of outstanding innovations that could help in attaining the commanding heights for future economic and scientific development. The current state-of-the-art of physics in the country is not commensurate with our international status as a world power.

Ten-year target for the development of physics in China

In the light of the above situation, the development of physics during the next ten years will start out from the current frontier areas, focus on fundamental scientific issues arising from the central needs of the country, develop the key technologies affecting innovation in physics and its interdisciplines with emphasis on those directions featuring originality, and gradually change China's current status from a powerhouse in the number of publications to a real power in research. We should develop new concepts, new methods and new technologies to reap results in certain important basic research areas with substantive contribution to the development of science, produce some world-class scientists and top talents, and establish a number of research teams and centers that can take the helm at the international frontiers of research. Our physicists should participate widely in international academic activities, and aspire to become key organizers of international academic institutions and functions, playing principal roles in the international physics community; they should actively participate in and lead interdisciplinary programs, and aim to have a profound impact on the development of other disciplines. A large number of technical research personnel serving experimental physics and its interdisciplines should be trained, while creativity and innovation in experimental methods and technology should be strongly promoted, to establish a number of experimental centers of excellence that will attract world-class scientists. To satisfy such important national demands as the development of the country's economy and defense security, we must select those issues in which physics is able to play key roles then concentrate on the main problems, and strive for major breakthroughs so that the development of modern high technology may speed up by leaps and bounds.

Layout for the development of physics in China

In order to implement the above strategic objectives for physics in China, during the next ten years we must have a future-oriented, viable development strategy, as well as effective specific measures. During the past few years, physics research has seen a substantial increase in funding, and the structure of the labor force has become rational. In general, physics research has entered an important stage featuring steady development and promising potential breakthroughs. At this time, if physics is set as an important goal for scientific development, with the correct top-level designs, overall layout and various effective measures, in a decade or so we will have laid a strong foundation for the overall revitalization of physics, and for China to become a power in physics.

In the next 10 years, pure fundamental physics and application-oriented research should be rationally positioned so that they will stimulate one another, advance together, and develop harmoniously. We should not only invigorate purpose-oriented research, but also steadfastly support pure fundamental projects that have no applications in sight at all for the time being. The organization and final evaluation of these two types of programs should be different. On the application side, we can selectively organize major projects and increase their funding in the hope that some breakthroughs may be achieved. In the implementation, we should strengthen planning and management, and develop an optimization system for sharing and transferring the fruits of research. The support of pure basic research should first focus on the project groups, and provide long-term steady support to individuals enjoying scientific credibility. Secondly, we should establish platforms for organized, free academic exchange in a relaxed scholarly atmosphere, to provide the environment and soil for giving birth to major scientific breakthroughs at the national level. We need to study carefully the pattern of pure basic research, paying attention to the differences between science and technology and putting emphasis on the relationship between accumulation of expertise and innovation. The former is the basis, while the latter is our goal. We should not only attach great importance to accumulation, but also encourage innovation. One-sided emphasis on temporary or superficial sensational effects will lead to the loss of good opportunities for important discoveries and long-term development, resulting in irresponsibility and great damage to the training of talent. We should advocate a pragmatic scientific style and persevere in long-term hard work, so that our efforts will yield sure success. So long as the overall average grant funding is not affected, those areas featuring a better foundation that may be expected to see a major breakthrough in the short term should, after peer review, be provided with more substantial support, and brainstorming task groups may be organized.

It shall be necessary to create an atmosphere and environment for the practical integration of experiment and theory, with the individual characteristics of experimental exploration and theoretical analysis viewed from a long-term perspective, so that physics in China may leapfrog ahead. We should create the necessary conditions to combine theory with experiment more effectively. For the latter, we should not just stop at the experimental demonstration of well-known theoretical results, but should focus on support of proof-of-principle experiments that can contribute to scientific discovery, as well as experiments that test key theories and explore the unknown world. We should establish a special fund to support the invention of original instrumentation, and in particular, bolster more research and technical support teams. We should strengthen preliminary research of large devices for physics, and construct a number of large scientific facilities and research platforms of advanced international standards. It is recommended that greater efforts be made to establish a number of key national laboratories at each secondary-level subfield of physics, while for some of those already in existence, a sizeable amount of special funds should be set aside to maintain normal operation, improve service quality and enhance usage efficiency; at the same time, greater support should be given to expand outreach and meet the needs of the majority of users from multiple disciplines. Free exploration and national goal-oriented research should both be considered in the overall planning, and the establishment of physics research bases and "innovation groups" should be boosted. The comprehensive physics research bases or centers, and similar base-like research institutes (departments) of certain branch disciplines are important platforms for the development of fundamental and applied physics. It is recommended that a number of state key laboratories be developed during the 12th national Five-Year

Plan period, and together with the existing ones, become "key bases" for the development of physics in China. Greater efforts should be made to give long-term steady support to those proven innovative communities and outstanding leading investigators. It is recommended that during the 12th national Five-Year Plan period emphasis be put on support of a number of fundamental physics innovation groups that have demonstrated a good foundation, important research orientation, and excellent leadership. Within these groups, the personnel structure should also be continuously optimized by employing semi-permanent and mobile staff, so that a stable, select and rationally-configured team, full of vitality and spirit, will eventually be retained.

We should broaden the popularization of physics to improve the scientific literacy of our citizens, strengthen cultivation of the scientific spirit, and improve the scientific moral values of the physicists themselves. As professionals, they should have the responsibility to make physics serve the general public. It is the bounden duty of Chinese physicists to improve the whole nation's scientific literacy through spreading knowledge of physics. Perseverance in science outreach is also an important part of the implementation of the "Law of the People's Republic of China on Popularization of Science and Technology". The dissemination and innovation of science and technology are as indispensable to physicists themselves as wheels are to a car or wings to a bird. It should be especially emphasized that specific scientific knowledge cannot supplant the scientific spirit. Through outreach, physicists can improve their own scientific outlook and ethics, enhance their overall understanding of physics, and thus render feedback to their own research.

Taking into account the current development of physics in our country, and in view of the nation's needs and the frontiers of science, we have selected ten areas for development during the next decade, based on the following principal priorities: ① Fundamental scientific questions or mainstream and significant forefront disciplines that are important for the development of physics; ② National strategic needs, or key scientific areas that can produce and propel the development of new technologies; ③ Fundamental scientific questions or key technology that can promote the development of cross-disciplines; ④ Research groups that have a solid basis and talented team members.

Based on the above principles, so far we have selected nine priority areas.

1) The control of new optical fields and their interaction with matter: the generation, transmission, measurement and coherent control of new light

fields; new phenomena, new effects, and application basics of the interaction between a controlled light field and matter.

2) The physics of the characterization, control and action of acoustic transmission in random inhomogeneous media: the transmission, detection and action of sound in complex media; the spatial and temporal characteristics and detection of marine acoustic fields; noise generation and control, and new sound-absorbing materials; new acoustic emission and receiving transducers and their arrays.

3) The physical basis of quantum information and future devices: the physics of the conversion and detection of quantum information states; the physical realization and measurement of quantum entanglement and multi-component correlation; quantum information processing and solid-state quantum computation based on specific physical systems; single-photon generation and detection, and the physics of coherent quantum devices; quantum simulation theories, schemes and experiments.

4) The structure, properties and interaction of deep-structure matter under extreme conditions: verification of the standard model, and the new physics beyond the standard model; cosmology, and high-energy and nuclear physics processes in cosmic evolution; the synthesis of new superheavy nuclides and elements; the structure and properties of nuclei, and the physics of relativistic heavy-ion collision; statistical physics and complex systems.

5) New technologies, experimental methods, and applications for the detection of subatomic particles: the key physical problems of new accelerators; high spatial and temporal resolution particle detection technology, and high-speed electronics; nuclear technology and advanced synchrotron radiation technology and their applications; the physics and key technologies of preliminary research on large-scale fundamental science facilities.

6) Plasma physics, its numerical simulation, and key technologies: inertial-confinement fusion and high energy density physics; the physical basis, control and diagnostic methods of magnetically-confined high-temperature plasma; fundamental issues and applications of low-temperature plasma; the in-terdiscipline of plasma physics and space science.

7) The key physical problems of energy sources: new concepts, new materials and the physical basis of key technologies in the use of nuclear energy; the fundamental physics and key technologies of solar energy, hydrogen energy, and other new energy sources; the physical mechanism and quantum effects of

photosynthesis, and its simulation by artificially structured materials, as well as the fundamental physics of photothermal, photovoltaic and energy-storage technologies in the utilization of solar energy; the physical and chemical problems of CO_2 enrichment, conversion and reusage; large-scale wind power generators, their structures, and the key mechanical issues.

8) Advanced diagnosis and new methods of treatment in fields related to people's health: biological information, the structure of biological macromolecules, and new function-related physics; the micro-structural characteristics of biological or quasi-biological molecules under the control of complex interactions; advanced diagnostic and treatment methods for cancer and other major diseases; new nanoscale biomedical methods.

9) The physics of new functional materials and new artificial micro-structure materials: exploration of new functional materials and their physics; computation and simulation of the structure and properties of these materials; the characterization, optimization and physics of the properties of high-performance composite materials and devices.

Concrete measures and proposals for the development of physics in China

It should be fully recognized that fundamental scientific research rooted in physics should itself be part of the strategic goal of sustainable development in China, so from the perspective of national policy the long-term development of physics must be given even stronger support. Thus, new models to provide long-term steady support for basic research in physics should be explored from this overall viewpoint. First and foremost, the overall layout and strategic studies of development in physics should be expanded to meet national strategic needs. Some new measures should be developed to increase the size of research teams, so that those groups that are currently too small may reach the critical threshold for original innovation. Indeed, since China is a large country boasting exceptionally rapid economic development, her comprehensive national strength must be able to reflect and embody a high level of fundamental scientific research. The course and experience of scientific development show that an economic and technological power must also be a strong power in science. In other words, the development of science itself is a major national goal, and physics is the basis of basic science. The development of physics in our country has made great progress, but is still some distance from our dream of being a big and strong power in physics. The nonsynchronous, inharmonious development of our economy-oriented society and fundamental science, plus the imbalance between the overall needs of the physical sciences and various specific policy measures, have greatly restricted the large-scale development and key breakthroughs of physics in China (for example, the lack of long-term stable support, too short duration of the funding of specific projects, and so forth).

To achieve our goal, we propose the following suggestions and affirmative measures: ① Boost funding and perfect the approval and management system for research funding; ②Improve the standard of physics education, and prepare a talented labour force for the future; ③Modify the structure of the research groups and improve their efficiency; ④ Refine the assessment system, and create a harmonious environment for scientific research; ⑤Improve the level of scientific management and organize a rational disciplinary layout; ⑥ Construct large scientific facilities, and establish national bases for physics research; ⑦Encourage academic exchange and co-operation, and create a fine intellectual ambiance.

In order to promote the overall sustainable development of physics in China, we should not only give considerable funding support to the emerging subfields of physics and cross-disciplines (such as nanoscience, quantum information and biophysics), but we must also not neglect those traditional basic fields (such as high-energy and nuclear physics), which must have a stable and sizable research force. For really steady and long-term growth, we should first increase financial support, then on this basis gradually reform the existing mode of funding; according to the appropriate preliminary midterm assessment, the grant duration of certain programs may be extended from the current 3-5 years to 6-10 years. It is of immediate urgency to provide a relatively larger proportion of personnel expenses so that through the training of outstanding research talent the funds can really be used at the cutting edge. In this regard, we should give stronger support to those physicists who show promising potential (especially young physicists) but who have not yet won widespread recognition.

A management system must be established that is able to promote collaboration, fair competition and mutual support amongst our own scientists. Special funds should be set up that can attract scholars from abroad to conduct short- or long-term re-search. Specific measures should be adopted to augment the research and technical support staff. A long-term incentive mechanism should be implemented that can accelerate the transformation of research results into high-tech applications. The layout and distribution of the disciplines should be improved to promote development and talent training in those areas that are essential to national strategic demands but are rather weak (for example, nuclear science). Greater efforts should be made to set up about twenty to thirty national key laboratories in each subfield of physics, and a number of internationally advanced large scientific facilities and research platforms should be established. As a field already endowed with a good foundation, physics will certainly make great contributions to building China into a strong power in scientific and technological innovation, so long as we solve certain deep-rooted perceptions and policies regarding fundamental science, strictly follow along the lines of scientific development, provide steady long-term support, and work steadfastly.

To improve our scientific evaluation system, we should establish assessment standards that conform with the characteristics of each discipline and can accurately reflect the real scientific level, so that a relatively reasonable policy could be developed for the quantity and distribution of funding for research. In the past there were some evaluation systems that looked for quick returns and immediate success, such as the number of papers and ordinary citations, the amount of research funding, etc. These quantity-oriented guidelines seriously strangled truly innovative research. We must therefore change such unhealthy situations step by step, according to the type and level of grant program, and create a healthy research environment and scientific culture so that our physicists can concentrate undisturbed on the research itself. It will require the joint efforts of the scientists, leaders of the scientific community, and managing departments to achieve such a goal. Science administrators must acquire a deeper understanding of the development of physics, and thereby enhance the level of their management.

For example, in physics there is "big" science (with large experimental facilities in areas such as high-energy physics, nuclear physics, high-power lasers and controlled nuclear fusion) and "small" science (such as theoretical physics, condensed matter physics, and fundamental optics). The support of big science and large projects should make an all-round analysis of the existing basis and national strategic demands of our country, as well as the mainstream of the physical sciences on the international scene, then after full debate and careful preparation, select which large-scale systems should be constructed. In future, the establishment of large scientific facilities for physics should target major scientific discoveries rather than simply considering technology competition and manpower training. For this, preliminary physical experiments should first be conducted on the large facilities, the funds guaranteed for maintaining steady operation, and efficient usage ensured, so that high-level research results may be achieved. The layout and distribution of centers for the development of big science should be boosted, and the development and manpower training in areas that are weak but essential to national strategic demands (for example, nuclear science) should be strengthened. For those small science areas still in the exploratory stage that cannot as yet directly lead to any technological revolution, under the premise of a rational distribution of subject fields, we should adopt a funding model based on free selection of project and equal competition, and adopt internationally accepted practices for grant allocation, based mainly on research groups. For those topics at the forefront of physics, we can boost our support for those well-established groups and individuals to create strong research teams that can compete better internationally and achieve significant results sooner. In these small science areas, we should definitely avoid "filling up the basket" with many small, practically unrelated projects in order to apply for a big program grant. This not only requires individual physicists to be self-disciplined, but also requires research management departments to change their traditional view of administrative achievement, and take instead the true promotion of science as their objective.

With an increasingly open economy, the internationalization of China's scientific development is now a universal trend. As an important part of the fundamental sciences, physics is the common wealth of mankind, and its development has always been the result of joint human effort. Under the principles of equality and mutual benefit, common sharing of achievements, and conformity with international practices, China's international cooperation in physics should continue to expand in scope, scale, manner, and flexibility. Collaboration should progress from the customary exchanges between individual scientists to large-scale collaborative research projects; in conjunction with the establishment of joint research institutions at home and abroad, we should push ahead plans for the full-scale development of major international research programs.

目录

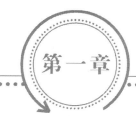

第一章

物理学的定义及其学科战略地位

物理学是研究物质及运动基本规律的基础科学。其研究内容包括物质结构及其相互作用、物质运动形式以及它们之间的转化。物理学立足于实验，发展各种理论观念和思想方法，进一步引导各种技术革命和实验设备创新。技术的发展反过来可以导致物理学研究方式的变革。例如，以半导体为基础的计算机技术的飞跃发展，使得计算模拟仿真在物理学研究中发挥了越来越重要的作用，形成了计算物理的研究模式。

作为一门关于物质、能量、空间和时间的科学，物理学的具体研究内容可以概括为以下两个方面：

第一，在更高的能量标度和更小的时空尺度上探索物质世界的深层次结构及其相互作用，揭示时空、相互作用及暗物质、暗能量的本质。这里不仅把普通物质解释为一些基本单元（如夸克和轻子）的组合，彼此间通过电磁、弱、强和引力相互作用，还要描述能量的各种形式（如运动、光、电、辐射、引力等）能量如何从一种形式转化为另一种形式，以及时空本身的行为和物体如何在时空中运动。物理学涉及各种能量标度下的物质以及相关的现象，从亚原子粒子到星系以至于整个宇宙。在这些物理现象里，物理学所考虑的是构成其他物质的最基本单元及其集体行为的运动与规律。因此，物理学是一门典型的"基础科学"。

第二，直接面对由大量个体组元构成的复杂体系，研究超越个体特性"演生"出来的合作、凝聚现象。这方面研究涉及从传统固体系统到生命软凝聚态等各种经典、量子的多体系统。例如，典型的从无序到有序的凝聚现象通常表现为经典和量子多体系统相变和临界行为。大量组元构成的复杂系统在特定的温度和参数选择时会发生对称性自发破缺或遍历性破缺，形成各种长程关联，导致了各种有序的物质状态，包括超导、超流、玻色-爱因斯坦凝聚以及通过耗散结构形成的高度组织化生命物质，表现出合作效应和有序的凝聚体系，可以进一步形成各种人工结构，导致更为丰富的物理现象和实际应用。

以上概括的物理学的两个方面代表了看似对立、实为互补的两种科学观——还原论（reductionism）和演生论（emergence）。前者把物质性质完全归结为其微观组元的相互作用规律，旨在建立从微观出发的终极统一理论；后者强调经典和量子多体系统的整体性和凝聚合作效应，把不同层次"演生"出来的规律当成自然界的基本规律加以探索。总之，物理学的目标是用一些简单的定律去描述自然界中发生的各种复杂现象，从通过人类可以观察的现象中找出其各种缘由，再把这些缘由联系起来并予以升华，由此发现支配自然界的最终规律。从方法论和世界观的角度看，历史上基本物理学深受哲学的影响并启发了新的哲学观点。例如，电与磁的统一就是如此。在探索自然的中间阶段，物理学并不局限于已知的可观察的宇宙，基本物理理论还涉及一些假设，如平行宇宙、多宇宙和额外维。理论家们提出这些想法在于用现有的理论解决一些特定的问题，并希望探讨由这些思想得出的结果，给出实验上可以检验的预言。

作为一门实验科学，所有的物理理论必须与实验相符合。物理学利用科学的实验方法，通过主动观测自然界并辅以理论模型或哲学上的思考，提出科学理论假设，进而借助实验对理论假设给予科学上的判定性检验。最后，必须用严格的数学语言精确、定量表达并由此发现一般科学规律，预言更多新的可以被实验检验的物理观察结果。相对于其他学科，物理学的理论和实验研究很早就有不同的分工和明显的区别。20世纪以来，大多数物理学家要么从事理论物理研究，要么从事实验物理，而在生物和化学领域几乎所有高知名度的理论家同时也是实验家。在现代物理学中，物理理论和实验的发展既紧密依赖，又有所区别。当现有的理论无法解释一批新的实验发现时，物理学就可能面临重大突破。此时，新的理论在解释已有实验结果的同时，必然要给出实验上可以检验的一般性质的预言，由此启发新的实验。值得一提的还有唯象学研究，它是基于理论和实验中间地带的研究，希望将实验上观测到的复杂现象与基本理论联系起来。

数学为物理学提供了描述语言和理论框架。在此基础上，物理规律在一定程度上可得到准确的描述并使得理论预言可以定量化。当解析的手段无法实现时，通常采用的是数值分析和数值模拟。因此，科学计算也是物理学不可分割的一部分，计算物理目前业已成为活跃的研究领域。

第二节　物理学学科的战略地位

物理学与数学、天文学、化学、地球科学、生命科学乃至社会经济等学科都有着极为密切的关系。物理学不断影响和推动这些学科的发展，形成的交叉领域（如物理化学与化学物理、生物物理、地球物理、天体物理与宇宙学等）已经成为这些学科不可分割的组成部分和其持续发展的推动力。

物理学的研究范围非常广：从微观世界的基本粒子，到广阔无垠的宇宙；从 10^{-22} s 的超快事件，到大爆炸以来宇宙 100 多亿年的演变过程；从接近绝对零度的超冷原子，到上亿度的热核聚变和超高温天体。物理学有许多二级学科，如理论物理（包括数学物理、量子物理、统计物理、相对论和宇宙学等）、高能物理（粒子物理）、原子核物理、等离子体物理、光学、声学、原子分子物理以及凝聚态物理，还有不少与物理学相关的交叉学科，如天体物理、化学物理、生物物理、医学物理、材料物理、地球物理、纳米科学和量子信息学等。

物理学是自然科学的基础学科，在整个自然科学的发展中发挥着至关重要的作用。作为自然科学发展的重要推动力量，物理学的发展不仅极大地丰富了人类知识宝库，而且多次导致了产业革命，成为经济发展的高新技术源泉，对人类现代文明和社会进步起了重大的推动作用。现代技术反过来回馈物理学的发展，为物理学重大突破提供技术手段和新的契机。

众所周知，20 世纪是物理学革命性进步的黄金时代。21 世纪开始，物理学发展在深度和广度上也表现出强劲的态势。纳米科学、生物物理和量子信息的迅猛发展是物理学应用于材料、生命和未来信息技术的典型范例。我们相信，在 21 世纪，对于整个自然科学的发展，物理学仍将保持其基础性的引领地位，对高新技术乃至社会经济进步仍将有着深远和决定性的影响。在发展新型洁净能源、改善生态环境、保障国家安全等方面，物理学将进一步发挥其不可替代的关键性作用。

物理学的战略地位具体表现为以下几个方面。

1）物理学深刻改变了人们的宇宙观，促进了人类思想的革命性飞跃；实验理论相互促进，构成了现代物理学发展的主旋律。科学是人类文明发展到一定阶段的产物，是关于自然界和思维的知识体系，它运用定理、定律等思维方式反映和描述现实世界各种现象及其规律，通过揭示这些支配事物的根本规律，以求理解各种事物运动发展的本质。作为这个知识体系的主要部分，物理学的发展从根本上改变了人类的宇宙观，引发了人类思想和思维的革命。日心说、牛顿定律、量子论和相对论等就是科学革命的典型例证。可以说，作为建立在实验基础上的现代宇宙观，物理学观念业已成为当代哲学的科学基础乃至重要组成部分。

的确，几个世纪以来，物理学对促进人类认识自然、改造自然和推动社会经济发展进步有划时代的突出影响。电磁波的发现和电磁场理论的建立，放射性的发现和基本粒子的研究，热力学和统计物理学的发展，量子力学和相对论以及粒子物理标准模型的创立，包括对称性破缺和混沌无序等物理概念，为人类认识物质世界提供了基本理论和思想方法，大大拓宽了人类知识的无垠疆界，进一步加深了人们对物质微观世界和宏观世界的本质及运动规律的正确理解。

物理学可分成经典物理学和现代物理学两部分。前者探讨由经典力学、电磁场理论、热力学和经典统计物理所描述的宏观世界的物理规律。其理论框架从奠基到 19 世纪末已基本完备。由于人们生活在宏观尺度的物质世界里，经典物理学的重要性不言而喻，现今仍是物理学的重要组成部分，也构成了许多工程技术的理论基础。相对论和量子力学确立之后，物理学进入了现代物理学的新时期。20 世纪是实验技术突飞猛进的时期。实验理论相互促进，构成了物理学发展的主旋律，以下的例子可以充分体现这一点。

20 世纪初期，卢瑟福的粒子散射实验为原子核物理和粒子物理的研究树立了样板，导致了中子的发现和核裂变反应堆的问世。随后，轻核聚变又提供了另一种核能源。30 年代后，加速器技术导致了高能量、强束流的产生，发现了几百种新粒子。加速器与核反应堆也可用于其他学科的研究，同步辐射和高通量中子源就是这方面的例证。加速器和有关的粒子探测技术引发了 50 年代粒子物理突飞猛进的发展，使得人们对物质深层次结构和运动规律的认识更加深入，导致了规范场论、弱相互作用中宇称不守恒、夸克模型、电弱相互作用统一和量子色动力学等一个又一个里程碑式的重大科学发现。

2）物理学是基础性引领学科，在促进其他学科进步的同时，与其结合交融，形成生命力强、极有发展前途的交叉领域。作为 20 世纪自然科学的引领学科，物理学的基本概念和理论方法，对化学、生物学及医学、材料科学、信息科学、环境科学、地球科学、空间和天体科学等产生了革命性的影响。它的实验手段为其他学科发展提供了必要的工具。它导致的新型材料结构和新奇物态，极大地丰富了自然科学各个领域的研究对象和内容，由此进一步促进了自然科学各领域自身的迅猛发展。例如，表征晶体结构的 X 射线技术导致了 DNA 双螺旋结构的发现，引发了一场生物学革命；现代物理化学的基础是量子力学；天体物理和定量的宇宙学是建立在广义相对论等当代物理学基础上的。

对原子、电子、原子核、晶体结构及其运动规律的认识，奠定了化学、材料和生物学的微观基础，促使物理化学、纳米科技、量子化学、放射化学和分子生物学等新学科的诞生；天体物理、地球科学、力学等本来就与物理学有着紧密的联系，其基本理论框架和实验方法都是以物理学为基础的，并且不断从物理学的科学发展前沿中吸取营养；凝聚态物理是材料科学发展的前提，物质声、光、电、磁等方面物理效应的研究，导致新型材料的发现；基于各种人工结构的新奇现象是构建现代量子器件的物理基础；信息科学建立在半导体和激光等发展基础上；源于物理学的原理、方法而产生的实验技术和观测手段（如计算机 X 射线层析（CT）、核磁共振技术、正电子发射层析、超声波成像和激光手术等）用于医学，大大提高了诊断和治疗质量。

在推动人类的现代文明和社会进步方面，物理学是与其他学科并行和交叉发展的。在 21 世纪里，物理学将继续扩大它的研究领域，由过去对物质体系研究的专注，逐步涉足对信息过程和生命现象的物理基础的探索，量子信息和生物物理是此方面的典型例子；由过去对宏观和微观世界两极的分别研究，转向重视对介观体系的探索，纳米科技由此应运而生。因此，当代物理学和其他学科的交叉和结合产生了许多新的、极富生命力的交叉学科，成为有发展前途的科学前沿。事实上，作为基础学科，物理学不仅和其他许多学科有着非常紧密的联系，而且与它们结合、交融，产生了交叉学科。在未来物理学的发展中，许多最重要的科学问题可能更多属于交叉学科。交叉学科的繁荣和发展，会使得学科之间的界限溶解、淡化，促进学科之间产生更加紧密和实质性的联系，由此可以导致自然科学研究的新突破。

与物理学有关的交叉学科研究不仅要求多领域、多学科的综合和相关学科的实质性参与，而且物理学本身要发挥主导作用，引导交叉学科逐步形成自己富有特色的价值观念和研究方法，成为一门精密科学。毫无疑问，物理学的研究方法在学科交叉中将会发挥重要的作用，物理学的理论和概念对于任何一门交叉学科都是必不可少的，物理学的仪器和设备在交叉学科研究中也是必不可少的。

3）物理学始终是高新技术发展的源泉和重要保障，不断导致产业变革，促进社会经济发展；技术进步和导向性需求反过来为物理学发展提供工具，提出重大科学问题。人类文明的发展是物质世界从自在逐渐走向自为的发展过程，人们在认识世界的基础上进一步改造世界，谱写了人类文明的新篇章。20 世纪以来，许多革命性的技术发展都起源于物理学的基础研究。量子力学的发展导致了半导体晶体管和激光的发明，从而促进了基于大规模集成电路和光电信号处理的信息产业的发展；核反应和核裂变研究导致的核电技术，今天已经成为解决世界性能源危机的重要途径之一；基于 X 射线和核磁共振的成像技术，使得医院对病人可以进行极其精准的检查；肿瘤的放射疗法也是物理方法应用于医学的典型事例。物理学为现代医学诊断治疗提供了必要的科学方法和技术手段。

物理学的发展带来空前的技术进步，不断导致新的产业诞生，改变了社会产品结构和经济结构。许多高新技术和产业都是以物理学的原理和发现为基础而形成的。例如，电磁现象研究以及电磁理论导致了现代的电力工业和无线电通信、雷达的发展；原子核物理基础上发展起来的核技术，使核能源、核武器应运而生，形成核工业；固体物理的研究，使半导体和其他许多新型功能材料出现，电子工业、计算机工业得以建立和发展；激光的发明，导致激光技术、光通信技术的发展，新型的光电子产业正在形成。

物理学始终是相关技术发展的源泉和重要保障，具体从以下三个主要方面得到体现。

①信息技术：信息技术的物理基础首先体现在电子学的建立。第二代信息技术所用电子器件是半导体晶体管。固体能带量子理论启发的半导体晶体管的发明标志了信息时代的开始，导致了半导体和集成电路工业的建立和计算机的科技革命。今天，基于光刻技术的微型化集成电路，已达到 10 纳米量级，进一步向纳米量级推进，必然存在物理的极限，量子限制效应即将凸现出来。量子阱、量子线和量子点等这类呈现新的物理效应的器件，都将受到高度重视。激光器的发明是信息技术的另一物理支柱。它与高琨发明的光纤相结合衍生了光纤通信技术。虽然光计算机尚处于探索的阶段，用于存储信息的光盘业已大量应用。1988 年 A. 费特等在铁磁与非铁磁金属多层膜中发现了巨磁电阻效应，已经广泛用于计算机硬盘存储。进一步发展，会有各种磁存储技术从自旋电子学基础研究中脱颖而出。从理论的角度看，香农的信息论是建立在经典物理的基础上的。到 20 世纪 90 年代，科学家基于量子力学的叠加原理，建立了量子信息理论，期望将来能发展为重要实用信息技术。

②材料技术：材料技术的核心是新材料的研制和传统材料性能的提高。能带论提供了理解材料电子性质的依据，晶体的位错理论为理解金属的塑性提供了依据。这方面的研究工作，除了在半导体器件上开花结果外，也促使材料科学在定量化、微观化和现代化方面迈出了一大步。而以高分子为主的有机材料的发展途径和研究工具与无机材料有较大的差异。高分子科学趋于成熟，同时液晶物理学受到物理学家的关注。法国物理学家德热纳（P.-G. de Gennes）等将临界现象的标度律引入高分子科学，引发了处理软物质的材料科学的诞生，使材料科学朝一体化方向迈出了一大步。

③能源技术：能源的取得和利用是工业生产和人类生存的大事。20 世纪物理学的一项重大贡献在于核能的利用，核电已成现实。如何进一步降低成本，充分经济地利用核燃料将是一个重要的研究方向。可控热核聚变能的研究，比原来预期要困难得多，但还是要向前推进。太阳能的利用也对物理学提出了挑战，如何制作出廉价而高效的太阳能电池将是关键性的问题。至于更加常规的能源利用，如石油勘探、煤的燃烧、氢能的利用、节能技术等，也有不少涉及物理学问题，有待进一步研究。

可以说，物理学及在物理学原理基础上发展起来的现代技术，直接推进了整个社会的进步，改变了人类的生活方式。物理学的影响涉及信息、通信、交通、医疗、宇航和能源等众多领域，人们的物质生活、文化生活乃至战争方式均因此发生了巨大的变革。物理学方法已经开始被应用于研究社会和经济系统的集体现象，并取得了很大的成绩。在当今物理学的研究中，相当一部分具有明确的应用前景。如核聚变研究、高温超导研究、巨磁电阻研究、自旋电子学、介观物理和纳米科学、量子计算研究和人工光合作用等，使能源技术、信息技术、计算机技术、生物技术、材料、宇航等许多领域孕育了新的发展。尽管物理学的许多基础研究暂时还看不清其应用前景（如超弦和大统一理论等），但可以肯定地说，物理学的重要成果或迟或早会对社会产生巨大影响。

4）物理学是培养现代人才必不可少的基础学科，是培育科学精神、实践科学道德、建设学术规范的重要基础平台。物理学对物质世界基本规律的探索，大大满足了人们探究自然界奥秘的好奇心，开拓了人类认识大自然的知识疆界。物理学注重未知世界的探索，激励智力探险，是培养和鼓励年轻人以至整个民族创新精神的良好课堂。人们应用和发展现代科学技术，离不开物理学的素质培养和知识教育。在培养理、工、医、农等各类人才的教育中，物理学是必不可少的基础部分。物理学不仅可以从最基本的层次提供正确的思维方法，加深人们对其他学科知识的理解，而且提供了最基础的实验技能训练，适应现代工具的使用。物理学人才在我国科学技术发展中（如两弹一星研制等）的重要作用是人所共知的。事实表明，物理思想与方法的培养不仅对物理学本身有价值，而且对整个自然科学乃至社会科学的发展都有着重要的贡献。有人统计过，20世纪中叶以来，在诺贝尔化学奖、生理学或医学奖甚至经济学奖的获奖者中，有许多人具有物理学的背景；他们从物理学中汲取了各种智能因素，转而在非物理领域里获得了成功。

物理学教育的一个重要方面是科学精神的培养。物理学的科学研究活动本身就蕴涵着深邃的科学精神。科学精神是在长期的科学实践活动中形成的共同信念、价值标准和行为规范的总和。它由人类知识的科学性质所决定，是贯穿于科学活动之中的基本的精神状态和思维方式。通常它包括科学理性、科学追求和科学道德三个基本要素，是科学研究永不枯竭的精神源泉。作为体现在科学知识中的思想或理念，它不仅引导科学家的行为以在科学领域内取得真正成功，又逐渐地渗入大众的意识深层，形成科学文化，规范和引导社会发展。物理学最重实事求是。精确性、逻辑性和可检验性使得物理学成为可以实践科学精神的最佳平台之一。物理学孕育的科学精神是辩证唯物论的重要组成部分，对于提高全民族的科学素质、追求科学真理、摆脱愚昧和铲除迷信至关重要。

第二章

物理学学科的发展规律与态势

物理学的发展通常伴随着实验观测和理论探讨，二者紧密结合。实验在物理学中起着决定性的作用——检验已有的理论、启发新的思想。理论研究在物理学发展中所处的地位随着人类对自然规律认识的不断深入也在发生变化。伴随着实验探索的物质深层次微观结构和复杂宏观系统所遇到的巨大困难，仅仅通过实验观测来认识物质世界演化会有很大的局限性。对此，理论研究在特定阶段将发挥其必不可少的作用。在近代物理学发展的初期，物理学研究最早源于人们对一些自然现象的好奇，但后来的实质性进展和理论体系的最后确立还是取决于关键性判定实验。例如，牛顿万有引力的发现是基于伽利略的实验和开普勒从观测中得出的经验性结论。其中，可能涉及一些哲学启蒙性思考，但实验观测应该是牛顿发现万有引力的主要动因。在法拉第等的实验基础上，麦克斯韦发现位移电流，并建立电磁场方程组，也是这方面很好的例证。另外，普朗克从黑体辐射发现能量量子化以及普朗克常数，玻尔从分立的原子光谱得出氢原子的电子轨道量子化，都是这方面的典型事例。

在对物质结构及相互作用运动规律的探索不断走向深入的同时，物理学也在不断扩展其研究内容和研究领域。物理学除了导致核能、半导体和激光技术划时代的创新，近30年也为产业结构革命及国民经济发展做了实质性的贡献。例如，基于巨磁电阻的存储技术、光纤发明导致的光信息技术和液晶物理引发的平面显示技术。物理学与其他学科的结合更加紧密、相关性更强，形成了前沿交叉学科。随着技术快速发展和研究手段的提高，人们目前可以达到各种极端条件，实现新的物质结构和形态。对它们进行深入而广泛的研究，致使物理学的发展正在孕育和面临重大的科学突破。

第一节　物理学学科的发展特点和趋势

作为一门实验学科，物理学通过对物质世界的主动实验和自然现象观测，对各个层次上的物质规律进行高度概括和总结。随着人类的文化进步和科学技术的逐渐深化，物理学在不断地逼近物质世界自然规律。目前物理学发展有以下趋势。

1) 物理学研究的疆界不断拓展，研究对象更加广泛而深入。物理学所包含的理论物理、高能物理（又称粒子物理）、原子核物理、等离子体物理、凝聚态物理、原子分子物理、光学、声学等分支学科，已经形成相当完整的学科体系。可以说，在微观、宇观和复杂系统这三个基本方向把人类对自然界的认识推进到前所未有的深度和广度。研究对象包括自然体系和人工结构。前者涉及超大体系（如广阔的宇宙）、超小体系（如基本粒子）和复杂体系（如凝聚态和生命物质）中的物理问题以及物质在各种极端条件下的运动规律；后者主要是指人工设计、发明、制备的新型物质和新奇结构，如玻色-爱因斯坦凝聚原子体系、各类功能物质和量子器件、新核素等。对于这些体系中出现的新的物理现象的研究，会促进物理学不断地涌现出新思想、新原理、新方法和新技术。

例如，随着人类对微观世界认识的不断深入、高能加速器能量的提高以及探测技术的发展，人们对原子核、核子和基本粒子的研究不断深化。一方面，在已运行的大型强子对撞机（large hadron collider，LHC）上，正在进行更高能量的粒子对撞实验，寻找希格斯（Higgs）粒子以及其他一些新的物理现象；另一方面，随着一批大口径天文望远镜和太空望远镜投入使用，人们研究天体和宇宙的能力有了大幅度的提高，对大爆炸宇宙模型以及暴胀宇宙模型的研究不断深入，探索暗物质和暗能量及其本质成为研究的热点。

2) 物理学从根本上推动技术进步，成为深刻改变社会生活的科学。一方面，物理学研究的成果推动高新技术发展的特点愈来愈明显，走向应用开发和市场的周期大大缩短。特别是在凝聚态物理、光学等分支学科，这个特点更加突出。计算机存储技术、光通信技术的快速发展和不断更新，与物理学研究密切相关。激光、介观物理、高温超导、受控核聚变等研究都会对未来高新技术和产业有重大影响。另一方面，高新技术发展的需求对物理学基础研究有重要牵引作用，特别是在应用基础研究领域更是如此。开发热核聚变能源的需求，有力地促进着高温等离子体物理的发展，信息、材料等高新技术也不断向凝聚态物理、光学、原子分子物理和声学等学科提出新的课题。

量子力学在适于人类生活的能量和时空尺度上的应用，导致了凝聚态物理的建立，为相关学科的发展奠定了基础。它不断将新概念输入其他学科领域，提供关键理论和实验方法促进其他学科发展。凝聚态物理学研究的一个特征是在较短的时间周期内不断涌现出新现象、新物质和新结构。近年来发展的铁基高温超导体，超冷玻色-费米原子混合量子相，石墨烯，巨、庞磁电阻和自旋电子学等都可作为例证。凝聚态物理导致了诸多新技术形成的新原理，为高新技术的发展做出巨大贡献，使得物理学与高新技术产业以及一些国民经济部门的发展之间的关系越来越密切。例如，2007 年诺贝尔物理学奖颁给了巨磁电阻的两位发现者，巨磁电阻效应已经广泛应用于信息产业，利用巨磁电阻效应，已开发出一系列高灵敏度的磁电子器件；在高密度存储方面，使计算机外存储器的容量取得突破性的增长，目前，2～4 太比特商用硬盘已经上市。另外，液晶和等离子体显示的彩电，已走进千家万户；半导体照明和节能灯即将替代白炽灯，成为节电照明的主力。

20 世纪物理学的一个重要发展是人类认识到原子具有几乎不受外界干扰的能级结构。原子跃迁信号具有极高的频率稳定度和准确度。由此产生的原子频标带来人类计量学发展史上一场伟大革命。由于基础研究和信息技术的推进，近年来原子频标发生了飞跃发展：激光技术、冷原子物理和锁相飞秒（fs）激光技术的突破使得测量原子分子光谱的精度和原子频率标准准确度达到 1×10^{-16}。由此建立全球定位系统（GPS）可以在百万米距离下产生精度好于毫米的精确定位。这些发展对现代通信、国防和未来的深空探测有着重要的应用意义。

3）物理学与其他学科的交叉更为深入广泛，推动未来技术革命的特征更加明显。物理学在交叉学科形成和发展过程中，起着至关重要的作用。把物理学的观念、理论、方法和仪器设备有效地应用到其他学科的研究，可以使得它们的发展有质的飞跃。纳米科学、生命科学和量子信息是这方面的例子。就物理学本身而言，在未来的发展中，许多重大的物理问题可能就是在交叉学科领域中提出的。可以预料，物理学与生命科学和未来信息、能源技术的结合将对 21 世纪的科学技术产生革命性的影响。

随着物理学理论、实验和计算能力的不断提高，物理学家有能力处理实际的物质系统、复杂系统和复杂性方面的问题，从而扩展了物理学的研究内容和研究领域，也促进了物理学本身的发展。当代物理学通过提供理论方法、实验手段和新型材料，对化学、生物学及医学、材料科学、信息科学、地球科学、空间和天体科学等其他学科的渗透和交叉，大大地丰富和促进了自然科学各领域的发展，形成了交叉学科并成为科学前沿。

这方面的一个典型例子是量子信息。量子信息是量子力学与信息科学、计算机科学交融所形成的交叉前沿学科。它主要包括量子计算、量子通信和量子密码学，其研究目标是利用量子相干性及其衍生的独特的量子特性（量子纠缠、量子并行和量子不可克隆等）进行信息存储、处理、计算和传送，完成经典信息系统难以胜任的高速计算、大容量信息传输通信和安全保密的信息处理任务。更重要的是，量子信息的研究，特别是量子计算的研究会为突破传统计算机芯片的功能和尺度极限提供新的启示和革命性的解决方案，从而导致未来计算机构架体系根本性的变革。因此，量子信息的研究具有重要的前瞻性和战略意义，一旦产生突破，将会对国家安全与信息科学产生不可估量的影响。

4) 物理学大科学的发展，需要巨大的经费投入和大规模的国际合作。随着当代物理学研究向物质结构的深层次发展，大规模的高新技术支持变得至关重要。大型计算机、各种探测技术以及极端物理条件的通用装备等必不可少，同时也需要建立同步辐射、反应堆、加速器、受控核聚变装置等大型专用科学装置，以增强物理学深入物质更深层次结构的能力。为此，还需要各种新型、特种或高纯原材料。所有这些高技术的武装必然需要更大的经费支持。美国、西欧国家、日本等国均在物理学基础研究和重大科学装置方面有大量经费投入。例如，美国阿尔贡国家实验室的研究和技术人员近 3000 人，每年运转经费约 6.3 亿美元。

物理学学科研究设备和专用技术功能的不断增强，使得人们可以观察到许多过去无法探测到的物质结构和物理现象。电子显微镜和电子隧道扫描探针使人们看到了分子、原子乃至电子云，基于自旋共振力探测装置目前已经可以达到单自旋的分辨能力；源于加速器技术的同步辐射已经应用于各类物质结构和物理性质的研究，人们正在开发第四代同步辐射光源。物理学仪器和设备的进步，不仅促进了物理学本身的发展，也促进了其他相关学科的发展和科学与技术整体的进步。

大科学装置是开展大科学研究的基础，可为我国在科学技术前沿领域取得重大突破，解决经济、社会发展和国家安全中的战略性、基础性和前瞻性科技问题提供先进的实验和支撑条件。近年来在我国逐渐形成了几个依托大科学装置的大型科学研究基地和高技术园区，成为国家创新能力和国际科技竞争力的重要支撑力量。我国大科学装置的发展经历了 20 世纪 50～60 年代开始的萌芽期、70～80 年代的成长期和 90 年代以后的发展期三个重要阶段。特别是以北京正负电子对撞机（含二期改造工程 BEPC II）、托卡马克实验装置（含先进超导托卡马克实验装置（EAST））、兰州重离子加速器（含 HIRFL-CSR）和同步辐射光源（包括上海光源、合肥同步辐射光源和 BEPC II 光源）等为代表的大科学装置的成功建造和运行，使我国相关领域的创新能力和国际竞争力得到很大增强，标志着我国在建设大科学装置方面具备了高水平的技术集成能力，进入了世界先进行列，并使我国进入相关研究领域的国际前沿，取得了一系列具有国际影响的科学成果。这些大科学装置建造的一个显著特点是 70% 以上的设备为我国自主研制，实现了高水平的科技突破和集成创新，创造了众多国际领先、国内首创，这为提升国家原始创新能力、培养和凝聚优秀科技人才、加强国际合作和交流、带动相关高技术产业发展和应用起到了巨大的促进作用。例如，BEPC II 已成为粲物理能区国际领先的对撞机和高性能的兼用同步辐射装置；EAST 是世界上第一个全超导托卡马克实验装置，被国际同行誉为"世界聚变能开发的重要里程碑";HIRFL-CSR 是一台实现诸多技术创新和突破的世界级大型核物理及其应用研究装置,已取得了新核素合成、高精度核质量测量和重离子肿瘤治疗等显著成果;上海光源已成为国际上性能指标领先的第三代同步辐射光源之一,是我国大科学装置建设的一个成功范例。

作为大科学的典范,当代物理学(特别是高能物理)的国际化趋势日渐加强。物理学本身是国际性的,国际化是物理学界长期形成的传统。最好的物理科学期刊都是国际性的,物理学会议的国际性也非常强。许多重要的物理学研究机构里,都有来自不同国家和地区的物理工作者。目前在高能物理领域越来越多的重要成果来自不同国家的密切合作。这是由于高能物理学研究需要大型设备和资金投入,单个国家已经难于对其中一些大型设备提供单一的财政支持,因此,国际合作是唯一的有效方式。大型强子对撞机和国际热核聚变实验堆(ITER)等都是国际合作大科学工程的例子。

在粒子物理领域,超出粒子物理标准模型的一些初步证据开始出现,其中最突出的是中微子具有非零质量的事实,由此可以解决长期困惑我们的太阳中微子问题。已运行的大型强子对撞机将探索 TeV 能区的物理。例如,发现 Higgs 玻色子和超对称粒子存在的证据。虽然经历了半个多世纪的努力,量子力学和广义相对论统一的量子引力理论(M 理论和超弦理论是其主要候选者)目前仍然没有完美地建立起来。另外,许多天文和宇宙学现象目前仍然没有得到满意的解释。例如,现有的物理规律只能对宇宙中不到 5% 的普通发光物质给予描述,而对 95% 所谓的暗物质、暗能量的本质及其描述却无能为力。

第二节 物理学各个学科分支的发展态势

虽然物理学是一个整体,具有一般性的发展特征,但其不同的学科分支有自己的特点和内在规律。下面我们将分学科阐述物理学部分学科的发展状况与趋势。

一、理论物理

(一)定义及内涵

理论物理立足于科学实验和观察结果,借助数学工具、逻辑推理和观念思辨,研究物质、能量、时间和空间以及其相互作用和运动演化,从中概括和归纳出具有普遍意义的基本理论。由此建立的基本理论不仅成为描述和解释自然界已知的各种物理现象和运动规律的理论基础，而且还是预言自然界未知的物理现象的理论依据。理论物理研究的对象非常广泛，多数与实验研究关系密切，这些分支学科，如粒子物理、凝聚态物理等，宜于按研究对象统一描述。但还有一些分支，如统计物理、非线性物理、引力和量子理论的基础部分等，研究对象非常广泛，涉及很多领域，宜于单独描述。其实，物质结构是分层次的：夸克、轻子、强子、原子核、原子、分子、团簇、凝聚态、生命物质、恒星、星系、宇宙，每个层次上都有自己的基本规律，它们又是互相联系的。物质各层次结构及其运动规律的基础性、多样性和复杂性不仅为理论物理提供了丰富的研究对象，而且对其提出巨大的智力挑战，从而激发人类探索自然的强大的动力。这种高度概括的综合性研究，具有显著的多学科交叉性与知识原创性的特点。

（二）发展规律和特点

20 世纪爱因斯坦狭义和广义相对论的工作标志了理论物理地位革命性的提升，物理实验面临的日趋复杂的困难，使得物理学中实验和理论对其发展的作用和地位发生了新的变化，这种变化一直延续到今天。在实验－理论－实验的人类认识过程中，理论物理将起到越来越重要的引领作用（尤其在微观世界基本规律和复杂系统运动演化探索方面）。没有理论上的动机和指导，高能物理实验将如同大海捞针、无从下手。宇宙学上的观测更是如此。宇宙学观测结果会给出一些新的有关宇宙的信息，但其真正的物理解释依赖于具体的理论模型。宇宙的演化只有一次，且其初态和末态都是未知的，我们不能像在粒子物理实验中那样，根据需要调整宇宙的初末态，以便尽可能地获得宇宙演化的信息，从观测角度构造宇宙模型。这决定了要对宇宙的演化有真正的了解，我们必须要从其他物理领域如粒子物理、广义相对论等出发建立相关的自洽理论。宇宙学观测可以用来建立宇宙构造模型，检验这样构造的理论，达到对理论的进一步完善。总之，当今物理学的发展是在实验事实的基础上建立理论，在理论指导下从事实验研究，由此达到对理论预言的检验，完善和推动理论的发展，加深对物理规律的深入了解和认识，不断推动人类对基本自然规律的掌握。人类对自然界的认识就是在这样的循环过程中不断提高。

目前，理论物理的一个重要发展趋势是和现代计算技术导致的计算物理的结合。理论物理面对纷繁复杂的物质世界（如强关联物质和复杂系统），简单可解析求解的理论模型不足以涵盖复杂物质结构的全部特征，特别是其时间演化具有内禀的高度非线性，线性化近似将不再实用。幸运的是，计算机的发明提供了解决复杂结构和非线性问题的强大的物质条件，辅以现代的计算方法（如第一性原理计算（从头计算）、蒙特卡罗法和各种精确对角化技术），通过复杂理论模型的近似求解，可以逐渐逼近物质运动的真实规律，成为连接物理实验和理论模型的桥梁。

1. 粒子理论、引力理论及宇宙学

（1）定义及内涵

粒子物理是研究物质深层次结构的前沿学科，借助于极端高能的实验手段，深入物质内部，探索物质的结构，寻找其最小组元及其相互作用规律。三代轻子-夸克是目前公认的构成普通物质的"基本"单元。描述这些基本单元及其相互作用的科学语言是电弱统一理论和量子色动力学（QCD）理论，两者一起构成了粒子物理标准模型。而基于没有几何大小的"点粒子"概念并结合狭义相对论和量子力学发展起来的量子场论是这些理论的基础，并对除引力之外的已知三种相互作用给予了成功的描述。尽管粒子物理标准模型得到了大量实验的支持，在核物理、天体物理和宇宙学中得到了广泛应用，但它所预言的希格斯粒子尚未找到，它所需要的理论参数达19个之多，还有许多问题不能回答，需要进一步完善和发展，理论和实验都在呼唤超出标准模型的新物理。

引力是自然界已知的四种相互作用之一，是人类最熟悉但了解最少的相互作用，尤其是它的量子行为。通俗地说，任何普通物质间都存在相互吸引的引力相互作用，更全面地说，任何能量都涉及引力相互作用，且可看成引起该相互作用的荷。描述经典引力的科学语言是广义相对论。但包括引力量子行为的完整描述，或解决广义相对论与量子力学间的相容性这些问题，至今没有确定的答案。目前最有希望的理论框架是超弦/M理论。建立完整的引力理论不仅是超出粒子物理标准模型发展的必然，也是了解我们宇宙起源和演化的基础。

宇宙学是物理学和天体物理的一个分支，研究的是宇宙作为一个整体的起源和演化，希望回答宇宙为何如此地平坦、星系如何从这样平坦的宇宙中形成等科学问题，更希望回答一些古老的问题，如人类在宇宙中的地位。宇宙学的研究涉及目前可以想象到的最小到最大尺度，因此与物理学的几乎所有分支相关，尤其是其中一些基本学科如引力理论、粒子物理等，其发展与天文观察紧密关联，是天文和高能物理重大交叉研究领域。

（2）发展规律和特点

粒子物理的发展主要是靠实验推动的。从最初的宇宙线和云室实验发现的大量奇异粒子直接导致粒子物理学科的诞生，到后来的宇称对称性破缺实验推动弱作用理论的发展，直至标准模型最后的建立。在实验—理论—实验的人类认识过程中，理论探讨起到越来越重要的引领作用。例如，轻的轻子和夸克只能有三代是理论考虑的结论，顶夸克的存在以及目前 LHC 希望发现的 Higgs 粒子和超对称粒子也都是理论预言。当今的高能物理实验基本上都是在理论指导下设计和运行的：对理论预言给予检验，或发现与现有理论无法解释的现象，从而推动理论的发展。

对引力相互作用来说，无论是其发现还是对宇宙演化的描述，最初都源于人们对自然包括天文现象的好奇。在此基础上，人们结合一些天文观测结果甚至一些哲学的思考对这些现象提出一些半经验性的描述，并由此驱动对其做进一步实验检验和完善，从而达到对一些科学规律的发现。

引力物理的研究一开始源于天文观测，其观测精度和观测条件都具有局限性。但自从牛顿认识到引力的本质与物体的尺度无关后，科学家即可利用精密仪器在实验室中对万有引力进行可操控、可重复的精密测量实验。爱因斯坦在狭义相对论的基础上发展了广义相对论，并且得到天文观测和精密测量实验结果的支持，成为目前引力的经典理论。但是，后续的已知四种相互作用的统一理论的发展却遇到难题，至今未解。科学家希望通过更精密的天文观测和实验检验。例如，牛顿万有引力常数时变性的精确测量、广义相对论中等效原理的高精度检验以及引力波探测等，能够让我们对引力的本质有更加深入的了解。

与其他物理学科相比，引力和宇宙学要么涉及天体或宇宙这样的巨大系统，要么涉及目前人工难以达到的能标，如普朗克能量标度，前者决定了观测精度和实验条件的局限性，而后者在可以预见的将来将无法利用。因此，引力和宇宙学的发展一般是经验积累和理论思考先于观测和实验，后者对前者起着促进和检验作用。

另外，宇宙的演化只有一次，我们无法调控宇宙起源的初态，也不能控制宇宙的未来。这决定了无论天文学的观测有多精细和精确，它只能提供有关宇宙起源和演化的部分信息。只有将之与互补性的粒子物理实验和理论研究的结果结合起来，加上引力理论等研究的积累，才有可能真正地认识宇宙起源、演化及其规律。

（3）国际发展状况与趋势

建立于 20 世纪 70 年代的标准模型成功地经受了大量实验的检验，但又面临着一些十分尖锐的挑战，有待进一步的检验和发展。电弱对称破缺机制、CP 破坏产生的机制、夸克禁闭、费米子质量起源这样一些基本理论问题都尚未得到解决。中微子实验已经证实中微子振荡和非零质量。作为描写强相互作用的量子色动力学面临非微扰求解困难。结合相对论重离子对撞机（RHIC）（布鲁克黑文国家实验室（BNL））的实验结果以及未来大型强子对撞机的重离子碰撞实验（ALICE），探索高温高密 QCD 相变机制，夸克胶子等离子体和手征对称性恢复等，对了解新的物质状态及量子色动力学的非微扰性质有重要意义。

理论和实验都在呼唤超出标准模型的新物理的理论探讨，先后出现大统一理论（GUT）、超对称理论（SUSY）和额外维理论（ED）等，颇具影响力。这些理论探讨无疑会加深对物质深层次结构及其基本相互作用本质的了解。

标准大爆炸宇宙学模型得到了迄今为止一系列观测结果的支持，但其存在的诸多问题如平坦性问题等只有在暴胀宇宙模型中才能得到解决。暴胀模型的研究主要集中在两个方向。第一个方向是继续深入和扩展模型的研究，例如，多个标量场或非正则标量场暴胀模型的研究。近年来，大 N 场暴胀模型已经在超弦理论的模型中得到了广泛的应用。非正则标量场暴胀模型的研究始于 1999年。一般来说，超弦理论的高阶修正可以导致非正则的动力学项，这个非正则动力学项可以导致早期宇宙的暴胀。第二个方向是继续寻找暴胀模型的理论实现。例如，随着超弦理论等高能物理理论的发展，人们需要为这些新发展寻找应用途径。又如，基于非微扰超弦理论的发展，各种各样的膜及其他暴胀模型已经被人们相继提出。尽管还面临着一些挑战，现在膜暴胀模型已经成为在超弦理论中实现宇宙暴胀的一个最流行的方法。

原初扰动的研究也是其中的一个重要方向。这种扰动在宇宙微波背景（CMB）辐射中留下了可观测的印迹，所以能够通过探测 CMB 不均匀性来检验暴胀模型。

此外，在暴胀期间产生的原初扰动的非高斯性和引力波也是暴胀模型的重要预言。目前的观测精度还不足以限制不同的暴胀模型，但 WMAP 的进一步新数据和近期发射的 Planck 卫星将会对这些相关预言给出重要检测证据。

量子引力目前还没有直接可观测的物理效应，但该理论的研究涉及理解和回答物理学中一些最基本的问题，如宇宙极早期行为、奇点问题、暗能量的本质等。另外，与量子引力的候选理论——超弦理论相关的一些性质如超对称性、宇宙早期的夸克-胶子等离子体态和额外维存在的可能性是 LHC 探索的目标。

目前发展的趋势是基于更精确的观测从唯象或基本理论如超弦/M 理论角度提出更符合观测结果的暗能量、宇宙学模型，并利用一些可观测量（如原初扰动的非高斯性和引力波）精度的提高对现有暴胀模型进行检验和限制。这些研究不仅为揭示宇宙起源、演化以及暗能量本质提供重要的信息，也为引力的基本量子理论的建立起着重要的指导作用。

量子引力的研究对我们习以为常的一些物理观念和图像提出了重大挑战。例如，自由度概念、时空和相互作用是否基本、暗能量的本质与量子引力行为密切相关等。这些重大问题和挑战可能孕育着一场史无前例的物理学革命。这些研究给出的一些启发和思想如引力/规范对偶对其他物理学分支一些疑难问题如强耦合、强关联系统的处理提供了重要的解决手段，由此也可以预言一些可能的新物态的存在。这也是目前发展的一个重要趋势。

在引力实验方面，牛顿万有引力常数的测定仍是一个难题（与其他基本物理常数相比），不仅测量精度不高，而且各个实验室的测量值未能较好地吻合。目前许多更精密的实验正在进行，预计未来几年能得到更多的精密测量结果。牛顿反平方定律的检验也是一个验证引力相关理论的研究重点，实验结果对其他引力理论，如额外维理论，将提供关键的实验判据。此外，由于许多新的理论要求等效原理破缺，因此对等效原理的实验检验必须在更高的测量精度上持续进行。在地面进行等效原理的实验检验已经有了相当的进展，为了进一步提高测量精度，等效原理的空间高精度实验检验以及利用冷原子/分子的实验检验将是下一阶段的目标。引力波探测是未来数十年物理学的研究热点之一，其测量结果不论是否能找到引力波存在的证据，都将对物理学产生深远的影响。而一旦引力波的存在的直接证明得到实验支持，引力波测量将开启引力波天文学研究的新纪元，其研究成果将使我们对宇宙的结构和演化有更加深入的了解。

2. 量子物理及其应用

（1）发展规律和特点

量子物理是 20 世纪的奠基性科学理论之一，是人们理解微观世界运动规律的现代物理基础。它的建立，导致了以激光、半导体和核能为代表的新技术革命，深刻地影响了人类的物质、精神生活，已成为社会经济发展的原动力之一。然而，量子力学的基础却存在诸多的争议。围绕着量子力学的诠释，以玻尔为代表的哥本哈根学派的"标准"诠释不断遭遇到各种各样的挑战。其中，一些严肃的学术争论在促进量子力学自身发展的同时，使量子力学走向交叉科学领域。量子力学的这些新的发展大多基于实验检验，促使人们回过头来在可检验的层面上重新考察量子理论的基本问题。所以，量子力学又进入了一个崭新的发展时期，从观测、解释阶段进入调控时代。利用各种先进的现代科学技术，制备、检测、调控量子体系，使量子世界从自在之物变成为我之物。

（2）发展状况与趋势

量子退相干和量子测量等基本物理问题：近年来实验技术的发展，使得人们能够在实验室中精确检验量子力学的基本问题，并进而把这些观念直接应用于信息科学。这些基本理论和潜在应用的核心是量子相干性（quantum coherence），量子纠缠和量子态不可克隆是其在多粒子体系的表现。环境的影响和量子测量（涉及宏观或经典物体与量子体系的相互作用）会导致相干性的损失——量子退相干（quantum decoherence）。因此，量子相干性是人们可利用的新技术的源泉，但其本身是很脆弱的，这使得我们既看到了曙光，又面临新的挑战。这方面的研究要求发展量子开系统的各种理论。

从应用的角度看，量子计算机作为宏观尺度的量子系统，必然与周围环境相互耦合。一方面，为了保持其量子相干性，要求这种耦合小。理想极限下，量子计算机应是与外界完全隔离的封闭量子系统，以长期保持其量子相干性。另一方面，人们要精确地控制量子计算机的演化，并能读出其计算结果。从这个角度而言，要求它与外界应当有良好的耦合。显然，这两个要求相互矛盾，选择什么样的物理体系来制作量子计算机，需要兼顾两者的要求。

量子信息和未来量子相干器件的发展也要求人们对各种复杂人工系统的量子态知识有更加深入的了解，发展复杂结构的波函数工程，在不同的空间尺度、时间尺度和能量尺度上对量子态及其演化进行人工的相干操控。这些研究为量子物理研究提出了基本物理方面的挑战。例如，人们能否理想地制备、测量和控制量子态，其精度如何？原理上是否存在量子控制的极限？针对具体系统（如强关联的固体系统），特定的物理效应（如量子相变）是否实质性地影响量子信息处理（如逻辑门操作、量子信息的存储与传输等）？能量（或能级结构）与信息的关系如何？可否通过信息的提取，改进各种人工系统对外做功的能力？从量子信息的观点（如量子纠缠）研究这些统计物理的基本问题，会导致一些新发现。

量子态相干操纵：量子信息物理的实现和未来量子器件的研究，推动和启发人们去构造各种结构新奇的人工量子系统，其展示出的各种新奇量子效应已经成为量子物理新的研究对象。与固体器件发展相结合，量子态操纵的研究开辟了未来信息量子器件全新的技术方向。这些新型量子器件的特点是利用量子态的全部性质，把不同类型量子系统耦合起来，对量子态位相和振幅进行相干操纵。例如，电路量子电动力学（circuit QED）系统把固体和量子光学系统结合起来（图 2-1），为实现可规模化量子计算系统奠定了基础；通过电磁诱导透明（EIT）机制实现人工非线性介质，产生光子的量子相变、实现光子控制光子的单光子晶体管（single photon transistor）。

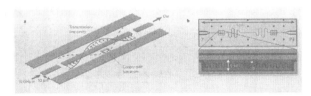

图 2-1　耶鲁大学的电路 QED 实验设计：超导量子比特、
超导传输线与受限电磁场实现强耦合

资料来源：http://www.nature.com/nature/journal/v451/n7179/full/451664a.ht

目前的实验可以制备能探测吉赫高频振荡的纳米机械结构。由此，人们可以通过实验具体地考察经典—量子过渡和薛定谔猫等量子物理基本问题，而且纳米机械振子通过新型机制冷却到基态，可以作为量子计算的量子数据总线

（quantum data bus）。未来，人们可以把高频振荡的纳米器件与单自旋或其他量子比特系统耦合起来，作为一种量子传感器、探测器。例如，IBM 美国实验室的 D. Rugar 小组发明了自旋磁共振力显微镜（图 2-2），通过这种技术成功完成病毒的三维成像；以磁共振力显微镜为主要基础，形成一个新兴学科——光力学（opto-mechanics）

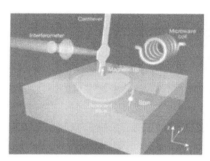
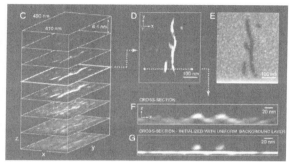

图 2-2　自旋磁共振力显微镜及病毒的三维成像

资料来源：Nature，2004，430：329；PNAS，2009，106：1313

量子模拟：量子计算研究的根本目标是建造基于量子力学原理的新型计算机，有效处理经典计算科学中的计算复杂度很高或原则上无法完成的难题。例如，模拟量子力学系统的全部动力学行为。其实，用经典计算机对量子系统进行模拟，需要指数增长的计算资源，目前的经典计算机水平无法胜任此类任务。因此，有效模拟复杂量子系统的计算机需要一个"量子的飞跃"，因为人们不能把量子行为所产生的叠加态或纠缠有效融入经典的计算机语言当中。1982 年，Feynman 首先意识到，用可控的量子系统所构成的计算机来模拟量子现象，运算时间可以指数减少；1996 年，从理论上证明，利用基本量子力学系统能够构建普适的量子模拟器，一些为解决特定问题的量子模拟算法也随之出现。

理论上提出了一些以解决特定物理问题为目的的量子模拟算法，包括哈密顿量的本征值和本征态的计算、多体费米和玻色体系的模拟以及存在于超导和玻色-爱因斯坦凝聚中的配对哈密顿量模拟等。另外，在化学应用方面，一些量子模拟算法相继被提出。

3. 统计物理学

（1）发展规律和特点

目前，统计物理学处在快速发展的时期，其发展反映在两个方面。一方面，统计物理的思想和方法不断被应用到各种新的领域以及各种新的、更加复杂的系统，带来了统计物理学的不断发展。另一方面，统计物理学在新领域和新系统的应用，也对统计物理学基本理论的发展提出了要求。这两个方面的发展不是相互独立的，而是相互关联、相互促进的。

（2）发展状况与趋势

统计物理学（也称统计力学）的研究可以追溯到19世纪后半叶。以Clausius的气体动力学作为开始，后经Maxwell、Gibbs和Boltzmann等的努力，使经典体系的统计物理学趋于完善，并阐明了热力学第二定律的统计本质，发现了熵的统计关系。1902年Gibbs引入气体分子运动系综描述方法，成为后来统计力学计算的基础。对于量子系统，Bose和Einstein给出了Bose粒子的统计分布，Fermi和Dirac给出了Fermi粒子的统计分布。相变和临界现象的研究开始于1869年，观察到了二氧化碳的临界现象，导致了van der Waals状态方程和临界现象平均场理论的建立。

统计物理学对于简并量子气体的研究，开始于20世纪20年代玻色-爱因斯坦凝聚概念的提出。50年代末，杨振宁、李政道、黄克逊等发展了集团展开方法，对相互作用玻色气体相变开展了一系列研究。1995年，Ketterle、Cornell和Wieman三位物理学家在实验室成功地实现了"玻色-爱因斯坦凝聚态"，因此获得2001年度的诺贝尔物理学奖。1944年，Onsager给出了二维格点Ising模型配分函数的严格解，杨振宁1952年由此计算了自发磁化强度，精确地得到临界指数1/8。这些结果与平均场的结果完全不同，使得平均场理论面临严峻的挑战。但这个问题的最终解决来自于70年代K. G. Wilson的重正化群理论，它提供了详细计算临界指数的框架，说明了临界现象中的标度性和普适性。各种精确解模型在统计物理的发展中也起到了非常重要的作用。60年代，杨振宁与杨振平合作研究了统计物理数种模型的严格解，该结果和Baxter二维统计物理精确解模型一起，在1967年导致了Yang-Baxter方程的重要发现，对物理和数学都有广泛的影响。

统计力学发展的一个步骤是区分平衡和非平衡现象。非平衡统计力学在于详细描述（物理、化学等）系统的时间演化，如输运现象、扩散、弛豫等，今天已经发展成为自成一体的学科，与其平衡态背景已充分脱离，由几个独特的几乎不关联的领域组成。从Boltzmann方程到主方程，Gibbs、Planck、Uhlenbeck和Einstein等做出了重要贡献，涉及随机过程、布朗运动、Fokker-Planck方程和Langevin方程等。后来对于混沌现象，采用了Liouville方程作为非平衡研究的基础，Bogoliubov、Kubo和Prigogine等做出了比较重要的贡献。随后非平衡态研究的发展涉及大型计算机的广泛应用。这方面的最新发展主要针对有限系统的有限时间行为，由Jarzynski恒等式发展起来的一套涨落理论，可将平衡态之间的自由能之差与非平衡过程所做功的系综平均联系起来，导致了小系统远离平衡的统计力学的热点前沿问题。这方面的研究重新唤起人们对统计力学基础与量子物理联系的研究，涉及各态历经的微观过程的基本问题。

液体统计物理的发展相对较晚，主要是因为液体系统密度处在气体和固体之间，短程有序，而长程无序，计算其统计物理性质变得更为困难。但随着计算机科学的飞速发展，人们逐步能够对液体系统进行解析理论的数值计算和模拟，并取得了很大的进步。结合在生物、化学系统中遇到的各种复杂液体，相关复杂液体的统计物理不断发展。

4. 非线性现象的物理问题

非线性科学研究在各学科领域中具有普遍意义的共性问题，也具有形成新的共性问题的潜在特性以及在科学、技术和工程领域中的重要应用前景。非线性物理的主要研究课题包括典型非线性现象如孤子、混沌、斑图、分形和复杂性的物理特性的描述、物理本质的刻画及其基于这些现象的物理特性和物理本质在不同领域中的应用。这些典型非线性物理课题的研究，与数学、化学、生物、信息、天文、地学、工程甚至社会科学密切相关和交叉，已发展成为一门具有广泛多学科交叉性的前沿基础和应用学科。

（1）发展规律和特点

20 世纪 60 年代以来，非线性科学迅猛发展，大量典型的非线性现象在众多的物理、数学、化学、生物、天文、地学、工程甚至社会科学系统中被不断发现，与这些现象相关的重要性质被揭示和归纳，基本形成了以孤子、混沌、斑图、分形和复杂性刻画等为典型前沿研究领域。一些研究成果已产生了技术应用或展现了很好的应用前景和可能，其中比较典型的如光孤子通信，基于混沌的高比特率通信，生物序列分析，生物信息处理，斑图动力学在核聚变、螺旋波在心脏医学、分形在信息储存中的应用等。2004 年发生在东南亚的海啸是一种典型的非线性孤波现象，对这种能量高度保持并可长距离传播海波的深入研究将有助于海啸预报。地震、台风是典型的与地球科学和气象科学密切相关的自然灾害问题，描述其特性的数学和物理理论涉及强烈的非线性特征，是没有很好解决的与国民经济建设相关的重大科学问题。这些问题的研究涉及非线性物理的重要概念和方法，已广泛地被基础科学、技术科学乃至社会科学的许多领域所应用或借鉴。非线性科学已成为有着重要科学内涵与应用前景的前沿交叉学科。

非线性科学研究包括以下几个方面：①孤子和可积系统的研究为理解非线性问题可积的一端提供了普遍的方法，推动了数学、物理等相关研究的深入。②对确定性系统中长时间行为的不可预测性——混沌的研究，则揭示了非线性问题不可积一端的共同特性，为一些长期令人迷惑不解的问题做出科学的解答，影响了人们的科学观。③分形几何的研究，为人类描述大量存在于自然界而常规几何学不可描述的非规则形状提供了有效的方法；借助于计算机科学特别是图形技术，人们得以理解和模拟诸如随机与结构共存的湍流图像、自然界各种图像花纹的选择生长、生物形态的发展过程等内在规律，为理解由大量非线性耦合子系统形成的空间组织和时空过程提供了详细的知识，从而使具有空间结构有序的动力系统和斑图动力学成为非线性科学的重要部分。④复杂性的研究涉及多个学科领域。例如，符号序列的语言复杂性的研究，在对生物大分子符号序列所蕴涵的生命信息的分析与挖掘以及生物分子构成的网络的动力学刻画中，极大地推动了人们对生命的了解。此外，复杂网络的研究，对源于各种自然现象和人群社会关联等相关的复杂特性了解，更加丰富了人们对现实世界的认识。

（2）发展状况与趋势

出现在众多学科领域的如孤波、混沌、分形、斑图和复杂性等现象显示出非线性问题的研究具有典型性和共性，对这些共性问题的研究和突破促进了各相关学科自身的发展，丰富了其学科内涵。这些典型非线性现象的研究需要解析、实验和数值并举。数学上，需建立和发展相应的数学基础理论。物理上，需利用各种手段和方法深刻揭示和描述典型非线性现象的物理特性和物理本质。可以说，这些分布在各个学科领域与典型非线性现象密切相关的研究课题汇聚成的非线性科学各研究方向，在自身不断发展的同时，还提出了许多深刻的数学和物理问题，也为其他相关学科提供了新的概念和方法，在众多领域中得到了应用。在一些前沿学科和新材料、新能源、信息与重大灾害预测等国家重大需求领域和重大科学工程中，非线性科学是其理论基础的重要方面和技术实现的关键因素。毫无疑问，其中的物理特性和物理本质是最重要的方面。

国内涉及有关非线性物理方面的研究，大致经历了20多年的历程：从20世纪80年代中后期的兴起阶段，到90年代中期的热潮时期，再到现在的稳定发展时期。早期的研究主要集中在混沌、孤波和分形的发现和刻画上；中期的研究主要是以时空混沌和光纤孤子等应用为主，如混沌通信、混沌控制、斑图刻画和复杂性分析等；目前阶段的研究主要是网络系统的动力学，各种非线性特性在自然环境和国民经济、国防和重大科学工程建设中的重大需求中的应用。因此，非线性科学在经历了对不同学科领域中典型非线性现象的特性描述和刻画后，目前在物理上需要我们对核心问题如孤子、混沌、斑图、分形和复杂性等前沿课题的物理机制和物理本质进行深入研究，进一步探索和发展其在不同领域和课题中的应用，并抽象为更广泛普遍的交叉科学中重要的非线性现象的科学问题。特别是近年来在相关前沿学科中还涌现出了一些新的非线性现象的物理机制和物理特性的研究课题，这些丰富的非线性物理现象的研究，已从经典的物理系统扩展为量子系统，从宏观的物理系统扩展到介观、微观系统。例如，经典的连续介质流体力学和固体系统用于描述湍流、大气和海洋运动，岩浆滑流和颗粒崩塌；各类与社会、人文环境、自然现象相关的自适应、小世界和（或）无标度网络系统用于描述复杂的动力学行为；各类具有生物功能和作用的网络系统用于刻画其生物功能、信号传导和信号处理的非线性动力学；具有复杂相互作用的等离子系统用于描述各种有序和失稳的斑图动力学；化学物理反应扩散系统用于描述时空混沌和有序；低温凝聚态物质系统用于描述表现出涡旋和不稳定特性的玻色-爱因斯坦凝聚系统。对这些系统的复杂动力学特性和典型非线性特性相关现象的研究已发展为新的热点领域。这一方面是因为与非线性相关的数学物理理论的进展、数值模拟技术和计算机速度的提高，另一方面是因为对作为交叉学科的非线性科学的认识的进步。因此，开展这些方面的研究，探索和扩大非线性科学在自然科学的前沿热点领域、高新技术和国防科技中的应用，有望取得重要成果。

二、实验粒子物理

粒子物理是一门高速发展的物理学分支，研究比原子核更深层次的微观世界中物质的结构、性质和在很高能量下这些物质相互转化及其产生的原因和规律。粒子物理是研究物质最深层次结构的前沿学科，借助于极端高能的实验手段，深入物质内部，探索物质的结构，寻找其最小组元及其相互作用规律，寻求物质、能量、时间、空间的深刻内涵，探究极端小尺寸的物理规律。人类对客观物质世界（宇宙—人体—微观粒子）的运动、演变和进化的认识仍处在初中级阶段，有待于进一步研究、认识，进而加以调节和控制，为人类社会、经济、生活服务。

近年来，国际粒子物理学的理论与实验研究均处于十分活跃的时期。在理论方面，唯象研究蓬勃发展，格点计算进展迅速，新物理模型层出不穷，弦理论影响日益显著。在实验方面，Tevatron 和 LHC 引领高能量前沿，BaBar 和 Belle 提高到高亮度极限，WMAP 和 PAMELA 提出新的机遇与挑战。

（一）发展规律和特点

在研究粒子间相互作用规律过程中，发展了电弱统一理论和量子色动力学理论。前者将电磁相互作用和弱相互作用统一了起来，后者建立了一种描述强相互作用的理论，两者在一起构成了标准模型。三代夸克-轻子模型以及电弱统一理论、量子色动力学理论非常成功，得到了大量实验的支持，在核物理、天体物理和宇宙学中得到了广泛应用。但它所预言的 Higgs 粒子尚未找到；它所需要的理论参数达 19 个之多；还有许多问题不能回答，还需要进一步完善和发展。对于终极理论和对称性及理论美学的追求，也是理论物理发展的最大动力之一。

粒子物理的发展主要是靠实验推动的。近年来，在美国和日本的两个 B 介子工厂以及中国的 BEPC 实验中发现了大量的新强子共振态，它们很难被现有的夸克模型理论解释，这引发了国际粒子物理领域的一个新的研究高潮，对于研究和进一步认识强相互作用的本质具有重要的意义。

粒子物理实验是粒子物理发展的关键，其特点是多学科和技术的综合，涉及和用尽几乎所有最前沿的高技术。其规模庞大、周期长，而且人才培养周期长，还需要高资金的投入。由于高能量的加速器实验需要很多的先进技术和高资金的投入，近年来大型加速器的建造往往依赖于多个国家的合作，国际合作的形式在欧洲核子研究中心的大型强子对撞机上体现的非常典型，大科学装置依赖于高资金的投入。随着我国经济的高速发展，中国也将有能力在这方面加大投入。高海拔的宇宙线实验和地下粒子物理实验则是与加速器实验相辅相成的重要研究平台。

（二）发展状况与趋势

1. 标准模型检验及超出标准模型的新物理研究和高能量实验前沿

建立于 20 世纪 70 年代的标准模型具有可重整性和规范反常相消的优点，以 3 个耦合常数、6＋3 个夸克和轻子质量、3＋1 个 CKM 矩阵参数、2 个 Higgs 参数以及 1 个强 CP 相位（共计 19 个参数），统一描写了强、弱和电磁基本相互作用，向着"爱因斯坦的圣杯"前进了一大步。在微扰区域，其理论预言得到了大量的实验支持，精度符合之高前所未见，取得了异乎寻常的成功。在非微扰区域，对于单极子、瞬子等课题展开深入探讨，不仅升华了人类对于量子场论的认识，使其跳出了费曼图计算的窠臼；而且刺激了拓扑场论等的发展，其观念与方法已在弦论、宇宙学以及凝聚态物理中广为应用。

理论和实验都在呼唤超出标准模型的新物理，先后出现了大统一理论、超对称理论和额外维理论等颇具影响力。此外，人们还构造了人工色（technicolor）模型、左右模型（L-R model）、小 Higgs（little Higgs）模型和非粒子（unparticle）模型等颇为新颖且各具特色的唯象模型。针对宇宙学观测和粒子物理实验结果的矛盾，人们创造了一些机制作为可行的调和途径，如跷跷板（see-saw）机制、重子产生机制、轻子产生机制以及暴胀（inflation）机制等。所有这一切为人们展示了更加广袤无边的研究天地和丰富多彩的物理现象，而这一切都在期望着更高能量的粒子物理实验验证。

（1）LHC 上的实验

LHC 是欧洲核子研究中心（CERN）的一个高能粒子物理实验装置，是未来 10 年世界上最先进、能量最高、亮度最大的强子对撞机，是国际粒子物理合作研究的重大项目。其主要研究目标是寻找已被粒子物理标准模型预言但尚未找到的 Higgs 粒子，同时开展当前粒子物理领域中一些最前沿的课题：顶（top）夸克物理、B 物理（包括 B 粒子系统的 CP 破坏研究）以及超对称性粒子和一些其他模型预言的新粒子的寻找。其物理研究将对粒子物理基本理论的检验和以后的发展方向，起到至关重要的作用。尤其是对一切粒子质量的可能起源即 Higgs 粒子的寻找和超出标准模型的新物理规律探索，可能导致粒子物理学的重大突破，使人类对微观世界的认识进入一个新的阶段，具有非常重要的科学意义。

（2）直线对撞机

直线对撞机将是高能量与高精度实验的前沿。国际直线对撞机是一个不断发展的国际合作项目，已经由数十个国家和地区进行了逾十年的研发。该项目将会引入更多的前沿技术，同时也将培养出能够掌握并升华这些技术的专家，该项目是粒子物理最重要的未来实验。

2. 强相互作用理论及唯象研究、味物理及对称性研究和高精度实验前沿

QCD 是描写强相互作用的基本理论，是一种几乎完美的量子场论：可以重整化、高能标下渐进自由、低能标下色禁闭，并且具有手征对称性及其自发破缺。在低能区域（1GeV 以下），色禁闭的性质使得我们很难从第一性原理出发进行处理。目前对于非微扰区域，我们一般利用 QCD 求和规则（QCDSR）、色流管模型、口袋模型、格点 QCD、有效场论、有限温度场论以及 AdS/QCD 对偶等方案描述部分物理现象。

标准模型的味道结构令人注目，而对于味物理的探索也伴随着标准模型的诞生与成长的全过程。在建立标准模型之初，它仅是包含一代轻子的理论，而且没有考虑右手中微子。在之后的发展历程中，夸克–轻子对称性起到了指导作用。人们起初认为轻子部分较为简单，而致力于夸克部分的理论与实验；然而中微子质量的确认，使得轻子研究焕发了新生。

在实验方面，QCD 在高能下的"渐近自由"现象已被大量实验证实，而低能下的量子色动力学理论因其更复杂，尚有待进一步检验。目前世界上这方面的实验有中国科学院高能物理研究所的 BEPC II 实验和意大利 Φ 工厂以及正在升级的日本 KEK 的 Belle-II 实验和日内瓦的 LHCb 实验等。高亮度的工厂级实

验是高能物理实验的另一个重要方向。这类实验设施花费相对较少，但是技术要求高。由于可以提供非常大量的实验数据，常常可以在高能量的实验设施建造之前就预言出其发现的新粒子的具体性质，并给出新物理信号和约束新物理模型的参数。

3. 粒子天体物理及粒子宇宙学和非加速器实验前沿

近年来的观测表明，我们的宇宙由暗物质、重子物质、暗能量和中微子组成。其中，不发光的暗物质约占宇宙组分23%，可见的重子物质只占约4%，具有负压强的暗能量占约73%，弱作用的中微子作为热暗物质仅占很小的比重。它们之间既相互关联，又在宇宙形成和演化中起着不同的重要作用。然而，暗物质的本质是什么？暗能量的性质是什么？中微子的属性及作为热暗物质的作用是什么？重子物质-反重子物质不对称的起源是什么？这些都是当今粒子物理和宇宙学的标准模型无法回答的最基本和最前沿的科学问题，这要求发展超越标准模型的更基本的理论，开展理论与实验紧密结合的深入研究。毫无疑问，找到这些基本问题中任何一个问题的答案，都将意味着摘取科学上的一顶皇冠。

（1）深层地下综合实验平台

在暗物质的直接探测方面，20世纪90年代末以来，国际上暗物质实验已蓬勃展开，在全世界遍地开花。

许多超出标准模型的新物质形式在理论上作为暗物质候选体已经被提出，但从未在实验室中被造出。一种可能性是暗物质由弱相互作用的大质量粒子（WIMP）组成，在宇宙大爆炸时刻由重子物质碰撞而产生。图2-3是目前国际暗物质直接探测实验（WIMP类）分布图。可以看出，欧洲与美国处于领先地位。比较著名的有美国的CDMS、法国的Edelweiss、意大利的DAMA和Xenon等实验。位于意大利罗马以东120千米穿山隧道中的Gran Sasso国家实验室是当今世界最大的粒子物理、粒子天体与核天体物理地下实验室，这里包括来自22个国家的15项实验。

（2）中微子实验

近年来，Super-K、SNO与KamLAND实验先后发现了中微子振荡，证明中微子存在微小的质量。中微子质量虽然小，和物质只有弱相互作用，但它却从宇宙形成之初就开始起很大作用，它和其他粒子共同产生于早期宇宙高温、高压的等离子体热平衡态中，中微子和微波背景辐射的光子数目相当，比质子多10亿倍。中微子的性质还对早期宇宙中元素的形成起了重要作用，它参与质子与中子的相互转变，中微子的特性影响了中子的产生、俘获和衰变等性质，进而影响到元素氢、氦、锂的核的产生丰度。人们还不知道中微

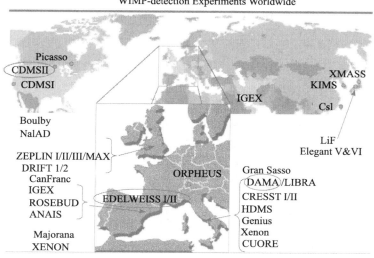

图 2-3　当今世界暗物质直接探测实验（WIMP 类）分布图

子当中有没有 CP 破坏，如果中微子存在 CP 破坏，它将可能解决宇宙中的物质-反物质不对称性这个重要问题。三种中微子之间相互转换，即振荡的规律可以用六个参数来表示。精确测量中微子混合角将对解释宇宙中物质-反物质不对称现象、寻找新物理或新的对称性以及了解轻子味混合与夸克味混合之间的关系具有重大的物理意义。在中微子被发现的数十年中，世界各地开展了许多中微子实验。这些研究涉及无中微子的双 β 衰变、反应堆与加速器中微子震荡实验和太空中微子实验等，包括我国正在建造中的大亚湾反应堆中微子实验。

（3）宇宙线实验

宇宙线实验在粒子物理发展的早期有着非常重要的作用，在粒子加速器发明之前是粒子物理最重要的实验手段之一。宇宙线是外太空冲进地球大气层的高能粒子，其中有人类所知最高能量的粒子（1000 倍于 LHC 的质心系总能量）。研究这些高能粒子的起源，如此高能量粒子的加速机制以及这种宇宙加速器所在的寄住天体或星系的物质、辐射环境及其演化是宇宙线物理的重要目标，对遥远天体爆发现象的研究还可以探索包括量子引力等新物理的效应。羊八井国际宇宙线观测站位于西藏高原的羊八井峡谷，已经拥有较完善的周边机构和服务设施，它已成为世界上最好的高海拔宇宙线观测站址之一，即将在此开展的大型高海拔空气簇射观测站（LHAASO）实验将和欧洲的切连科夫望远镜阵列（CTA）实验一道成为解决宇宙线起源世纪难题的主力阵容。

三、核物理与核技术

（一）发展规律和特点

核物理是以研究强相互作用为主，也涉及弱相互作用和电磁相互作用的一个物理学分支。人类对强相互作用的认识远不及电弱相互作用。例如，我们对基本的核力还不甚清楚。虽然量子色动力学已被广泛接受为强相互作用的基本理论，并在微扰区域取得了巨大的成功，但是非微扰物理如夸克禁闭仍然是没有解决的基本物理问题。核物理研究的目标就是探索由强相互作用控制的物质的结构和状态。

核物理学学科起源于一个偶然的实验发现。贝克勒尔于 1896 年在对当时的国际物理学热点课题——X 射线相关问题进行探索时，出乎预料发现铀自发放射出一种未知的射线。居里夫妇通过对这种新放射性的研究，发现了两个新的化学元素钋和镭，卢瑟福发现了不同种类的放射性，并利用天然阿尔法射线和原子的散射表明原子有一个核心，即存在原子核。随着中子的进一步发现，人们明确知道原子核由质子和中子组成，核物理学学科基础研究进入大发展时期，发现了强相互作用和弱相互作用这两种新的相互作用形式。而随着原子核裂变的发现和战争与核能利用的需要，核物理学受到了一些国家政府的重视，促进了核物理基础研究的发展，一大批加速器被建造。核物理学家通过加速器合成了新的化学元素和新核素，通过实验获得了大批核数据，从而建立和完善了一些基本原子核模型，如原子核的液滴模型、壳模型、集体模型和核反应模型。反过来，理论预言又进一步推动了实验的发展，从而带来了实验研究和理论研究的互动。对于原子核反应和衰变的研究，还使人们明确了太阳的能量来源于核聚变反应，知道了宇宙中一些化学元素及重原子核的生成机制，放射性的研究使科学家正确估计出地球的年龄。所以核物理学学科是物理学的一个重要分支，它对自然科学其他领域的发展有重要推动作用。

从能量或物质组成单元来看，核物理研究分为低能和中高能核物理，分别对应物质的核子、介子和夸克层次。核物理又可分为核结构和核反应两部分，前者讨论原子核的结构，后者强调粒子碰撞的动力学。从 20 世纪 60、70 年代开始，基于对物质深层次结构和 QCD 真空态的认识，人们开始将微观动力学研究和宏观的物质态研究联系起来，探索高温高密条件下的 QCD 性质和强相互作用的对称性质。

核物理研究的一个显著特点是大型核实验装置的关键作用。近年来有许多大型核物理实验装置立项、建造和投入运行。例如，在低中能核物理领域有我国 HIRFL-CSR 以及中国原子能科学研究院的放射性束装置 BRIF II、日本放射性离子束工厂 RIBF/RIKEN 和美国稀有同位素束流装置 FRIB/MSU；在核子物理领域有美国的电子束流装置 CEBAF 以及近年来它的改进升级版，德国 DESY 采用质子束流 HERA，欧洲核子研究中心采用电子束流 COMPASS，德国于利希研究中心采用质子束流 COSY，日本有 JPARC；在高能核物理领域有美国 RHIC、德国反质子和离子研究装置 FAIR/GSI、欧洲核子研究中心 LHC-ALICE。这些新装置的建成和投入使用，为核物理研究带来了崭新的机遇。

核物理的另一个特点是，研究对象为由强相互作用动力学控制的微观多粒子体系，这导致核物理研究与当前物理学的两个难题紧密联系。一是低能强相互作用规律。虽然 QCD 被广泛接受为强相互作用理论，并且在高能极限用微扰论获得了极大的成功，但如何用它描述低能强子之间的相互作用仍然是没有解决的难题。二是多粒子动力学。对于单体或两体问题，如果已知相互作用形式，可用经典力学或量子力学处理，对于粒子数趋于无限的体系，又可用统计力学来进行描述。但原子核是处于这两者之间的多粒子体系，不可能用力学或统计方法来严格处理。考虑到微观体系的小时空尺度、边界效应和非平衡效应，问题更加复杂。这两个难题一方面使核物理研究面对的是一个复杂的微观体系，另一方面使核物理始终是物理学甚至是整个物质科学的前沿领域之一。

核技术是基于核效应、核辐射和核装置的应用学科。按技术手段可分两大类：一是基于核装置（加速器、反应堆等）的核技术，二是基于放射性核素的核技术。传统的核技术包括加速器技术、核探测技术、辐照技术、离子束分析技术、X 射线分析技术、中子活化分析技术、中子散射技术、放射性标记与示踪技术、核影像技术、辐射防护等。核技术应用范围很广，在能源、医学、材料、生命、环境、地质考古、农业、国防、安全等领域都有十分重要的应用。核技术及应用涉及国家安全和经济发展，具有十分重要的地位，属战略高技术。

（二）发展现状和趋势

1. 原子核物理

目前，国际核物理界普遍认为，当前核物理研究的热点和机遇包括以下四个方面：极端条件下的核结构、核内夸克的动力学、相对论重离子碰撞与夸克胶子等离子体、核天体物理。总体来说，当前核物理研究的趋势是朝极端条件（高能、高温、高密、高自旋、远离稳定线、超重核等）以及与粒子物理、天体物理结合两个方向发展。

（1）极端条件下的核结构

20 世纪 80 年代以前，核物理学家详细地研究了 β 稳定线附近几百种核素的性质，建立了原子核壳模型、集体模型、集团模型和一些核反应模型。在那以后，放射性束流装置和探测器的研制取得了很大进展，使得实验上合成和研究远离 β 稳定线的核成为可能。近 20 年来，放射性核束物理构成了核物理学的一个新的领域，研究在新型大科学装置上已经或即将产生的数千个非稳定（unstable）原子核的性质。虽然现有的研究还是初步的，但已导致核物理学各个分支领域的巨大发展。①核结构：挑战基于稳定线附近的核提出的核结构理论模型，如壳层模型和集体模型，同时有可能发现原子核中新的运动方式，现已经发现了奇特轻核有晕结构、集团结构、新幻数、非线性多核子关联等新奇的量子多体现象。②核衰变：几千种不稳定的远离 β 稳定线奇特核将提供极为丰富的核衰变种类，从中可以发现全新的衰变模式，如质子放射性（单质子或双质子）、结团放射性、β-缓发中子、β-缓发质子、β-缓发裂变等。③核反应：由于核素种类大大增多，将出现许多新的核反应体系，这些新的核反应体系将会导致新的反应类型和反应机制的发现，已经观察到反常截面增大、多反应道耦合、集团破裂和多步转移等新的核反应机制和效应。④应用：现今核能的开发利用都是基于过去关于稳定核的结构、衰变和反应的知识，如今对远离 β 稳定线奇特核的结构、衰变和反应的研究，将可能提供新的核链式反应的知识，使人们产生开发利用核能的新构思。放射性核束物理研究是对大批未知原子核的开创性研究工作，将合成许多新的原子核并研究它们的各种性质，这可能改变人们对原子核的传统认识，发现完全新奇的核现象和新的物理规律。

（2）核内夸克的动力学

夸克和胶子是如何构成核子的？核子是体现强相互作用理论 QCD 的三种颜色合成无色及其非阿贝尔特性的最简单的体系，但目前我们仍不能用 QCD 理论定量地描述核子的内部夸克-胶子结构，甚至连核子内部的有效自由度到底是什么都还不清楚。核子结构的经典图像是由三个夸克组成，但越来越多的实验迹象表明核子内部含有显著的多夸克成分，胶子成分也对核子自旋极化等问题有贡献。各种理论模型预言的很多核子激发态也都没有找到，寻找"失踪"的重子激发态是当前国际中高能核物理研究的一个热点。此外，如何在夸克层次上描述核子间的相互作用，是否存在多夸克态、双重子态，核内核子的夸克胶子结构与自由核子有何不同等，都对了解强相互作用至关重要。由于非微扰特征，如夸克胶子禁闭和手征对称性自发破缺，使得 QCD 描述低能强相互作用的困难很大。目前，只能使用格点 QCD 和有效场论以及 QCD 大 NC 展开等描述部分现象。如何直接从 QCD 理论研究强相互作用的性质，是物理学面临的重大挑战。

（3）相对论重离子碰撞与夸克胶子等离子体

QCD 是强相互作用的基本理论。虽然微扰 QCD 取得了极大的成功，但低能禁闭和真空对称破缺等非微扰现象一直是粒子物理与核物理中的难题。1974年，李政道提出，通过相对论重离子碰撞在一个较大的体积内产生高能量密度，使得物理真空的破缺对称性得到恢复，夸克胶子解除禁闭，在一个比强子尺度大的时空范围内运动。夸克胶子运动空间的扩展意味着发生了从强子物质到夸克物质的退禁闭相变，产生的夸克物质叫做夸克胶子等离子体（QGP）。另一个重要的 QCD 相变是真空中自发破缺的手征对称性在有限温度密度时的恢复。根据现代宇宙学，高温夸克物质可能是大爆炸后瞬间宇宙所处的状态，探索和研究高温夸克物质能加深我们对早期宇宙的认识。对于目前存在于宇宙中的致密星体，其内部很可能处于高密度夸克物质或强子物质态。在地球上，相对论重离子碰撞是在实验室产生新物质形态的唯一可能手段。已有明显的证据显示，在实验中可能已经产生了新的物质形态。由于高温高密的 QGP 只可能是重离子碰撞的中间状态，低温低密的末态仍然是轻子强子态，碰撞系统是否经历过QGP 状态要由末态分布来反推。具有 QGP 特征的末态分布称为产生了 QGP 的信号。由于 QCD 相变本身处于强耦合区域，不能用微扰理论，目前研究相变的理论工具主要是格点 QCD 计算和具有 QCD 对称性的有效模型。如何确定 QCD相变的信号和研究强耦合夸克物质的性质是目前相对论重离子碰撞和夸克物质研究的中心问题。

（4）核天体物理

核天体物理是研究微观世界的核物理与研究宏观世界的天体物理相结合形成的交叉学科，它应用核物理的知识和规律阐释恒星中核过程产生的能量及其对恒星结构和演化进程的影响。核过程是恒星抗衡其自引力收缩的主要能源和宇宙中各种核素赖以合成的唯一机制，在大爆炸以后的宇宙和天体演化进程中起极为重要的作用。恒星平稳核燃烧阶段中的核过程基本上是沿稳定路径发展的核反应。在新星、超新星和 X 射线爆等爆发性天体事件的高温环境中，发生的核反应与核素表中的稳定原子核全然不同。在拥有强放射性核束的今天，人们能够在实验室里再现这些反应的过程。目前，对于离稳定线不远的核素，已经有相关数据；而对于远离稳定线特别是在反应路径附近的核素，数据较少或根本没有。反应路径本身与爆发性天体事件的物理环境（温度、密度，化学组成等）相关，当温度和密度很高时可能接近质子和中子滴线。爆发性天体事件中的核过程是当前核天体物理的前沿领域，相关数据的测量是极具挑战性的研究工作。

2. 核技术

核影像技术是最早应用的核技术，自从伦琴发现了 X 射线以后不久，便开始了核影像技术的应用。在人类健康以及医学诊断中的应用是核影像技术成功应用的范例。近 20 年来,以核影像技术为支撑的核医学与分子影像学的发展尤为迅速,成为医学临床诊断不可缺少的手段。核医学功能影像可以比结构成像更早地发现病变,能够真实地反映出疾病的发生和发展过程,在脑血管、心血管疾病和肿瘤诊断等方面成为疾病判定、治疗效果评价的有效和重要的指标。世界各国的主要核科学研究机构纷纷利用核科学的基础开展相关的技术研究,如欧洲核子研究中心(CERN)、美国 DOE 的诸多国家实验室、日本理化学研究所(RIKEN)、日本国家放射科学研究所(NIRS)等都在加强成像技术研究及在神经、认知、肿瘤等方面的应用研究。美国国立卫生研究院(NIH)2001 年就成立了美国国家生物医学成像和生物工程研究院(NIBIB),其使命就是集中和协调将工程学和成像科学应用于生物学、医学等领域的基础研究。

放射治疗是核技术在人类健康方面的另一重要应用。恶性肿瘤是常见病、多发病,也是对人类健康危害极大的疾病,一直困扰着世界各国的医学界,居各种死亡原因的第二位。目前,手术、放射治疗和化学治疗是肿瘤治疗的三大手段。据统计,经不同方法治疗的癌症患者五年存活率已达 45% 以上,其中有四成是经过放射治疗的患者。近年来,各种先进技术在基于加速器的放射治疗领域的应用(调强治疗、图像引导治疗、质子治疗、重离子治疗等)使得癌症放射治疗的治愈率和有效控制率明显提高,放射治疗使某些早期局部性肿瘤获得根治,同时,放射治疗对癌症所在部位器官及其功能的保留有重要意义。特别是近几年,电子直线加速器在 X 波段及 C 波段的发展使其进一步小型化,产生了一些新的放疗设备,并逐步产业化。鉴于质子及重离子在放射治疗中的独特优势,各国相继开展了专门用于放射治疗的质子和重离子回旋及同步加速器的研究。可以预见,今后相当长的时期内放射治疗仍会在肿瘤治疗手段中占有重要地位。

核能利用是核技术应用的最重要方面之一,几乎涉及了核技术所有的技术方法,是核技术综合应用的最好实例。一个国家核能利用水平的高低,往往也是其核技术及应用水平高低的综合体现。安全、洁净、高效的核能利用是世界各大国竞相投入巨资进行研究发展的重点领域。

核技术在国家安全方面具有重要的用途。有毒有害物质以及爆炸物是危害国家安全和社会稳定的重要根源之一,其检测和诊断技术的发展在全世界各个国家受到广泛的重视,目前发展的技术手段基本上都是基于核技术,包括离子迁移率谱仪(IMS)、中子散射、相干 X 射线、核四极共振等,其中 IMS 技术因具备快速、高效、灵敏和小型等优点得到了最广泛的开展和应用。此外,基于加速器 X 射线源的集装箱检测技术,用于海关口岸检测走私、违禁物品,发挥了重要作用,产生了重大的社会效益和经济效益。

核技术在考古学和文物研究方面发挥了重要作用。核技术的应用从根本上改变了考古学的面貌，使之逐渐成为定量表达的科学。核技术一经应用于考古学，便不断地揭示出古代遗存的丰富潜信息，使考古研究提高到一个新的层次，从根本上改变了它的研究面貌，因而，从某种意义上讲，核技术对考古学的发展有着特殊重要的意义。核分析技术因为具有无损分析的能力，在珍贵文物的研究中发挥了不可替代的作用。

辐照技术是核技术应用的传统领域之一，在基础研究、应用开发及工业生产中得到了广泛应用。辐射技术主要利用辐射效应来解决特殊的技术问题。20世纪50年代，英国科学家发现聚乙烯电缆在核反应堆中受到辐照后发生交联的现象，高分子材料的辐射效应及辐射加工得到迅速发展。1962年美国科学家利用脉冲电子加速器并采用时间分辨技术观察到了辐射产生的水合电子，迅速推动了辐射化学和辐射技术的发展。利用高能射线对物质进行照射引发的电离及各种后效应，辐射技术已经在聚合物材料、高性能纤维、食品灭菌与保鲜、医疗用品消毒、植物与微生物育种、环境治理、纳米材料甚至文物保护、能源等领域发挥了重要作用。经过几十年的发展，辐照技术方法已相对比较成熟，目前主要着重于推广应用中的关键技术问题以及辐射生物学效应研究等，在国际上仍然呈现较快的发展态势。此外，辐射化学与其他学科交叉亦有较广阔的前途。

同步辐射技术作为一种基于加速器的核技术的扩展，近20年来在国际上得到了极为迅速的发展。同步辐射光源是由高能量电子或正电子作加速运动时发射出电磁辐射的装置。同步辐射光源具有常规光源所不具备的宽连续谱、高亮度、高准直性、高偏振性、脉冲时间结构和高纯净等特性。它的应用为诸多学科的基础研究、科学技术的发展及其应用提供了强大的实验技术手段和综合研究平台，极大地促进了多个学科（如结构生物学、分子环境科学等）的快速发展。它的建造和运行对加速器技术和其他高技术有重要推动作用。目前国际上在这一领域的研究工作有两方面的特色。一方面是同步辐射先进技术和新方法的研究。高空间分辨实验技术与方法：典型空间分辨尺度由微米向纳米推进。快时间分辨实验技术：典型时间分辨尺度由微秒（μs）至纳秒（ns）向纳秒至皮秒（ps）推进。高能量分辨实验技术：典型能量分辨率由 eV 向 meV 推进。高动量分辨实验技术、高灵敏度实验技术以及利用同步光极化特性的实验技术与方法等：与之相关联的分析理论方法的发展日益受到重视。这些先进技术方法的发展大大扩展了同步辐射应用的范围与深度，加深了对物质各层次结构和性质的认识，丰富和发展了非稳态结构和动力学过程的知识与理论，使其在物理学、化学、生命科学、材料科学、环境科学、能源科学、地学、医学、微电子学和微机械加工等领域有广泛应用。另一方面是同步辐射在上述各领域的广泛应用，特别是在生命科学、材料科学、能源科学、环境科学、医药学等具有重要实用前景的学科领域中的应用，可望对人类健康与社会经济可持续发展产生重大影响。目前国际上已运行的第三代同步辐射光源，平均每台每年可供来自各学科领域的数千用户开展各类课题研究，是天然的学科交叉研究平台，受到了世界各国科技界的关注。到目前为止，全世界已运行和在建的同步辐射装置超过 60 台，为数以万计的研究课题提供实验研究平台。

基于粒子加速器技术发展的高强度中子源技术（散裂中子源）把中子技术及应用推向了一个新的高度，大大扩展了常规中子散射技术应用的广度和深度，成为诸多学科研究和技术发展的一种重要手段。另外，国际上许多大学及研究机构也在相继开展基于加速器的小型中子源的研究。例如，美国印第安纳大学基于质子加速器的低能中子源（low energy neutron source，LENS）、日本北海道大学基于电子直线加速器的中子源等，在中子和质子科学方面，开展创新性的研究工作及中子质子应用创新型人才的培养。

四、等离子体物理

（一）定义及内涵

通俗地说，等离子体就是电离状态的物质，被称为物质的第四态。按照严格的定义，等离子体指包含自由带电粒子的体系，通常具有集体效应和整体准电中性，其中起支配作用的长程库仑相互作用使其有多种存在和运动形态，并特别表现为复杂的波和不稳定性现象。等离子体科学是研究等离子体的形成、演化规律及与物质（包括场）相互作用及其控制方法的学科领域。

等离子体几乎存在于从地球到空间、从自然到实验室的每一个地方：恒星是聚变反应加热的稠密等离子体，星际空间充满着低密度的磁化等离子体，半导体芯片是由化学活泼的冷等离子体刻蚀而成的，高功率激光在实验室中产生了相对论等离子体，温度超过太阳的高温等离子体被成功地约束在实验室磁场系统中等。这些等离子体无一是安静的，它们总是伴随着各种不稳定性和湍流，这些不稳定性有时会造成等离子体的整体崩溃，湍流造成了等离子体能量和粒子的损失，自然界中一些非常壮观的现象与这些直接相关。按照参数和应用目标分类，等离子体物理包括高温和低温等离子体物理，不涉及非常具体应用目标的基础等离子体物理以及通常划归空间科学和天文学的空间与天体等离子体物理。丰富和发展基本的等离子体科学对提升科学认知能力以及创造广泛的应用机会非常重要，这些发展和应用将是实现一些国家目标的重要保障，如磁约束、惯性约束核聚变、空间科学等。

（二）学科的特点

等离子体物理学的发展在很大程度上是目标驱动的。磁约束聚变和惯性约束聚变的发展成为等离子体物理学发展最大的推动力。空间等离子体物理的发展也在相当程度上基于人类认识太空、征服太空、扩大生存空间的需要。而低温等离子体的应用需求，直接引导了低温等离子体科学研究的发展。

围绕磁约束聚变、惯性约束聚变、空间等离子体方面的研究，科学工程规模越来越大，技术复杂程度越来越高，使得国际合作变得越来越重要。

（三）发展规律

第一，在历史的发展中对等离子体物理学的发展起决定性作用的因素是实验研究。等离子体非线性、多尺度的特点决定了很难从复杂纷纭的现象中总结和归纳出一套完整的、普适的理论。从实验出发总结归纳出在特定时空尺度范围内对各种参数的经验定标关系，时至今日，在磁约束等离子体和低温等离子体应用研究中仍然发挥着重要的作用。

第二，等离子体科学和技术相互促进，取得了显著的进展。诊断观察和测量水平达到了空前的水平，快速提升了我们对等离子体行为的理解和预测能力，同时，大规模科学计算能力的发展也极大地促进了许多等离子体物理基本问题的解决。在许多领域，从聚变等离子体科学到计算机芯片的制造，基于科学预测的模型已开始逐步取代经验法则。对等离子体基本行为理解的深入已带来新的应用，并由此改善了我们已有的技术。

第三，等离子体科学最重要的进展之一是建立了若干描述等离子体复杂体系的基本理论。等离子体科学主要解释等离子体高度非线性自组织系统的复杂行为，与现代复杂系统的研究在许多方面具有共同之处，一些理论已大量应用到了复杂系统中。

（四）发展态势

50 年来，磁约束等离子体研究所建立的科学和技术基础使人们相信，产生"燃烧"氘氚等离子体、开展自持加热等离子体研究的时机已成熟，这是 ITER 最重要的科学研究内容之一（图 2-4）。ITER 的目标是在一定的功率水平上获得准稳态的受控热核聚变反应，为建设示范受控磁约束核聚变反应堆奠定物理和工程技术基础。它最重要的科学挑战是燃烧等离子体自加热起主导作用的等离子体动力学，这一高度非线性的体系极可能导致许多新的发现。目前国际磁约束聚变研究重点是进一步夯实ITER的物理基础，特别是对实验定标关系外推可靠性的验证和相关物理基础的研究；发展更好的诊断手段和理论模型，持续不断地改善对等离子体的理解，提高对等离子体性能预测的能力。

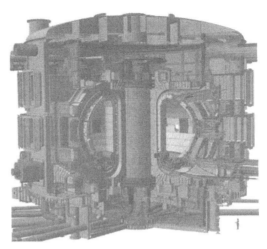

图 2-4　在 ITER 上第一次开展燃烧等离子体的实验，为未来和平
利用核聚变能奠定科学和技术基础

资料来源：http://www.iter.org/proj. The incredibly complex ITER Tokamak will be nearly 30
meters tall，and weigh 23 000 tons. The very small man dressed in blue at bottom right gives
us some idea of the machine's scale

在过去的10年中，宏观稳定性方面两个最重要的进展是对（新经典）撕裂模和电阻壁模的理解、计算和抑制。在大部分情况下，现有的理论和模拟计算可以将复杂的几何位形考虑进来，但仍需要进一步将一些动力学和耗散的因素包含进来以及更多的研究来改善理论模型。H模约束状态下的边界局域模动力学理论模型和控制还需要更精细和深入的研究来提高预测的精度和可靠性。

过去10年在磁约束等离子体约束/输运方面最重要的进展是发现了强流剪切对湍流的抑制并形成边界或/和芯部输运垒，带状流由湍流产生并对湍流起调节作用等。目前对湍流输运特别是在电子通道上的反常输运的认识仍无定论，对与约束相关的一些重要物理问题的认识仍不全面。例如，H模边界输运垒形成机理以及边界垒的结构；具有内部输运垒的弱剪切模式的稳态运行，从目前的实验结果和理论模型还都不足以外推下一代托卡马克的等离子体性能。

在磁约束装置中，稳态的高热通量排出仍然面临挑战。一种比较理想的运行模式是最大限度地利用辐射和增加偏滤器靶板的有效面积降低热负荷功率密度。这方面的研究成果虽然已用于ITER的偏滤器位形设计，但降低靶板热负荷的方式与高约束稳态等离子体先进运行模式的自洽兼容问题仍是需要重点研究的问题之一。

虽然波加热等离子体和驱动电流物理模型的可信度较高，但非线性的问题仍未解决。回旋动力学效应的波与等离子体相互作用的理论模型和数值模拟有可能自洽解决一些非线性问题，从而更好地预测波能量和动量在等离子体中的沉积。高能粒子不稳定性的线性理论发展较成熟，但理解非线性演化过程、多模相互作用、高能粒子约束以及有效控制和利用这些效应仍面临挑战。波加热和驱动电流为解决聚变等离子体需要的环向流问题提供了可能性，但目前实验研究还远未达到可以发展和验证理论模型、外推到未来反应堆规模的等离子体的程度。

经过近 50 年的持续研究，惯性约束聚变研究在激光聚变靶物理理论模型和数值模拟、靶物理实验和精密诊断技术、高功率激光装置建造和单元技术、精密靶的制备等方面取得了巨大的进展。通过大量的实验研究和建立在实验基础上的数值模拟能力提高，人们对产生激光聚变所需驱动器参数已经获得比较可靠的认识。在惯性约束聚变采用的高功率激光器、重离子加速器、轻离子加速器和 Z 箍缩器这四种驱动方式中，高功率激光器的激光聚变目前在技术上最成熟（图 2-5）。在物理研究方面，目前比较成熟的是中心热斑点火模型，美国已建成国家点火装置（NIF），准备在今后两年内演示中等增益的中心热斑点火和燃烧；中国和法国分别计划于 2010 年和 2015 年实现类似的中心热斑点火和燃烧演示。另一类点火方式是基于啁啾脉冲放大技术的超快、超强激光脉冲快点火方案，由于被认为可以减少驱动器的能量，同时具有更高聚变增益，该方案成为目前激光聚变界广受关注的研究课题。它催生了欧洲的 HiPER、美国的 Omega EP、日本的 FIREX 计划和我国的神光 II 升级等计划。另外，一些新的方案在过去几年被陆续提出，如激波点火、撞击点火等。所有针对这些新方案的研究，目前在理论和实验上都是非常初步的。惯性约束聚变点火实验和其他有关的科学实验预期会对聚变能科学和基础科学前沿产生极其深刻的影响。

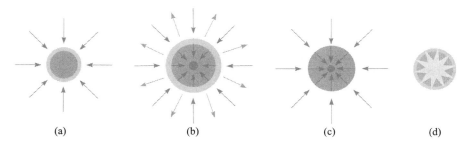

图 2-5　用高功率激光产生惯性约束聚变四个过程

（a）激光或者 X 射线辐射烧蚀靶丸包层；（b）被加热的包层材料向外喷射；
（c）靶丸燃料被内爆，温度提高到 1 亿℃，密度达到铅的 20 倍；（d）产生热核聚变并扩散到整个压缩靶丸，同时产生多倍于输入能量的聚变能除了以激光聚变为目的的研究，国际上以欧洲超强激光设施 ELI 计划为代表的多个项目计划建立 $10\sim100$ 拍瓦乃至艾瓦级装置，以直接推动一些重要基础研究的发展，如高能量密度等离子体物理、相对论等离子体物理、新型粒子加速器、新型辐射源、光核物理、实验室天体物理甚至真空物理等。不同驱动方式产生的等离子体的参数要跨越几个量级，这既为科学创新提供了非常广阔的发展空间，同时也对实验观测、理论分析和数值模拟提出了挑战。其中，大规模数值模拟对推动该学科领域发展的作用在国际上得到空前的重视。

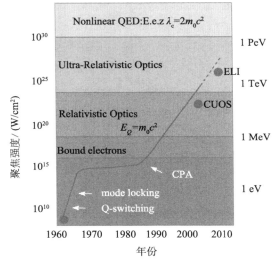

图 2-6　1960～2010 年实验室获得的激光聚焦强度随年代的变化

资料来源：Mourou GA，Tajima T，Bulanov SV. Optics in the relativistic regime.
Reviews of Modern Physics，2006，78：309
20 世纪 80 年代，G. Mourou 等发明的啁啾脉冲放大技术开拓一系列激光与
物质相互作用的新纪元

核聚变未来发展总体上呈现三大趋势。第一，基于聚变增益提升的研究，同时牵引新技术的发展，提供更多的发现新物理现象和揭示新物理机制的机会。第二，以实现更具挑战性的轻核聚变点火为目标的研究。第三，实现聚变点火燃烧后的应用研究。例如，提供一个前所未有的强脉冲中子、高能 X 射线和伽马点源，为新型透视照相、抗核加固、核爆效应、极端条件核物理（如重元素（$Z>50$）核合成）和极端条件材料特性研究提供独特的机会。

低温等离子体技术发展的显著特点就是社会需求的牵引及其具有其他技术的不可替代性。近些年对非平衡大气压等离子体放电（如介质阻挡放电、冷射流放电、射频大气压放电、微空心阴极放电等）机理的实验和模拟研究，极大

地推动了这种等离子体在材料表面处理、灭菌、甲烷转化等方面的应用；人们对电弧等离子体产生及控制的研究，推动了其在材料表面喷吐处理、煤的裂解与汽化、有害废物的处理、离子推进器等方面的应用。

基础等离子体物理以探索新现象、研究新问题为目标，国际上该领域研究一直非常活跃，研究的领域也不断拓宽。在等离子体中，存在丰富的波与不稳定性、非线性现象，纷繁多样的边界层物理，这些至今仍是人们感兴趣的基本问题。非中性等离子体表现出的一些奇异特性，允许对等离子体中诸多现象开展精确的研究，如相关性和湍流等、输运过程和系统内在的热动力学、强相关等离子体中一系列结构相变、反物质等离子体等。尘埃等离子体（dusty plasma）中波与不稳定性、强耦合库仑晶体和相变相关都是热点课题。最近发展的是微等离子体和微弧等离子体。在极端情况下，量子效应变得非常重要，对这类与等离子体状态相关的物理研究极有可能导致新的发现和理论上的重要突破。

激光冷却技术催生了一个新的等离子体形态——超冷等离子体，目前成为研究中等耦合强度等离子体物理的一个重要对象和与原子物理新的交叉研究热点。惯性约束聚变的燃料在压缩过程中是一种介于凝聚态和等离子体之间的状态——温稠密物质（warm dense matter，WDM）状态，传统凝聚态物质或等离子体发展出来的各种理论方法对温稠密物质基本失效，需要发展新理论方法，并通过与实验结果的对比来校正物理模型和理论方法。

五、凝聚态物理

凝聚态物理是物理学最大的一个分支，也是物理学近半个世纪以来发展最为迅速的一个领域。凝聚态物理涵盖面很广，按学科的分类，包括半导体物理、磁学、强关联物理、表面物理、软凝聚态物理等子领域。凝聚态物理研究由大量微观粒子（原子、分子、离子、电子）组成的凝聚体微观结构、粒子间的相互作用和运动规律。研究对象除了晶体、非晶体与准晶体等固体物质之外，还包括液体和软凝聚态物质。研究的对象、目的是通过对这些凝聚态物质的电、磁、声、光和热等物理性质及现象的研究，掌握这些物质中各种单粒子和集体激发的微观及宏观运动规律，发现新的物理现象和规律，丰富物理学的内涵，使我们对微观物质世界有更深刻的了解。这个学科中每个新材料和新现象的发现，都有可能诱发或产生一个新的学科方向或领域。凝聚态物理是材料、信息和能源科学的基础，也与化学和生物等学科有密切的交叉与融合，是国家能源与信息发展战略的科学基础，具有重要的战略意义。

在过去的半个多世纪，凝聚态物理的研究对电子、激光、计算机和信息等工业的发展起到了不可估量的作用。特别是关于半导体电子态的研究，导致了晶体管的发明和整个微电子工业的发展，把人类社会带入了信息时代。同时，凝聚态物理的研究也为新材料的发现和开发提供了科学基础，常常是材料科学中重大创新的前导。近 20 年来，随着大量新型材料的合成和发现，一系列新奇的量子现象被揭示了出来，如整数与分数量子霍尔（Hall）效应、高温超导电性、庞磁电阻、量子相变、磁阻挫、近藤（Kondo）效应和重费米子行为以及巨热电效应、巨非线性光学效应等。这些新的物理现象大都来源于这些系统中电子的电荷、自旋、轨道和晶格等微观自由度之间的共存与竞争，外界参量的微小变化往往就可能导致系统在不同量子态之间的转换，产生巨大的物性变化。这些新材料、新现象的发现，不断挑战着人类探索、认识和把握自然规律的好奇心，同时也为能源和信息技术的长远发展提供了科学基础。

凝聚态物理研究的飞速发展，得益于近几十年来实验技术的发展和完善，同时也对实验技术的丰富和发展起到了关键的推动作用。例如，对氧化物高温超导体和其他量子材料中电子结构的研究，促进了角分辨光电子谱、扫描隧道显微镜（STM）及其他高精尖测试手段的发展。在过去的 20 年中，角分辨光电子谱的动量和能量分辨率分别提高了两个量级，而且，过去一次只测一个动量，现在能够做到几百上千个动量的同时测量，测量效率大幅提高。过去 10 年里，扫描隧道显微镜及其相关技术得到了迅猛发展，其能量分辨本领、机械稳定性等得到了大幅度提高。极低温和强磁场扫描隧道显微镜的发展，使得人们能够在单自旋、单原子水平上研究磁性和自旋电子学的基本过程。调谐音叉式原子力显微镜的发展，可以使人们精确测量移动单个原子、拆分单个化学键所需的力和能量等。这些新的实验手段的应用，使得对凝聚态物质的研究从统计平均的宏观水平，深入原子或电子水平，揭示了大量新的量子现象，超越了已有固体理论所能解释的范围，开辟了凝聚态物理研究的新方向。

凝聚态物理的发展，与理论概念、方法和思想上的创新与发展是同步的。传统的凝聚态物理研究，建立在能带论和费米液体理论基础上，奠定了以半导体、金属为基础的电子、计算机、信息等科学的理论基础，在实验及应用研究中发挥了重要的作用。同时，凝聚态理论研究凝练出来的一些具有普适性的概念和方法，如 BCS 超导理论、自发对称破缺概念等，对其他学科的发展也起到了重要的推动作用。近 20 年来，随着大量新型低维材料的合成和发现，具有特殊功能的量子器件的设计和实现以及包括高温超导等在内的大量新的量子现象的揭示，这些现象不能在以单体近似为前提的费米液体理论框架下得到解释，新的理论框架的建立已迫在眉睫。这种新的理论框架的建立，将使凝聚态物理的基础及应用研究跨上一个新的历史台阶。

（一）发展规律和特点

1. 凝聚态物理研究的动力源自人类探索自然的好奇心和广泛的应用背景

凝聚态物质包括固体、液体和软凝聚体，是大自然存在的最基本形式，探索和研究凝聚态物理的基本规律，是理解物理基本运动规律的一个重要组成部分。推动凝聚态物理研究发展的一个根本动力是人类探索自然的好奇心。一个典型的例子就是对于固体磁性问题的研究。人类一发现天然磁石，就开始对磁性问题的研究，特别是近 200 年来，通过对磁性固体材料的系统研究，发现了微观量子世界的一些基本规律，不仅丰富了量子力学的内涵，同时也为磁性材料在计算机信息存储等大规模科学和工业应用中奠定了基础。100 多年前，法国物理学家外斯在研究铁磁相变理论时，引入了"分子场"的概念，这是最早的平均场理论之一，其思想在现代物理学研究中得到了广泛应用。20 世纪 40 年代，昂萨格严格求解了二维磁性相互作用的伊辛模型，为建立普适的连续相变理论提供了科学依据。反铁磁材料的研究长期以来一直处在固体磁性的研究前沿，而它作为钉扎层用来克服超顺磁极限等在磁记录工业中的应用是近几年的事了。80 年代中期，在研究磁性多层膜的层间耦合时，Peter Grunberg 和 Albert Fert 发现了巨磁电阻效应，这项偶然的发现 10 年后改变了磁记录的方式，开启了自旋电子学研究的大门，应用到了信息工业和日常生活的每一个角落。

凝聚态物理有广泛的应用背景，这种强烈应用背景极大地推动了凝聚态物理的发展，为凝聚态物理的研究提供了新的研究课题和研究方向。半导体物理的研究始于 20 世纪中期，现已成为信息和能源领域技术发展，特别是微电子和光电子学的重要理论支柱。半导体物理研究如此迅猛的发展，很重要的一个原因，就是要解决半导体工业应用中出现的大量现象和问题。半导体物理的发展，为高性能半导体材料和器件的发现和设计提供了科学依据，在计算机和信息技术的跨代发展中起到了不可替代的作用，在当今洁净能源的开发方面得到了充分应用。例如，能源领域中太阳能利用和节能照明技术变革期待半导体材料与器件的突破，高速信息处理能力持续性突破焦点在于硅基半导体材料与器件的发展，绝对保密通信技术依赖着半导体器件在单光子产生和探测功能上的突破等。

2. 凝聚态物理的发展促进了学科的交叉与融合

凝聚态物理是一个交叉性很强的学科，与材料、化学、信息和能源科学的发展存在着密不可分的联系，凝聚态物理研究的成果对物理学及其他学科都有促进作用。对称性破缺是物理学中的一个基本概念。在凝聚态物理中，对称性破缺就意味着有序相的出现。例如，铁磁体在低温下的自发磁化就是一种对称破缺现象。超导是一种对称性自发破缺现象,是一种电荷规范对称性的破缺。1957 年,美国三位物理学家巴丁、库珀和施里弗提出了著名的 BCS 超导理论,对超导电性的起源给出了令人信服的解释,并于 1972 年获得诺贝尔物理学奖。对称性自发破缺的概念,就是通过对超导理论的分析建立起来的,在粒子物理、核物理、宇宙学等物理学的各个分支领域都有广泛的应用。也正是通过对这个概念的分析,美国凝聚态理论物理学家安德森最早指出,由于对称性破缺产生的 Goldstone 玻色子可通过吸收无质量的规范场而获得质量,这是粒子获得质量的一种新的物理机制,正是这种机制导致在超导体中发现的迈斯纳效应。多年以后,英国物理学家希格斯进一步证实了安德森的想法,并将其用于研究基本粒子的质量起源问题。这就是描述规范对称性自发破缺的著名安德森-希格斯机制。

凝聚态物理的研究促进学科的交叉与融合,近几十年来呈加速发展的态势。这一方面是因为凝聚态物理与材料、化学、信息、能源等学科在研究对象方面有很大的重叠,另一方面是因为凝聚态物理研究近年来的发展和知识转化非常快,而且所研究的问题更为基本,由此所得到的原理或方法可直接或推广用于其他领域。磁学就是一个例子。随着量子理论的发展,建立了描述磁性材料微观量子模型,使人们对固体磁性的起源和物性有了深入和全面的认识,发现了大量新的磁性物理现象,如磁多层膜中巨磁阻现象,开辟了磁记录、高速信息读写的新领域,极大地拓宽了磁性材料的应用面,对信息和材料科学的研究以及电子工业的发展起到了巨大的推动作用。

3. 凝聚态物理的发展以新材料、新现象、新理论和新方法的探索和发现为先导

凝聚态物理研究的前沿,主要是以新材料、新现象、新理论和新方法的探索和发现为主。新材料的发现,如铜氧化物高温超导体、铁基超导体、庞磁阻锰化物、重费米子材料等,通常都会带动一个新的分支学科的发展,也为应用带来新的契机。新现象的发现,在凝聚态物理发展中起着至关重要的作用。超导、超流、量子霍尔效应、磁性相变、金属-绝缘体相变、莫特绝缘体、拓扑绝缘体、多铁材料、负折射现象等大量物理现象的发现,展现了微观量子世界的丰富结构和宏观量子现象的无穷魅力,不仅丰富了量子力学的内涵,也为凝聚态物理的研究增添了无穷的乐趣。新材料和新现象的发现,必然伴随着理论概念和方法以及实验技术的创新。事实上,它们之间是相辅相成的。BCS 理论的建立,不仅让我们知道了超导现象的微观起源,也为超导体的进一步研究和应用提供了理论依据,超导体中应用比较广泛的约瑟夫逊效应就是根据 BCS 理论提出来的;此外,BCS 理论也为研究核结构、宇宙学以及凝聚态物理中的其他现象提供了一种新的理论方法。

凝聚态物理学的发展强调理论、数值模拟与实验的结合，强调唯象与微观研究平行发展。传统意义上，凝聚态物理分为实验和理论两部分。但是，随着凝聚态物理研究的深入，研究的对象越来越接近于原子尺度，量子涨落越来越强，电子间的库仑屏蔽越来越弱，以解析为主的理论研究面临越来越多的挑战。在这样的情况下，计算凝聚态物理孕育而生，成为凝聚态物理发展最快的一个领域，架设了理论与实验间的桥梁。该领域在过去几十年中已发展成为一门独立的学科，在一定程度上已达到与凝聚态理论和凝聚态实验同等重要的地步，对当代科学技术的进步起到越来越重要的作用。

（二）发展状况与趋势

凝聚态物理从宏观、介观和微观三个不同的层次研究凝聚态物质的物理性质，在过去的半个多世纪，伴随着各种新材料、新现象和新理论的发现，凝聚态物理的研究在逐步深入，已成为物质科学基础与应用研究的核心领域。特别是 20 世纪 80 年代以来，凝聚态物理研究取得了巨大进展，研究对象日益扩展。一方面，传统固体物理中的各个分支，如金属、半导体、磁学、低温物理等研究在向微观深入，各分支之间的联系更趋密切；另一方面，包括强关联、计算凝聚态物理在内的许多新的分支学科也在不断涌现，成为凝聚态物理发展的新动力。同时，凝聚态物理的研究方法和技术也在向相邻学科渗透、扩展，有力地促进了信息、材料、化学、生物和能源科学的发展。

半导体科学与技术的基础奠定于 20 世纪 40 年代，其核心是基于固体量子理论上发展起来的半导体能带理论、p-n 结理论和载流子传输理论等。近年来这些理论进一步在人工设计半导体微结构中得以发展，使得微电子学和光电子学迈入"量子操控"的新阶段。为了满足信息技术不断朝着超高速、超大容量方向发展的需求，以微电子为代表的固态器件朝着小尺度、低维方向发展。这种 top down 的技术路线最终使得器件有源区成为一种尺度已能与电子、光子的波长相比拟的量子结构，信息载体将经历从经典的电子流到量子波的演变。其中，以自旋极化集合体作为信息载体并对其实施量子调控的自旋电子技术不仅是量子调控在固态器件中的典范，而且具有深远的技术发展前景。另一方面，按照 bottom up 的方式从原子、分子出发同样可以构建成类似的量子器件，成为与 top down 相辅相成的另一种技术路线。

随着凝聚态物理向着低维和纳米尺度延伸，表面物理和界面物理目前正处在一个迅猛发展的时期。固体表面结构和生长动力学的研究使我们对薄膜和纳米材料的生长过程和控制达到了原子水平，对材料科学和固体化学如表面自组装的发展将起到重大的推动作用。极低温强磁场扫描隧道显微镜、超快激光技术与扫描隧道显微镜的结合、调谐音叉式原子力显微镜的发展，使得凝聚态物理的研究得以在单原子、单分子或单原子层水平上进行，推动了超导、半导体、磁学等领域前沿科学问题的研究。低能电子显微镜和光发射显微镜的发展使得薄膜外延生长、固体表面原子与电子结构的研究增加了时间维度，使催化过程的研究进入一个新的时代。

传统的固体磁性研究中有关软磁和硬磁的研究，已逐渐成为材料科学中的问题，而比较少在凝聚态物理领域讨论了。但是，与超高密度磁记录相关的某些基本问题仍是固体磁性研究的重点之一。例如，如何完全利用电流驱动而不是局部磁场来进行磁记录的读写操作，如何获得磁各向异性超强的具有垂直磁性的薄膜材料，如何利用纳米尺度的磁畴来进行三维磁记录等。

近年来，磁学方面的研究集中在以下三个方面。第一，自旋相关输运研究，包括各类磁阻效应、磁隧穿效应、自旋注入与检测、自旋转矩效应等。第二，自旋动力学研究，包括建立在新型微波技术上的磁共振研究、基于泵浦-探测的从纳秒至飞秒时间范围内的各种自旋激发及其动力学、基于同步辐射技术的具有元素分辨的自旋动力学研究以及全光控制的自旋动力学过程等。第三，自旋-轨道相互作用问题的研究。这方面的研究进展比较快，或许在今后的若干年中会有重要的突破。自旋-轨道相互作用的重要性在量子力学发展初期就已经引起人们的重视，但如何使人工设计和调控自旋-轨道相互作用，使之成为重要物理现象的源泉则是近年来的事。铁磁材料的反常霍尔效应是霍尔本人在120多年前发现的，但直到20世纪50年代，人们才开始意识到自旋-轨道相互作用是这一奇异现象的本质。自旋-轨道相互作用是自旋霍尔效应以及拓扑绝缘体的起源。此外，利用自旋-轨道相互作用还可能发展出不需要铁磁性的半导体自旋电子学，是一个值得重视的研究方向。

新的材料体系探索，具有相当的偶然性和风险。但一种新的材料的发现，就会产生新的研究热点。例如，2010年诺贝尔物理学奖授予石墨烯的发现者就是一个典型的例子。新材料探索需要长期的积累。同时，新材料的探索是物理、化学和材料科学的一个交叉领域，对具有多学科背景的人才培养，是实现这个领域快速、长远发展的一个重要因素，应得到国家的长期稳定支持和充分重视。

高温超导研究，经过过去20多年的积累，取得了一批重要的成果。例如，通过大量的热力学响应、电磁响应、角分辨光电子谱、相位敏感等实验和理论研究，确定了高温超导相图，并证明与常规的金属超导体不同，高温超导电子配对具有d波对称性，这是确定高温超导电子配对机理的一个关键因素。此外，高温超导的研究极大地促进了角分辨光电子谱、扫描隧道显微镜、高敏感的中子散射和核磁共振等很多高精密测量手段的发展，大幅提高这些实验手段的分辨率和效率，不仅对超导研究本身起到推动作用，而且对物理学的其他领域和材料、化学等学科的研究起到推动作用。

强关联问题，从理论研究的角度上讲，困难主要来自于两个方面：一是我们对强关联问题的了解不全面，对其缺乏完整和准确的物理图像描述；二是强关联系统粒子之间的相互作用很强，不能用微扰论或其他比较成熟的理论方法研究，非微扰的平均场近似要假设系统存在或近似存在某种长程序，局限性也比较大。在这种情况下，大规模数值模拟及其方法的研究变得越来越重要，在强关联理论的研究中占据了重要的位置，特别是 20 世纪 90 年代初发展起来的密度矩阵重正化群和量子蒙特卡罗法在研究强关联问题中发挥了重要的作用。

近年来，关联量子物理研究的发展呈现出三种趋势：一是随着研究的微观尺度减小，温度降低，量子关联效应越来越突出，包括高温超导在内的大量在传统理论框架下不能解释的物理现象被揭示出来，加快了对关联量子现象的机理研究。二是随着激光冷却和人造晶格系统研究的飞速发展，多学科的交叉性增强，在冷原子系统也观测到了强关联系统特有的超流-绝缘体相变现象，为精确操控多体关联系统提供了强有力的实验手段，促进了强关联物理与原子分子物理的结合，成为这个学科发展的一个新的生长点。三是随着计算技术和计算方法的发展，计算机数值模拟在关联量子现象的理论分析中发挥越来越大的作用，很多情况下，通过计算机模拟已可以直接得到量子态的信息。

计算凝聚态物理研究按照计算方法的特点和用途大致可以分为两类。第一类是以密度泛函理论为基础在单电子近似下建立起来的各种第一性原理计算方法，能够对简单金属、半导体或其他电子关联性不强的系统的电子态及晶体结构做出比较精确的预测。这类方法自 20 世纪 60 年代开始，已经发展得相当完善，核心程序已完全商用化，推动了这种方法的普及推广，是计算凝聚态物理发展最快的一个方向。第二类是以统计模型和相互作用量子模型为研究对象的多体计算方法，包括数值重正化群和量子蒙特卡罗法等。多体计算方法在近 20 年发展非常迅速，特别是自 20 世纪 90 年代发展起来的密度矩阵重正化群方法，全面解决了研究一维相互作用量子模型或二维统计模型方面遇到的计算问题。发展计算二维相互作用量子模型的张量重正化群方法是最近几年的一个热点方向，一旦取得突破，那么包括高温超导机理等在内的许多困难的强关联物理问题的研究就有望很快得到解决。

六、原子分子物理学与光学

（一）发展规律和特点

原子分子物理学和光学分别是物理学的两个二级学科。原子分子物理学是以原子、分子这一物质微观层次为研究对象的物理学分支，它主要研究原子、分子的结构、动态及相互作用的物理规律。原子分子物理是人类认识物质世界的重要基础，正因此原子分子物理成为物理学的一个重要分支学科。此外，原子分子物理在20世纪最主要的科学突破——量子现象的发现以及量子力学的建立过程中起了重大作用。而量子力学理论对于理解和阐明原子分子的物理实质是至关重要的。进入21世纪，科学技术许多领域的研究越来越多地深入原子、分子这一微观物质层次，这必然需要对原子分子性质、相互作用及其运动规律有更深入的认识，并在此基础上实现对物质和过程的精确控制。当前原子分子物理学的发展面临着新的机遇和广阔的发展前景。这要求原子分子物理要不断融合，深入物理学的其他分支学科以及化学、材料科学、生命科学甚至能源、天文等学科。

光学是研究光辐射的基本原理、光传播的基本规律以及光与物质相互作用过程的物理学。光学研究是古老且有着活跃生命力的学科，其每一个进步都对人类科学研究和人们认识世界起到重要的推动作用，甚至一直促进着人类生活方式的改变和社会经济的发展。早期的光谱分析等方法是人类从事科学研究和了解物质世界的基本手段。随着20世纪60年代激光的发明和伴随的非线性光学的发展，人们能够实现对光传输以及光与物质相互作用的调控。激光与光纤导波的发明一起，极大地推动了信息科学技术的进步，甚至改变着人类社会生活和经济的发展方式。目前，光学研究内容涉及超快和超强光物理、介观光学与纳米光子学、量子光学与量子信息；新型光学介质及其对光传输过程的调控；高分辨和高精密光谱及其光场精确操控。此外，光学学科还在能源、信息、化学、生命和空间科学中的光物理过程和物理性质研究中起着重要的作用。

（二）发展状况与趋势

光学的许多新现象和新物理的发现基于把原子分子作为研究对象，而原子分子物理学研究的深入在很大程度上依赖各种新型光源和光谱。以作为原子、分子、光物理研究的主要光源激光为例，它的发明就恰恰是原子分子与光学研究的硕果。激光自问世以来在原子分子光学领域有着广泛的应用，这种应用的结果不断导致激光技术的革命性发展。通过光学调 Q、锁模、啁啾脉冲放大以及高次谐波产生等一系列技术，脉冲激光的脉冲宽度不断被压窄，脉冲宽度极限不断得到突破，已经被压缩了十多个数量级。如今，直接产生脉冲宽度4飞秒的激光并进一步迈进到阿秒（as）时域，获得了目前最短达80阿秒脉冲（基态氢原子的电子绕核运动周期约为150阿秒）。随着激光脉冲宽度不断压窄，激光峰值功率有了很大的提升。利用超短脉冲激光，目前人们在实验室已经可以

获得聚焦强度达到 $10^{21} \sim 10^{22}$ 瓦/厘米^2 的高功率密度（氢原子第一玻尔轨道处电子感受到的原子核电场所对应的强度为 3.5×10^{16} 瓦/厘米^2）和 $1 \sim 2$ 个光周期的最短激光脉冲。超快脉冲激光为有关物质变化的时间分辨动力学研究提供了崭新手段。技术上已经可以达到在分子量子动力学过程的时间尺度（皮秒、飞秒乃至阿秒量级）上的超快时间分辨和比分子内部相互作用强度高的外场强度。因此，实现对原子分子内部量子态及其演化过程的测量和控制，以至于对其电子的量子行为演变的认识也将成为可能。飞秒激光脉冲整形技术（pulse-shaping techniques）和飞秒超快光脉冲载波相位可控改变技术等激光光场调控新方法提供了全新的研究改变量，这将极大促进精密物理操控和测量的发展。预计在不久的将来，成熟的阿秒光脉冲获得技术将带来超快光谱学及电子动力学研究及相关科学技术方面更多的新突破性进展。

研究人工微结构材料对电磁波的调控作用以及纳米尺度材料光学性质的介观光学现象，开发在介观尺度上的纳微光子器件是目前光学与多学科前沿交叉领域。基于表面等离激元、光子晶体等亚波长光学结构成功地实现了导波、滤波、激光辐射、超快光开关等单元功能。奇异电磁波穿透效应、负折射、隐身等奇异现象的发现提供了介观光学研究的全新角度，为实现介观尺度上电磁波的传输与调控提供了一个基本材料平台。介观光学元器件的集成极有可能在光信息领域带来新的突破，为全光集成开辟新的途径。通过在纳米尺度范围内光波的整形，极大地促进了激光成为灵活的工具，在非常精细的尺度内对物质进行操作，为纳米尺度内控制光的时空特性提供新的手段。

太赫（THz）和相干紫外光等新波段光源的拓展和应用已成为新的研究热点。太赫科学与技术方面的主要研究内容包括了太赫源、探测器；太赫时域谱技术；太赫无源器件和太赫应用。通过二阶非线性光学晶体获得紫外光源一直是我国领先领域，复合材料和结构材料等新型材料体系将是下一代研究的重点。慢光是近几年光学和材料科学领域的研究前沿和热点。激光多光子过程可实现非常高精度微纳加工、修复和处理，将在微电子、微光学、光通信和生物医学等高技术领域发挥巨大的作用。

量子光学是利用量子力学基本原理研究光场（光子）的量子行为以及光与物质相互作用的量子效应的学科。一系列量子效应，如反聚束效应、辐射压缩、双光子干涉、多光子纠缠、量子无损测量等，为人们展示了量子世界丰富多彩的特性。目前，量子光学已经深入量子信息研究，并越来越与冷原子分子物理融合到一起，形成了与原子分子光学（AMO）不可分割的一个整体。

冷原子分子在过去 10 年里成为蓬勃兴起的一个新兴科学领域。与此相关的激光冷却技术和碱金属原子气体中玻色–爱因斯坦凝聚（BEC）的实现研究的科学家分别在1997年和2001年获得了诺贝尔物理学奖。人们在实验室中已经能够产生纳开这样极低温度的超冷原子。虽然原子到分子仅一步之遥，但对冷分子的冷却仍然是挑战性的任务。超冷原子分子气体实验的实现有着十分重要的科学意义和潜在的应用价值。

传统的原子分子碰撞物理研究能够产生各种电离度的原子分子，并且获得它们与电子、离子、光子及中性原子分子的动力学过程信息和大量碰撞微分截面数据。目前，碰撞物理研究在实验方面向实现完全、精密谱学测量的方向发展，为深入与精确的理论和计算比较提供更多准确的数据。同时，由于需求牵引和技术发展，越来越多与环境影响效应相关的碰撞研究，特别是高温稠密状态、强外场条件以及超冷等状态下碰撞过程的研究，得到了更大的关注。这些研究与国家需求相关的许多高技术领域（如惯性约束核聚变、磁约束聚变等离子体、空间物理等）密切关联。

随着原子分子物理理论的发展及计算机技术和计算方法的进步，理论计算预测在原子分子物理学中起着重要作用，特别在现代科学技术对复杂原子分子体系的高精度数据需求方面。目前，在多组态完全相对论方法及R-矩阵方法的原子体系高精度计算、分子及复杂体系（大分子、团簇、纳米、表面及材料等）的量子从头计算、极端条件（如高温稠密、超强外场、超高压、超低温度等）下原子分子状态的计算、超快过程的量子含时薛定谔方程求解等方面取得了显著进展。

在强场条件下外场与原子分子形成了一个强相互作用的体系，理解认识这样的体系以及多次电离、解离电离、高次谐波产生等新现象的物理实质和规律，是一个富有挑战性的任务。强激光场中自由原子分子产生的高次谐波过程是目前产生阿秒光脉冲的主要手段，也是产生台面相干短波（真空紫外、软X射线）辐射的有效途径。利用强激光以实现台面新型粒子加速方案，在厘米量级空间把电子由静止加速到1GeV，为未来新型加速器奠定了重要基础。

自由电子激光作为新一代的同步辐射光源已经对物质科学研究起到了强大的推进作用，目前在十多家国际著名实验室内已经建立，如德国DESY VUV-FEL（FLASH，DESY，Hamburg）、European XFEL，美国SLAC国家加速器实验室的直线加速器相干光源（linac coherent light source，LCLS）等。目前自由电子激光装置主要的物理实验集中在原子分子上，包括He原子阈上电离，He、Ne原子双光子双电离，Xe原子集体巨共振（collective giant resonance）效应，N_2分子的多重电离，惰性气体团簇的多重电离，类Li高电荷Fe^{23+}离子的电子跃迁以及原子内壳层电子在强X射线作用下被剥离的动力学过程等。

七、声学

声学是研究声波的产生、传播、接收及其效应的科学，属于物理学的一个分支。声学具有极强的交叉性与延伸性，它与现代科学技术的大部分学科发生了交叉，形成了若干丰富多彩的分支学科。近年来，声学的研究与新材料、新能源、医学、通信、电子、环境以及海洋等科学紧密结合，取得了巨大的进展。例如，声化学方法已成为制备具有特殊性能材料的一种有用技术，声空化所引发的特殊物理、化学环境已为科学家们制备纳米材料提供了重要的途径，可以制备多种形态的纳米结构；超声在医学诊断和治疗两方面都起着重要的作用，高强聚焦超声（HIFU）无创治疗肿瘤技术与传统的手术治疗相比有独到的优势；超声微泡造影剂已广泛用于心肌声学造影、急性局灶性炎症、血栓、肿瘤的诊断及部分良、恶性肿瘤的鉴别诊断以及治疗；水声学在国防军事领域、海洋资源的调查开发、海洋动力学过程和环境监测等方面不可替代等。因此，声学学科已经大大超越了物理学的经典范畴，成为包括信息、电子、机械、海洋、生命、能源等学科在内的充满活力的多学科交叉科学。

声音是人类最早研究的物理现象之一，声学是经典物理学中历史最悠久，并且当前仍处于前沿地位的物理学分支学科。现代声学可以追溯到 1877 年瑞利出版的《声学原理》，该书总结了 19 世纪及以前 300 年的大量声学研究成果，集经典声学的大成，开创了现代声学的先河。20 世纪，由于电子学的发展，使用电声换能器和电子仪器设备可以产生、接收和利用各种频率、波形、强度的声波，大大拓展了声学研究的范围。现代声学中最初发展的分支是建筑声学和电声学以及相应的电声测量。以后，随着频率范围的扩展，又发展了超声学和次声学；由于手段的改善，进一步研究了听觉，发展了生理声学和心理声学；由于对语言和通信广播的研究，发展了语言声学。

在第二次世界大战中，超声开始广泛用于水下探测，促使水声学得到很大的发展。20 世纪初以来，特别是 20 世纪 50 年代以来，随着工业、交通等事业的巨大发展，出现了噪声环境污染问题，从而促进了噪声、噪声控制、机械振动和冲击研究的发展。随着高速大功率机械的广泛应用，非线性声学受到普遍重视。此外，还有音乐声学、生物声学。这样，逐渐形成了完整的现代声学体系。图 2-7 是美国著名声学家林赛（R. B. Lindsay）1964 年提出的声学与其他学科交叉图，基本上是 20 世纪上半叶的声学总结。现代声学是科学、技术和艺术的基础。

今天，人们研究的声波频率范围为 $10^{-4} \sim 10^{13}$ 赫，覆盖 17 个数量级。根据人耳对声波的响应不同，把声波划分为次声（频率低于可听声频率范围，大致

图 2-7　声学与其他学科的交叉

为 10^{-4} ～20 赫）、可听声（频率为 20 赫至 20 千赫，即人耳能感觉到的声）和超声（频率在 20 千赫以上的声）。根据声学与不同学科的交叉，声学又可分为若干个不同的分支，主要包括以下几个方面。

水声学和海洋声学：声学与海洋科学的交叉学科。由于海水引起的传输衰减，电磁波在海水中很难穿透 1 千米距离。相比之下，声波在海洋中的衰减仅为电磁波的 1‰。低频声波在浅海中可传播数百公里，在大洋中可以传播上万公里。海洋不仅蕴藏着丰富的资源，影响着人类的生存环境，也关系着国家的战略安全。海洋声学研究在探测、定位、通信、导航、海洋监测、海洋地形地貌、地层结构测量、渔业、矿物资源查找、海洋声学测温、声学层析等领域有广泛的应用。我国的水声研究主要以浅海为重点，浅海复杂多变，规律难以把握。近年来我国科学家在浅海声传播理论方面有所突破，对浅海与深海水声物理规律作了系统研究，引起国际上的重视。中国还研制了多种声学仪器，如声学多普勒流速仪、声学相关流速仪、合成孔径声呐、多波束测深仪以及海底地层剖面仪等。水声学和海洋声学发展趋势是与海洋学紧密结合，进行复杂海洋环境下声场理论与实验技术研究：海洋中广泛存在海洋内波、锋面、涡、流、斜坡等海洋现象，研究这些海洋内波等海洋物理现象对声场的影响已经成为水声物理研究的一个重要内容。已有的研究表明海洋孤立子内波可能对声场产生重要的影响。但是目前人们对复杂海洋环境对声场影响的了解还远远不够。

生物医学超声学：超声学与医学的交叉学科。近几十年来，随着信息科学与生命科学的飞速发展，生物医学超声得到了前所未有的发展。一方面，超声影像新技术层出不穷，以提高诊断的准确性，特别是早期诊断疾病的能力。另一方面，超声逐渐由诊断向治疗领域发展，如高强聚焦超声治疗肿瘤、药物传递及基因治疗等。由于医学超声的发展与提高人类健康密切相关，国内外在这一方向的投入非常大，并且基础研究向实际应用的转化非常快，新技术不断出现，超声诊断和治疗水平不断提高。

超声电子学：超声学与电子科学的交叉学科。目前，超声电子的研究主要集中在三个方面：声学微电子机械系统（MEMS）、超声电机和声学传感器。声学 MEMS 已经横跨 10 赫至 10 吉赫频率范围，由音频、超声频直到微波频。代表性器件分别是硅微传声器、微超声换能器和薄膜体声波谐振器，它们都有重大的军事和民用应用前景。超声电机是利用压电材料的逆压电效应制成的新型驱动器，是多学科交叉的产物，它集超声学、振动学、材料学、摩擦学、电子学和控制科学为一体，需要众多领域合作研究。超声电机具有许多优良特性，特别适合国防装备、航空航天。声表面波（SAW）自其诞生之日起，就被用于信号处理技术，包括滤波、延时、脉冲压缩、相关、卷积等功能，广泛应用于雷达、航空航天、广播电视、通信等领域。

超声检测和成像技术：超声无损检测利用超声波在介质中的传播特性检测目标的存在，评价目标的特性。与其他常规无损检测技术相比，超声无损检测具有被测对象范围广、穿透力强、检测灵敏度高、目标定位准确、成本低、使用方便、速度快、对人体无害及便于在线检测等优点。几十年来，超声无损检测已得到了广泛应用，几乎涉及所有工业部门：钢铁、机器制造、锅炉压力容器、石油化工、铁路运输、造船、航空航天、集成电路、核电等重要工业部门。近年来，超声检测新技术不断出现，如超声相控阵成像技术、电磁超声检测技术、激光超声检测技术、超声导波检测技术等。声成像是用"声波"来"观察"物质世界的成像技术。与光成像相比，声成像有两个主要特点：一个是它不仅可以得到试样的表面像，还可以得到不透明试样的内部像；另一个是声学像是材料的力学像，像的反差反映了材料的力学特性差异。因此，声成像在无损评估材料结构和特性方面是一种非常重要的检测技术。扫描探针声显微镜（SPAM）是近年来迅速发展的新的介观成像技术，它的近场成像特性，使像的分辨率可以突破波长的限制而获得高分辨，实现纳米级空间高分辨率的声成像。

通信声学和心理声学：声学与生命科学、通信学科的交叉学科。随着高性能计算和网络传输技术的不断发展，声信息传递的需求已远远超出语音内容的传递，如何在接收端真实地还原发送端的所有信息（包括所有的音频信号和声场景特征）已成为信息技术的重要研究目标。通信声学涉及声场计算和预测、信源编解码、声信号处理、声场景分析与重构、心理声学、生理声学、自然语言处理、人工智能等众多研究方向。

生物声学：声学与生物学的交叉学科。广义来说，与生物（包括人类）有关的声发生、传播、接收等均是生物声学的研究范畴，不仅包括解剖学意义上的与生物体有关的声现象，如发声器官的振动机理、生物对声信号的响应机制，也包括神经生理学意义上的声产生与接收。例如，高等生物鸣叫的学习、记忆、控制、反馈过程以及听觉神经系统对声信号分解、分析等。近年来，关注的研究方向包括：①发声机理及其与语音信号处理结合的交叉科学研究；②发声机理与临床医学相结合的交叉学科研究；③听觉过程中的非线性效应研究；④听觉和发声过程的神经活动研究等多个方向。

环境声学：声学与环境科学的交叉学科。随着工业生产和交通运输的迅猛发展，城市人口急剧增长，噪声源越来越多，噪声强度越来越高，人类的生活和工作环境受噪声的污染日益严重。控制噪声，保证建筑物内外的声环境能够满足人们的生活、学习和工作需要，减少噪声对人类的危害，成为环境声学的主要研究内容。环境声学涉及人类自身的主观感觉，因此首先要解决的是符合主观感受的环境噪声的客观评价问题，包括声品质研究和室内音质研究。国内外这方面的研究目前都不成熟，研究目标、研究手段、研究结果的表达形式都不清楚，涉及心理声学、人耳、人脑和传统的客观测量、信号处理等。研究的目标是：建立人对噪声的感受模型，这个模型可能非常复杂，从人耳的信号处理模型一直到大脑的认知模型，得到一个客观模型或者方法能够完全反映人对声音，包括音乐和噪声等的感受。

地球声学与能源勘探：地球声学是指通过声学的方法探测地球构造，地球的油、气、煤等其他资源的科学技术领域。地球声学研究的内容包括声波的产生、声波在地球介质中的传播、声波的接收和信息处理、声波对地球介质的效应等。地球声学是研究地球构造、评估地球介质中油、气和其他地球资源等各种工程中声学应用的基础。声学方法是人们对地球进行探测的最主要方法，地球声学的声波频段从天然地震频段（10 赫以下），人工地震波频段（10～200赫），井间地震频段（100～1000 赫），声波测井频段（1～20 千赫），井下超声电视频段（100～500 千赫），岩石超声测量频段（200～500 千赫）到岩石超声显微镜频段（1 兆赫）。地球探测声学所遇到的声学介质是地球介质，其复杂程度是前所未有的。在各个频段内声波的产生和接收涉及声波传感器技术。因此，地球介质声传播理论、地球探测声学传感器技术的发展是地球声学发展的关键。

语言声学：声学与语言学、生命科学的交叉学科。语言声学是智能计算机发展和人机对话技术的重要基础性研究方向。要让未来信息社会的"智能"设备"听懂，自然流利说话"并成为人们工作、生活助手，就必须对信息最主要的载体声音和语言进行深入研究。语言声学一个重要的研究方向是人类语音理解与大脑的编解码机理研究，结合脑磁、核磁等现代成像分析方法与脑科学研究、脑临床医学的实践以及听觉机理的理论和实验，研究语音刺激的记忆与理解机理，建立人类大脑的语音理解模型，逐步提高计算机的智能及人机对话的技术水平。

声学的核心是声物理学，声学作为一门应用科学，其理论基础在连续介质力学（流体动力学和固体力学）的基本方程确立之后，已经得到充分的发展。但随着声学应用的扩展，将声学的基本理论用于解决各种特定的需求和条件下的声波产生、传播、接收及其效应的机理，仍然存在大量基础性的挑战。例如，随机非均匀媒质中声波的传播、散射和接收规律的研究仍刚刚起步。随机的不均匀结构在空间分布或时间演化上存在一定的无序性及不可预测性，故该概念包含的外延极广，可用于描述许多重要的物理现象。例如，大尺度地壳或海洋的内部结构、锅炉内部的燃烧反应过程等均可视为典型的随机非均匀媒质。因此，对随机非均匀媒质中波动问题的理论与实验研究有着极其重要的意义，对声学成像、地层分析及海洋探测等研究领域具有重大的指导意义。

八、物理学与其他学科交叉

物理学在交叉学科形成和发展过程中，起着至关重要的作用。生命、环境、信息、能源、材料科学及相关技术发展也不断对物理学提出新的重大课题。物理学和其他学科的交叉和结合是新世纪科学发展必然趋势，将对物理学本身和其他学科产生巨大推动作用。这里就部分与物理学密切相关的交叉学科领域发展状况和趋势进行阐述。

（一）未来信息的物理基础与量子信息

半个多世纪以来，凝聚态物理和激光物理不断涌现的新发现，不断推动着信息技术朝超高速、超大容量方向突飞猛进地发展（特别是晶体管、激光、光纤技术的发明）。一方面，基于CMOS的集成芯片技术按照摩尔定律朝着不断缩小特征尺寸的方向推进。但是，它终将面对逼近物理极限的挑战：器件的有源区已成为量子结构，其量子属性将使CMOS工作失效。另一方面，今后摩尔定律的延伸主要受到巨大产业投资风险的制约。这些迫使人们不得不改弦更张，寻求革命性的变革。目前已呈现出两条路线并行的势头。

第一条路线是从技术革新的角度来推进。人们越来越希望未来技术将硅芯片的处理能力与超快的光子技术融合在一起,光不仅速度快,而且光子之间没有相互作用,可以在同一条狭窄的传输通道中进行数量大得难以置信的数据传输。基于上述期盼,未来芯片十分可能将计算、存储、通信和信息处理等多种功能汇集在一起。这种需求推动了基于 CMOS 的电子技术与光电子、光子技术相互融合,通过突破超高速电光转换技术、结合并行计算体系,可以将现有CPU 的速度提高 1000~50 000 倍,推动计算技术发生革命性的变化。第二条路线是从物理原理创新的角度来推进。半导体器件不断朝着小尺度、低维方向发展,它们已经成为一种量子结构,其中的信息载体也将从经典的电子流演变成量子态,基于量子调控原理的新一代信息技术——量子信息将很可能成为最终的解决方案。

量子信息主要包括量子计算、量子通信和量子密码学。不同于经典信息,量子信息的基本工作单元是量子比特,它具有量子相干叠加衍生的各种量子特性,如量子纠缠、量子并行和量子不可克隆等。由于量子比特的信息处理过程遵从量子力学规律,因此能够用一种革命性的方式对信息进行编码、存储、传输和操纵,可以实现利用任何经典手段都无法完成的信息功能,在提高运算速度、确保信息安全、增大信息传输容量等方面突破经典信息的局限性。

20 世纪 80 年代初,人们开始考虑量子图灵机的物理实现和应用量子比特的必要性。到了 90 年代,Peter Shor 关于大数因子量子算法的提出,引起科学界乃至世界主要国家的国防、安全保密部门的高度重视。有了量子计算,量子密码学和量子通信的必要性才突显出来;有了量子密码,才有可能防止通过量子计算破解传统密码。

量子通信:量子通信的主要内容是量子密钥分发。通过光子作为信息的载体,可以利用光子的偏振或相位进行编码(图 2-8)。量子力学基本原理保证了有威胁的窃听都必定会被通信双方察觉,从而保证密钥的绝对安全。绝对安全的量子密钥分发过程是建立在理想单光子源的基础上的。但用弱相干光源替代单光子源,原理上存在窃听手段。采用诱骗态(decoy-state)方案可以应对分离光子数攻击,克服已知的安全漏洞。

实用化量子通信技术的国际竞争很激烈。虽然目前科学家们演示了各种量子通信网络,但是只有点对点量子通信的安全性才被严格证明,量子通信网络的绝对安全不能简单依赖于经典中继,否则其安全性将退回经典通信。为了建立使用量子中继器(quantum repeater)的完全安全量子通信网,必须在物理上发展其核心部件——长寿命量子存储。没有量子存储器,实现量子通信的成本将随通道长度指数增加。基于冷原子气体和线性光学器件的量子中继器正在研

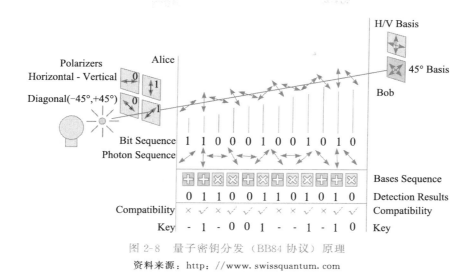

图 2-8　量子密钥分发（BB84 协议）原理

资料来源：http://www.swissquantum.com

制，还存在重要的问题亟待解决。例如，发展高效率的单光子源和单光子探测器。

量子计算：量子计算的研究目标之一是为了突破传统计算机构架体系的发展瓶颈。1998 年，美国 MIT 和洛斯阿拉莫斯国家实验室运用液体核磁共振（NMR）成功地演示了量子计算的主要功能。然而，由于操纵微观粒子的难度以及其不可避免的退相干，迄今为止世界上还没有真正意义上的实用量子计算机。目前已经提出的方案主要利用了多光子纠缠、原子和光腔相互作用、冷阱束缚离子、电子或核自旋共振、量子点操纵、超导量子器件等。每一种方案都有各自的优势与实现难度，但目前的研究热点主要集中在基于超导和量子点等固态系统的量子计算。

由于约瑟夫森超导器件能够呈现宏观量子效应，其好的态相干性非常适宜制备量子比特。这方面还有许多重要的基础问题有待解决，如超导量子比特的优化、多超导量子比特及不同类型超导量子比特间的有效和可控耦合、量子态的有效测量以及环境噪声和测量系统对量子态相干性影响的有效降低等。近 10 年来，超导量子计算一直是美国、日本和欧洲的重点支持研究领域。

量子点量子计算在 1998 年由 D. Loss 和 D. P. DiVincenzo 提出。量子点作为固态量子比特的主要优点是其稳定性和器件的小型化；量子点系统和现代半导体工艺及纳米技术能够较好地兼容。其缺点是，每一个固态比特都处在极其复杂的环境中，量子态的相干时间都较短。目前量子点量子计算的研究系统，从最初的劈裂栅量子点延伸到自组织和涨落量子点甚至半导体中杂质缺陷；控制手段从最初的单纯电学控制发展到光学和电子顺磁共振等方法；单纯的电子自旋系统也扩展到包括激子态和光子系统的复合量子系统。这些发展，为未来取得决定性的突破奠定了较好的基础。

实现量子计算的严重障碍是所谓退相干问题。即环境不可避免地破坏系统的量子相干性，使之不能长期稳定地工作，完全丧失量子计算的优势。理论上人们已发现有效克服退相干的方法，即量子编码。这些方案采用编码的逻辑量子比特来实现鲁棒或量子计算容错，其代价是在物理量子比特和基本量子逻辑操作的数量上引进冗余。业已证明，在某些假设下，如果每个门操作能达到阈值精度，则量子纠错可允许量子计算进行可靠的运算。

量子器件技术：固态量子器件电路大致分成两类：一类是用具有某种特殊量子效应器件构成的，整体上仍属经典范畴的电路。另一类是基于量子相干、叠加性原理的全量子器件及电路。前者的典型代表有共振隧穿器件集成电路、自旋阀器件集成电路、单电子器件集成电路、量子点自动基元集成电路等。后者的典型代表有以量子逻辑门为基本单元，应用完整的量子力学原理，即量子态相干叠加性和量子运算操作的幺正变换性，实现量子巨并行运算电路。简单说，就是能实现量子计算的电路。另外，相干光电子器件、光子器件及其集成则是量子力学原理在光电子、光子技术中的体现。

基于量子计算概念的量子电路也取得了重大进展，演示了多位量子比特的全部操作。基于量子计算的电路仍需解决如何制备目标波函数、完成幺正变换的操作、可控地引入量子纠缠和读出量子信息等极具挑战性的科学技术问题。面向未来，科学家又提出基于单光子、纠缠光子对产生、单光子存储和单光子逻辑操控的光量子计算电路的研究。综上所述，完全可以相信量子物理对未来信息技术的发展会发挥比以往更为至关重要的作用。

（二）精密测量物理

精确定量是当代物理学重要的精髓，物理学家透过精密测量得到实验结果，进而归纳出物理规律。基本物理规律阐释了宇宙的结构，体现了人类探索自然的知识积累以及对其认知的深度。每一个基本物理定律都含有基本物理常数，这些物理常数之所以"基本"，是因为它们必须通过精密测量来决定，而无法被更基础和更深入的理论推导出来。从这个观点出发，一个严谨的科学家必须在更高的测量精度上，在极大和极小的空间与时间尺度上永无止境地检验已知基本物理规律的正确性，测量基本物理常数精确值及其时变性，深入研究基于物理学的测量极限和突破测量极限的方法。这种对极端精密测量无止境的追求与挑战，是物理学家探索真理、发现新知识的最有效手段。纵观几百年来的科学发展史，精密测量的精度每提高一个数量级，往往预示着发现新的物理效应或规律，而现代科学就是在这种对测量精度的不懈追求中发展起来的。

精密测量物理的定义与内涵：精密测量物理的定义是指利用精密测量技术与仪器设备对物理学基本规律进行可重复可操控的高精度实验检验，对基本物理常数进行精确测定，深入研究测量的物理限制与突破测量极限的方法，并针对最前沿科学与技术需求研究极端精密的测量技术、测量仪器设备和测量基准。研究内容包含：①基本物理规律的高精度实验检验；②基本物理常数精密测量；③基于基本物理常数的测量基本单位制；④极端精密测量物理；⑤精密测量理论与误差分析。以下对各个研究内容的内涵作较为详细的阐述。精密测量物理是多学科交叉的物理学学科，研究内容涉及物理、天文、数学计量学等基础学科，其利用的研究工具涵盖电子、机械、测试技术与仪器学等多个工程技术应用学科的最新研究成果。

精密测量物理的发展规律与特点：从科学发展史中，人们认识到测量技术和测量仪器的创新往往会直接或间接导致物理学的重大发现；而物理学的前沿研究成果又进一步促进测量技术和测量仪器的研究发展。一方面，物理学家设计实验并利用精密测量技术检验物理学基本规律或基本定理，精密测量的实验结果往往指引出新的研究方向与视野。另一方面，科学家利用物理学的研究成果（物理理论与实验方法），分析测量噪声与测量极限，进而研发测量精度更高、动态响应更快、测量范围更宽以及功能更多样的测量技术与仪器。更重要的是，精密测量物理的应用能满足国家重大需求。例如，微波原子钟与光钟在空间物理有着广泛的应用前景，它不仅可以改进全球卫星定位导航系统，而且在深空探测和星座定位等空间科学与技术上有着不可替代的作用。另外，精密测量物理还推动着精密科学仪器的发展。

精密测量物理的发展现状与趋势：自激光诞生，科学家就致力于光场时域和频域精密控制的研究，取得了令人瞩目的研究成果，他们已能将连续激光的线宽压缩到亚赫兹级，将光脉冲的宽度压缩到亚飞秒量级，光场时域和频域精密控制的研究成果，大大地促进了精密测量技术和精密物理测量的发展。欧美通过建立地面和空间长程激光干涉仪开展引力和引力波的研究是一个很好的例子。不仅如此，科学家还能对光场时-频域同时实现精密控制，研制成飞秒激光光梳，光梳的诞生为研制成功光钟攻克了最后一个关键技术，使光钟研究真正进入了实验室研制阶段。在过去10年，光钟研究取得了突飞猛进的发展，不确定度几乎改进了近三个数量级，美国国家标准与技术研究所2010年的最新研究成果表明光钟的不确定度可达到 8×10^{-18}，科学家正在考虑如何在将来用光学频率标准建立时间标准"秒"的新定义。由于光钟能提供超高精度的时间频率标准，所以光钟的诞生将使精密测量进入一个新的时代，挑战已有的理论和对宇宙有新的认识。

在精密测量技术与系统方面，地面-空间大型激光干涉仪的建立取得了很大的进展，已应用于测量地球重力分布。将空间技术和精密测量技术相结合是一个很重要的研究方向，空间光钟和空间干涉仪相结合，将在精密物理测量、精密导航和精密定位中发挥不可估量的作用。在高精度光钟的应用方面，实现远距离频率标准的精密传输是关键和基础，如何采用光纤通信系统来传输时间频率标准是首要的研究课题。

（三）软凝聚态物理

1. 发展规律和特点

软物质是在自然界物质中存在的最广泛最通常的一种凝聚态物质，软物质可以定义为是处于固体和理想流体之间的一种复杂物质，美国物理学会较早将其归类为复杂流体。典型的软物质包括聚合物、液晶、胶体、颗粒物质以及生物大分子等，在自然界中广泛存在并与人们的日常生活及工业技术密切相关。软物质的基本特征主要体现为具有结构复杂性和形态柔软性，复杂性表现在软物质的构成基元（或分子）的多样性，不同的单元具有不同的功能，单元之间可自组织、自组装和集聚形成各种复杂的结构。柔软性体现在软物质对外界影响的特别敏感性，在微弱相互作用下可产生较大的形变，但不具有普通流体如水和空气的流动性，从而表现出不同的物质形态和特性。在结构上它一般只具有短距离的规则性，而缺乏长距离周期性，其形态与熵密切相关。因此，软物质具有对外界微弱作用的敏感性、非线性响应、自组织行为特性，使得软物质表现出丰富多彩和形态各异的复杂特性，是一种结构形态属于边界（marginal）稳定的物质性态，其物理特性表现出与传统的固体、液体和气体不同的特性。特别地，与流体和气体不同，热的效应可调控软物质的结构形态。

自从德热纳在1991年诺贝尔物理学奖授奖会上以"软物质"（soft matter）为演讲题目提出软物质概念以来，人们对与软物质相关的科学问题的研究迅速深入和系统，软物质的科学内涵和研究领域得到了快速的扩展和充实，引起了科学家特别是物理学和化学家的广泛关注。之前，在相当长的时间内，与这些软物质相关的研究主要属于物理化学和生物化学关心的领域，物理化学科学家对其开展较多的探索，其中有不少科学家曾做出了重要的贡献。例如，德拜研究了胶体和聚合物，朗缪尔研究了胶体和膜。随着现代物理学研究的进展，物理学中新概念、新方法和新手段被广泛应用到软物质的研究中，特别是凝聚态和统计物理、计算物理和非线性动力学理论的应用，极大地推进了软物质科学的进展。软物质具有的多学科内涵和丰富的物理特性以及广泛的应用背景，已引起越来越多物理学家的兴趣，人们更多地从物理学的研究观点来探索软物质的物理特性以及不同软物质的共性规律，学科体系迅速形成和建立，众多的研究热点逐渐汇聚形成了一门具有交叉学科特性的物理学新的重要分支：软凝聚态物理。

另外，软凝聚态物理的研究还涉及水的基础科学问题。近年来水源危机已经成为人类面对的首要问题之一。尽管世界各国都在不同层次的研究上做了一定投入，但由于人们认识程度和研究手段的限制，这项前沿基础问题一直没有得到解决，使得几乎所有与改善水质问题相关的技术和应用，基本停留在经验和半经验的水平上。相信在未来10年中这方面研究将有新的进展，我国应该积极组织。

2. 发展状况与趋势

20世纪90年代以来，以软物质为研究对象的软凝聚态物理学快速发展，各种与软物质特性相关的现象被大量观测，理论分析研究特别是与凝聚态物理学相关的实验技术、理论分析和模拟计算方法的运用，极大地推动了软物质的研究。系统的研究已经能够刻画具有复杂相互作用的软物质系统的一些基本的物理特性，在从各种软物质结构形态的时空有序到复杂生命体系的结构形成和动力学的研究方面已取得重要进展。

在国际上，软凝聚态物理已成为受到广泛重视的新学科领域。近年来，在科技发达国家，大多数大学的物理系和研究机构已建立有软凝聚态物理的研究方向，研究队伍在不断壮大。在美国，有普林斯顿大学、宾夕法尼亚大学、加利福尼亚大学洛杉矶分校、洛斯阿拉莫斯国家实验室、阿尔贡、布鲁克黑文国家实验室。在欧洲，有法兰西学院和巴黎高等师范学院统计物理实验室、英国剑桥大学物理系 Cavendish 实验室、德国于利希研究中心固体研究所和 Max-Planck 研究所。在日本，有京都大学等。与此同时，国际许多重要的物理学术刊物已将软凝聚态物理列为物理学的新学科，如美国物理学系列杂志 *Physical Review* 在1993年开始刊行 *Physical Review E* 分册后，主要刊登软物质等研究论文；《欧洲物理学杂志》（*The European Physical Journal*）在2000年创刊 E 卷以专门刊登软凝聚态物理与生物物理的论文；欧洲物理学会杂志 *Physica A* 1998年开辟"软凝聚态物质"专栏。发展趋势上，软凝聚态物理学由于丰富的物理内涵和广泛应用前景已成为普遍关注的交叉学科新领域，是21世纪凝聚态物理学发展的重要方向。特别是，在经历了对不同软凝聚态物理系统典型现象的观测和理论分析后，人们深刻意识到，对于软物质这种包含大量复杂的物质体系，要很好认识和刻画软物质体系的奇异特性和普适运动规律，开展系统和深入的研究，还需要建立更准确的描述软物质运动规律的理论体系和计算方法，用以描述和刻画软物质体系具有的复杂相互作用、非平衡态及动力学运动特性和复杂相有序结构的自组织自组装过程，探讨其一般的运动规律和深刻的物理机制。软凝聚态物理的研究涉及物理、化学、材料和生物学四大学科，特别是与生物科学的交叉，是从物理学定量了解生命和刻画生命科学的桥梁。因此，推动软凝聚态物理学的进展具有重要的科学意义。

（四）生物物理

1. 发展规律和特点

组成生命的物质表现出丰富多彩的物理特性，物理学的基本概念、方法、手段和基于各种物理特性的技术已广泛应用于生物体系的研究，为生物学提供了解决问题的基本工具。薛定谔在他 1944 年出版的专著《生命是什么》一书中从物理学和自然哲学的角度讨论生物问题，理解生命体系，他的思想观念引导了许多物理学家开始关注和研究生物问题，极大地推动了生物物理学的发展。源于生物学问题和对象的研究，以物理学研究的方式为认识纷杂的生物世界提供了一些基本理论。同时，这些研究对物理学的发展产生了推动作用。例如，物理学中的能量守恒定律是受生物学启发而建立的。随着生物学研究的迅猛进展和物理学对生物问题研究的深入，生物学和物理学的交流日益全面。物理学家们利用物理学中的新概念和新技术，从不同的角度研究生物系统的特性、行为和普遍规律，为生物体系建立系统的数理基础和定量测量与描述引入了新气象。

在生物学的研究中，物理学的概念、方法和手段是不可缺少的。物理学为生命科学提供了重要的概念、原理和方法，如热力学和统计物理、耗散结构理论、信息论等，使人们可以从宏观角度研究生物体系的物质、能量和信息转换的关系；原子分子物理、量子力学等，使人们可以从微观角度研究生物大分子和分子聚集体、膜、细胞、组织等结构特性；动力学和非线性理论可为生物网络甚至脑科学的研究提供理论指导。物理学为生命科学提供了先进的现代化实验手段和技术，从显微镜、X 射线、示踪原子、中子衍射、核磁共振、同步辐射、扫描隧道显微镜到低温冷冻电镜等各种现代化的实验手段。特别地，随着生物学的飞速发展和不断出现的新挑战更是激励了物理学新的应用，现在物理方法和技术已经从系综统计的多分子多体层次研究发展到单分子水平个体分子动力学跟踪，可以研究和揭示生物科学所特有的高度复杂性。

近代生命科学与现代物理实验技术相互交叉和融合，不仅解决了自然界许多重大的理论问题，而且在高层次开辟了新的技术领域。正是运用了物理学研究的重要手段——X 射线衍射技术，人们测定了遗传物质 DNA 的双螺旋三维空间结构，成为生命科学发展中的里程碑，还测定了数以万计的蛋白质结构。近年低温冷冻电镜技术的发展，能够得到处于不同功能状态的生物大分子形貌，进而可构建相关大分子的微观结构。现代物理实验技术使得现代生物学成为更加精密的科学，推动了分子生物学的迅速发展。现代生物实验科学经过了 50 多年的自我发展，提出了越来越多的需求，到了一个多学科交叉的新阶段。例如，随着基因组研究的深入进展，发展了新一代测序技术并制造了相应的设备，这类大规模、高通量仪器的迅速出现，是物理学技术与生物技术高度结合的结果。另外，DNA 和蛋白质数据近年来呈爆炸式的增加，为了分析和解释这些数据，诞生了一门新兴学科——生物信息学；随着计算技术的快速提高，计算生物学发展迅速，人们已有可能计算和预测一定大小的蛋白质和 RNA 的功能结构。又如，随着现代生命科学逐渐进入介观水平，它必然强烈地依赖于能实现单分子操作的物理学方法和仪器（如近场光学显微镜、原子力显微镜、光镊和磁镊等），从而导致了生物单分子学研究领域的出现。

2. 发展状况与趋势

近年来，物理学与生物学的交叉研究在国际上发展迅速，队伍不断壮大，相关的前沿问题研究在国际学术界已逐渐成为一种共识。在 2006 年美国国家研究理事会凝聚态物质和材料物理 2010 年委员会的中期报告中列出的八个挑战问题就有"什么是生命的物理？"这样的问题。科技发达国家为鼓励倡导与生命学科的交叉，大都做了相应的战略布局并投入了大量的经费支持，特别在定量生物学方面。例如，美国国立卫生研究院（NIH）和国家科学基金会（NSF）都加强了有关定量生物学方面的支持力度。美国能源部（DOE）启动了与能源和环境相关的系统生物学和合成生物学等大规模研究计划。在一些著名大学如哈佛大学等已成立了物理学和生物学交叉领域的研究机构。目前物理学与生物学交叉发展的新趋势主要体现在生物物理学、生物信息学、生物技术和方法发展的物理基础、由生物学启发的物理学问题等前沿热点课题的研究，涉及的主要研究课题包括生物大分子如蛋白质、DNA 和 RNA 以及生物膜和细胞等生命物质的物理和化学性质、生命过程中的物理规律，各种物理因素与各种相互作用的特征，生物网络、生物信息的特性以及生物技术和方法发展的物理基础、物理技术在不同生物层次上应用和表征等方面。其中既有比较传统的生物物理学研究课题，又有靠近物理或从生物学抽象出来的物理问题的研究。特别是，物理学家受生物学的启发，从生物体系的概念出发，研究一些超出生物学科所关心的传统问题。例如，用 DNA 分子构造的材料体系的物理特性；人工设计短肽分子材料的物理特性；生物网络拓扑结构的标度行为；网络信号传导调控动力学机制。以生物体系为对象，精确测量和刻画其物理特性和动力学规律，把生物学与具有定量描述的物理、化学、非线性动力学、计算科学等学科结合起来，人们可以从单分子的结构和动力学到分子和细胞网络的组织和演化，定量刻画和了解这些不同复杂程度的生物体系的特性。

（五）粒子物理与天文学的交叉研究

粒子物理与天文的结合在宇宙学研究领域至关重要。特别是 1998 年两个 Ia 型超新星（SN）小组发现了宇宙在加速膨胀，之后，暗能量的研究一直成为天文学界和物理学界关注的焦点。就近十余年宇宙学的整体发展而言，在天文观测方面取得了一些重大的进展，微波背景各向异性探测器（WMAP），Sloan 数字巡天（SDSS）和超新星等对宇宙学参数的精确测量，不仅使宇宙学的研究步入了精确的辉煌时代，同时对物理学提出了一些重大的挑战。这些天文观测告诉我们，宇宙的基本组成中大约 73％是暗能量，23％是暗物质。从粒子物理学研究物质基本结构的观点出发，我们知道普通的物质是由分子、原子构成。然而分子、原子不是最基本的，目前已知的基本粒子是由粒子物理标准模型所描述的夸克和轻子以及传递相互作用的规范玻色子。但是，天文观测告诉我们由粒子物理的标准模型描述的普通物质只占 4％，而 96％是暗物质和暗能量。寻找暗物质粒子、研究暗能量的物理本质、探索宇宙起源及演化的奥秘，结合粒子物理和宇宙学的研究已成为 21 世纪物理学和天文学的一个重要趋势。目前，世界各国都在集中人力、物力和财力组织攻关，开展这一重大交叉学科的研究。我国粒子宇宙学研究领域经过多年的努力，在理论研究，数值计算和数据分析拟合，参与国际合作的实验研究方面已取得了一些显著的成果，研究队伍也在逐渐壮大。但就整体水平，特别是在以我国为主的实验研究方面，与世界水平还相差甚大。因此，大力加强天体物理，宇宙学和粒子物理的交叉研究是我国在基础研究领域取得突破性成果的重要方向之一。

粒子物理在研究高能天体的辐射机制、探测高能粒子流在天体环境下的产生、加速和周围物质的相互作用方面已经派生出极其活跃、充满了发现的新兴领域，按用于研究和观测这些高能天体现象的信使分类，已经形成伽马射线天文学（主要以空间多功能伽马射线探测器为主要工具，如 FERMI，伽马射线能量低于 100GeV）、超高能伽马射线天文学（主要以地面大型探测装置主导，如位于西藏羊八井的实验，能量高于 100GeV）、中微子天文学（主要以冰下或水下巨型中微子望远镜主导，如位于南极的 ICECUBE，中微子能量高于 1TeV）和极高能粒子天文学（主要以地基或天基的大型宇宙线探测器阵列为主导，如位于阿根廷的 3000 平方千米 Auger 实验，阈能为 10EeV）等四大粒子天体物理研究领域。尤其是超高能伽马射线天文，1989 年发现第一颗 TeV 辐射源蟹状星云以来，大量新源和新现象被发现，随着探测精度和分辨率的不断提高，直逼宇宙线起源这一世纪难题的答案，成为公认的 5～10 年最具有突破可能性的重要领域。

1. 发展状况与趋势

上述这几个粒子天体物理研究分支，都已经结束了所谓第二代探测器的研究阶段，世界各基础研究强国纷纷提出了第三代、第四代探测器的换代计划，其主要特点是极大地扩展探测器规模以求更高的探测灵敏度，探索更高能、更深层、更遥远的宇宙现象，同时以巨大的努力提高探测器的空间分辨能力，以求对高能天体剧烈活动展开精细的调查。新一代的探测装置大多包含了强大的多参数、多能段、多手段的复合式联合观测大型装置，规模之大动辄上亿美元，通常采取广泛的大型国际合作，组成上百名科学家在内的国际合作组，观测实验研究的周期通常以 10 年换一代的速度更新发展。去年刚刚上天观测的FERMI 伽马探测器成为新一代伽马天文的佼佼者，短短一年多，已经产生了大量的科学成果。就欧洲粒子天体物理路线图而言，首推切连科夫望远镜阵列（CTA）为第一优先计划，将耗资 1.5 亿～2 亿欧元，建成由 100 台望远镜组成的 1 平方千米望远镜阵列，目标是直接看清宇宙加速器的粒子加速过程，确定宇宙线源。他们同时推荐在地中海建设 1 立方千米水下中微子望远镜，与其在观测目标上互补，同时挑战价值 3 亿美元的南极冰下 ICECUBE 探测器。以美国为主，在完成 3000 平方千米南天区 Auger 实验的建设后，又提出 20 000 平方千米的北 Auger 计划等。我国提出 LHAASO 计划，大幅提升 γ 射线巡天能力以扫描甚高能 γ 射线源，同时精确测量宇宙加速器的辐射能谱，同样瞄准了寻找宇宙线起源这一基本问题。

（六）能源物理

能源是人类生存发展的重要基础，也是当今社会面临的世界性问题（图 2-9 标注中国和印度各种一次能源消费）。对于快速发展的中国，妥善解决能源问题是我国经济持续快速发展的重要保障之一，也是我国国防事业发展的基本要求。因此，积极开发可替代、环境兼容的新能源及高效的转能与节能技术，减少对化石燃料的依赖，对于我国在能源方面的可持续发展具有十分重要的必要性和紧迫性。实现国家的能源自主、发展净化环境和保护环境所必需的洁净能源是能源科学面临的重大基础科学问题，它涉及核科学、物理、化学、生物、工程、材料、信息等多个学科领域。

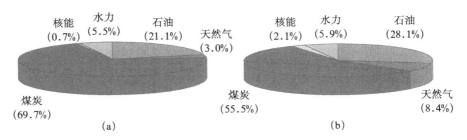

图 2-9　2006 年中印一次能源消费结构比较

(a) 2006 年中国一次能源消费结构；(b) 2006 年印度一次能源消费结构

资料来源：http://www.okokok.com.cn/Htmls/GenCharts/080506/8851.html

　　其实，在过去的几百年，物理学的发展从来都是为能源问题开辟新道路，引导新的发展方向，引发能源技术的革命。牛顿力学曾经为水能流体动力奠定理论基础，现在又转向风能。热力学为热机发展指明方向。热力学第一定律、能量守恒定律是一切能源科学和技术的基础。电磁定律开拓了各种形式电能的利用和开发。而量子力学为化学能、原子能开拓了前进道路。进入 21 世纪，传统能源因其不可再生性和一系列对环境的负面效应已经日益成为制约社会经济发展的一大关键因素。这使得以太阳能、核能、风能为代表的新能源技术受到世界各国的高度重视，并逐渐在国民经济中发挥更大的作用。物理学研究重点从信息技术（information technology，IT）转向能源技术/环境技术（energy technology/environment technology，ET），是一个新的发展趋势。

　　自然资源在不断减少，许多技术对环境产生了不利影响，但人类文明显然仍将继续。今天，面对人类社会可持续发展问题，物理学界在遇到更加巨大挑战的同时，也赶上跨越式发展的新契机。针对未来能源的发展，物理学在探测和理解微观量子世界方面，必须超越简单的观测，要在量子尺度上对物质和能量进行导引和控制。基本能源技术提出的重大科学问题，将成为物理学研究的最新前沿，可以为整个科学界带来新启示和无尽的活力。物理学实现从观测到控制的飞跃需要三个连续的步骤：新思想方法的孕育和积累，超越传统的理论和概念，构造更精密灵活的科学实验装置。这方面要求的物理学问题必须能够很好地定义、必须与基础能源科学整体相关，有科学上的深度和技术上的需求。

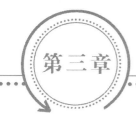

第三章

我国物理学学科的发展现状

第一节　总体发展现状分析

改革开放 30 年以来，我国物理学基础研究有较大发展，研究水平也有很大提高，物理研究的重要基础设施和实验条件等都有了显著的改观，已形成了一支有较高研究素质的队伍。目前，物理学各分支学科已有较大的覆盖面，与其他学科的交叉正在逐步加强，在许多领域取得了国际同行广泛关注的研究成果，一些研究方向已处于学科发展的最前沿，甚至有些研究成果已成为学科发展的重要标志，在一段时间内引领学科的发展。与其他学科相比，我国物理学研究与国际水平较为接近。我国物理学发展已从过去跟踪学科前沿发展，逐渐进入推动学科前沿发展的新阶段。未来 10 年里，在若干重要方向上将能够引领学科的国际发展趋势。

据统计，在我国现从事物理学基础研究的固定研究人员中，能够稳定申请国家自然科学基金项目的约 1.5 万余人，在站博士后和在读博士生约 1.2 万人，其数量是 10 年前的 5 倍，而且每年以约 20％ 的增长率大幅度增长。研究人员专业分布大致如下：凝聚态物理 32.9％，光学 23.0％，原子分子物理 5.8％，声学 6.6％，核物理 5.4％，高能物理 5.2％，核技术 14.5％，等离子体物理 6.5％。国家通过 973 计划、科技专项、国家实验室、国家重点实验室、国家自然科学基金等资助渠道对物理学基础研究实施年度经费投入（不包括大科学装置），2009 年约为 20 亿元。

我国物理科研人员主要分布在重点大学和中国科学院各研究所，实验设备主要集中在国家实验室、国家重点实验室和一些部委重点研究室。据不完全统计，目前，我国以物理学学科为主导、以大科学工程为依托的国家实验室有 3 个：北京正负电子对撞机国家实验室、兰州重离子加速器国家实验室、合肥同步辐射国家实验室。此外，还有一个 2010 年刚通过国家验收的我国目前最大规模的重大科学工程——上海同步辐射光源（以下简称"上海光源"）。科学技术部批准正在筹建中的物理学学科国家实验室有 4 个：北京凝聚态物理国家实验室、南京微结构国家实验室、合肥微尺度物质科学国家实验室、磁约束核聚变国家实验室。有 9 个物理学学科国家重点实验室和若干个由中国科学院、教育部确定的部委物理学学科重点实验室。此外，还有许多与物理研究密切相关的国家实验室、国家重点实验室等，如正在筹建的武汉光电国家实验室、蛋白质科学国家实验室、清华信息科学与技术国家实验室等。

最近几年，随着我国对基础科学研究投入的加大，国家实验室的研究设备不断更新和完善，国家重点实验室、部委重点实验室也购买了大量先进的科研仪器，使我国部分研究方向的实验条件、技术积累等已与国际先进实验室平齐。北京正负电子对撞机国家实验室对正负电子对撞机二期改造工程已完成并对撞成功，其最高亮度是改造前的 10 倍以上，创造该能量下对撞亮度的世界纪录，使我国继续保持 τ-粲能区性能在世界上领先的地位，并成为国际上 τ-粲物理研究的主要实验基地。兰州重离子加速器国家实验室所拥有的兰州重离子加速器 HIRFL-CSR 扩建工程的完成，创造了国际上回旋加速器＋冷却储存环组合系统加速离子种类、最高能量和束流强度的新纪录。兰州重离子加速器国家实验室成为国际上继德国重离子研究中心（GSI）之后，第二家拥有世界级大型核物理实验装置的研究机构，为我国核物理、强子物理、原子物理和高能量密度物理的基础研究和重离子辐照材料、生物（重离子治癌）及空间辐射等应用研究提供了先进的实验条件。上海同步辐射光源实验室建设的上海同步辐射光源是一台高性能的中能第三代同步辐射光源，光源能量位居世界第四，仅次于日本 Spring-8、美国 APS 和欧洲 ESRF 等三台高能同步辐射光源。上海同步辐射光源作为目前世界上性能最好的中能光源之一，为生命科学、材料科学、化学化工、能源资源、环境科学、核科学、医学、药学等学科和一些高新技术产业领域的研究提供高水平的不可替代的先进手段和综合性实验平台，为不同学科的相互渗透和交叉融合创造优良条件，也将直接带动相关工业的发展，是提高国家创新能力和产业竞争力的重要基础设施。南京微结构国家实验室曾被英国《自然》杂志列为除日本以外亚洲地区"已接近世界级水平"的两个科研机构之一。合肥微尺度物质科学国家实验室已建成了一个包含物理、化学和生物等综合研究与测试分析能力的支撑体系。

我国现有 1000 多位物理研究人员被聘为物理领域最有影响的学术杂志的审稿人。有 200 余人成为物理学界重要国际学术组织的专家成员，每年物理学重要国际会议邀请报告几十人次。自改革开放以来，我国物理学已获得国家自然科学奖一等奖 3 项，国家自然科学奖二等奖 57 项，这些工作在国际学术界产生了很大影响。代表性成果如下：

1) 五次对称及 Ti-Ni 准晶相的发现与研究。1984 年，我国物理学家在一些具有二十面结构单元的合金相微畴中，首先发现五次对称现象，并给予合理的解释。钛镍准晶是我国独立发现的一种新的准晶相，是继国外在铝锰合金中发现的准晶后的第二个准晶相，被国际同行列为五次对称和准晶研究领域的原始文献。之后，我国科学家进一步找出了准晶与具有相同成分的晶体间的结构关系规律，提出准晶生成的晶体学基础，并合成了 20 面体准晶，发现了六种由 20 面体结构单元构成的新晶体及大量微畴结构，扩大了准晶研究的晶体学基础。这是对传统的固体和晶体学理论的修改，对拓展准晶研究领域做出了突出的贡献，使我国的准晶实验研究达到国际前沿的行列。

2）对高温超导体的研究。1987 年初，我国物理学家独立合成和制备了超导临界温度超过液氮温度的 Y-Ba-Cu-O 超导体，并在国际上率先公布了这种超导体的化学成分和结构，引起世界轰动。该工作推动了我国强关联物理的研究，使得我国无论在超导和其他强关联材料上的探索和制备，还是物性测量和理论分析都有长足的发展。对高温超导机理的研究，也为我国培养和造就了一批优秀的青年学术带头人，使得 20 年后，当日本科学家在 2008 年公布发现 LaFeAsO 铁基超导体之后不久，我国就发现了一批超导临界温度更高的铁基超导体，在国际上引起了广泛的关注。

3）介电体超晶格材料的设计、制备、性能和应用研究。1986 年，我国科学家将超晶格概念推广到介电材料，研制成周期、准周期和二维调制结构介电体超晶格，并研究了电磁波（光波与微波）与弹性波（超声波）在介电体超晶格中的传播、激发及其耦合效应。基于介电体超晶格的新效应和新机制，我国物理学家在介电体超晶格领域取得多项成果。例如，研制成功了超晶格全固态白光激光器；研制成多种超声原型器件，填补了体波超声器件从数百兆到数千兆的空白频段；将与极化激元相关的长波光学特性由红外波段拓展至微波波段，为微波带隙材料设计提供了新途径；将拉曼信号增强 4～5 个数量级，为新型拉曼激光器的设计提供了新原理；实现了多束光双稳态；完成了介电体超晶格的专家设计系统，发展了介电体超晶格的三种制备技术和两种表征技术等。这项从理论预言，到材料制备、实验验证、原型器件研制的系统性的原创性工作，引领了国际介电体超晶格研究的发展。

4）基于大科学工程的基础研究。利用北京正负电子对撞机（BEPC）和北京谱仪（BES）上获取的数据，1992 年我国物理学家进行了精确的 τ 轻子质量测量，实验精度比以往的几个实验结果提高了一个量级，并发现 7.2MeV 的偏差，解决了长期以来困惑人们的轻子普适性是否存在的问题。该实验被公认为是当年国际高能物理界最重要的物理成果之一，为验证轻子普适性做出了主要贡献。R 值是粒子物理中最基本的物理量之一，其测量精度对于相关的理论计算，如跑动耦合常数 α_s 的计算、辐射修正和真空极化的计算以及 Higgs 质量的估算等具有重大的意义，是标准模型理论计算不确定性的重要因素之一。BEPC/BES 在 R 值的实验技术和测量结果方面一直处于世界领先地位，国际粒子数据手册收录了 BEPC/BES 的全部结果。BES 实验将 $2 \sim 5 \mathrm{GeV}$ 能区的 R 值的测量精度提高了 $2 \sim 3$ 倍，精确给出了当时国际上最关心的 Higgs 粒子质量的上限。该测量还对电磁跑动耦合常数和 μ 子反常磁矩的精度有重要贡献。以兰州重离子加速器（HIRFL）为平台，我国物理学家通过熔合蒸发反应和多核子转移反应合成了 20 余种新核素，并得到了一批原子核的重要谱学数据。在中重缺中子核区，合成了 11 种近滴线的稀土新核素，观测了 22 种核的 β 延发质子衰变，首次建立了 15 种近滴线核的 EC/$\beta +$ 衰变纲图。近滴线稀土核普遍具有大形变的发现，获得了天体物理快质子俘获过程中关键核的重要信息。在重质量丰中子核区，合成了 9 种新核素，研究了奇异的多核子转移反应机制。在超重核区，合成了两种新核素，使我国的新核素合成研究工作进入超重核区。利用新建的国家大科学工程装置——兰州重离子加速器冷却储存环，我国物理学家首次测量了位于质子滴线附近的 $^{63}\mathrm{Ge}$、$^{65}\mathrm{As}$、$^{67}\mathrm{Se}$ 核的质量，为理论模拟 X 射线爆等天体过程提供了重要的实验数据。

在过去的 30 年里，我国物理学家在进行基础研究探索的同时，还对我国的高新技术、国民经济、国防事业、国际地位等的发展和提高都做出了重要贡献。例如，在核技术的应用研究中，我国自主研制的以加速器为 X 射线源的集装箱检查系统，技术水平世界领先，已经成为国际上大型安检设备的主流；在非线性晶体材料的研究中，我国非线性光学晶体的研制与生产居国际领先地位，我国激光晶体出口数量占国际市场的三分之一，掺钕钒酸钇晶体占据了一半左右的国际市场；在水声物理研究领域，对浅海与深海水声物理规律的深入认识，使我国的声呐设计与使用，海上声源的快速准确定位等技术跨入世界发达国家之列；对窄禁带半导体材料体系红外物理性质的研究，为我国卫星系列空对地观测的红外探测技术持续跨越发展奠定了关键技术基础。在提高我国国际地位方面，大科学装置的成功建造和运行起到了巨大的推动作用。

由于我国在物理学基础研究方面的长期坚持和多年积累，近年来逐步形成了实质性参与国际竞争的强劲态势，形成了一支基础雄厚、思想活跃、机动性强的中青年研究队伍，对国际上的新兴研究领域不仅能够快速跟上，而且完成一些有一定引领性的研究工作。在纳米碳管、量子信息和铁基超导等方面表现得比较突出。例如，在纳米碳管的合成、结构及物理性质的研究方面，我国科学家对碳纳米管的生长机理作了系统的研究，发明了可控制多层碳管直径的定向生长方法和其他关键技术，制备出离散分布、高密度和高纯度的定向碳管列阵以及连续碳纳米管线，并用于构筑宏观尺度的碳纳米管结构。还利用碳同位素标记的方法揭示了碳纳米管的生长机理。铁基超导的研究是在我国多年坚持高温超导研究的大背景下进行的，这方面大量涌现的研究结果也让全世界看到了中国在凝聚态物理领域展现出的强大实力。量子信息实验方面，获得当时最明亮的 EPR 量子纠缠光束，制备六光子以上的量子纠缠态，成功实现了光纤 100 多千米、自由空间 13 千米和大气 16 千米量子通信实验演示等。在量子计算方面，实现多比特的核磁共振量子计算演示，并进行了最优动力学解耦实验，提高了固态自旋比特的相干时间。在量子信息理论方面，提出了量子避错码和概率量子克隆，建议了腔场诱导原子量子比特耦合的理论方案，预言了量子临界环境增强与其耦合量子比特退相干的新现象。

第二节　按学科分析

一、理论物理

量子信息是个新交叉领域，我国的科学家研究起步较早。量子信息开始主要是理论研究，现在已有许多凝聚态物理、光学、原子分子物理以及核物理的理论与实验物理学者加入其中，在实验方面开始完成了一些标志性的工作。现有固定研究者 500 余人（从专家库统计），在读研究生与博士后每年约 150 人，量子信息是这几年人员增长最快的领域。在该领域，我国科学家的许多工作处在学科发展的最前沿。例如，在量子计算方面，国内专家早在 10 年前的理论论文，现在在国际学术界仍有一定影响。在量子信息理论方面，我国科学家提出了量子避错编码的观念和概率量子克隆原理，提出微腔量子场诱导原子量子比特耦合的量子处理器方案。在量子信息和量子操纵的物理基础方面，我国科学家发现与量子临界环境耦合的量子比特会发生量子退相干增强的现象，这个工作联系了不同研究领域的一些重要观念，不仅引发一系列后续的理论工作，而且得到欧美一些研究组的实验验证。以前我国只有少量固态量子计算的理论研究，但最近一些从事固态量子计算的中青年学者陆续回国，开展了超导系统量子计算和量子点量子计算的理论和实验研究，进一步增强了我国固态系统量子计算的研究实力。可以说，目前我国固态系统量子计算的研究发展态势很好。

目前，学科发展的主要问题：①缺乏关键性、主导性的理论思想创新。我国的量子信息研究起步较早、也取得了一些有意义的结果，一些工作在国际上产生了一定的影响。但是事实上研究工作整体的原创性与国际相比还有一定距离，特别是在基本理论原理方面，缺少具有主导性作用的理论，还没有形成自己的特色。②国内实验工作和国内理论工作的结合不够密切。我们若干优秀的实验工作主要是实现国际上他人的理论方案，而非由自己理论工作者产生的、原始创新的想法；而我们的一些有意义的理论主要是在国外的实验上得以证实。③缺少计算机科学和数学方面专家大量的实质性参与。回顾过去20年量子信息的重大发展，不少都是信息科学家和数学家主动参与研究的结果（如大数因子化量子算法和量子离物传态的方案），而在我国只有少数计算机理论和数学家主动参与量子信息的研究，更缺少物理学家与这方面研究人员的有机合作。因此，尽管在实验上取得了一些重要的成绩，有些理论研究达到了世界先进水平，但缺少自己创建的原理性的东西。

我国的统计物理曾有较好的基础，研究队伍很强。例如，改革开放以后，我国科学家提出统一描述平衡与非平衡体系的闭路格林函数理论，并将它应用到临界动力学、非线性量子输运和无序系统等具体问题中，澄清了一些重要的理论问题。1995年在厦门成功举办的第十九届国际统计物理大会，标志着我国影响力达到了一定的程度。然而，最近这些年一些从事统计物理的研究者转入经济学、社会学、生物物理、软物质等具体问题的研究，新成员增加不多，造成我国目前从事统计物理基础研究人员严重不足。这不仅影响了学科的正常交流与发展，而且影响到大学生和研究生的正常培养，问题十分严峻。而国际上，无论是统计物理学的基本理论，还是统计物理在一些复杂系统中的应用都发展很快。统计物理在我国是一个急需扶持发展的研究领域。

凝聚态理论研究在彭桓武先生等的倡导下，从20世纪80年代开始快速发展。半导体超晶格理论在黄昆先生倡导下做出了原创性工作，提出了半导体超晶格光学声子模式的理论，引发了国际上的一系列理论和实验研究，该理论已经被写入相关的专著和教科书。近年来我国的凝聚态理论研究工作者在高温超导、自旋霍尔效应、碳纳米管和石墨烯、拓扑绝缘体等方面都做出了国际前沿水平的工作，在国际著名刊物上发表了不少文章，产生了重要影响。凝聚态理论研究队伍在全国物理界是最大的，为我国的凝聚态物理发展奠定了基础。

在数学物理方面，我国有较好的工作基础和研究传统，在大范围微分几何应用，经典杨—米尔斯场理论、量子群和杨-巴克斯特可积系统等方面取得了国际上有影响的、系统性强的研究成果。与数学物理有密切联系的非线性现象研究方面，在符号动力学和斑图动力学方面也取得了重要进展。在液晶膜理论方面，从理论上预言应存在着半径比为2的平方根与无穷的两种亏格为1的环形膜泡，并获实验证实。国内有一支优秀的从事非线性科学方面的研究队伍，在不同时期都围绕着前沿热点开展了深入的研究。其中非线性物理方面的队伍主要集中在混沌、孤波、斑图和复杂性相关领域的研究，涉及分形领域的研究较少，比较多集中在经典系统，这与非线性科学最广泛的应用领域是密切相关的。但是，与国外相比，我们的研究队伍较小，青年人不多，培养优秀后备青年人才是我们的任务。

引力理论与宇宙学是天体物理与高能物理密切结合的学科方向。我国学者对引力的完整理论如超弦理论的研究几乎没有间断过，特别是近年来，一些年轻学者在弦/M 理论本身的发展，微扰弦散射振幅的圈图计算及其对 QCD 圈图计算的应用，弦/M 理论相关的宇宙学暴胀及暗能量模型方面和利用 AdS/CFT 研究强耦合 QCD 等方面取得了一定成绩。在暗物质、暗能量研究方面，我国的研究与国际上基本同步并取得了一些让国际同行认可的重要成果，如暗能量的 Quintom 模型和全息暗能量模型等。在暗物质、暗能量实验和理论结合实验的研究方面，中国研究人员利用我国的羊八井实验观测站，研究暗物质的粒子物理模型，暗物质粒子在宇宙演化过程中的产生机制和探测可行性，同时结合国内外天文观测，如 LAMOST，研究与实验吻合的唯象模型并从更基本的引力理论认识暗能量、暗物质的本质及其与其他物质如中微子、粒子等的相互作用。据不完全统计，我国从事量子引力和宇宙学研究表现活跃的学者不足 30 人，且主要集中在京津地区的少数几个研究单位。这个研究队伍规模实在小得不能与欧美和日本、甚至韩国等相比。另外，在选题前瞻性方面的经验和物理思想的积累上也明显不足。为了支持该领域的发展，要在建好用好国内有关观测站与大型实验设备的同时，鼓励研究者加大国际合作的力度，更好地利用国际上所获得的各种实验数据。另外，加大学科支持和宣传的力度，吸引更多的年轻人投身到相关的研究中。

二、粒子物理

我国从事粒子物理研究的固定人员约 300 人，其中理论研究者约 70 人，实验研究基本集中在几个国家实验室。在读博士生和博士后研究人员约 400 人，这三年每年获得博士学位的年轻人约 100 人。20 多年来，理论家在 TeV 物理、味物理以及强子物理等诸多领域颇为活跃，积极参与国际合作与竞争，其中一些结果为粒子数据表（PDG）所引用，获得国际同行的一致肯定与好评。

在实验研究方面，实验物理学家充分利用北京正负电子对撞机（BEPC）和北京谱仪（BES）上获取的数据，获得了许多开创性的结果（详见本章第一节"基于大科学工程的基础研究"）。BES 实验将 $2\sim5\mathrm{GeV}$ 能区的 R 值测量精度提高 $2\sim3$ 倍（图 3-2）。

国家已建和在建的重大科学实验装置对相关的理论物理研究提出了更高的需求。升级改造后的北京正负电子对撞机/北京谱仪（BEPCII/BESIII）将具有更高的亮度和更高的粒子探测分辨能力，成为国际上 τ-粲物理研究的主要实验基地。在暗物质暗能量和中微子等相关问题的研究方面，我国正在建设大亚湾

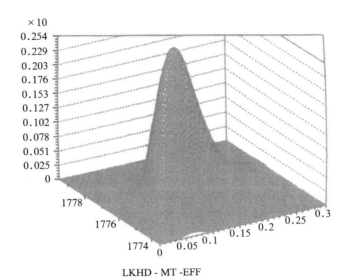

图 3-1　τ 轻子质量、探测效率和拟合的最大似然值三维图

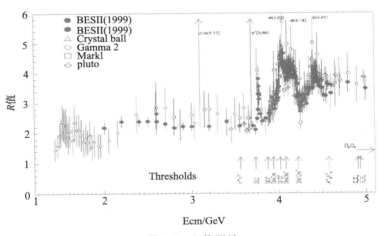

图 3-2　R 值测量

中微子实验室等。此外，我国还参加了高能物理领域最前沿的大型国际合作——质心系能量达 14TeV 的大型强子对撞机（LHC）项目。这是目前世界上能量最高的加速器，对于寻找 Higgs 粒子及探索超出标准模型的新物理及宇宙学的研究均有重大意义。这些重大国际科学合作项目不但需要大量的高能物理实验学家的参与，也同样急切地需要更多理论物理学家的广泛参与。

中国科学家在粒子物理领域做出重要贡献，同时为国防研究单位和基地培养和输送了大量的人才。可是，国家的支持长时期处在不稳定的状态，这使我国的粒子物理研究在选题前瞻性方面的经验和物理思想的积累上明显不足，学科布局也不够均衡，人才队伍在萎缩。当前研究队伍的规模和现状难以应对未来 5～10 年内在大科学装置上一系列重要发现对学科发展的迅猛推进，满足不了国家战略发展的需求。

三、核物理与核技术

新中国成立初期，曾有一大批从事核物理的优秀专家，他们为我国国防安全（如两弹的研制）和经济建设做出了巨大贡献。可随着冷战结束，一些学校取消了相关专业的招生，使该领域后继乏人。尽管最近部分学校试图恢复招生，但师资力量与教学设备都差强人意。现在从事核物理研究的固定人员约 400 人，60 岁以上者比例较大，在读博士生和博士后研究人员约 300 人，这三年每年获得博士学位的年轻人不足百人。

我国物理学家在核物理基础研究方面做出了一系列重要工作。例如，系统研究了原子核集体运动的各种理论模型，研究了原子核低激发能谱的动力学对称性，探讨了玻尔-莫特逊模型和相互作用玻色子模型的微观基础，探讨了原子核集体运动与生成坐标方法等。改革开放以来，我国在中低能重离子核反应机制、原子核奇特性质研究和新核素合成方面做出了一些有影响的工作，引起了国际同行的关注。在超重原子核研究领域，我们在实验上合成了超重新核素 259Db 和 265Bh，在理论上提出超重原子核有形状共存和长寿命同质异能态的新观点。

在远离稳定线原子核性质和核结构研究方面，我国科学家在实验上合成了一批不稳定新核素。理论上我国科学家第一个预言丰质子磷和硫原子核有质子晕，这一理论结果被国外同行引用和肯定，并被国内外实验证实。在原子核反应方面我国科学家也做了一批重要创新研究工作，包括中低能核反应中不稳定原子核反应截面系统测量，核反应中集体流性质研究，原子核垒下融合，奇特不稳定核性质研究，核裂变等。其中理论预言中高能核反应中集体流的同位旋依赖性等被实验所证实。

在核天体物理以及超核研究方面，我国开展了一系列利用不稳定核素进行重要核天体反应的间接测量，测量了一些关键核素的性质和谱因子，系统地研究了稀土区近滴线核素的 β 缓发质子发射，初步测量了几个原子核的质量，测量了 18，21N 等丰中子核素的 β 缓发中子发射等。最近国际 STAR 项目合作组发现了反超氚核，中国青年核物理工作者在其中做出重要贡献。

在强子物理方面，国内核物理学家对双重子系统进行了研究，从手征对称要求出发，提出了手征 SU（3）夸克模型，成功地统一描述了核子-核子散射相移及超子-核子散射截面，并预言了 ΩΩ 是一个深度束缚的双重子态；利用北京谱仪的实验数据开拓了重子谱研究新途径，完成了 J/ψ 的分波分析工作，得到的核子激发态新结果被收入粒子数据表。

从 20 世纪 80 年代开始，我国就参加了在欧洲核子研究中心利用核乳胶进行的高能重离子碰撞实验，成为国际实验合作组 EMU01 的重要成员。从 1999 年开始，中国的实验核物理学家参加了在美国 RHIC 的大型国际合作实验组 STAR。承担了 STAR 探测器的时间飞行谱仪 TOF 的升级改造任务。我国还将参加 LHC 的重离子实验 ALICE 国际合作组。特别值得一提的是，我国的大科学工程——兰州冷却储存环 CSR 的建成使我国能够在中能核物理领域开展实验工作，研究强子产生以及核物质对强子性质的影响。在 QCD 相变与夸克物质以及核物质性质研究方面，我国高能核物理理论工作者在夸克物质信号，集体流，高密 QCD 凝聚态，相对论量子输运理论和核物质状态方程等方面做出了重要的工作，得到国际同行的好评和重视。

虽然我国在核物理实验和理论方面都做出了一些具有国际影响力的研究工作，但与世界一流水平相比仍然有较大的差距。一是缺少开拓性、原创性的深入研究工作，在核物理研究的主要领域，还很少有我们开创的或者有关键性贡献的研究方向。二是研究领域的发展不平衡。例如，在低能核物理基础研究中，从事低能核结构的人员较多，而从事低能核反应研究的人员偏少。在低能核结构方面，理论研究工作又主要集中在平均场模型和壳模型的发展和完善方面，但对轻原子核的少体问题和结团结构的研究比较欠缺，特别是远离稳定线轻原子核的研究。又如，在高能核物理研究中，我们注重 QCD 相变和相对论重离子碰撞的唯象研究，但较少重视有限温度密度时的格点 QCD 方法，限制了理论研究的深度和广度。三是理论研究与国内的大科学装置联系还不深入。我们比较重视与国际大型核物理实验机构，如德国 GSI、日本 RIKEN 和美国 RHIC 的合作，并且做出了一些贡献，也从中提高了自己。近年来，国内的核物理实验装置已有较大的升级。例如，兰州冷却存储环 CSR 的建立为我国进行低中能核物理实验提供了新的平台。但在理论与计算上缺少针对这一装置提出具有新的物理并切实可行的实验建议。

我国从事核技术及其应用（包括加速器和同步辐射）的固定人员约 1400 人，在读博士生和博士后研究人员约 600 人，近三年每年获得博士学位的年轻人约 200 人。我国核技术及应用在过去 10 年里得到了长足的发展，在一些局部领域已接近或达到了国际先进水平。在科研基础设施上，兰州重离子研究装置的建成，为开展基于重离子辐照和放射性核素的核技术及应用研究提供了先进的实验平台；第三代同步辐射装置——上海光源的建成为利用高亮度的同步辐射光开展多层次物质结构表征与功能研究提供了先进的实验手段；即将投入运行的中国先进研究堆（CARR）和计划建造的先进散裂中子源将为我国的中子技术及应用研究提供先进的实验平台。

在同步辐射应用方面，基于同步辐射的生物大分子晶体学研究近几年在国内呈现了很好的发展势头，不断有高水平的研究成果发表在《自然》、《科学》和《细胞》等国际最高水平科学杂志上。在化学反应动力学、古生物化石结构、气体燃烧过程、纳米材料与高温超导材料研究等方面，也取得了一批重要的研究成果，这些应用成果促进了我国同步辐射应用和用户队伍的发展。可是，在上海光源上可以建造 60 多条光束线站，目前只建造了 7 条，远远不能满足用户的需求、不能充分发挥光源建设的作用，应当尽快加以建设。

在核技术的应用探索方面，辐射生物学效应研究是我国核技术研究投入相对较多的领域，也是具有一定优势的领域，在辐照育种和辐射治疗方面的应用都取得了良好的结果。核分析技术也在考古和文物分析领域起到不可替代的作用。但进入 21 世纪以来，我国的辐射技术研究队伍迅速萎缩，研究项目和成果也十分有限。相比之下，韩国却十分重视辐射技术的发展，并且在基础研究与技术应用开发方面都处于比较领先地位。

在核能利用方面，过去 20 年中，世界核能技术以改进提高现有技术的安全性与经济性，发展新一代核能技术为目的，在新型核电机组的研发和设计上都取得了重大进展。我国在这一领域基本上还处于跟踪国际技术发展的状态。目前正将引进的第 3 代核电技术进行消化吸收，实现国产化。第 4 代核电技术以快堆为主，现已建成实验快堆，正通过国家合作，将开展示范快堆建设。为实现快堆发电商业化，要着手钚燃料 MOX 的闭合循环生产。为了开发未来聚变能，当前我国已参加 ITER 国际合作，同时在国内也积极开展了磁约束核聚变和惯性约束核聚变的研究。在寻求防核扩散核能系统方面，我国仅在加速器驱动的次临界系统（ADS）研究方向具有一定的基础，而其他方面都相对比较薄弱。例如，对潜在的核能资源钍的研究，我国与欧美发达国家以及印度相比都薄弱得多（这已引起有关专家和领导的重视）。

新研制成功的用于乳腺癌早期诊断的专用 PET 扫描仪、单光子发射计算机断层成像术（SPECT），已应用于临床和生物医学的研究中。新研究开发的具有自主知识产权能够灵敏地检测出小于 10～12 克海洛因的离子迁移率谱仪（IMS）以及正在开发的利用伴随中子法检测、核四极共振（NQR）技术、强流质子 RFQ 加速器中子源等的高效、高灵敏检测毒品和爆炸物实用仪器，成为国家安全急需的产品。新建成的单离子束细胞精确定位辐照系统和基于重离子加速器的单粒子微束照射装置，为开展高水平的辐射生物学研究以及精确治疗打下了良好的基础。这些仪器的研制不仅打破了发达国家对我国的禁运和外国公司对产品的垄断，也为我们的国家安全做出了贡献，同时也培养了一些专业人才。与国际先进水平相比，国内技术产品在系统性、新方法发展及应用广度三方面都有一定差距。例如，我们在探测器、电子学、算法软件等方面还主要依赖国外的技术，有关的仪器设备绝大多数依赖进口。我们的新产品还太少，推广使用缓慢，在目前激烈的国际竞争环境下处于不利地位。

总之，该领域研究队伍的规模太小，迫切需要新生力量。随着一批年长物理学家陆续退休，核物理和核技术领域更需要一批受过良好训练的年轻专家，以应对我国国防建设、国家核能源发展、大型国际合作的需求以及国内大科学工程的建设和高效高质量运行等方面的需求。为此，建议除了加大对该领域的投入外，还应与国际一些研究中心加强合作，通过请进来、送出去的方式加快培养人才的步伐。同时，还要注意基础研究人才在不同研究方向上的布局，提高资源利用效率。

四、等离子体物理

我国从事等离子体物理研究的固定人员约 500 余人，工程技术人员近千人，在读博士生和博士后研究人员近千人，这三年每年获得博士学位的年轻人超过 100 人，绝大多数工作在磁约束聚变离子体、惯性约束聚变等离子体领域，极少数从事空间等离子体和低温等离子体物理及其应用基础研究。其中，磁约束聚变离子体的研究人员主要集中在 EAST、HT-7 超导托卡马克和 HL-2A 托卡马克三个装置上，惯性约束聚变等离子体则集中在以神光为基地的几个单位。

近 10 年来，随着国家经济的快速发展，对等离子体研究领域、特别是磁约束和惯性约束聚变等离子体领域投入的不断增大，等离子体物理学科得到快速发展。整个学科的态势已从以前的跟踪发展到在一些方面能够开展前沿科学问题研究，甚至在某些方面处于国际先进行列。具体表现在大型国际会议上邀请报告和口头报告的数目逐年增加，高水平的论文发表和引用率也在稳步上升，国际上的影响越来越大。

磁约束等离子体最具代表性的成果是对等离子体湍流的系列研究。例如，在 HT-7 和 HL-2A 托卡马克上开展的对边缘等离子体带状流和测地声模的研究，在 HT-7 等离子体边界直接测量极向长波长 E×B 流，首次发现了低频极向长波长 E×B 流具有理论预言的 Zonal Flows 特征；在 HL-2A 实验中，首次对边界等离子体中的测地声模和低频带状流的三维谱结构进行了完整的测量，不仅系统地给出了测地声模和低频带状流的基本特性，还揭示了其与背景湍流非线性三波耦合的可能产生机理。这些结果对湍流自调节动力学，理解湍流输运具有重要的价值。最近，在 EAST 上通过对等离子体形状精确控制在偏滤器非圆截面位形条件下获得分钟级的等离子体放电，使它成为目前世界上极少数可开展长脉冲偏滤器等离子体实验的装置。HL-2A 装置上实现了第三类边界局域模高约束模式的等离子体放电，进一步表明我国已具备了开展磁约束聚变重大前沿课题研究的实验平台。我国斥资约 10 亿美元参加的国际热核聚变实验堆计划，必将进一步把我国在该领域的研究推到科学发展的最前沿。

我国磁约束聚变等离子体理论研究虽然覆盖了磁流体平衡和不稳定性、微观不稳定性、等离子体加热、电流驱动和输运等各个方面，取得了一些国际聚变界认可的结果，但很不全面，尤其是理论建模和数值模拟方面的工作基础还很薄弱，与解释实验现象和预测等离子体性能的要求仍有相当的差距。

与磁约束聚变相同，惯性约束聚变的研究很大程度上依赖于大科学装置。1986 年我国建成了用于激光聚变综合实验研究的神光 I（2 千焦/纳秒，基频），2000 年建成了神光 II（8 路，3 千焦/纳秒，3 倍频），2007 年建成了 8 束神光-III 原型激光器（10 千焦/纳秒，3 倍频），同时建成了用于神光 II 配套研究的第 9 路激光（5.7 千焦/3 纳秒，基频），预期 2012 年建成神光 III（180 千焦/3 纳秒，3 倍频）。此外，神光 II 还正在建设用于快点火的千焦级拍瓦激光装置。国内还有三台峰值功率超过 100 太瓦的飞秒激光装置，这些装置为中国在强场物理方面的快速发展起到了重要的推动作用。除了上述研究平台之外，我国还培养了一批具有开展实验装置建设、科学实验、理论和数值模拟等能力的人才队伍。正是由于超快超强激光技术的发展，过去 10 年该学科领域中强场物理和高能量密度物理得到迅速发展，其中在快点火聚变物理、新型电子加速器、阿秒科学等方向取得一系列重大突破（参见光学部分）。最近几年，我国激光核聚变和强场物理研究在国际上的影响越来越大，在大型国际会议上邀请报告和口头报告的数目逐年上升。

我国空间等离子体研究队伍的特点是小而精干，分布在为数不多的几个著名高校和中国科学院的相关研究所中。近几年来，在磁场重联领域取得了不少成果。通过分析卫星探测资料，首次找到空间等离子体中三维磁场重联的磁零点观测证据，并对无碰撞磁场重联的结构和电子的动力学行为进行了研究。另外在 Alfvén 波对等离子体的加热方面也有很好的工作。

基础等离子体研究一直是等离子体学科中非常活跃的研究领域，国际上从事基础等离子体研究的人员相当多，欧洲、美国、俄罗斯、日本、印度等都有大批人员参与，这与这些国家和地区对基础研究的重视程度和投入力度密切相关。我国该领域相对薄弱，研究经费不足，主要集中在少数几所大学和研究所。与国外的规模和成果相比，国内学者虽然在某些方面取得不错的成果，但总体相差较大，特别是在实验上相差更大。

我国进行与低温等离子体物理和应用相关研究的高校或科研院所达数十家，从事的人员有近千人，但多数研究人员是以该学科的应用为目的从事着低温等离子体的技术研究，涉及的领域为物理、化学、化工、材料、应用电子技术、生物技术和新型能源等。"十五"期间，除国家自然科学基金外，几乎没有获得过 863 计划、973 计划等资助，也很难获得工业界的资助（而在美日一些发达国家低温等离子体研究的经费很大比例来源于工业界）。由于资助困难，导致低温等离子体研究分散、重复性多，跟踪与模仿国外研究的多，具有自主创新学术思想的相对较少。在一些关系国计民生和国家安全的重要领域，如集成电路、等离子体显示等相关方面研究力量薄弱，距国际水平有相当大的差距。生产应用和研究成果相结合的少，数据共享性差。这些进一步阻碍了低温等离子体与工业界的合作。

等离子体物理相对其他学科参研人员规模较小。目前，国内能够系统开设等离子体物理课程的高校很少，公众对等离子体物理专业未来前景的了解也少，使得高校等离子体物理生源紧张，后备力量严重缺乏。要改善这一状态，需要在高校增加相关基础课程的教育，鼓励高校老师参与等离子体相关的国家重大研究计划，建立大规模的基础等离子体实验平台，加强等离子体科学、技术知识的宣传力度，把更多的年轻人吸引到等离子体物理领域。

五、凝聚态物理

近年来，我国凝聚态物理研究发展快速，研究方向几乎涵盖了凝聚态物理研究的各个主要方面。现有固定研究人员 2500 余人，在读的博士研究生和博士后研究人员 2000 余人，每年有 600 余人获得博士学位。凝聚态物理相关专业的国家和部委实验室相继购置了大批先进的实验设备与仪器，促进了我国凝聚态领域紧跟国际前沿发展方向，缩短了与国际先进水平的差距。从被检索的科技论文发表数量来看，2006 年我国凝聚态领域发表论文数量就已超过美国，成为在凝聚态物理领域发表论文数量最多的国家（从 2008 年开始，每年 8000 余篇）。在若干具体问题的研究中，我国物理学家取得国际同行广泛关注的成果，如介电体超晶格材料的设计、制备、性能，生物膜形状的液晶模型理论研究，定向碳纳米管的制备、结构和特性研究，自旋输运和巨磁电阻理论，硅基低维结构材料的研制、特性研究及新型器件制备，轨道简并强关联系统的 SU（4）理论，有序可控硅基量子结构的构筑原理与光电子特性，氮的间隙原子效应及新型磁性材料研究，原子尺度的薄膜/纳米结构生长动力学，高温超导体磁通动力学研究，半导体纳米结构物理性质的理论研究，新型氧化物磁制冷工质与隧道型磁电阻材料，若干低维材料的拉曼光谱学研究，微小晶体结构测定的电子晶体学研究，单分子结构与电子态的理论和实验研究，光折变新效应、机理与器件的研究，几种铁电薄膜及配套氧化物电极材料的研究，晶体生长机制与动力学若干问题研究，半导体低维结构光学与输运特性，过渡族金属氧（硫）化物的电磁行为研究等。近些年，铁基超导材料的制备与物性测量、拓扑绝缘体研究等研究方向更是走到学科发展的最前沿。

在凝聚态物理研究领域，我国现在已是论文产出"大国"，已实现了"量"的突破，但还不是凝聚态物理强国，还没有出现在主流方向上引领物理发展的原创性工作。凝聚态物理的进一步发展应在原创性上下工夫，实现"质"的突破，成为科学研究强国。我国论文数量的优势，得益于研究生数量相对比较多，但是我国现有的具有国际竞争力的指导老师的数量相对较少（与日本相比都有很大的差距）。我国绝大多数的论文是以材料的合成和简单的表征为主，以跟踪和外延型研究为主，以短、平、快的研究工作为主。相反，深层次、长期系统的研究工作不多，独立发现新的材料体系、发现新现象或新规律的原创性工作太少。凝聚态物理的进一步发展，必须关注和解决该学科在前期发展过程中所产生的几个问题。

其一，学科发展不平衡，冷热有别。例如，从表面上看，我们在强关联电子体系、低维系统的研究工作很多，但在二维电子系统的实验研究方面却非常薄弱。虽然在自旋电子学方面的研究也不少，可与日本相比我们缺少整体规划，缺少系统性和目标性。在软凝聚态物理的某些方面我国的研究力量太弱，仅在颗粒流方面有点实验研究，在胶体、聚合物、生物大分子方面做点计算模拟，在液晶物理领域几乎没人。我国第一性原理计算方面有一支庞大的研究队伍，但仅有极少数专家在量子多体问题方面提出一些新的计算方法，一些研究者主要依赖于从国外购买的软件（VASP、WIN2000 和 GUASSIAN 等），他们不了解软件的内部结构，对于任何需要超越现有方法进行重要科学问题研究的推广以及发展方法本身都非常困难，只能跟在国外研究的后面开展工作，缺乏普适计算方法的原始创新。在确立半导体科学与技术是当代信息和能源科技核心基础地位的同时，应当清醒地看到国内半导体物理的研究处于严重边缘化的状态，并有远离国际前沿研究的趋势。在未来几年，我国应加强凝聚态物理的规划与宏观调控，在进一步鼓励创新与竞争的过程中，逐渐减少一些低水平、重复性的研究，在凝聚态物理的一些重要发展方向上保持适当的研究力量，在一些优势方向上逐渐形成引领国际前沿的研究队伍。

其二，自主研发新颖实验技术和自行搭建尖端实验设备方面亟须加强。我国凝聚态物理的实验研究主要依赖进口的成套的商业化仪器，如 Quantum Design公司的 PPMS。这些商业化仪器不仅价格昂贵、实验灵活性差、做出有自己特色的开创性成果难，而且也不利于学生的培养。反观世界一流的研究机构，物理学家大都针对研究的特殊材料体系和特定物理问题，自行设计加工实验测量装置。这些装置不仅具有很高的测量精度（可比商业化产品高一至几个数量级）、灵活快速的测量方法，而且可以应用于不同的极端物理条件和形式各异的材料体系。更重要的是，科研人员和学生从中获得系统严格的仪器研发训练，当出现新的物理问题和材料体系时，往往可以加以适当的改进提高，做出深具特色的高水平工作。近几年回国的一些年轻科研人员，他们在国外受到良好的训练，如果能在资金和政策上给予特别的关注，可以期望逐渐改变我国凝聚态物理研究的现状。最近国内研制成功的国际第一台超高能量分辨率真空紫外激光角分辨光电子能谱仪、低温扫描隧道显微镜以及具有原子分辨本领的原子力显微镜就是几个很好的范例。

其三，缺少精细加工与综合测试的中心和相关技术人才。凝聚态物理学科的创新和发展与样品的精细加工、高灵敏探测技术密不可分。由于相关技术经费投入高，淘汰快，见效慢，精细加工技术和综合测试技术在我国一直没有得到应有的重视。随着我国在国际上经济实力的增加，国家向基础研究的投入加大，凝聚态物理的发展迫切需要多个承担精细加工与综合测试工作的试验平台和中心。最近几年，我国在低维样品的生长和制备方面进行了很多有益的尝试，并取得了初步的成效。例如，中国科学院相关研究所的微加工实验室、北京国家纳米科学中心等均具有了先进的设备和较高素质的人员配置。我国实验室精细加工和综合测试还处于模仿和追赶阶段，在经费投入、高效运转和开放合作方面尚在探索时期，实验室也缺少熟悉多种仪器和能够根据要求设计或对原有仪器进行升级改进的专门人才。我国现有的同步辐射光源，包括北京光源（第一代光源，升级后成为准二代光源）、合肥国家同步辐射实验室（第二代光源）、已建成和投入使用的上海光源（新的第三代光源），为我国的凝聚态物理、材料科学和生命科学研究提供了重要的科学平台。强磁场设备也开始为凝聚态研究提供重要的条件。怎样用好用足这些大科学平台，也迫切需要培养和引进一大批熟悉并能设计试验仪器的人才。

六、原子分子物理学与光学

在光学领域，我国已有较好的研究积累和人才储备。现有固定研究人员近2000 人，在读博士生与博士后研究工作者近 1400 人，每年获得博士学位的年轻人约 400 人。在原子分子物理学领域，现有固定研究人员近 400 余人，在读博士生与博士后研究工作者近 300 余人，每年获得博士学位的年轻人不足 100 人。在原子分子物理学和光学领域我国每年发表的学术论文数量仅次于美国，远超德、日、英、法等国家，2008 年发表论文数量已超过 2700 篇。最近 20 多年，原子分子物理学和光学学科发展趋势是进一步学科融合，形成被称为原子分子与光物理（atomic，molecular and optical physics，AMO）的目前物理学最活跃研究领域之一。突破衍射极限限制和突破电子器件时间分辨限制以及发展超高强度激光等极端光学新技术和新方法，超冷原子分子的获得、物理性质及其应用、超强光场下原子分子动力学行为及其控制，新型高等光源（如 X 射线自由电子激光、阿秒脉冲等）的发展和应用等，均已成为该领域当前学科前沿研究内容。在这种融合发展过程中，我国的原子分子物理人才、精密光学技术人才都显得严重不足。虽然在该学科领域我国还处在跟踪发展阶段，但在一些具体问题的研究中，我国物理学家已经做出了在国际学术界产生较大影响的重要工作，如强场物理、超快光谱及应用、介观光学和纳米光子学、特异材料与应用、光的操控和精密光谱、冷原子分子物理、原子分子动力学过程的量子调控、高电荷离子物理、电子–原子分子碰撞、团簇物理等。以下是几个科研力量比较集中的研究方向的情况分析。

我国在介观光学与纳米光子学方向有较强的研究队伍，在对光子晶体、负折射现象、表面等离子体激元等问题的新现象、新方法的探索方面有很好的积累。但由于在介观光学加工制造技术以及硬件设施上与欧美等发达国家有相当大的差距，使得在器件物理探索与元器件的研制方面我国的原创性工作不多，能够转化为产业的则更少，而这正是该科学领域目前的发展主线。

我国在冷原子物理、原子分子超精密光谱及原子频标基础研究方面开展研究已有十多年。我们针对美国、欧洲发达国家已实现的玻色–爱因斯坦凝聚的原子、分子和离子体系研制了相关的仪器设备，并且在单个粒子（离子、原子、分子）的电磁囚禁方案与技术、单粒子量子态的激光操纵以及与新型量子频标相关的基础研究，利用激光冷却产生冷原子系综直至玻色–爱因斯坦凝聚体，冷原子体系的量子相干与干涉、动力学混沌，新的超精密光谱测量方法（如稳频飞秒激光光学梳状精密测量技术、调制转移光谱技术）探索等方面都有了很好的积累。然而，与先进国家相比，我们在高水平实验研究装置与仪器方面落后，科研投入与当前该学科领域中高精密物理测量的需求还有一定差距。我们需要进一步加强具有创新思想的实验技术、试验方法的研究，加强理论与实验的结合，从而提升学科创新性研究水平。

在超快超强激光物理领域，我国有很强的研究队伍和很好的研究基础。国内多个研究机构已建成了一些太瓦级到几百太瓦级、甚至拍瓦级的超快超强激光装置，在激光与物质的相对论性和高度非线性相互作用、激光粒子加速、阿秒脉冲产生、激光聚变基础物理、新型激光等离子体光源等方向开展了较深入的研究。在对一些新现象探索和认识方面我国科学家已走在国际学科发展的前沿。但在超高强度激光物理实验条件的投入、建立和相应的实验物理研究成果方面与国外先进水平相比还有明显差距。随着人们追求更高的激光参数，激光器的造价和维护费用更加昂贵，其维护的难度也更大（例如，欧洲提出建设 ELI 计划，其参数是由 10 路 20 拍瓦激光器组成的 200 拍瓦、2 千焦激光装置，其重复频率达到 10 赫）。如果我国不尽快加大投入，集中人力物力，不断强化对我国在该领域的强场物理研究基地的进一步重点支持，我国在该领域的研究就会落后于学科前沿的发展。

在原子分子结构、光谱、碰撞及动力学方面，理论研究有较长期的积累和较好的基础，做出过一些有影响的、满足国家需求的工作。实验研究在近 10 年来得到了较快的发展，主要表现在两方面。首先，在原子分子谱学与结构研究方面，与各种激光光源、光谱、能谱、质谱及成像测量技术方法结合，形成了一些研究特色，在强激光场原子分子行为研究方面近年也展现了良好发展势头。其次，原子分子碰撞物理研究方面，在国家自然科学基金委员会持续支持下开展了电子与原子分子碰撞谱学研究，近年来在重离子加速器等国家大科学装置上建设和开展了重离子碰撞物理研究，为原子分子物理学研究的进一步发展奠定了很好的基础。

作为基础学科的原子分子物理学是实验性质很强的学科，目前阶段的实验研究需要更为先进的高精仪器设备，并要求研究者在新测量仪器手段上具有较强的原创性开发能力，同时十分需要理论与实验的密切结合。总体来说，与其他研究方向相比，基础原子分子物理研究仍然是一个比较薄弱的研究方向，研究水平亟待采取有力措施提高。美国国家科学委员会在关于原子分子与光学的综述报告中专门提及基础原子分子物理方面的人才短缺，同样，我国这支研究队伍也有萎缩的趋势，产生的高层次研究工作不足。在原子分子基础研究的前沿领域（如超冷原子分子有关的理论与技术），跟踪性的实验较多，原始创新的实验研究较少，在国际上缺乏竞争力；专门从事超冷原子分子理论的队伍体量过小，虽然有一些人从凝聚态理论研究转过来，但缺少持之以恒的专职研究队伍。然而我们也必须看到，在另一方面也正是由于这一学科的基础性，近年来与其相关的交叉研究领域和应用领域的发展十分迅猛。例如，与化学交叉的分子反应动力学领域，利用交叉分子束开展态—态反应动力学以及量子过渡态的研究，取得了一系列创造性的研究成果；与凝聚态物理及化学交叉，在原子分子团簇、团簇组装纳米结构方面也有较系统的研究，取得了很好的成绩；在原子物理应用方面，也有许多研究集体结合国家需求，针对精密物理测量的前沿研究，在原子光频标和飞秒光梳方面开展了很好的研究工作。

七、声学

我国声学学会会员 4500 余人，多数会员工作在与声学交叉的领域，如信息、电子、机械、海洋、生命、能源等学科。从事声学基础和应用研究的队伍较小，现有固定研究人员 600 余人，在读博士与博士后研究人员约 300 人，每年获得博士学位的年轻人不足百人。最近十多年，我国的声学有了很大的发展，在水声物理领域，我国学者发展了适合深海的广义相积分理论和浅海的波束位移射线简正波理论，研究与发展了多种稳健的匹配场处理算法，在匹配场定位、浅海平均声速剖面反演研究方面都取得了很多成果，使我国水声成为美欧有关研究部门高度重视并渴望广泛合作的领域。在超声领域，我国声学研究人员解决了1、2、3、4界面脱黏的原理和技术检测难题，实现了黏结质量超声检测的技术创新。在语音数字化建模研究中，我国声学研究人员提出了当时国际上最好的语种识别系统，研究成果打破了国外公司对中国语音识别市场的垄断，在民用和国家安全领域得到了规模化的应用。上述几项成果也为我国的国防事业发展做出重要贡献。在 HIFU 无创治疗的仪器制备、临床应用方面我国目前处于领先地位；在环境声学测量、评价，噪声控制技术，声学环境标准与法规政策的制定方面我国基本与发达国家同步。在声物理发展的前沿，结合凝聚态物理的发展，我国科学家将光子晶体的概念引入声学材料的研究中，在声人工结构材料中发现了一系列新的声波传播的奇异特性，如负有效质量密度和双负折射效应，实现了平板透镜的超透镜点源成像，提出离子型声子晶体的概念，并研究了一维离子型声子晶体中的超晶格振动与电磁波的耦合效应；我国声学研究人员还将电子二极管对电流的整流原理引入声学，提出声能流的整流概念。此外，在声空化与声致发光机理探索等方面我们也发现了一些新现象。这些工作极大地推动了声学领域在新概念、新原理方面的发展，引起国际同行的高度关注。

由于声学基础研究队伍不大，而且任务性研究很满，使我国大部分声学研究无暇顾及其中的关键基础物理问题。对此，我国老一代声学专家多次呼吁必须加大对基础研究的投入。现在，我国开设声学专业的学校较少，难以吸收更多的年轻人到声学研究中来，研究队伍扩展受限。声学学科发展仍然不平衡，在一些非常重要的领域，如大气声学、深海声学、超声电机、声学 MEMS、心理声学、生物声学等都缺少研究。

八、物理学与其他学科交叉

为了发展交叉科学，一些发达国家专门成立了物理学和生物学交叉研究中心，并实施了大规模研究计划，国际上有专门的学术杂志。国内一些科研院所与高校成立了一些中心，研究工作主要集中在 DNA 分子弹性的力学特性研究、生物膜的形态结构特性研究、系统生物学特别是基因网络和调控网络的动力学研究、蛋白质结构形成折叠动力学的理论和实验研究、基于统计方法的全基因组物种亲缘树构建、非编码 RNA 的调控作用等方面。研究成果在国际上有一定影响，但整体上研究队伍较小，研究设备不够先进，计算平台匮乏，研究经费不足，年轻人人数还不多。

第三节　学科发展中存在问题的综合

综上所述，我国物理学的每个子学科都有若干个研究方向处在学科发展的最前沿，在一些研究点上取得了一些令国际同行关注的研究成果。可是，我们这样的亮点太少、原创性成果还不够显著。我们缺少新效应、新现象的原始性发现和新理论的创立，尚未形成一批在国际上有重要影响的实验室、研究群体和物理学家，专注物理问题研究的实验室规模还不够大。还没有充分发挥大装置的作用，国家对于大装置的后续探测设备投入不足，使用效率不高。国家重点实验室数量太少，几乎没有一个能够参与国际竞争的高品质精密技术加工平台。我们现阶段的大型与精密仪器设备都依赖国外进口，实验技术与方法的创新，实验仪器设备的研制比较薄弱。我们缺乏运转、维护和高效使用这些大型仪器与设备的专业技术人才，缺乏具有综合素质、创新型实验科学技术人才。国内理论研究与国内实验研究的结合不够密切，理论研究对国内实验工作的重视和引导不够，缺少理论构架的原始创新。针对一些新的研究对象、新的理论结果，提出新的实验原理、发展新实验技术的研究工作很少。科研成果向技术的转化以及科技人员与企业界的合作发展意识淡薄、技术缺乏市场竞争力。在核物理、等离子体物理、声学以及原子分子物理等学科的理论研究骨干相当匮乏。大规模数值模拟与计算源程序的研发人才屈指可数，这些都严重制约了物理学的健康发展。我们每年发表的论文数量不少，但在国际学术界产生很大影响，能引领国际物理新潮流的研究工作较少，能够留名物理学发展史的研究成果尚未显现。我们现有一批非常年轻的科研将才，他们活跃在国际舞台上，能够迅速跟踪甚至短期内赶超国际学科发展的前沿，但在研究的广度、深度和原始创新方面却远远不够。我国缺少一大批国际上的领军人才，缺少为我国抢占未来经济科技发展制高点的一大批优秀成果。这种状况与我国作为世界大国的国际地位不相称。

第四节　促进学科发展的建议措施

我国物理学发展已经进入了与发达国家全方位接轨的时期，特别要和我国经济发展的国际地位相辅相成。科学发展的规律和经验表明，经济、技术大国也必须是科学大国，也就是说，科学本身的发展就是主要的国家目标，而物理学是基础学科的基础。过去在几代物理学家共同不懈的努力下，我国物理学发展已经取得了长足的进步，但离物理学大国、强国的梦想尚有一定的距离，这种经济社会和基础科学发展不同步、不协调，固然有其历史原因和大环境的较长期影响，但学科整体需求与一些具体政策措施的失衡，的确大大制约了我国物理学大规模发展和关键性突破（例如，缺乏长期稳定支持，具体项目资助时间太短等）。在改革开放之初短期内也许行之有效的一些管理方式与方法，逐渐落后于发展的需要。例如，不分学科专业，不分研究方式，以文章数量和杂志影响因子评价研究成果；不考虑专业发展需求盲目引进人才或培养研究生；不考虑学科均衡发展、不考虑学科特点的资助模式；重主体建设、轻附属设备大科学工程投资方式；重视"走出去"、轻视"请进来"的国际合作模式等都已不适应学科发展要求。我们的管理必须引进和优化发达国家的管理思想和管理模式，加强长期稳定的支持力度，改进科学评价体系，不浮躁，不急功近利，加速提升基础研究中具有原创性的研究工作的比重，努力培育我国科学家能够做出开拓性贡献的学科前沿方向，尤其是那些影响我国综合国力发展的学科领域，以便快速提升我国相关学科的国际影响力乃至引导力。我们现在最需要的是，我们的科技管理政策和方式能够更符合自然科学发展的规律。

要充分认识植根于物理学的基础科学研究本身是国家可持续发展的战略目标的一部分。从这个大局出发，探索对物理学基础研究长期稳定支持的新模式。首先，要加强学科发展的整体布局和战略研究，满足国家战略需求。需要制定一些新的措施，增加物理学家队伍规模，使得目前规模还偏小的研究队伍达到其原始创新的临界值。不仅要在物理学的新兴学科方向及其交叉领域（如纳米科学、量子信息和生物物理等）方面给予较大投入支持，对一些传统的基础领域（如高能物理和核物理）也丝毫不能放松，必须稳定一个有规模的研究队伍。为了真正实现我国物理学稳定长期发展，要在加大经费投入的基础上，逐步变革现有的科研项目资助模式，通过适当的中期初步评估方式，把现在具体的项目资助时间由3～5年延长至6～10年。现在急需做到的是，要在研究项目中，安排较大比例的人员费用，使研究经费通过优秀人才的培养，真正用在刀刃上。在这方面，特别要加强对那些极有发展潜力但尚未"功成名就"的物理学家（特别是青年物理学家）的支持。

要建立能够推动国内专家彼此合作、公平竞争与相互促进的管理体制；设置能够吸引境外专家和博士来国内从事短期或长期研究的基金；加大研究和技术支撑队伍建设的具体措施；建立能够推动研究成果走向高新技术转化的长效激励机制；加强学科发展的布局和布点，促进国家战略需求薄弱领域的发展和人才培养（如核科学）；加大力度，在每个物理二级学科领域建成若干个国家重点实验室（20～30个）；建造若干个具有国际先进水平的大科学装置、科学研究平台等。只要认真解决基础科学观念及政策方面的一些深层次问题，切实遵循科学发展的规律，长期稳定支持，经过不懈努力，作为已有较好基础的物理学，一定会为我国成为科学技术创新强国做出杰出贡献。

在改善科学评价体系方面，要建立符合学科特点、正确反映实际科学水平的评估标准，从而可以制定相对合理的科研资金的投入与分配政策。过去有一些急功近利的，以简单数量（如论文数量、一般引用数量和科研经费多少等）为导向的评价体系，严重扼杀了我国物理学发展中真正创新性的研究。因此，我们要分级、分层次逐步改变这种不健康状况，营造健康的研究环境和科学文化，使我们的物理学家能够静下心来全力专注于科学研究本身。实现这样的目标需要科学家、科学界的领导和科学管理部门的共同努力，要求科学管理者对物理学学科的发展规律有深刻认识，从而提高科学管理水平。例如，物理学的研究领域有"大"（如高能物理、核物理、强激光和受控核聚变等大型实验装置）、"小"（如理论物理、凝聚态物理、基础光学等）之分。对大科学、大项目的支持，应当统筹考虑我国已有基础、国家战略需求和国际物理科学发展的主流趋势，要认真准备、充分论证，选择建立必要的大型科学装置。今后物理学大科学装置的建立，要从简单技术竞争和人才培养的目标转移到以重大科学发现为目的。为此要预先安排大装置的物理实验工作，落实稳定运行费用，保证大装置的使用效率，从而做出高水平的科研成果。对大科学加强学科发展的布局和布点，促进国家战略需求薄弱领域的发展和人才培养（如核科学）。

对处于探索阶段、尚未直接导致技术革命阶段的"小"科学，在学科布局合理的前提下，宜采取自由选题、平等竞争的资助模式，采用国际上通行做法，基本以课题组为单位进行运作。针对国际物理科学前沿热点问题，可以对基础好的课题组和个人加大支持力度，形成研究群体，以更好地参与国际竞争，更快地有实质性突破。在具有"小科学"特征的物理领域，切忌不要以"装筐"的方式，把没有实质性联系的"小"项目集成起来申请"大"项目经费。这不仅要求物理学家个体在科学道德方面的自律，也要求科研管理部门改变其传统政绩观，以真正促进科学发展为目的。

第四章

未来 10 年物理学学科发展布局

第一节　物理学学科的总体发展战略布局和发展目标

　　物理学是当代物质科学乃至生命科学的基础，是近代新技术革命的源头。面对科学前沿和未来发展的重大需求，我国物理学学科未来 10 年的发展，将立足于当代物理的学科前沿，面向国家重大需求驱动的基础科学问题，发展影响该学科及其交叉领域原始创新的关键技术，重点布局具有原始科学创新性的研究方向，逐渐由现在的论文数量大国变成物理研究强国；发展物理学的新概念、新方法和新技术，在一些重要基础研究领域，产出一批对科学发展有实质性贡献的研究成果，产生一些世界级科学家和领军人物，形成若干个引领国际前沿研究的团队和中心；中国物理学家要在国际上积极参与各种学术活动，努力成为国际学术机构和学术活动的主导者，成为在国际物理学界起核心作用的重要成员；积极参与和引领物理学交叉学科的研究，争取对其他学科的发展产生深远的影响；培养出一大批为物理及其交叉领域实验服务的技术研究型人才，大力提升物理实验方法和技术的创新能力，形成若干汇聚国际一流科学家的科学实验基地；针对国民经济发展和国防安全方面等国家重大需求，凝练物理学能够发挥关键作用的科学问题，突出重点，争取重大突破，推动国内高新技术的跨越式发展。

　　为了实施上述我国物理学学科发展的战略目标，对未来 10 年必须有放眼未来、切实可行的发展战略布局，并配套具体的有效措施。过去数年，物理学研究经费已经有了大幅度的增长，研究队伍的结构也基本趋于合理，总体上讲我国物理学研究已经初步进入稳定发展、孕育突破的重要阶段。在这个时候，如果把物理学作为我国自然科学发展的重要目标，通过采取正确的顶层设计、总体布局和各种得力措施，用 10 年左右的时间使我国物理学全面振兴，为成为物理学强国打下坚固的基础。具体措施如下：

　　合理布局纯基础性探索和应用导向型问题研究，互相促进、共同提高、协调发展。在物理学中，既有应用目的导向的物理问题研究，也有暂时完全看不到应用前景的纯基础课题。在物理学的发展史上，二者互相影响，交互出现科学和技术上的重大突破。应用型必须对新技术有重要贡献（甚至要面对市场，有经济效益），可以为后来的科学突破发展必需的技术工具，而基础性研究必须以导致科学新突破为目标，但其客观结果会导致应用型研究的革命。从 1895 年 X 射线发现到 1987 年高温超导体和目前的铁基超导、磁共振力显微镜发展，物理学所有重大创新无不如此。对这两类项目的组织实施和成果评价应有所不同。因此，要区别二者，对于应用型研究，可有选择地组织重大项目，加大经费投入，以期有所突破。在实施中加强计划性和管理，要形成有利于科研成果的共享与转化的优化体制。

对于纯基础研究的支持，首先要以课题组为主，加强对有科学信誉的个人的长期稳定支持。其次是构建自由和有组织学术交流的平台，创造宽松的学术氛围，在国家层面上形成孕育重大科学突破的环境和土壤。我们需要认真研究纯基础研究的规律，注意科学和技术的区别，重视积累和创新的关系。积累是基础，创新是目标。既要注重积累，又要鼓励创新。若片面追求一时或表面的轰动效应，将会贻误重大创新和长远发展的良机，造成浮躁气氛，对培养人才也极为不利。要提倡求实的科学学风，长期坚持，埋头苦干，功到自然成。

无论是物理学中纯基础性或应用导向性研究，对某些有较好基础、可望短期有重大突破的重要领域，在不影响整体平均投入的前提下，经过专家论证，提供更加充足的经费，组织队伍，集中攻关。对此，要研究和确立鼓励国内研究单位强强联合、促进跨越式发展的政策和措施。

创造物理实验和理论实质性结合的气氛与环境，以长距离的眼光，正确对待实验探索和理论研究的各自特点，促进物理学科在我国的跨越式发展。要创造各种条件，加强理论和实验的实质性结合。对于物理实验，我们要着重支持那些有助于科学发现的原理性实验、关键性物理理论检验和对未知世界的探索的物理实验，不应该只停留在对已有成熟理论结果的实验性演示上。这种做法有可能只有宣传结果，而对物理发展没有实质性贡献，甚至搞坏了学风。要重视实验仪器和实验方法的创新，因为许多重大物理发现大都基于自发研制的科学仪器。在科研管理部门，建立支持原创性仪器和设备（instrumentations）的专项基金，特别加大研究和技术支撑队伍的建设。目前的评价体系和科研体制非常不利于实验技术和技术支撑队伍的发展和建设。一方面，流行购买国外仪器设备搭建实验平台，进行高水平跟踪性质的物理实验；另一方面，我国对原创的实验方法、新的探测技术和仪器设备的自主研制不够重视，投入不足，导致技术支撑队伍薄弱，已严重制约了物理学学科创新能力的提高和原创成果产出。还有一个较突出的问题是，物理方面的实验跨国家、跨单位、跨学科的合作和联合不足。科研管理部门和科学家都要转变观念，既要重视科学原创，又要重视技术的创新和发明，同时应该加强系统集成和创新。另外，我国理论物理学家与实验物理学家在总体上相互合作不够，国内实质性的实验与理论相结合的工作不多，这也是我国自主原创物理成果不多的原因之一。

物理学本身是一门实验科学，物理理论必须立足于全部实验的总和之上。理论正确与否必须落实到实验检验上。当然，在物理学发展过程中间，有的阶段性理论研究，开始完全看不到实验检验可能，但进一步拓展、补充却可以导致重大突破和科学革命（相对论和规范场论是这方面的典型例证）。因此，我们允许、也要宽容对待（甚至有选择地鼓励）这种在纯理论方面的探索性研究（特别是涉及物理学各分支领域基础的新概念，新方法和新思想）。

加强物理科学大装置的预研，建造若干个具有国际先进水平的大科学装置和科学研究平台。建议加大力度、在每个物理二级学科领域，建成若干个国家重点实验室。过去若干年，我们国家已经建立了一些国家重点实验室，对争取科研经费、稳定基础研究队伍和设备更新等起了良好作用。现在我们应在保持继续支持的同时，并在一些研究基础好、方向重要的研究领域，再新建若干国家重点实验室。对北京正负电子对撞机和同步辐射、兰州重离子加速器和合肥同步辐射等大型国家实验室，应设额度较大的专款，在维持常规运行、提高运行质量和使用效率的同时，还要加大支持强度，大大提高开放度，满足多学科广大用户需要。

为了支撑未来关键和核心技术的发展，努力使我国摆脱重要分析与大型测试仪器设备长期依赖进口的被动局面，为物理学解决国家需求提供方法与手段，为创新型国家建设做出贡献，需要在以下几个方面做出努力：①建议科技部、中国科学院和国家自然科学基金委员会共同支持一些新兴和交叉领域，建立国家重点实验室（如与人口健康相关的先进诊断和治疗新方法的研究）和能够支撑国家未来发展需求的物理国家重点实验室（如洁净能源方面）；②布局能够支撑国家重大需求的大型实验设施，如新一代的高能物理实验装置、先进核物理及核应用实验装置、ADS 实验及示范装置、下一代磁约束聚变装置、激光和重离子驱动的惯性约束聚变装置；③布局和建立一批对国内外开放的用于多学科研究和工业应用的大型综合实验测试平台和研究装置，如散裂中子源，新一代先进光源；④有选择地建立比较专门的国家实验室，如以解决能源问题为主要目标的国家实验室，以支撑我国国民经济可持续发展和国防安全建设的科技创新。我国未来的大科学装置要特别重视科学目标的优化，须面向国家战略和经济发展需求，面向世界学科发展前沿，着眼未来，具有前瞻性和世界引领水平。大科学装置本身须具有重大技术创新和发明，总体上不能停留在跟踪模仿国外同类装置，为此须加强大科学装置的前期预研和技术攻关，国家应有专门的经费支持。应改变只重视大科学装置本身的投入和建设，由于经费不足而忽视实验和探测装置的建设。

统筹兼顾自由探索和国家目标导向性研究，加强物理学研究基地和创新群体的建设。物理学的综合型研究基地或某一分支学科的基地型研究所（系）是发展物理学基础和应用研究的重要平台。建议在"十二五"期间重点发展若干个国家重点实验室，与现有的国家重点实验室一起成为我国物理学发展的重点基地。

物理学基础研究最活跃的基本单元是较小规模的科学群体。世界各国经验表明，物理学创新思想主要来自于科学群体的优秀负责人和其中最活跃的科学家。因此要加大力度，长期稳定地支持已经经过考验的物理学创新群体建设和优秀学术带头人。建议在"十二五"期间重点支持若干基础好、方向重要、学术带头人优秀的物理学基础研究创新群体。在创新群体中，也要通过半固定和流动的方式，不断优化人员结构，最后稳定一支精干的、配置合理和富于创新精神的物理学研究队伍。

加大物理学科学普及的力度，提高我国公民的科学素质；加强科学精神的培养，提高物理学家自身的科学素质。通常，科学普及（又称大众科学）是指利用各种媒体，以通俗易懂的方式向普通大众普及和传播科学知识。进而，以科学知识为载体，通过传播科学思想，使得大众接受和应用倡导科学的世界观和方法论，达到弘扬科学精神的根本目的。物理学从牛顿时代至今，特别是相对论和量子论的诞生以来，物理学的进展几乎是呈指数型上升的，各分支领域取得了令人震惊的重大科学发现，导致的技术发展使得人类受益良多。然而，正是由于科学的飞速进展，所要求的知识量越来越多，许多新概念对于一般没有受过专业训练的人不很容易接受。因此，作为专业物理学工作者，物理学家有责任让物理学为普通大众服务。普及物理知识，提高全民族的科学素养，是中国物理学家义不容辞的责任。其实，坚持科普，也是贯彻《中华人民共和国科学技术普及法》的重要组成部分。对物理学家自身而言，科技普及与科技创新，"如车之两轮，鸟之双翼，不可或缺"。特别要强调的是具体科学知识不能代替科学精神。通过物理学科学普及，可以加强物理学家在科学精神和科学道德方面的素养，提升对物理学的整体理解，回馈物理学科研活动本身。

第二节 学科发展布局和重点发展方向

一、理论物理部分学科发展布局

（一）粒子理论、引力理论和宇宙学

未来 10 年，我国粒子理论、引力理论和宇宙学发展的总体目标是：促进粒

子理论、引力理论和宇宙学的研究；深入开展物质深层次结构和宇宙大尺度物理学规律的探讨；通过自主创新，结合国际交流的方式，在微观和宇观尺度以及高能等极端状态下的物质结构与物理规律、统一所有物理规律的理论、暗物质和暗能量的本质以及宇宙的起源和演化等方面，做出一些具有国际影响的创新性重要成果，在国际相应领域占一席之地；为国家培养一批高级交叉学科基础研究人才，提升整个民族的基础研究积累、基础研究水平和创新能力。

要实现这一目标，我们目前在粒子理论、引力理论和宇宙学方面已有了一定的人员基础和研究基础，但整体实力仍然相对薄弱，参研队伍规模较小，与国际水平相比还有差距。另外，全国发展情况极不平衡，研究力量越来越集中在少数几个高校和研究单位，其他地方却一直在萎缩。即使在这少数几个高校和研究机构，相关方向的领军研究人员也不齐全，后备人员缺乏，尤其在高校能系统开设粒子物理、引力和宇宙学相关高级课程的更是凤毛麟角。因此在粒子物理理论、引力理论和宇宙学学科发展布局上，根据国际发展趋势和《国家中长期科学和技术发展规划纲要（2006—2020 年）》在物质深层次结构和宇宙大尺度物理学规律的探讨的需求，今后 10 年的重点研究方向是：超出粒子物理标准模型新物理的理论研究、探索统一所有物理规律的超弦/M 理论、暗物质和暗能量的本质、暴胀及极早期宇宙。希望通过对这些物理学基本问题的研究及可能的研究突破，进一步激发青年学生和研究人员对这些主题的兴趣，带动相应学科的发展。同时，将从这些基本问题的研究中获得的思想和方法及时地应用到物理学或其他相关学科，促进与其他相关学科的交叉与融合，加速该学科的发展和人才培养。

《国家中长期科学和技术发展规划纲要（2006—2020 年）》的科学前沿问题之一"物质深层次结构和宇宙大尺度物理学规律"提出的研究方向包括：探索统一所有物理规律的理论，暗物质和暗能量的本质，宇宙的起源和演化。这些都是物理学中的基本问题，任何一个问题的突破都会深化人类对自然规律的认识，都是对人类科学知识财富积累的重要贡献。这些基本问题的研究对研究人员的基本素质、数理基础要求很高。这些研究自然地涉及高能物理、广义相对论和基础数学的交叉与融合。长期坚持这方面的研究会为整个民族培养一批高级交叉学科基础研究人才，对整个民族的基础研究积累、基础研究水平和创新能力起到积极的促进作用。这些研究本身也是青年学生和学者感兴趣的主题，开展这些方面的研究会激发青年学生对科学的兴趣和热忱，其深远的影响更是难以估计。

1. 暗物质研究

目前在天文学和宇宙学上，暗物质的存在已经被普遍接受并成为研究宇宙中各种结构形成的标准图像。但暗物质究竟是什么粒子，微观性质如何却仍然不为人们所了解。其理论研究和实验探测是当前的一个研究热点，特别是近年来投入了大量的人力和物力。暗物质问题被认为是 21 世纪物理学研究最重要的问题之一，它是联系宇宙学和微观粒子物理的重要桥梁。

暗物质不发光且与普通物质的相互作用非常微弱，只能通过它与普通物质的引力相互作用来感知它的存在。目前从星系到更大尺度的天文观测都发现了暗物质存在的迹象。组成暗物质的可能候选者很多，至今没有定论。不发光的普通物质（重子物质）是最初的候选者，如冷气体、暗行星、冷却的白矮星、黑洞等。但研究发现它们只占暗物质的非常小的部分。

暗物质所具有的不带电、不发光和不吸收光、稳定、没有除引力以外的较强相互作用等特性使人们很早就想到中微子。中微子参与弱相互作用，其退耦温度在 MeV 量级，远高于它的微小静止质量，因此它退耦时的运动速度是相对论性的，因而称之为热暗物质。研究表明，热暗物质运动速度非常快的特性使得今天的星系结构根本无法形成，因此中微子作为暗物质的主要成分已经被排除（它在宇宙中只可能占很小的比例）。另外，观测和理论计算表明，暗物质应该是"冷"的（即它退耦时的速度非常低，是非相对论的）。非重子作为冷暗物质候选者是弱相互作用重粒子（WIMP），如超对称粒子或额外维度空间的粒子等。WIMP 被广泛关注的原因在于它可以自然的热产生，其在今天的贡献如同宇宙微波背景一样只是宇宙温度下降的热遗迹，所以 WIMP 暗物质模型得到了很大关注。此外，从粒子物理出发，难于理解电弱对称破缺机制的所谓超出标准模型的新物理理论都提供了这样的 WIMP 粒子，如超对称理论中最轻的超对称粒子（neutralino）。如果在对撞机上发现了某种新物理所预言的粒子（且稳定、中性），它很可能就是构成暗物质的粒子。反过来，如果暗物质粒子被探测到，其性质也会限制新物理的形式。因此，在暗物质问题上宇宙学、天文学和粒子物理是相互交叉的。暗物质粒子候选者还有许多，如轴子、KK 粒子、超对称引力微子等。轴子是在解决强 CP 破坏问题时引入的，质量为 $10^{-6} \sim 10^{-3}$ eV，可以通过非热产生。KK 粒子是额外维度空间理论所预言的。其中，最轻的粒子是稳定的。超对称引力微子指引力子的超对称伴子，还被称为超弱作用重粒子，也要通过非热产生。

由于天文观测只探测暗物质的引力效应，因此无法探究暗物质的基本性质。目前，为了研究暗物质的性质所开展的实验大致可以分为三类。第一类是直接探测实验，这类实验就是采用高灵敏度的探测器直接探测当暗物质粒子和探测器物质发生碰撞后所产生的信号。第二类是间接探测实验，这类实验主要是通过探测暗物质自湮灭或衰变的产物来研究暗物质的本质。第三类是通过高能对撞机直接产生暗物质粒子，并研究其性质。

对于直接探测和间接探测，探测信号的预言或解释都依赖暗物质的天文分布，因此，这些研究必须和天文研究紧密结合。在直接探测中，暗物质信号不但取决于暗物质的性质，取决于暗物质和探测器的相互作用强度，而且取决于地球附近暗物质的密度和速度分布。对于后者的研究，目前天文上的方法是通过计算机模拟获得。在间接探测中，暗物质湮灭的信号会更加强烈地依赖暗物质的密度，尤其是暗物质在银河系中心（或其他暗物质晕中心）的密度。如何通过高精度的模拟研究得到暗物质晕中心的分布形式对于间接信号的研究是非常关键的。

在近年 PAMELA 卫星、ATIC 气球、Fermi LAT 卫星等实验中，有的观测到可能的 WIMP 暗物质湮灭的信号。如果该结果能得到进一步证实，将是人类在认识暗物质道路上的一大重要成就。同时对于这些 WIMP 暗物质湮灭的光子信号研究发现这些 WIMP 暗物质可能是"温"的，需要 WIMP 的非热产生。

暗物质是"冷"的还是"温"的将决定暗物质的粒子性质，对于暗物质的理论模型构造具有重要的意义。在天文研究领域，大家知道冷暗物质模型在大尺度上取得了很大的成功，但在小尺度上存在着一定的疑难。国内外科学家已提出了温暗物质作为解决这一问题的可能性。通常的温暗物质粒子（如惰性中微子）很轻，但非热产生的 WIMP 温暗物质是大质量的。观测上，强引力透镜对于确定暗物质的分布形式将提供一个重要的方法。

在暗物质研究领域，我国科学家已取得了一些重要的成果，如 N-体模拟、WIMP 的非热产生机制、暗物质间接探测的理论研究。在暗物质粒子探测实验研究方面，基于国际合作，如 DAMA、ATIC 等，我国科学家已取得了一些显著的成果。但就整体水平，特别是在以我国为主的实验研究方面，与世界水平相差甚大。可喜的是我国已开始了地下、地面、空间（小卫星和空间站等）开展暗物质粒子探测的可行性研究。

2. 暗能量研究

1998 年美国两个 Ia 型超新星小组发现宇宙在加速膨胀，揭示了暗能量的存在，是近年来宇宙学研究的一个里程碑性的重大成果。另外，各种天文观测，包括 WMAP 和 SDSS 以及最近的超新星（SN）的结果告诉我们暗能量占宇宙中总物质的 72％。暗能量具有负压，在宇宙空间中几乎均匀分布或完全不结团，但其物理性质却是个迷。暗能量的相关问题已成为目前国内外关注的焦点。例如，美国国家研究委员会由 19 名权威物理学家和天文学家联合执笔的 2002 年的报告中列出了 21 世纪要解答的 11 个科学问题。其中，"什么是暗物质"和"暗能量的性质是什么"列在前二位。2004 年美国能源部和国家科学基金会发表了组织专家撰写的"量子宇宙——21 世纪粒子物理学的革命"，提出了 21 世纪粒子物理学中的 9 个重大问题。其中，"怎样才能解开暗能量之谜"名列第二。

支持暗能量的主要证据有两个。一是对遥远的超新星所进行的观测表明，宇宙不仅在膨胀而且在加速膨胀。在标准宇宙模型框架下，爱因斯坦引力场方程表明宇宙加速膨胀要求宇宙物质的压强为负（负压提供了排斥力）。二是来自于近年对宇宙微波背景辐射的探测，精确测量的微波背景涨落角（度）功率谱不但揭示宇宙是平坦的（即宇宙中物质的总密度等于临界密度），而且给出了宇宙物质的成分：宇宙中的普通物质约占 5％，暗物质只约占 23％，另外约 72％的物质就是驱动宇宙加速膨胀的暗能量。

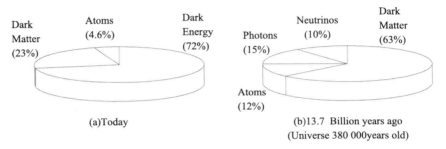

图 4-1　今天宇宙由暗能量主导，137 亿年前由暗物质主导

我们所熟悉的通常辐射和物质其压强都是非负的。但是，暗能量是负压而且在宇宙中几乎均匀分布或完全不结团。因而研究暗能量的本质成为新的物理理论和观测的重大课题。尽管目前有很多有关暗能量的唯象模型研究，如国内外研究人员提出的宇宙常数、Quintessence（精质场），Phantom（幽灵场）、K-essence、Quintom、Tachyon（快子场）以及修改相对论的高维空间理论和全息暗能量模型，但都有这样或那样的问题和不足。要在基本层次上真正理解暗能量本质需要一个包括引力在内的各种相互作用统一的基本量子理论，这将是一场重大的物理学革命。

3. 暴胀及极早期宇宙模型的理论研究

目前的天文观测强烈地支持暴胀模型。暴胀是指宇宙在极早期经历的极短时期的加速膨胀。暴胀模型不仅解决了热大爆炸模型中一些根本问题，而且为现在人们观测到的宇宙大尺度结构的形成提供了原初扰动。

近年来暴胀模型的研究主要在两个方向。一个方向是继续深入和扩展模型的研究。例如，多个标量场或非正则标量场暴胀模型的研究。在多场模型中参数不需要很大的精细调节，即使每个标量场不满足慢滚动条件，多标量场的辅助效应也会使标量场慢滚动。近年来大 N 场暴胀模型已经在超弦理论的模型中得到了广泛的应用。非正则标量场暴胀模型的研究始于 1999 年。一般说来，超

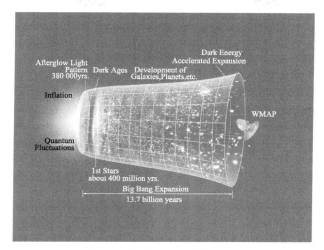

图 4-2　宇宙的时间演化历史

弦理论的高阶修正可以导致非正则的动力学项，这个非正则动力学项可以导致早期宇宙的暴胀。近来，由于理论和观测的需要，非正则场的一些特殊形式，如快子场、幽灵场（Phantom）、高阶导数项的暴胀模型引起了许多人的研究。另一个方向是继续寻找暴胀模型的理论实现。例如随着超弦理论等高能物理理论的发展，人们需要为这些新发展寻找应用途径。例如，基于 20 世纪 90 年代中期超弦理论的发展，各种各样的膜及其他暴胀模型已经被人们相继提出。尽管还面临着一些挑战，现在膜暴胀模型已经成为在超弦理论中实现宇宙暴胀的一个最流行的方法。

原初扰动的研究也是暴胀模型研究的一个重要方向。大爆炸宇宙模型描写的是一个均匀和各向同性的宇宙，但是这样的宇宙不可能演化出现在的星系和更大尺度上的不均匀结构。因而早期宇宙的质量（能量）密度需要在均匀各向同性的大背景下出现某种微小的不均匀性（即宇宙质量密度的原初扰动），这种原初扰动将成为宇宙后来的大尺度结构的种子。研究表明，宇宙在暴胀期间，标量暴胀场的量子扰动被拉伸到视界以外凝结。这些超视界的扰动在辐射或物质为主时期再进入视界，导致了相应尺度上的能量密度的扰动，进而形成宇宙大尺度结构，更重要的是原初扰动在宇宙微波背景（CMB）中留下了可观测的印迹。所以能够通过探测 CMB 不均匀性来检验暴胀模型。一般地，原初扰动的幅度正比于暴胀时期的哈勃参数，反比于标量场的滚动速度。原初扰动的功率谱是绝热的和近标度不变的，在统计上满足高斯分布，这些特点是暴胀理论不依赖于具体模型的一般预言。

由标量场（称之为暴胀子）驱动宇宙暴胀的模型在暴胀期间产生的原初密

度扰动谱与暴胀子的滚动紧密联系在一起，而扰动谱的近标度不变性要求暴胀子慢滚动，这对模型的构造是个极大的限制。因此非暴胀子的密度扰动机制近年来被人们提了出来。一种非暴胀子扰动机制是曲率子扰动机制。在这个机制中，曲率子的能量要比暴胀子的低得多，而曲率子产生的扰动却比暴胀子的扰动大得多，因此绝热扰动主要不是来自暴胀子，而是来自曲率子的量子扰动。在宇宙暴胀的收尾阶段，宇宙重新被加热，当曲率子的能量密度成为重要时，它产生的等曲率扰动将转化为绝热扰动。另一种非暴胀子扰动机制是不均匀的重新加热机制。由于非暴胀子扰动机制原则上与暴胀子的滚动无关，因此有着更加广泛的应用。

目前人们依然没有找到一个公认的成功的暴胀模型。此外，当追溯到宇宙的极早期，标准大爆炸模型中仍然存在着一些暴胀理论解决不了的问题。例如，时空的奇异性等。由于极早期宇宙模型的深入研究依赖于一个自洽的量子引力理论的发展，如超弦理论的研究也是非常必要的。

4. 超弦/M 理论的基本性质及其发展、完善和应用

超弦理论的发展经历了微扰和非微扰两次革命，揭示了一个完全非微扰统一理论称为 M 理论的存在。由于目前非微扰手段的局限性，M 理论完整图像和框架还有待于建立。与此相关的是如何寻求该理论更多的非微扰信息，该理论的动力学自由度是什么或建立在场论和微扰理论基础上的自由度概念是否这里还适用，如何理解或回答弦/M 理论的真空问题（弦景况），如何在一般情况下给出黑洞熵的统计解释，如何进一步理解和认识该理论揭示的时空模糊性、引力和规范相互作用的等价性等所隐含的相互作用的本质、时空的本质以及在该理论中揭示的经典和量子之间等价性的本质问题等。作为目前包括引力在内的相互作用统一理论的理想的候选者，该理论的完整表述应回答前述的宇宙学的相关问题和暗能量的本质问题。

基于弦/M 理论构造了各种暴胀模型、暗能量模型以及粒子物理相关唯象模型。另外，引力的全息性质或弦理论中的 AdS/CFT 或引力/规范对偶可以用来描述很多强相互作用系统，如夸克-胶子等离子体、强子态、原子核、凝聚态物理中的量子相变、冷原子系统等。这些广泛的应用不仅为相关领域提供新思想和新方法，而且为超玄理论的发展提供一定的指导作用。超弦理论的发展，如同牛顿力学的发展一样，对现代数学的发展和推动也是极大的。目前国内在这些相关方面的研究开展得甚少，应予以加强。

5. 粒子物理标准模型与超出标准模型新物理的理论研究

粒子物理标准模型成功地经受了大量实验的检验。作为描写强相互作用的

量子色动力学面临非微扰求解困难。探索高温高密 QCD 相变机制、夸克胶子等离子体和手征对称性恢复等，都有助于了解新的物质状态及量子色动力学的非微扰性质。

理论和实验都在呼唤超出标准模型的新物理的理论探讨。与此密切相关的有：量子场论的本质内涵（是描述相互作用的基本理论还是有效理论）和其一般非微扰特性探讨，如非微扰 QCD-色禁闭，格点规范理论；微扰 QCD 的高阶修正的计算；大统一（GUT）、超对称（SUSY）、额外维（ED）等相关理论的探讨。这里很多理论探讨与 LHC 的科学目标紧密关联。

6. 高能物理与天文学的交叉研究

宇宙学是物理学和天体物理的一个分支，不仅与物理学的几乎所有分支相关，尤其是其中一些基本学科，如引力理论、粒子物理等，其发展与天文观察紧密关联，是天文和高能物理重大交叉研究领域。

暗物质、暗能量的发现都源于天文观测，但对它们本质的探讨是在物理学的范畴。粒子物理也许对暗物质本质的揭示起着关键作用，但进一步天文观测尤其是精确宇宙学观测会对暗物质本质的揭示起着积极的促进作用。暗能量的本质应与引力的量子行为密切相关，因此它的揭示与一个成功的包括引力在内的相互作用统一理论的建立联系在一起，这里不仅需要高能物理的积累，进一步精确宇宙学观测提供的信息也是不可少的。因此，开展高能物理和天文学观测的交叉研究是揭开暗物质和暗能量本质的关键，也将对建立完整的统一所有相互作用理论起指导作用。

（二）量子物理及其应用

1. 量子退相干、量子开系统和量子控制理论

量子力学是 20 世纪的最成功科学理论之一，但其基础却存在诸多的学术争论。有关的基本问题研究不仅促进量子力学自身的发展，而且使量子力学走向交叉科学领域，表现出新的活力。量子力学基本问题的核心是量子测量及其相关的量子力学诠释。

任何量子系统都是通过测量展示其内在属性，并与环境相互作用，形成开放系统。量子开系统理论是描述这些真实量子过程的基本理论。其研究对象十分广泛，因此，应用需求和基本问题研究都要求发展各种量子开系统研究方法，以处理真实物理系统怎样与环境和仪器相互作用和交流信息，回答量子耗散和退相干怎样导致量子系统趋向经典和各种量子信息过程。就量子力学本身发展而言，人们需要更加关心经典世界和量子世界交流和沟通的基本问题，这方面

包括半经典物理、介观物理乃至量子引力的研究。

研究与量子测量密切联系的微观系统量子控制问题，不仅是应用的需要，而且涉及量子物理的基础。量子计算原则上是一个由基本量子逻辑门构成的普适量子网络。其中，每一个量子逻辑门操作原则上是一个量子控制过程。量子控制可分为开环（open loop）和闭环（close loop）控制，也要求控制器本身应该是一个量子系统。在量子控制过程中，控制变量的变化是应当由其自身运动和相互作用导致的动力学决定。当考虑到有反馈的闭环量子控制，反馈的过程要求从被控系统的输出提取信息，而提取信息的过程相当于量子测量，会引起波包塌缩。为了克服这种量子反馈的困难，研究的核心问题是怎样部分地提取信息，优化逼近目标的时间演化。

2. 量子信息启发的量子物理基本问题

从未来的可能发展趋势看，量子信息的研究不只是两个不同学科的简单交叉，它涉及怎样从物理学的角度，在物质科学层面上深入理解什么是信息、什么是物质、能量和信息关系等基础性问题。反过来，这些问题的解决也有助于揭开量子物理的不解之谜，甚至引发新一轮的量子革命。近年来，随着量子信息的深入研究，在新的实验技术的平台上，许多争论得以检验和进一步澄清。

物理与信息处理的一个内在关系，可以通过 LANDAUER 原理表述。由于普适的计算过程必然包括初始化过程，而初始化意味着信息擦除，也就意味着必然要消耗一定的能量，是一种典型的物理不可逆过程。作为一个物理过程，信息处理存在物理极限存在、导致摩尔定律。因此，在量子的层次研究热力学循环和量子热机，是普适量子计算物理极限研究的必然要求。量子热力学研究的另一个重要方面，与相对论和量子非定域性矛盾有关。由于时空奇异性和视界的存在，真空有可能具有内禀的量子纠缠特征，产生霍金辐射等重要物理现象。

在微观层面上量子退相干发生依赖于系统与外部的相互作用，但对于整个宇宙而言，通常不存在外部的观察者（仪器）和环境，为什么我们观察着的宇宙是经典的？这个密切联系奇异时空结构导致量子信息损失的物理现象，可能对解决 20 世纪物理学许多悬而未决的问题有所启发，可能与引力量子化有关，可能孕育着 21 世纪重大的科学突破。

3. 各种量子系统的相干耦合及其与环境作用

把各种量子系统相干地耦合起来，形成相干接口（interface），在量子态层面上完成不同类型能量、信息的传输和交换，是实现各类功能量子网络的物理基础。一个典型例子是用超导传输线中的受限电磁场实现数据总线，把超导电荷比特或量子点集成起来，其中可以由极化分子系综实现量子中继器，这要求研究超导传输线中的受限电磁场和极化分子相互作用。

量子相干接口的一个方向基于腔 QED 的物理系统的量子信息处理。腔 QED 系统是典型的量子开系统，不管是物质粒子还是微腔自身都存在不可忽视的量子耗散和量子退相干效应。因此，我们一方面将发展更完善的理论来分析和描述其中的量子耗散和量子退相干效应，另一方面更需要寻求合适的理论方法来克服电磁环境带来的在处理量子信息过程中的消极影响。

（三）统计物理学

统计物理学是物理学的基础学科，也是物理学与其他学科交叉的生长点。要从基本理论和复杂系统应用两个方面着手，推动统计物理的科学前沿新兴方向的发展。在基本理论方面，在继续探索平衡和非平衡统计物理一些基本问题的同时，侧重有限系统、有限时间的统计物理，包括热涨落与量子涨落都起作用时的小系统的非平衡统计学。复杂系统应用方面涉及物理、化学、生物学以及社会学中遇到的问题。考虑统计物理学研究领域的广泛性，我们应当集中精力，在一些领域开展攻关，争取在若干方向上有所突破。

1. 复杂系统的平衡态统计物理

随着在物理学、化学、生物学以及材料科学等方面的不断发展，越来越多的复杂系统统计物理性质需要被研究：①水、离子和极性液体的统计物理。水是一种非常复杂的液体，它的研究对生物、化工以及环境都具有非常重要的意义；②各种聚合物的统计物理。聚合物经常出现在各种化学及生物系统中，有些是中性，有些带电，它们的统计物理研究仍在发展中；③各种复杂网络的统计物理；④自旋玻璃理论和玻璃态动力学及其在计算机科学、神经科学、信息科学的应用；⑤复杂系统的相变与临界现象：临界现象远比一级相变复杂得多，临界行为通常由坐标空间的维数和序参量空间的维数来确定，对于那些稍微复杂一些的系统，坐标空间与序参量空间已经不再独立，对传统的临界现象理论提出了挑战，这是一个亟待研究的基本问题。

2. 非平衡态统计物理的前沿课题

非平衡统计物理明显独立于统计物理的其他分支，其发展应结合不同领域的不同问题来进行，同时要借助计算机对一些非平衡统计物理模型进行研究。例如：①生物系统中的非平衡统计物理。研究生物体中细胞运动的动力学以及分子马达运动机制。②网络系统的非平衡统计物理。生物体系和社会系统中个体之间的相互联系可以用网络来描述，网络系统的非平衡统计物理对于我们了解这些系统随时间的变化起到关键作用。

3. 有限系统的统计物理

传统的统计物理学处理问题时要取热力学极限：粒子数和体积都是无穷大，但其比值保持一定。此时，系统基本处于平衡态，对其偏离仅是微小的涨落。但是，实际遇到的许多系统，大多不满足热力学极限条件，对此需要考虑远离平衡态的非平衡统计物理和小系统的远离平衡态统计力学。最近 10 年，在 Jarzynski 等式的基础上，人们发展起来了一套涨落理论，将平衡与非平衡统计物理联系起来。这方面的研究与实验上的进展（如单分子操纵技术）结合起来（图 4-3），定能推动整个非平衡统计物理的发展。更进一步，应当研究小系统的远离平衡态统计物理学，从而能够更定量地研究非平衡态过程，揭示非平衡态过程的物理本质。

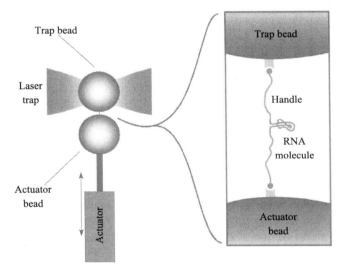

图 4-3　在生物系统中检验 Jarzynski 等式和相关的涨落理论

4. 统计物理的基础及其与量子物理交叉

统计力学是对大量粒子的集体行为进行统计描述的。由于每个粒子的运动微观上服从量子力学规律，统计物理的基础与量子力学必然有各种内在联系。通常认为，统计物理的基础是建立在各态历经假说的基础上，因此统计力学直接应用到有限尺度、有限时间和有限粒子数的非平衡小系统上会有理论上的困难。对于这样的小系统，与单个粒子相位有关的效应，量子涨落将会起到不可忽略的作用。最近的研究表明，通过大数假设，"宇宙"纠缠量子态的正则典型性（canonical typicality）可以取代备受争议的各态历经假说，亦即系统加环境形成的"宇宙"大多处在二者的纠缠态上，平均掉环境自由度，系统的约化状态是一个热平衡正则态，而相应的温度是一个演生（emergent）的物理量。

这种基于量子力学对统计物理基础的理解有助于分析实际中有限系统的热力学现象。基于量子做功介质重新定义各种热力学过程，构造量子热力学循环过程。这方面的研究形成了一个统计热力学的新的研究领域——量子热力学。当一个量子小系统处在一个宏观热源时，量子涨落的不确定性与热涨落的几率分布同时起作用，这时我们需要考虑有量子涨落的统计力学，发展传统的统计物理学。

5. 统计物理学基本原理和方法在社会系统的应用

最近几十年，计算机的发展，互联网的产生，将人类带入了信息化的时代；导致了人类社会的一些重大变化，使得社会现象变得更为复杂。这些复杂的社会现象包含了经济、金融、人口动力学等多方面综合。从统计物理学的角度，掌握这些现象的定量规律，对人类社会进步具有重要意义。最近出现的社会动力学的统计物理，综合了这方面的理论研究工作，但基于实际数据的实证研究太少。在这方面，我国具有一些优势。我国人口众多，在研究社会系统时，能够得到足够数量的数据，从而可以进行统计分析，这是许多国家不具备的条件。另外，我国社会各方面的发展非常快，这非常便于我们研究社会系统的动力学特性，为我们研究社会系统的非平衡统计物理提供了很好的研究对象。

（四）非线性现象的物理问题

非线性现象的物理问题的研究，需要我们对核心问题如孤子、混沌、斑图、分形和复杂性等前沿课题方向，结合具体的物理系统对其中的物理机制和物理本质进行深入的探讨，在此基础上，进一步探索和发展其在不同领域和课题中的应用，并发展为重要的非线性现象共性科学问题。围绕着近年来国际上的热点研究领域并结合我国的特点，进一步凝练科学目标，充分利用国内在非线性科学的良好基础和充分发挥我们在数学物理方面的优势，在未来 10 年中，非线性物理研究的学科布局是着重开展研究：①与台风、海啸等灾变、灾害现象相关的连续介质的非线性特性；②生命、等离子体、化学反应等系统中的斑图形成与演化的非线性动力学；③经典与量子系统不可积性、随机性与混沌；④各种网络系统，特别是生物网络系统的拓扑结构特性和非线性动力学稳定和不稳定特性。这样的学科布局的战略目标是：推动我们的非线性科学的研究，特别是与非线性现象相关的系统的物理特性和物理本质的深入研究，推动非线性科学在各个相关学科中的应用，以及在为国家经济建设和国家重大科学工程中的应用提供理论基础和应用思路。

1. 与灾变、灾害现象相关的连续介质的非线性特性

连续介质（如岩浆、大地、大气和海洋等流体体系）的波运动是其物质和能量运动的主要形式，其不和谐和非规则的运动往往关联到自然灾害或灾变的发生，如地震、火山、海啸和台风等。这些灾害对生态环境、基础设施、人类社会造成了巨大的破坏，对各国国民经济造成了巨大的损失。如何描述、预警、防止甚至利用这些具有超大能量、超大破坏力的自然现象历来是各国政府和科学家高度关注的重大而具有挑战性的课题，是涉及多个学科的交叉课题和研究热点。

与上述灾害现象相关的连续介质波运动在数学上都是高度非线性的，表现出典型的非线性特性，如海啸就可以描述为一种"孤波"。数学上，描述这类现象的基本方程是流体力学 Navier-Stokes（NS）方程或其在不同条件下的变形。因此，利用已建立的孤子理论和孤立波求解方法，开展这些相关方程的非线性特性和物理机制的研究，是研究灾变或灾害性现象的重要基础，是非线性科学中的重要研究方向。研究热点主要涉及：针对这些相关现象，建立更好的数学物理模型，结合各种复杂环境条件作合理的近似，探讨相关模型的近似解的非线性物理特性，从而加深对于这些自然灾害形成的认识，为探索和揭示如台风和海啸等重大灾害、灾变发生机理及其预测提供理论基础。

2. 斑图形成与演化的非线性动力学

斑图是非线性系统表现出的一种有组织的时空结构，是既能在空间形成有序结构又随时间演化的非线性现象。不同的系统呈现不同类型的斑图，但表现出的现象却具有共性，斑图动力学是研究在介观与宏观系统中的斑图结构自组织行为。斑图形成和演化现象普遍存在于自然现象与工程系统中。近年来。例如，从反应扩散系统中的化学波到心脏中的心电信号都可观测到螺旋波斑图结构。在等离子体系中，人们观察到流体力学不稳定引起的复杂斑图结构的竞争与演化。斑图的形成、演化和控制是非线性科学中一个非常活跃的方向，研究的重点是：如何将已知的物理机制应用到具体的系统，如何对所关心的斑图形成与演化做出定性或定量的预测，并对其动力学过程进行人为干预和调控。

研究的热点：①反应扩散系统中螺旋波斑图的产生、失稳与控制的物理机制研究，特别是三维反应扩散系统的理论和实验方面的研究；利用螺旋波运动的普遍规律研究心脏螺旋波的失稳控制机制，为心脏医学提供理论基础和可能

的心脏疾病的医疗方法。②等离子体系统中的斑图自组织、演化机理与控制。研究等离子体系统由于强非线性和集体相互作用下复杂物理过程表现出的斑图现象。研究长射流斑图结构的形成与时空演化，探索磁场对长射流的影响和超快超强激光与等离子体相互作用下亿高斯磁场斑图结构产生的机制、条件和其中物理过程。这些对惯性约束可控核聚变过程的理解和控制具有重要的意义。

3. 经典与量子系统不可积性、随机性与混沌

混沌现象是典型非线性现象，既有深刻和丰富的学术内涵，又有广泛的应用。混沌所揭示的是确定性系统运动长期行为的不可预测性，使得数学上的确定性与随机性和物理上的力学与统计物理等以往完全不同的领域和学科建立了深刻的联系和交融，量子混沌又将这一影响深入微观世界。复杂系统行为和应用的研究被公认为 21 世纪中具有最广泛的交叉学科的研究领域，而混沌现象是复杂性的核心内容之一。尽管人们对简单的低维混沌系统运动特征有了较丰富的认识，但对更复杂和更丰富的高维时空混沌行为的了解还不是十分完全。时空混沌系统中的自组织行为、各类自组织导致有序结构和相干运动的规律，通过对时空混沌同步的控制从而实现有序结构和运动的调控是当前的热点。这些研究不仅对认识时空混沌系统运动的基本规律有重要意义，而且将为开发时空混沌应用提供理论基础和具体思路。

混沌的研究着重于：①从经典系统到量子系统，如经典系统的轨道运动、经典量子对应、半经典理论、可积性、量子经典演化的可信度、开放量子系统的混沌理论等；②在时间和空间同时发展的混沌，多个混沌系统耦合起来的巨系统（包括网络系统）复杂动力学的研究，多个奇怪吸引子的选择、竞争；③有混沌和外部随机性的耦合系统的复杂动力学等。在理论上对混沌进行深入研究的同时，进一步开展相关实验研究，将混沌的概念和方法更多地应用于物理、化学、生物等前沿领域，刻画和解决其中的重要问题。例如，发展研究不可积性、随机性与混沌的理论方法；研究时空混沌的自组织、同步与控制，为开发时空混沌应用提供理论基础和具体思路；研究与玻色-爱因斯坦凝聚相关系统中的非线性特性，深入理解其中的许多基本物理过程，对促进诸如原子激光，精密测量等宏观量子现象的应用提供重要启示。

4. 生物网络系统的拓扑结构特性和非线性动力学稳定和不稳定特性

非线性科学在生命系统中的应用一直是十分活跃的前沿领域。一是因为来自生命系统的符号序列表现出复杂性，如基因和蛋白质序列看似无规律，但却携带着生命遗传和生物功能的信息；二是生命系统表现出的动力学现象具有典型的非线性特性，必须用非线性科学概念、方法和手段来研究。

生命是由基因、蛋白质和其他分子相互作用下协同运作的复杂网络。在后基因组时代，从系统和网络层次的研究尤其重要。目前的研究包括：基因调控网络、蛋白质相互作用、细胞信号转导、代谢途径和疾病的机理分析等。研究过程中始终贯穿着数学建模方法，力求得到一个尽可能接近真正生物系统的理论模型，这些都涉及非线性动力学。通过建立和分析各种非线性微分方程来模拟系统的演化和动力学特性，可深入了解生物系统的结构与功能，阐明相关过程的信号机制，揭示某些疾病的发病机理。研究重点包括：①通过各种生物、化学和物理等手段和方法，识别各种类网络中结构单元之间的相互关系和相互作用，构建复杂网络的联络，进行统计和理论分析刻画网络的拓扑结构特性，发现其中的结构普适性关系和找到其中与功能相关的重要位点。刻画网络结构的演化对网络结构和功能特性的影响。②针对已确认的网络结构，进行数学建模构建与功能相关的网络动力学方程，研究分析这些非线性方程的非线性动力学稳定性，探讨生物系统的结构与功能特性。所涉及的网络主要有：基因调控、蛋白质相互作用、细胞信号转导、神经元连接网络、代谢途径网络和一些疾病网络。

神经系统的信息过程动力学。神经元通过发放动作电位以及神经元之间复杂的突触连接来传递和处理信息。神经系统具有强大的信息处理功能并表现出丰富的非线性动力学特性，其动力学过程可由高度非线性的微分方程描述。构建具有生物学意义的网络模型，求解微分方程组，得到时空放电模式，并与神经电生理学和认知神经科学的测量结果相比较，从而揭示相关过程的神经计算原理。研究重点：针对特定的神经网络系统，建立相应的网络回路，通过研究其相关的单个神经元动作电位发放序列的混沌和随机特性以及耦合神经元网络的动作电位发放时空模式，研究其中典型非线性特性，如分岔、时滞、同步、竞争等，讨论和理解神经信息过程的动力学。

二、粒子物理学学科发展布局

粒子物理学不仅是物理学学科的一个传统分支，而且是一个持续活跃且精彩纷呈的研究领域。其研究特点是：在理论方面，以量子场论（QFT）为依托，处理从几 MeV 到 10^{19} GeV 能区的极其广泛的物理现象，并与凝聚态物理、宇宙学等形成较好的交叉与互动；在实验方面，大型高能加速器是主要的实验手段，以高能量和高亮度为发展目标，期望在更高能量下寻找新的物理现象，同时期望通过进一步提高测量精度观察新物理存在的迹象。不但检验理论预言，而且为理论的后续发展指明方向。

粒子物理科学的重大问题，如暗物质，暗能量的寻找，中微子质量及其类型以及中微子振荡，无中微子双 β 衰变，质子衰变，宇宙线的成分，极高能宇宙线的加速机制等都一直是非加速器物理实验的前沿。通过几十年的研究，人们已对这些重大前沿科学问题有了进一步的认识，并积累了相当的经验。随着探测方法和技术的发展，这类实验已逐步实现系统和精确测量。它与加速器实验相辅相成，是检验标准模型，发现新物理的重要和独特的研究前沿。

鉴于粒子物理实验规模大，周期长，需要大量使用最先进前沿的高新技术的特点，粒子物理学科的发展布局需立足第五章所述的重大科学问题。结合国内外的可能机会进行较长期的战略规划布局，充分发挥立足国内现有装置，大力探索研制新的装置，积极参加国际合作。它主要包括以下几个方面。

（一）充分发挥我国已有的实验装置和基地作用，并保障其稳定持续支持

1. 升级后的北京正负电子对撞机/北京谱仪 （BEPC II/BES III）

升级改造后的 BEPC II/BES III 将是未来 10 年 2～4.2GeV 能区研究 τ-粲物理的独一无二的实验装置。改造后的 BEPCⅡ 的亮度将达到原来 BEPC 的几十倍或近 100 倍。与 BESII 相比新的北京谱仪 （BESⅢ） 采用全新的探测技术，包括小单元结构、铝场丝和氦基气体的漂移室，CsI 晶体量能器，双层飞行时间计数器，基于阻性板室 （RPC） 的 m 子鉴别器，场强为 1 特的超导磁铁等。新的北京谱仪具有良好的探测性能：在动量分辨率 （约 0.5％），光子能量分辨率 （约 2.3％），时间分辨率 （约 100 皮秒） 等方面都有明显提高。在极大增加数据统计量改善物理测量的统计误差的同时，良好的谱仪性能也将极大地改善系统误差，使物理测量达到一个崭新的水平。图 4-4 为升级后的 BEPCⅡ 双环以及全新的 BESⅢ 探测器示意图。

可以预期，在 BEPCⅡ 能够覆盖的能区，BESⅢ 作为高精度实验的前沿之一，它所获取的高统计量的数据 （千兆量级），为研究第一、二代夸克和全部三代轻子及其相关物理提供了良好的实验平台，这将显著提升我们在微扰和非微扰量子色动力学过渡能区的认识，对检验标准模型以外的物理过程，比如包含新物理的某些稀有过程，提供检验和约束。这些测量能够为高能量前沿粒子的发现提供有意义的信息。BESⅢ 是国内近期最重要的项目，在 τ-粲能区的精确测量方面有丰富广泛的物理课题，如轻强子谱的系统研究、新型强子态的寻找、违反轻子数守恒过程的寻找、粲偶素和粲介子的衰变研究和 τ 轻子物理等。为 BESⅢ 物理分析和升级改造的研发计划提供稳定的支持，将会使 BESⅢ 成为未来 10 年国际高能物理高精度前沿的重要窗口之一。

1）轻强子谱的系统研究：大统计量和高质量的粲偶素粒子的衰变，特别是

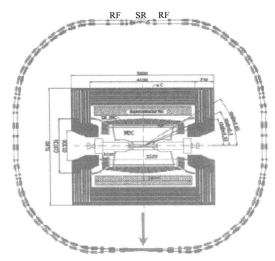

图 4-4 BEPC Ⅱ 双环以及全新的 BES Ⅲ 探测器示意图

J/Ψ 衰变，通过不同的衰变模式，研究低质量区间的轻介子态，将为我们确认新型强子态提供极为重要的信息，从而扩展与加深我们对强子结构和强相互作用的认识与理解。

2）粲偶素产生与衰变机制的研究：J/Ψ、Ψ（2S）、Ψ（3770）以及 4GeV 以上的粲偶素态及由之衰变产生的其他次生粲偶素粒子。例如，h_c（1P）、χ_{cJ}、η_c 和 η_c（2S）的产生和衰变性质研究可直接应用于检验和发展 QCD 理论。利用 BES III 大统计量的粲偶素样本，可以寻找超出标准模型以外的新物理在稀有衰变中的贡献，还可以研究轻子味对称破缺和暗物质等。

3）QCD 和强子产生性质的研究：通过截面扫描实验进行 R 值测量、矢量共振态参数的测量是高能物理实验的一项基础性的工作。基于理论与实验方面的细致的工作，预计 R 值测量的总误差能够达到约 2% 的水平，J/Ψ、Ψ（2S）、Ψ（3770）以及更高粲偶素共振态参数的测量精度达到 3%～5% 的水平。新近发现的若干新型粒子 X、Y、Z 等，有些被认为是粲偶素粒子。这对传统的势模型以及今后的实验都提出了挑战。因此在这几个宽共振峰上收集大统计量的数据以分析其各种衰变成分，包括衰变到 X、Y 粒子的可能性，对这一能区物理的研究十分重要。

4）τ 物理的研究：利用 τ 轻子对在阈值附近的独特的动力学特性开展分支比的测量是 τ 物理研究的另一个重要课题。模拟研究表明对于包含 eμ 与 eπ 粒子的末态，用 1 年左右的时间进行数据采集，经过选择得到的事例数量能够保证分支比的测量精度达到百分之几的水平。此外，通过对束流能散的精确测量，有望将 τ 轻子质量的误差减小到 0.1 MeV。

5）粲介子纯轻子、半轻子和非轻子衰变的实验研究：在粲介子物理中，衰变常数和形状因子是非常重要的参数。实验上精密的测定衰变值对精密地测定 CKM 矩阵元、检验和发展格点 QCD 理论以及多种势模型理论等都具有十分重要的意义。粲介子非轻子衰变机制的研究对于理解末态相互作用在粲介子衰变过程中的贡献大小具有重要的意义。标准模型预言中性 D 介子系统中的混合与 CP 破缺非常微小。任何偏离这一微小值的测量都有可能被认为是观测到了新物理的信号。

2. 测量中微子混合角 q_{13} 的大亚湾反应堆中微子实验

近年来，Super-K，SNO 与 KamLAND 实验先后发现了中微子振荡，证明中微子存在微小的质量。三种中微子之间相互转换、振荡的规律可以用六个参数来表示，即中微子之间的两个质量平方差 Δm_{21}^2 和 Δm_{32}^2，三个混合角 θ_{12}、θ_{13}、θ_{23} 以及一个 CP 相位角 δ_{CP}。目前，振荡参数中已测得确切数值的有：θ_{12}、θ_{23}、$\Delta m_{21}{}^2$ 和 $|\Delta m_{32}^2|$。未知的包括 θ_{13}、δ_{CP} 和 Δm_{32}^2。精确测量中微子混合角 θ_{13} 的重要性体现在 θ_{13} 是中微子物理中两个最基本的未知参数之一，其数值的大小决定了未来中微子物理的发展方向。不论是测得 θ_{13}，或只给出其上限值，都将对解释宇宙中物质-反物质不对称现象、寻找新物理或新的对称性以及了解轻子味混合与夸克味混合之间的关系具有重大的物理意义。

正在建造中的大亚湾反应堆中微子实验将利用大亚湾和岭澳核电站反应堆产生的中微子测量混合角 θ_{13}。由于大亚湾核电站功率高，且反应堆都靠近山，可以屏蔽宇宙线本底，大亚湾反应堆中微子实验在反应堆中微子实验上有得天独厚的优势。实验的设计精度是国际上同类实验中最高的，预期可以达到 $\sin^2 2\theta_{13}$ 好于 1% 的目标。图 4-5、图 4-6 分别为大亚湾和岭澳核电站反应堆、大亚湾核电站反应堆中微子实验安排。如果混合角测量的精度可以达到 1%，将会提供人们理解 CP 破坏的重要信息。与其他中微子实验一样，大亚湾的反应堆中微子实验也将会在去除本底方面面临技术上的巨大挑战，同时需要相对较长的数据分析时间。

3. 羊八井高山宇宙线观测实验

羊八井国际宇宙线观测站位于西藏高原羊八井峡谷。羊八井具有宽广平坦的地形、冬季不积雪、丰富的地热、电力资源、便利的交通、优良的网络和通信条件，为给大约 4000 名居民提供基本的生活条件，已经拥有较好的周边机构和服务设施，这些都使它成为世界上最好的高海拔宇宙线观测站址。

正在进行的中国-日本大气宇宙线簇射和太阳中子合作实验（Asγ）和中国-

图 4-5　大亚湾和岭澳核电站反应堆

图 4-6　大亚湾核电站反应堆中微子实验安排

意大利合作实验（ARGO）已经开展了 20 多年，致力于 TeVγ 射线天文观测，探测 γ 射线源，研究变源的瞬态现象，寻找高能 GRB，测量膝区宇宙线的能谱、成分和到达方向的各向异性，全方位探寻宇宙线起源，解决本世纪核心物理难题之一的宇宙线起源之谜。宇宙线受太阳、月亮遮挡而成的阴影随太阳活动、星际和地球磁场的变化而变化，还提供了诸如宇宙中正反物质比等基本物理量的测量，有助于理解 CP 破坏起源。

最近提出的大型高海拔宇宙线簇射观测站（LHASSO）的目标是通过大幅提高现有 γ 射线天文观测灵敏度，实现高灵敏度 TeV γ 射线巡天观测，寻找新的、特别是河外的、扩展的以及快速变化的 γ 射线源，大大加强 γ 射线源数目的统计量、寻找变源的规律性特征，对 γ 射线的起源模型给出强的限制，特别加强高能 γ 射线源的探测灵敏度和能谱测量精度，力争实现发现宇宙线起源的重大突破。大大加强了的 γ 射线源全天扫描探测灵敏度（20 倍于 ARGO-YBJ），将使得 LHAASO 发现许多遥远河外源，并测量 γ 射线被宇宙背景光吸收的效应，开展如量子引力、宇宙演化效应等前沿性物理研究。PeV 能区宇宙线单成分的能谱测量，是过去半个世纪宇宙线界最大的难题之一，充分发挥羊八井高海拔优势，可以将空间/气球实验和低海拔的地表实验联系起来，给超高能宇宙线能量测量提供一个绝对标定，使其测量精度达到能够确切回答 GZK 截断存在与否这一关键问题。这将是涉及狭义相对论的基础——洛伦兹协变性是否被破坏等根本问题的实验判据。在特定的假设条件下，LHASSO 探测器还具有寻找暗物质湮灭产生的双光子信号的能力。

（二）积极筹备预研下一代新的实验装置

我国下一代的粒子物理大实验装置包括以下的可能性，我们将在大科学装置和重点实验室建设计划需求中具体论述：

1）以 τ-c 物理为主要目标的超级 τ-c 工厂或以味物理为目标的超级味工厂（super flavor factory）。

2）以寻找暗物质、反物质，研究宇宙线的起源、组成成分及其加速机制为目标的空间实验室。

3）以寻找暗物质，无中微子双 β 衰变等为主要目标的深度地下实验室。

4）以寻找宇宙加速器，探寻宇宙线起源以及量子引力效应等新物理现象的大型高海拔宇宙线（γ 射线）观测站。

（三）加大支持实验方法和技术发展

粒子物理实验及相关技术是我国粒子物理发展的最薄弱环节。它受限于我国相对薄弱和落后的工业基础和科技综合实力，也受限于我国尚还年轻的粒子物理实验研究和较弱小的研究队伍。如果我国不在政策和观念上根本改变对实验物理及相关方法和技术的科研体制，实验方法和技术为我国科技发展的制约瓶颈的这一状态就不会改变。我国将难以在科学研究中，尤其是大科学工程中做出持续创造性的成就。因此，我们必须大力持续地加强对实验方法和技术的支持，建立相应的平台，如先进粒子加速器平台，粒子探测方法和技术平台等，以期通过 5～10 年的努力，使我国的实验方法和技术有较大提升。关于平台建设，将在平台建设一章中详细描述。

（四）大力加强国际合作

国际合作是大型粒子物理实验必不可少的组织形式，具体内容参看本书第六章。

三、核物理与核技术学科发展布局

（一）核物理

核物理研究近年来在许多研究方向取得了重要进展，如在极端条件下的原子核结构，强子物理，相对论重离子碰撞，夸克物质，核天体物理等领域出现了新的生长点。目前核物理研究正处于取得重大突破的临界点，许多重要物理问题有待研究。国内在已有的两个大型核实验装置（兰州重离子加速器国家实验室和北京串列静电加速器国家实验室的 RIBLL 与 GIRAFFE 放射性束流线）的基础上，完成了一些有影响的科研工作，如合成了一批近滴线缺中子新核素和超重新核素，研究了一些奇特核的性质，证实了丰质子磷同位素有质子晕。最近兰州的大科学工程 CSR 已建成并开始投入使用，北京的大科学工程 BRIF 正在兴建，上海新一代同步辐射光源也已建成并逐步投入使用。这些大装置将为中国核物理基础研究提供前所未有的基本条件和机遇。

核物理基础研究取得重大成果的关键是核物理实验。国家已建和在建的重大核科学实验装置对相关的核物理基础研究和应用研究提出了强烈的需求。国内科学家还参与了一些国际大科学装置建设（如美国的 RHIC、欧洲核子研究中心的 LHC-ALICE 和德国的 FAIR），在国外大科学装置上提出实验报告并成功完成了相关实验，初步发表了一些新结果。为进一步开展基于大科学实验装置的核物理研究，做出更好的科研成果，迫切需要理论核物理学家进行协作研究。围绕大型的核物理实验装置，我国的核物理基础研究应在以下几个方面重点发展和布局。

1. 大型核实验装置上的核结构和核反应

未来 10 年，将在最近刚建成的大型核实验装置上进行新一批新的核物理实验，包括超重元素合成和新核素合成，弱束缚奇特核的新结构形态和强耦合效应，同位旋相关的核物质性质和状态方程，弱束缚核的谱学等等，期望取得重要突破，整体上进入国际主流竞争的先进行列。具体工作包括系统测量一批原子核质量和寿命，合成轻的新核素，合成新的超重原子核和新元素，寻找远离稳定线原子核的新结构形态等。这些实验将是未来 10 年或者更长时间内低能核物理学研究的前沿。北京的新一代放射性次级束流线建成后将系统研究远离稳定线原子核性质，测量弱束缚核的电磁多极距，并研究天体上一些关键的低能核反应过程，为核天体物理提供核物理数据，并深入研究平稳和爆发性天体核过程中的重要物理因素。

（1）远离 β 稳定线的奇特核性质

最近 20 年，远离 β 稳定线奇特核的研究得到迅速发展。如图 4-7 所示，1 为天然存在的核素，2 为近年来人工合成的放射性核素，3 为理论预言的未知核素，4 为理论预言的超重稳定岛，这些初步研究使核素版图迅速扩张，并发现了一些新的现象。由于有许多重要的科学问题有待研究，国际上若干大型装置正在升级或新建，见图 4-8。放射性核束物理还将有相当长的活跃期。

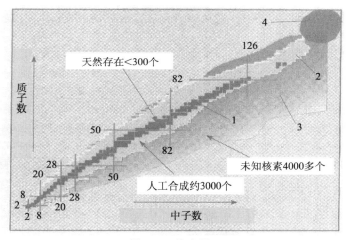

图 4-7 核素图

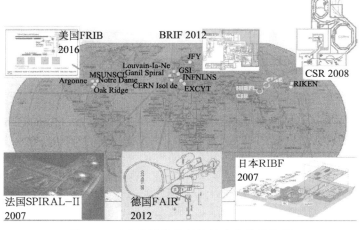

图 4-8 正在发展的放射性核束大科学装置

在图 4-7 中，横坐标为中子数（N），纵坐标为质子数（Z），一个格点对应一个原子核。理论预言大约有 8000 多个原子核可在核物理实验室中观测到。其中，天然存在的原子核约 270 个（1），近年来人工已合成约 3000 个不稳定原子核（2），但它们的性质还有待仔细研究，尚有 4000 多个原子核有待合成和研究（3），超重稳定岛附近许多新核素和新元素有待合成（4）。

合成远离稳定线新核素，并研究它们的性质，是当前核物理学的热点课题之一。实验上合成远离稳定线新核素，对测量不稳定核的质量（结合能）、寿命、半径、自旋、宇称、电磁矩、衰变模式等有重要意义，也可用来检验各种核理论模型。大型实验的目标是对这些物理量的精确测量，并寻找新的核物理规律。

原子核的质量、寿命、半径、自旋等是原子核最基本的物理量，它们直接反映了核内核子之间的相互作用和关联，能提供丰富的核结构信息，有助于确定滴线的位置，对各种核模型进行严格检验。远离稳定线原子核这些基本物理量的测量在今后的核物理学研究中仍将相当活跃。原子核的形状是核结构理论中另一个非常重要的基本性质，它会随着核内质子和中子的数目不同而发生变化。近年来，原子核的形状共存是核物理学中的热门课题之一，已有很多的实验和理论对其进行了研究，特别是在 $Z=82$ 区域，很多实验和理论都指出在汞（Hg）、铅（Pb）元素的较轻核素区存在着丰富的形状共存现象，最具代表性的是核素 ^{186}Pb，它同时呈现出球形、扁椭球形和长椭球形三种不同形状。用各种实验手段探测原子核的形状，研究原子核的能谱，仍然是有意义的研究课题。

最近研究还表明，远离稳定线轻原子核有奇特的结构形态，如这些核中往往存在着一些奇特的集团结构，在集团模型中这些原子核的能级、衰变宽度以及电磁跃迁都得到了很好的描述。集团结构被认为是原子核结构的一个重要特点，逐渐被推广至中等质量区和重质量区。一开始人们曾尝试用现有的壳层模型、非相对论平均场理论和相对论平均场理论来研究集团结构和性质，结果发现这些理论无法解释。当远离稳定线，趋于中子滴线或质子滴线时，核内中子-质子数之比与稳定核相比有很大差异，原来可以忽略的相互作用将不再可以忽略，这导致核子相互作用有较大的变化，进而使核内质子和中子的分布发生变化，因此核内会出现新的结构形态，如奇特的集团结构等。

轻子（电子）散射是研究核子结构以及原子核的密度分布和电荷半径的精确探针。高能电子散射至今还是研究核结构的重要手段，特别是放射性核束研究的发展，使得电子散射不再局限于稳定核。国外一些大的实验室正努力将电子散射从稳定核推广到奇特核，一些大型实验装置正在构建。例如，在日本理化学研究所（RIKEN）的双储存环上，通过将高能电子和放射性离子束分别储存在不同的储存环中以产生粒子束的对头碰撞，使得研究奇特核电子散射成为可能；在德国重离子研究中心（GSI），相似的电子重离子对撞机正在组建。弹性电子散射主要分为三类：①库仑电子散射，这类电子散射主要是利用电子和核内质子的库仑作用来获得原子核的电荷分布和电荷半径。②磁电子散射，这类电子散射主要是利用原子核的磁矩来源于最后一个奇核子来获得奇 A 核的最后一个核子的轨道信息。③宇称不守恒电子散射，电子是轻子，它与原子核内核子之间有电磁相互作用和弱相互作用。在已知原子核电荷密度的情况下，通过宇称不守恒电子散射就可获得有关核内中子密度分布的信息。目前，在美国杰斐逊实验室（Jefferson Lab）宇称不守恒电子原子核散射实验装置已经建立并且已经成功地完成了第一个实验。另外，也可利用原子核与电子的非弹性电子散射，深入研究核子的结构及超核性质的信息。

总之，远离稳定线奇特核性质研究是低能核物理重要的新生长点之一，中国核物理学家在这些新领域做出了一些重要贡献。从国际研究整体上看，这方面的研究还是初步的，新现象和新机制有待人们进一步开发和深入研究，一些重要科学问题有待解决。这都为未来的核物理学研究带来了新的机遇和挑战。一方面，要提高国内现有加速器运行效率，延长加速器的运行寿命。另一方面，加强理论和实验的密切配合，提出重要的新研究课题，以在国内现有装置上做出重要创新成果。

（2）超重核合成和性质研究

用核物理方法合成新的超重化学元素和新的超重原子核并研究它们的性质，一直是物理学和核化学的重要研究方向之一。到 2010 年为止，科学家已经发现（或合成）118 种化学元素（$Z=1\sim118$）。在这已有的 118 种化学元素中，有许多元素是由物理学家和化学家的共同努力发现的。这对化学元素周期表的建立和完善起到了重要作用。

近 20 年来，核物理学家合成了 $Z=110\sim118$ 号元素，但是，它们的寿命都很短，最长的也不到一个小时。这也就是说，人们得到了超重元素，但尚未发现很长寿命的元素。其主要原因是，所有这些合成的超重核素，都是缺中子的。是否有长寿命超重元素和超重原子核是人们极其关心的问题，如有长寿命超重元素和超重原子核，将对新型材料和新的核能开发等方面产生重要影响。在超重核研究领域，我们需要特别关注是否有长寿命超重新元素和超重新核素？超重核是否有新幻数？除了通过原子核裂变和聚变机制利用核能之外，是否存在有核能利用的新方式？

目前合成的超重原子核有不同衰变模式，如 α 衰变或自发裂变，实验和理论上研究不同衰变模式之间的竞争，研究超重核是否有新的衰变现象和新的衰变机制，有重要意义。一方面，通过对超重核基态和同质异能态衰变的观察可以得到有关原子核单粒子能级的详细信息；另一方面，通过对衰变能和衰变寿命的测量可以对各种核理论模型进行检验，寻找新的物理规律，解决超重原子核存在极限等热点问题。

在超重核研究领域，虽然中国实验核物理学家利用国内实验装置合成了两个超重新核素，但尚未有超重新元素是在国内大科学装置上合成的。为了在超重核研究领域取得更大突破，需加强实验与理论的合作，充分利用现有加速器设备，通过艰苦努力，争取未来 10～20 年在国内大科学装置上合成出超重新元素。此外，建议国家投资建设新的强流直线加速器，用于超重新元素合成实验。

（3）核天体物理

天体物理中涉及一些关键核反应过程，与核物理交叉形成了核天体物理这一新研究领域。核天体物理借助于核物理的实验手段和理论模型，研究天体中相关的核过程，如恒星中能量的产生机制、宇宙演化中重原子核和重元素的生成机制及中子星的内部结构等。天体中核过程是恒星抗衡其自引力收缩的主要能源和宇宙中各种核素赖以合成的唯一机制，在大爆炸以后的宇宙和天体演化进程中起极为重要的作用。恒星平稳核燃烧阶段中的核过程基本上是沿稳定路径发展的核反应。在新星、超新星和 X 射线暴等爆发性天体事件的高温环境中，发生的核反应与核素表中的稳定原子核全然不同，带电粒子反应和衰变过程的反应路径进入远离稳定线的丰质子核区，有大量短寿命核素卷入核过程；中子引起核反应的路径在远离稳定线的丰中子核区，有大量短寿命核素卷入中子俘获和衰变等核过程。我们必须清楚核反应过程所发生的详细情况，以便定量地了解它们。在拥有强放射性次级核束的今天，我们能够在实验室里再现这些核反应的过程。一个具体的例子就是对于不稳定的 ^{44}Ti 原子核反应的研究，这使我们对超新星爆发的动力学有了深入的了解。稳定线两侧反应路径附近大量短寿命核素的质量，反应截面、结构和衰变特性是揭示天体中各种核素合成进程和丰度分布不可或缺的核物理量。

为了在北京新的放射性束装置上进行核天体物理相关的研究工作，应尽快完善和改进现有装置，提高束流强度和品质，扩展放射性束流种类。围绕基本的大科学装置，需要建设大量针对具体科学问题的实验探测装置，这是我国长期以来在装置建设中的薄弱环节。比如先进的磁谱仪、高计数率和高分辨率的束流监测器、高精度和大立体角覆盖的 γ 射线探测装置、以硅微条和先进闪烁体为核心的大规模带电粒子探测装置、高探测效率和具有多中子分辨能力的中子谱仪等。与此相配套的是高集成度和高速度的快电子学系统和数据获取系统。发达国家在这些方面升级换代很快，带动了他们整个工业水平的提高，而我国的技术差距有扩大的趋势，亟须采取得力措施弥补。采用先进的实验方法和技术，才有可能取得高水平的成果。

2. 高温、高密核物质与相对论重离子碰撞

热力学效应，即多粒子效应可以改变 QCD 的动力学性质。提高系统的温度时，真空被激发，产生粒子对；压缩系统时，粒子数密度提高。温度和密度效应都使得夸克的波函数发生重叠，作为基本客体的强子消失。每个夸克都不再只属于某个强子，而是可以在整个系统内运动。有限温度格点 QCD 计算表明，在温度 $T \approx 170$ MeV 时将同时发生夸克囚禁解除相变和手征对称性恢复相变，产生一种新的物质形态——夸克胶子等离子体（QGP）。当包含密度效应，即化学势 $\mu \neq 0$ 时，格点 QCD 存在技术困难，很难给出准确的相变点。但以 QCD 对称性为基础建立的模型计算表明，当密度升高时，不仅会发生解除囚禁和手征恢复相变，而且相变由 Crossover 或连续向突变过渡。当密度达到 5～10 倍的正常核物质密度时，最近的理论计算还表明，QCD 的色对称性将产生自发破缺，形成所谓的色超导相。高温极限时的相变可能发生在宇宙早期，高密极限物质可能对应于致密星体。而在两个极端之间的 QCD 相变只有通过相对论重离子碰撞实验才有可能实现。QCD 的示意性相结构与不同能量的相对论重离子加速器 FAIR、NICA、RHIC、LHC 对应的位置见图 4-9。

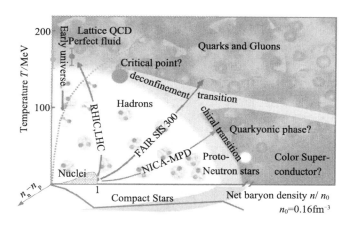

图 4-9 温度 T 时重子数密度 n/n_0（n_0 是正常核物质密度）与同味旋密度 $n_n - n_p$ 构成的 3 维空间中的 QCD 相图

（1）与 CSR、FAIR 相关的核物质

兰州的 CSR 装置可以将很重的丰中子原子核加速到大约每核子 600MeV 能量，为中能核物理的研究带来了崭新的机遇。两个原子核碰撞时，核中的核子在碰撞中心区的沉积与核的阻止能力紧密相关。高能碰撞时，两个核相互穿透，大部分核子不在中心区沉积，虽然能量密度高，但物质密度低。而低能时，虽然核子沉积在中心区，但能量太低，不能构成核子层次的核物质。因此，高密

度核物质只有可能在能量不太高的重离子碰撞中形成。

CSR 可以产生高同位旋和高重子数密度,探索高密度条件下强相互作用物质的性质。一方面,重离子加速器装置可以产生极端丰中子或丰质子的远离稳定线的原子核,极大地丰富了实验室可以利用的核束流的种类,使核束流从传统的 300 多种扩展到了至少 3000 多种。这为在实验室研究极端同位旋条件下的核物理提供了实验基础。另一方面,重离子加速器装置可以通过重离子碰撞把处于正常核物质态的重原子核压缩到大约 3 倍正常核物质密度。在未来的德国 CBM/FAIR 实验中,可以产生 5~6 倍正常核物质密度甚至更高的重子数密度。在自然界中,这些极端高重子数密度的物质可能存在于致密星体内部以及超新星爆发的中心。重离子加速器为人们在实验室里探索核物质的状态方程,尤其是致密同位旋非对称核物质的状态方程以及核的对称能的高密行为等提供了良好的实验条件和机遇。同时为人们在实验室探索极端同位旋条件下的核天体物理研究提供了可能。

近 30 年来,通过对原子核巨单极共振、相对论重离子碰撞中 K 介子的产生以及粒子集体流行为的研究,人们对从正常核物质密度附近一直到大约 5 倍正常核物质密度左右的对称核物质状态方程有了相对较好的认识。然而,有关非对称核物质状态方程特别是对称能高密度行为的研究还相当缺乏。通过重离子碰撞研究提取有关非对称核物质性质的信息对于检验各种核多体理论方法和确定非对称核介质中有效核子-核子相互作用的同位旋相关性具有重大意义。

由于通过重离子碰撞实验不能直接测量核物质状态方程,因此需要对重离子碰撞过程进行理论模拟并与实验观测量进行比较来间接获取有关核物质性质的信息。重离子碰撞微观输运理论为研究中能重离子碰撞的动力学过程提供了重要的基本理论工具。在重离子碰撞研究的发展过程中,人们建立了如 BUU、QMD、BLE 等重离子碰撞微观输运理论模型。如何将这些模型合理地推广到适用于新一代加速器上的重离子碰撞,是当前核物理研究的一个重要课题。

随着重子数密度的增加,人们期望在强相互作用物质中发生从手征对称破缺到恢复以及从夸克禁闭到退禁闭的 QCD 相变。研究低温高重子数密度强相互作用物质的相变是高密核物理的另一个挑战。人们期望通过研究在 CBM/FAIR 的重离子碰撞实验产生的介质中强子(比如矢量介子、奇异重子以及粲介子等)性质的改变、粒子的集体流行为以及热力学和动力学涨落来探索低温高重子数密度时相变的边界及临界点。

人们期望,在未来的 10~20 年内,随着新的重离子加速器的投入使用与实验数据的积累,高密核物理将得到迅速的发展,对低温高密核物质的性质以及 QCD 相变有更深刻的理解。

（2）与 RHIC、LHC 相关的高温夸克物质信号

由于 QCD 的非阿贝尔性质，高温高密的夸克胶子等离子体（QGP）只可能是相对论重离子碰撞的中间状态。当体系膨胀时温度密度降低，末态仍然是轻子强子态。因此碰撞系统是否经历过 QGP 状态要由末态分布来反推。具有 QGP 特征的末态分布称为产生了 QGP 的信号。在 RHIC 观察到的不对称流表明，碰撞早期产生的夸克胶子体系很可能被热化了。由于轻子只参与弱电相互作用，自由程长，若在 QGP 中产生了，则不会与末态强子产生相互作用，是 QGP 的理想信号。问题是，如何把它与在强子背景中产生的轻子区分开来。考虑到在 QGP 中奇异夸克的产生，在相对论核－核碰撞过程中观察到了奇异粒子产额增加，也是 QGP 的一个可能信号。由于重离子碰撞中硬过程只能发生在早期，参与硬过程后的部分子在通过 QGP 时会辐射胶子损失能量，称为喷注淬火。支持喷注淬火的高横动量粒子产额压低和单喷注现象都在 RHIC 的实验中观察到了。

自 2000 年开始运行以来，RHIC（BNL）的实验已经积累了大量的每对核子质心系能量达 200 GeV 的金核对撞实验数据。人们发现对撞产生的火球具有很强烈的集体运动，尤其是各向异性椭圆流的数据与使用了 QGP 状态方程的理想流体力学的计算结果符合很好。而没有考虑部分子态的强子输运模型得到的椭圆流比实验数据小得多。这些实验数据与理论计算强烈地暗示着新的物质形态 QGP 已经在 RHIC 的重核碰撞中产生。然而，到目前为止，我们对此新物质形态的认识仍然比较粗浅，我们只知道早期的火球处于高温状态，但是还不十分确定体系是否达到了化学平衡或者热平衡，黏滞性多大，是否是理想流体，基本自由度是什么，是否存在强耦合，是否存在 QCD 的临界点，等等。

虽然关于 QCD 相变以及与夸克物质相关的相对论重离子碰撞的研究取得了极大的成功，丰富了人们对于强相互作用理论的认识，但理论和相对论重离子碰撞实验的研究都发现，在物理体系中能实现的夸克物质很可能不是处于人们早期预计的近乎自由的弱耦合态，而是处于强耦合态。首先，有限温度格点 QCD 发现，在温度达到几倍临界温度时，QCD 体系的热力学量，如能量密度，仍不能达到理想的 Stefan-Boltzmann 极限，表明在极高的温度下，夸克胶子之间仍存在强的耦合，不是自由的。其次，分析在 RHIC 观察的低横动量强子分布，特别是集体流现象，发现碰撞早期形成的 QGP 处于强耦合态（sQGP），而不是弱耦合态（wQGP），目前，关于强耦合夸克物质的性质，在致密星体和重离子碰撞早期形成的信号是相对论重离子碰撞物理和 QCD 相变研究的焦点。

欧洲核子研究中心的大型强子对撞机（LHC/CERN）已经开始运行，四个大型探测器之一的 ALICE 专门进行相对论重离子碰撞，其他几个探测器，例如，ATLAS、CMS 等也部分研究重离子碰撞。由于 LHC 的对撞能量达 TeV 量级，高出 RHIC 对撞能量一个量级，更有助于发现新的物质形态 QGP 以及研究

它的性质。与 RHIC 相比，在 LHC 的重离子碰撞中形成的高温火球温度更高，可达 600MeV 以上，是 QCD 相变温度 Tc 的 4 倍以上，火球的体积也更大，持续的时间也更长。因此，在 LHC 更容易寻找高温 QGP 状态，重现宇宙早期大爆炸后瞬间的情景。另一方面，LHC 的重离子碰撞环境更能定量地研究 QGP 的特征和性质。对于确定地回答相对论重离子碰撞早期形成的部分子状态，LHC 具有关键的意义。

（3）高温、高密 QCD 相变理论

由于 QCD 的渐进自由性质，可以方便地研究极高温高密时的新物质形态，即夸克物质。但是 QCD 相变本身处于强耦合区域，不能用微扰理论。目前研究 QCD 相变的理论工具主要是格点 QCD 计算和具有 QCD 对称性的有效模型。格点 QCD 发现，不仅在相变点附近，而且在远高于临界温度时，夸克物质也处于强耦合状态。粒子在有限温度时会具有热质量是硬热圈重求和理论的结果，是有限温度量子场论取得的一个重要理论成果。

理解规范理论在强耦合区域的行为是人们几十年来一直不断寻求答案的难题，也一直吸引着人们不断探索。近年来，弦理论成为理解强耦合规范理论的有力工具。Maldacena 提出了一种 Anti-de Sitter（AdS）空间中的第二类 B（IIB）型超弦理论与位于这个空间共形边界上的共形场论（CFT）之间有对偶性的假设，即 AdS/CFT 对偶的猜想。这种对偶性激发人们通过与强耦合 QCD 对偶的弱耦合的弦理论，去探索描述 QCD 强耦合区的物理。也促使大家将这一猜想广泛应用，如应用到在相对论重离子碰撞实验中产生的强耦合夸克物质中。人们还发现低温高密时的 QCD 相结构非常丰富。由于强相互作用的丰富对称性以及存在多种味道颜色的夸克，而且各种夸克的质量也不尽相同，在不同的高密条件下，通过夸克的配对，夸克物质可以处在不同的色超导态，强子物质也可以处在 π 超流态，超导态或超流态还可能存在 BCS-BEC 转变。

色超导的条件是高重子数密度，即高重子化学势。在同位旋化学势高于真空中 π 介子质量时，强子物质可能处于 π 超流态，同位旋对称性自发破缺。色超导相变，色超导夸克物质，π 超流相变和 π 超流都深刻地反映了强相互作用的对称性在有限密度时的改变，对于研究强相互作用的性质及物态有重要意义。但是，研究色超导和 π 超流以及它们的实现有两方面的难题：一是强耦合的 QCD 凝聚态。目前的研究主要集中在弱耦合的 BCS 区域，即非常高的数密度区域。但是能实现的 QCD 凝聚态只可能在不太高密度的区域，即 QCD 强耦合区域。二是超出平均场。目前的理论研究多集中于平均场，讨论相结构。但 QCD 凝聚态的信号，即在高密媒质中的碰撞问题都必须超出平均场。

3. 与大科学装置相关的强子物理

1964 年，Gell-Mann 和 Zweig 根据当时已经发现的强子谱，提出了夸克模型，能够很好地描述已知的重子和介子性质。20 世纪 70 年代建立的量子色动力学作为强作用基本理论，已经被人们普遍接受。因为渐近自由性质，QCD 在高能区用微扰方法非常成功地描述了强相互作用。但在低能区（约 1 GeV 以下），由于非微扰特征，如夸克胶子禁闭和手征对称性自发破缺，使得 QCD 描述低能强相互作用的困难很大。目前，只能使用格点 QCD 和有效场论以及 QCD 大 NC 展开等描述部分现象。已知的强作用物质存在形式有强子（重子和介子）、原子核和中子星。原子核等通常物质存在于禁闭区。在禁闭区的非微扰 QCD 研究已成为 20 世纪末物理学十大顶级挑战性难题之一。理解 QCD 如何在与禁闭相关的低能标区工作，不仅对从 QCD 理解核子和原子核的结构和性质、也对利用高能装置，如大型强子对撞机（LHC）来发现超出标准模型的新物理都有决定性的意义。

核子是构成原子核的组元，核子本身又是自然界中研究强相互作用的最简单实验室。从 QCD 理解核子结构将提供理解禁闭区非微扰特征的基础。因此研究核子结构已成为强子物理和核物理最活跃的研究领域之一。中高能核物理学家利用轻子尤其是电子束流从质子弹性散射测量质子的电磁形状因子（SLAC，1956），直至通过深度非弹散射发现质子的夸克结构（SLAC，1969），完成了一系列著名实验。从 20 世纪 80 年代末起，自旋在核子结构的研究中担任起重要角色：从利用极化的深度非弹散射实验测量和理解夸克与胶子对质子自旋的贡献，发展到近来绘制核子的三维结构图像目标。

得益于其 6GeV 高强度和高极化度的连续电子加速器（CEBAF）的杰斐逊国家实验室是美国的两个强子与核物理研究的实验室之一。杰斐逊国家实验室凭其独有的高亮度和高精密度的实验手段引领着世界对理解核子与核在 QCD 层次上的结构和相互作用这一难题的研究。2007 年的《美国核物理研究长期规划》中将杰斐逊国家实验室 12 GeV 的升级列为其首要目标。杰斐逊国家实验室能量升级将在 2014 年完成。入射能量升级至原来的两倍（12 GeV）之后，人们可以通过横向动量依赖分布和部分子分布建立核子内部的三维影像，从而揭示核子的内禀动力学性质。这将有助于人们深入理解核子/介子和夸克/胶子两相之间的过渡，寻找和验证 QCD 预言存在的奇异强子态。此外，利用宇称对称性破缺，这一装置上的实验还可以提供超越标准模型物理的低能探针，与人们在极高能量下的实验测量形成良好互补。目前国内许多实验和理论强子物理学家正在积极推动和美国的物理学家在杰斐逊国家实验室实验装置上的合作，并且着手准备新的实验。目标是提供对 QCD 的最根本检验，对理解禁闭区 QCD、从 QCD 理解核子结构和发现超出标准模型的新物理产生深刻的影响。

2003 年以来，从实验上寻找理论预言的奇特强子新物态取得了重要的进展。北京正负电子对撞机 BEPC 的 BES 合作组在 J/Ψ 衰变道中发现了 pp 阈值增强现象，但目前还不能完全解释；BABAR 合作组报告了在阈下发现 DSJ（2317）和 DSJ（2457）态的证据；SELEX 合作组报告了在阈上发现具有非正常衰变类型的 DSJ（2634）态的证据；BELLE/CDFII 报告了发现 X（3872）类粲偶素的证据；E852 也报告了在 1709/2001 MeV 发现具有的两个奇特介子态。目前多夸克态，分子态，混杂态等新强子态已经成为强子物理研究领域中的热点。

我国的北京正负电子对撞机升级改造工程为我国强子物理研究提供更好的实验条件。我们应加强相应的理论研究，特别是对实验数据的理论分析，从中寻找新物理和新理论的能力，将实验与理论相结合，提出与新物理和新理论相关的实验方案。

兰州 CSR 的高能质子束流实验可用于核子激发态、超子激发态、多夸克态、双重子态、超核、重子相互作用等核子物理方面的研究。CSR 将为我国在这方面的研究提供在未来 10 年内都属于国际前沿的加速器条件，理论和实验相结合有可能取得重大研究成果。但是，这两方面的实验在我国是刚刚起步，经验不足，开展国际一流研究必需的高精度强子谱仪尚在研制，CSR 上强子物理研究的谱仪模拟系统急需建立，直接相关的理论研究也还不够，是亟待加强的领域。

值得注意的两个发展方向是，继传统的强子探针（质子、介子）和电子探针之后，目前，国际上已经开始采用最先进的同步辐射装置，如日本的 Spring-8 和欧洲的 ESRF，产生的高能实光子探针和弱相互作用探针（中微子）来研究强子和核结构。我国计划建造的上海第三代同步辐射光源和高能所酝酿的长基线中微子实验装置为这两方面的研究提供了可能。我国在激光强场物理方面有很好的基础，激光物理和核物理的交叉有可能形成新生长点。此外，我国计划发展的散裂中子源、强流质子加速器等大型实验装置都与核物理直接相关，急需培养相关的核物理后备力量。

为了实现我国核科学及其应用研究的持续发展，满足国家相关领域的战略需求和核科学前沿领域发展，需认真规划和部署我国基于加速器技术的大科学装置的研究和发展。从长远看，瞄准学科前沿和国家重大战略需求，总体设计、分期建造一台重离子驱动的高能量密度物理和物质基本结构综合研究装置。该装置应能提供高功率重离子束流和高亮度电子-离子束流对撞条件，可开展重离子驱动的高能量密度物理和惯性约束核聚变研究，也可开展强子结构和核物质相图研究等。同时，该装置应能提供相对论能区的高流强放射性束，用于探索可控的中微子束流产生方法以开展中微子物理研究。该综合研究装置定位应该是国际领先、且多国参与建设和运行的国际用户大科学装置。

（二）核技术

随着全世界对能源、健康和环境问题的日益关注，核技术及应用学科面临了新的发展机遇期，其在未来若干年内的需求激增，可望对国民经济发展和国家安全做出重要的贡献。作为核技术发展的新兴分支学科，先进的同步辐射光源技术和中子源技术近年来得到了极为迅速的发展，其在多学科领域的应用也极大地促进了相应学科的发展，特别是交叉学科的发展，预期在国内今后若干年内这一发展趋势还会进一步加强。核技术学科发展布局要充分考虑这两个特点。

长期以来，我国传统的核技术研究较为分散，只在少数领域形成了一定特色和优势。因此在核技术及应用学科发展布局上，根据国家科技发展的需求和国际发展趋势，应加强具有重大战略应用前景的核技术应用研究，包括核成像技术、新型核探测技术及核电子学技术、放射治疗技术、核能利用相关的核技术、放射性监测测量以及有毒有害和危险物品检测技术等新技术方法的发展及应用。同时，仍要关注较为成熟的核技术的推广应用，包括放射性监测，辐照育种、辐照改性和食品辐照保鲜过程中的辐照效应与机理研究，以及核分析技术在考古和文物鉴定中的应用等。

对核技术及应用的几个主要方面的发展目标建议如下：

核影像技术的发展目标是：在核影像方法和理论研究方面，加强关键器件和部件研制方面的自主创新能力和系统集成能力；研制一批性能优良、具有市场竞争力的关键装置和设备。在应用上取得一批具有重大影响的科学技术成果，使我国在核影像技术研究、设备研制与分子影像研究方面进入世界先进国家行列。

在放射治疗方面的发展目标是：在癌症放射治疗装置研制和相关技术方法上加强自主创新能力，形成系统的装置研制能力和治疗技术，逐步实现癌症治疗装置的国产化和普及化。核技术在国家安全等方面的应用发展目标是：开展有毒有害物质以及爆炸物的高灵敏检测技术研究，自主发展实用性强、可靠性高的检测技术与检测仪器，改变我国现阶段主要依靠进口仪器设备的状况。

在核能应用方面的发展目标是：加强对先进核能技术的基础研究、新概念核能装置的原理研究，大力加强对核能燃料与核能材料的研究，建立先进的核能技术研究实验平台和计算分析平台，为我国核能事业的大发展提供有力的支持。

同步辐射技术及应用的发展目标是：发展先进的同步辐射实验技术方法与分析理论，建立先进的、系统的综合研究手段与实验平台，全面促进同步辐射技术在各学科领域及技术领域的应用，特别是在生命科学、材料科学、能源科学、环境科学、医药学等具有重要实用前景的学科领域中的应用，对我国人民健康与社会经济可持续发展产生重大促进作用。同时积极研究发展同步辐射装置新技术与同步辐射实验新技术，为建造新一代高性能同步辐射光源做好技术准备，争取在 10 年内使我国同步辐射技术水平进入国际先进水平之列。核技术及应用学科发展布局和重点发展方向建议如下。

1. 核影像技术和新型核探测技术

生物医学是核影像技术最重要的应用领域。核影像技术及其相关的核探测技术的研究发展直接关系到生物医学影像的应用水平和设备研制，与我国医学健康事业的发展密切相关。我国在《国家中长期科学和技术发展规划纲要（2006—2020 年）》中将"关键医疗器械研制取得突破"作为我国未来 20 年要实现的若干重要目标之一。为实现这一目标，应大力加强在以下若干关键科学问题和关键技术方面的研究：发展核影像方法、理论与算法，显著增强在核影像方面的自主创新能力和系统集成能力，发展新型的高灵敏度探测技术，支撑自主研制高性能的核影像系统。核影像设备以探测射线的位置与能量为基础，集核探测、海量数据采集、传输、符合、图像重建等多种技术为一体，是典型的高成本、高技术含量的知识密集型大型医疗设备，包括 γ 射线和 X 射线计算机断层扫描（CT）、单光子发射断层扫描（SPECT）、正电子发射断层扫描（PET）、核磁共振成像（MRI）等，在医疗诊断方面具有十分强烈的需求。

在国家社会公共安全方面，对核影像技术的需求也十分强烈，在我国这也是一个起步时间不长的领域。在这方面应加强新原理、新技术与新方法的研究，发展新型的核影像系统，实现有毒有害物质以及爆炸物的高灵敏检测，改变我国现阶段主要依靠进口仪器设备的状况，逐步满足我国社会公共安全和国防等方面的迫切需求。

2. 先进放射治疗技术

放射治疗是肿瘤治疗的三大手段之一。采用常规射线如电子束、X 射线和 γ 射线等放射治疗，在某些肿瘤的治疗上尽管已表现出有较好的疗效，但由于这些射线在物理学和生物学特性上存在的不足，在杀死癌细胞的同时，周围健康组织也受到较大损伤，造成明显的毒副作用，甚至出现一些较为严重的并发症。因此，发展先进放射治疗技术势在必行。我国在《国家中长期科学和技术发展规划纲要（2006—2020 年）》中将"重大疾病防治水平显著提高"作为我国未来 20 年要实现的若干重要目标之一。加强先进放射治疗技术的研发是提高诸如肿瘤这类重大疾病治疗水平的重大举措。质子治癌和重离子治癌作为两种先进的放射治疗技术，癌症治疗效果显著，在国际上得到了较快的发展。随着我国经济水平的快速发展以及对健康水平要求的不断提高，我国在这方面的需求也日益增长。我国在质子加速器和重离子加速器研制方面已具备了较好的技术积累，在离子辐照生物学效应与治疗机理方面的研究也具有了良好的基础，应进一步加强对离子辐照治疗癌症装置研制和离子辐照治疗癌症机理研究中的重要科学和技术问题的研究。

3. 核能利用相关的核技术研究

积极发展核电，是我国确定的重要能源战略之一。大力开展核能利用相关的核技术发展，服务国家能源战略，已变得十分迫切。需要开展的重要研究方面包括：先进反应堆物理、新概念核反应系统（如加速器驱动次临界系统）、核燃料的裂变物理、核燃料的处理、强辐照条件下的材料性质、放射性同位素电池相关的科学技术问题等。从广义上说，核能利用属于核技术及应用的范畴，这里所讨论的不包括核能工业与核工程，仅涉及安全、高效、清洁的核能利用相关的物理问题与技术方法等。

4. 同步辐射技术及应用

在同步辐射技术及应用领域，有两个重要的方面。一方面是同步辐射先进技术和新实验方法的研究。包括高空间分辨实验技术与方法、快时间分辨实验技术、高能量分辨实验技术、高动量分辨实验技术、高灵敏度实验技术、利用同步辐射相干特性和极化特性的新实验技术与方法以及这些实验方法对装置建造提出的技术挑战等，与之相关联的分析理论方法的发展也需要予以重视。另一方面是同步辐射在上述各领域的广泛应用。在很多场合下，先进的同步辐射技术已成为这些学科领域前沿不可替代的研究手段。针对我国（大陆地区）现有的三个同步辐射装置，合理布局，有所侧重，发展适合各自特点的同步辐射实验技术。在北京同步辐射装置上，重点发展通用性同步辐射技术，满足国内用户特别是北京地区用户常规实验需求；合肥同步辐射装置重点发展长波段同步辐射实验技术，如真空紫外和红外实验技术，扩展其应用领域；在上海光源上则重点发展高分辨硬 X 射线和软 X 射线实验技术，满足前沿领域研究需求。

作为一类传统的核技术，辐射技术仍具有十分广泛的应用，应用覆盖的领域宽广，可选取若干具有重要战略意义的具体项目开展研究。例如，在新型功能材料（如海水提铀的高分子吸附材料、高性能碳化硅陶瓷纤维材料、聚合物交联和接枝材料）方面重点开展基础研究，在实验室阶段解决关键科学技术问题；在环境治理方面，瞄准印染废水等难降解有机废水的辐射综合治理开展研究，实现辐射技术与其他技术（如微生物处理）的结合，重点解决如何提高射线利用率、降低处理成本的关键科学技术问题；在食品辐照方面，重点发展检测技术，对各种辐照食品实现快速准确的鉴别；开展离子束或高能电子束的辐射生物育种研究；开展极端条件下的材料辐射效应研究。在前期研究的基础上，取得技术突破，建立若干示范技术装置（如辐射技术培育的新品种的农业示范或工业试生产、难降解废水的辐射综合治理示范工程、高性能碳化硅陶瓷纤维辐射交联专用加速器辐照工艺生产线等），并逐步转移到产业化阶段。同时鉴于我国核能发展需求，核燃料湿法后处理中溶剂在高剂量下的辐射化学研究，也是急需关注的研究内容。

四、等离子体物理学学科发展布局

随着等离子体研究领域和应用范围不断扩大，等离子体科学在经济发展、能源和环境安全、国家安全等方面的作用将越来越显著。《国家中长期科学和技术发展规划纲要（2006—2020年)》提出磁约束聚变重大国际合作专项，惯性约束聚变也是我国中长期科学技术发展的重大课题，因为它们涉及能源、国防等国家最核心的利益。低温等离子体物理和应用已经成为具有全球影响的重要的科学工程，在高技术经济、传统工业改造和国家安全等领域有着广泛而重要的应用。基础等离子体所探索的新问题和新现象以及这些现象背后所包含的物理本质是推动等离子体学科发展的一个重要动力。空间探测计划、航天和人造卫星技术以及存在于空间丰富的现象和等离子体有着密切的关系。广泛的和重大的需求使我国等离子体物理学科的发展有了巨大推动力和快速发展的机遇，围绕上述重大需求并为它们服务，是我国等离子体物理发展的必然选择。

（一）磁约束聚变等离子体

为了实现《国家中长期科学和技术发展规划纲要（2006—2020年)》提出的磁约束聚变研究发展目标，国内磁约束聚变的研究应充分发挥现有两大实验装置的能力，发展新的手段开展聚变前沿物理和技术研究，培养新生力量，注重科学和技术的集成。

研究内容包括：宏观稳定性和动力学的研究，为了提升临界压强得到较好的聚变等离子体性能；充分理解不稳定性的极限以避免它们；发展控制不稳定性的技术手段。下一步：①需要发展准确的定量预测能力和寻找新的等离子体运行状态，使等离子体参数能够超过不稳定性阈值的限定并且控制其约束不会变差。尽管计算机能力在稳步地提高，但对基本动力学方程的模拟仍需要使用简化的流体和动力学混合模型，其中包含了低碰撞率的动力学效应和非局域的长程效应。②需要将快时间尺度的微湍流和宏观不稳定性耦合起来。尽管对不稳定性的增长和实验稳定边界的确定相对容易，但对不稳定性发展的非线性过程理解还非常粗糙。如有所突破，则有可能发展精确的理论模型和技术手段，在影响到等离子体约束性能之前就很好地控制和避免不稳定性的发生。

微观不稳定性、湍流和输运的研究需要阐明热、粒子、动量的输运机制，寻找降低输运的运行模式。下一步需要发展更精确地预测湍流和输运的模型，特别是包含电子动力学的模型；通过了解输运垒物理，寻找降低湍流和输运的等离子体运行模式；了解低碰撞率下等离子体湍流行为，特别是在相空间所有维数上的多尺度湍流。为此首先需要在等离子体湍流诊断、特别是二维诊断的原理和技术上有所突破，需要系统地开展理论、实验诊断、数值模拟的比较。预测输运的模型必须具有同时模拟多个不同时空尺度的能力。

需要特别提出的是，未来 10 年 ITER 将完成工程的建设，转入实验研究，我国在磁约束高温等离子体研究方面应尽快有所部署，使中国能够以平等的机遇参与 ITER 的实验研究、共享 ITER 的科学研究成果。尽管我国在磁约束高温等离子体的每个方向都开展了一些实验和理论研究，受队伍规模和实验条件的限制，装置的实验能力、整体研究水平与国际主要聚变实验室还有一定的差距。未来 10 年，国内的主要实验装置需要以更加开放的姿态，吸引国际高水平的专家、学者参与中国的磁约束聚变研究，带动国内研究水平的提高；同时，在一些关键的研究方向，有计划、有目标地派出年轻科学家参与国际聚变大装置的实验和理论研究。

边界等离子体物理和控制的研究需要理解边界湍流和输运，控制边界的不稳定性，将热负荷扩散到尽量大面积的材料表面上。需要寻找一种稳定的方式能够排除从等离子体中输运出来的热和粒子流而不损伤材料表面。利用简化的物理模型，从第一性原理出发，发展能够描述完整的等离子体边界现象是目前一个非常活跃的领域，更是一个挑战。

聚变等离子体中的波-粒相互作用研究，需要理解复杂条件下波与粒子相互作用及其与其他物理过程的耦合，改善利用外部注入的波传递热和电流到等离子体特定区域的技术，理解和预防高能粒子引起的不稳定性。下一步的目标是更好地预测波能量和动量在等离子体中的沉积，尤其是边界等离子体的行为对波耦合行为的影响；进一步提高对波加热和快离子输运的理解，可靠预测燃烧等离子体中 α 粒子作为主要加热源的特性。

磁约束等离子体是一个高度非线性和自组织的复杂体系，上述的每一个方面之间都存在相互作用。需要对四个方面的物理集成构成自洽的描述聚变等离子体行为的理论模型，才能成为未来聚变堆芯设计的物理基础。结合聚变堆总体概念和方案，需要对相关的包层物理以及包层对等离子体性能的影响开展前期研究的部署，涉及加料效率、边界物理、高能粒子物理、等离子体与壁材料表面的相互作用等。为充分利用 ITER 的科学技术成果和尽早利用聚变能奠定一定的基础。

（二）高能量密度等离子体物理

高能量密度等离子体物理是高能量密度物理的主要内容之一，是物理学在高能量密度（通常指能量密度大于 10^{11} 焦/米^3 或相应压力大于 100 万标准大气压的状态）极端条件下新的学科分支。由于高功率激光器、Z 箍缩（Z-pinch）装置的发展和应用，近年来发展迅速。高能量密度等离子体物理随着惯性约束聚变研究以及天体物理观察等需要而发展，它是惯性约束聚变技术中靶物理研究和实验室天体物理模拟的科学基础，对国防安全、洁净核能、有关基础研究等具有重要科学意义。建议重点开展以下方面的研究：

1）激光等离子体物理。激光只能在低于临界密度 n_c（厘米$^{-3}$）$\approx 1.1 \times 10^{21}/\lambda_\mu^2$（$\lambda_\mu$ 为微米单位的激光波长）的等离子体中传播。对于波长 1.0 微米、强度为 3×10^{15} 瓦/厘米^2 的激光，或者质量密度 $\rho = 10^{-3}$ 克/厘米^3、温度 $T = 1.0 \mathrm{keV}$ 的氢等离子体系统，它们各自都具有高能量密度的特性。激光光波在这样等离子体系统中传播时，会发生激光等离子体相互作用不稳定性。例如，激光被电子散射时能不稳定激发电子等离子体波（如受激拉曼散射、双等离子体衰变等），它们会发生复杂相互作用，包括强烈的共振作用。这种过程可以加速电子成为超热电子，在激光聚变过程中，后者会预热核燃料，对内爆压缩十分不利。激光光波也能不稳定激发离子声波（如受激布里渊散射）而损失激光本身的能量，此外，激光与等离子体作用也会发生成丝等现象，它们常常对激光聚变等有些问题的研究带来不利的效应。激光与等离子体作用的非线性过程一般会发展成为等离子体湍流，影响能量传输过程。这些相互作用的物理过程以及对它们的控制方法虽然已有大量研究，但由于其复杂性，到现在依然不完全为人们所掌握。通过研究各种可能的束匀滑技术，或者通过激光倍频途径，结合精确的实验和大规模数值模拟，可能减少或抑制激光等离子体不稳定性，为激光聚变等高技术扫除一些重要的不确定性障碍。

2）相对论激光等离子体物理。强度超过 10^{18} 瓦/厘米^2 激光与等离子体相互作用是相对论激光等离子体物理研究的内容。在相对论效应下，超强激光可以在低于 γn_c 等离子体中传播，这里相对论因子 $\gamma = (1 + I\gamma_\mu^2/(1.38 \times 10^{18}))^{1/2}$ 与激光强度 I 有关。这样等离子体的主要特点是：等离子体存在强场（电场强度 $E > $ 吉伏/厘米，磁场超过亿高斯）；激光产生的光压（它的梯度也称有质动力-ponderomotive force）超过热压很多，有质动力可以产生"打洞"（hole boring）效应。

相对论激光等离子体物理的研究对于探索强场等离子体基础问题和有关技术的应用开辟了一个新的天地。

国际上现有的高性能超短脉冲、超强激光器已可输出强度 $I \approx 10^{20}$ 瓦/厘米^2 激光束，它与等离子体作用可产生近 100 吉伏/厘米的强空间电荷场和几亿高斯的超强磁场，在这样强场作用下，原子被强烈剥离，带电粒子被强烈加速，高温等离子体可能强烈辐射光子。这样过程有多种应用。例如，超短脉冲、超强激光可用于激光聚变快点火的加热，研究表明，约 10^{19} 瓦/厘米超短脉冲激光可以产生大量 $1 \sim 3$ MeV 的相对论电子束，它在极高密度等离子体中输运和沉积能量形成的点火热斑可以点燃热核聚变。

超短脉冲、超强激光与等离子体作用产生的强场可以加速带电粒子到很高能量，用于挑战传统射频加速器（加速电场小于 10^6 伏/厘米），研制精致型的新型加速器。在目前激光强度下，电子在厘米量级长度内有可能加速到几百 MeV 至 GeV 量级能量，电子台式加速器的雏形已经提到日程上。准单能质子加速也是近年来研究的热点，实验已经得到了近百 MeV 能量的质子束。不同机制的带电粒子加速研究主要瞄准两个不同的应用方向：一个是百 MeV 能量上下的质子等带电粒子束加速以用于成像、医疗和正在探索的快点火加热等；另一个是相对论和超相对论 TeV 能量以上粒子加速，以取代 LHC 等传统加速器，理论已经表明，如果能突破现有的激光器输出强度和能量，TeV 带电粒子加速是能实现的。

非相对论和相对论等离子体物理的研究涉及了众多学科的交叉和集成，在物质科学、医学、生物、高能粒子加速等领域具有重要应用价值。可以作为优先发展的交叉研究领域。

3）实验室天体物理模拟。驱动惯性约束聚变的高能量密度装置可以用来模拟发生在宇宙和天体环境中的物理现象，而高能量密度等离子体物理研究为了解这些现象提供了物理基础，它们是天体物理中具有重要发展前景的新方向，称为实验室天体物理。利用激光产生的等离子体强场可研究天体中带电粒子的加速机制、夸克–胶子等离子体特性等问题。它最早是 20 世纪 90 年代中由美国利佛莫尔国家实验室一些科学家提出的研究课题，主要通过适当的实验室设计，以可控的方式观察有关激光等离子体或其他等离子体过程，来研究发生在天体物理中的一些过程，使得理论和实验更加紧密。这改变了传统的以天文观测为基础的天体物理研究方式。虽然实验室研究很难模拟真实的天体物理环境，但对其中一些问题的实验研究对我们认识天体物理现象提供了重要启发。

4）温稠密（warm dense）等离子体物理。这里稠密等离子体是指密度远高于临界密度的等离子体，例如在高脉冲功率（包括高爆炸药）作用下冲击压缩产生的等离子体、激光或 Z 箍缩驱动惯性约束内爆压缩以及核爆炸过程等离子体，也包括天体中高温高密度物质。稠密等离子体不同于传统的凝聚态物质，根据粒子间作用能与粒子热能之比耦合常数 $\Gamma = e^2/akT$（其中，e 为电子电荷，

a 为粒子间距，kT 为粒子热能）、热能与费米能 ΘF 之比 $\Lambda = kT / \Theta F$ 的不同，物质特性大致可分如下几种：

①高温高密度部分或完全电离等离子体：$\Gamma \ll 1$ 和 $\Lambda \gg 1$。对光性厚的这样等离子体系统，电子、离子和光子在相同温度下处于局部热动平衡状态，电子、离子和光子处在麦克斯韦和普朗克统计分布，辐射或电子热传导变得重要。当热传导速度小于当地声速时会产生冲击波；大于当地声速时，超声等离子体不发生扰动。对光性薄等离子体系统，在一定时间尺度下，电子和离子处在不同温度的麦克斯韦分布，而光子为非普朗克分布，惯性约束聚变燃烧系统是其中例子之一。

②部分简并或完全简并等离子体：Γ，$\Lambda \approx 1$。例如，出现在惯性约束聚变内爆压缩过程的状态，这时氘氚密度高达 300 克/厘米^3 以上，粒子间距 a 约为 $n_0 \sim 3$，小于玻尔半径（n_0 为单位体积粒子数），但近等熵压缩因子 $\sigma = P(\rho, T) / P(\rho) > 1$（$P(\rho)$ 为等熵压力）接近 $2 \sim 3$。对这种低温超高密度等离子体，量子效应既不占主要地位但又不能忽略，它的性质十分复杂，费米-狄拉克统计或麦克斯韦-玻尔兹曼分布不能适用。人们对这种状态的物质特性知之甚少，目前还没有很好研究。

③低温稠密物质：$\Gamma \gg 1$，$\Lambda \ll 1$，物质表现出强关联特性。虽然这样的物质一般不属于等离子体范畴，但总是会存在一些自由电子，有时也表现出一些等离子体特性。

温稠密等离子体的特性和时间演化过程与电子、离子、辐射之间碰撞、吸收、发射作用密切相关。在部分简并或完全简并情况下，研究温稠密等离子体的特性具有很大的挑战性。在热动平衡状态下，温稠密等离子体可用已知统计下状态方程、光学不透明度以及带电粒子输运系数等参数来研究。温稠密等离子体的参数对内爆压缩和点火热斑形成都有重要的影响，对有关过程的实验诊断研究也非常关键。准确获得这些系数是温稠密等离子体特性研究的一项重要任务。

5）稠密等离子体谱学。对惯性约束聚变各个物理过程的认识离不开对高温稠密等离子体参数的精确测量。在高温稠密等离子体中，离子不能再被视为孤立的，一个离子将受到周边离子以及自由电子的强烈影响，导致其能级分布依赖于等离子体参数，最终会影响到等离子体谱学的诊断精度。稠密等离子体中的原子过程与天体物理也有密切的关系。解决好这个问题，不仅能够有助于提高等离子体谱学的诊断精度，也有利于理解天体物理中的若干过程。

6）新型激光聚变方案概念及其物理基础。结合国家重大基础研究计划、国内现有和近期规划的高功率激光装置、其他高能量密度驱动装置，以及国际强场物理科学研究前沿，在实验、理论和大规模数值模拟三个方面开展基础研究和应用研究。积极探索超强激光驱动的新型激光聚变方案概念及其物理基础，改进能量耦合效率；根据国内现有和近期规划开展快点火实验设计方面工作；开展大规模数值模拟，对实验研究起指导作用。

7）重离子束驱动和 Z 箍缩产生高能量密度物理。与激光聚变相比，国内在重离子束聚变和 Z 箍缩产生高能量密度研究方面起步较晚。遵循激光聚变研究的途径，重离子束聚变研究的一个首要问题是重离子束与物质相互作用时的能量转换效率，因为这是重离子束聚变研究的一个基本起点。重点研究转换物质被加热之后，离子束在其中的能量沉积效率和射程。有了这些数据，才能为设计重离子聚变所需要的靶结构提供依据。而在 Z 箍缩产生高能量密度研究方面，发展相应的实验手段和可靠辐射磁流体力学数值模拟程序是核心内容。

8）强场下高剥离态原子物理。在强激光场中，原子库仑势场强烈畸变，隧穿（tunneling）和超垒电离等效应将在电离动力学中起主导作用。电离了的电子还可以在外场作用下多次返回与母离子发生再散射，显著影响电离过程并产生高次谐波。在相对论超强场情况下甚至可以出现原子稳定化等非微扰现象。相对论量子力学状态下的原子、相对论关联电子、光子非微扰（非线性）相互作用导致的复杂的原子高剥离过程，是新兴强场原子物理学研究的重要领域，具有很大挑战性。

9）高能量密度条件下材料物理。压力（强）与温度、化学组分（P-T-X）是决定物质存在状态与导致结构物性改变的基本热力学要素。目前已经知道高压对物质电子结构产生重要影响。高压科学与技术的应用，为通过调控材料的电、磁、晶体结构以及动力学过程来制备特殊性能的材料提供了一种新的途径，如新型超硬材料、能源材料、半导体材料、纳米材料、生物医学材料等。同时，发展新的高压技术与原位测量手段，对于高压这一热力学参量的掌控和在各学科领域的交叉扩展极为重要。更进一步的极端高压高温状态，不但会强烈影响物质内部原子之间的电磁相互作用，而且会涉及核相互作用，与此相关的极端高温高压下的材料物理和高能量密度物理，存在诸多未知领域，面临新的机遇和挑战。

（三）低温等离子体研究

以等离子体科学为基础发展起来的工程技术在经济、能源、环境、国防、科学等领域越来越发挥出重要的作用。低温等离子体越来越广泛地被作为一种技术手段，应用于其他学科或结合于其他技术，形成了众多的新型前沿交叉学科，开辟了从半导体加工、新材料合成、等离子体光源，到等离子体生物学应用等广泛的高新技术领域。尤其是等离子体微纳制造手段已经是一项影响全球

经济发展的关键制造技术。研究内容包括:

低温等离子体源物理与技术研究:进行等离子体源的研制,首先离不开其中的源物理研究,考虑到目前的国家紧迫需求,可优先考虑开展以下几个方面的源物理和技术基础研究:微加工所需的新型等离子体源物理和技术基础研究,为下一代微电子器件的发展打下基础;高气压(大气压)、大尺度等离子体源物理和技术基础研究,以期带动低温等离子体整体实力的提升;大功率热等离子体源物理研究,为高效率、高稳定性、长寿命、大功率等热离子体的产生提供技术基础;微等离子体物理基础研究,可望在等离子体刻蚀、新材料制备、光电子器件、新光源制造等方面产生重要的应用。

先进等离子体诊断手段研究:近年来,我国的低温等离子体物理及应用研究发展迅速,但诊断手段尚大多停留在初级阶段。随着低温等离子体研究向高气压、高密度方向发展,传统的诊断手段遇到越来越多的困难,发展新型高时空分辨的等离子体诊断技术是迫切需要解决的问题。等离子体诊断方法研究是一个需要结合理论模型、计算模拟和基本参数多方面的综合性课题,其中利用电磁波和等离子体相互作用,基于等离子体光谱学原理的光谱诊断技术,等离子体与材料相互作用的原位诊断是需要重点发展的方向。

等离子体与材料相互作用基本过程研究:等离子体与材料相互作用是一个边缘研究领域,它和等离子体物理、表面物理、等离子体化学、原子物理、分子物理等学科都存在密切的关系,一直是低温等离子体研究的难点之一。在冷等离子体方面,开展等离子体与材料表面的等离子体鞘层研究以及鞘层对材料表面加工处理应用的影响,关注等离子体与生物材料的相互作用研究;在热等离子体方面,对近电极区的物理过程以及和电弧区的联系进行理论分析与数值模拟,完善近电极区模型;发展实验检测新方法,探讨不同气体组分或电离状态的等离子体与不同物理性质的固相表面的相互作用规律和传热传质机理。

等离子体新材料的制备技术基础研究:开展超薄介质的等离子体辅助原子层沉积技术的机理与工艺研究,发展化合物半导体材料和新光电材料的等离子体沉积。利用等离子体特有的技术优势开展纳米新材料和纳米结构制造方面的基础研究,发展应用于纳米技术的等离子体调控新机理和新方法。

低温等离子体数值模拟:结合诊断数据,建立等离子体反应腔室中多物理场耦合理论模型,开发出具有自主知识产权、能够跨尺度模拟的基于流体力学模型/蒙特卡罗法的二维或三维混合模拟平台或二维 PIC/蒙特卡罗模拟平台,从深层次上研究等离子体腔室中电源功率的沉积、电子加热、等离子体输运、表面反应等微观物理机制,优化微电子工业中等离子体工艺腔室的设计方案。

（四）基础等离子体物理研究

虽然基础等离子体没有非常明确的目标牵引，但其研究内容覆盖高温、低温以及空间等离子体的各个方面，与等离子体学科的其他子领域密不可分，并与其他学科也有众多交叉。该领域的自由探索模式和对新概念、新现象的追求是创新工作的源泉之一，并为其他领域的持续发展提供强大的后盾。此外该领域的研究工作与高校中的人才培养紧密配合，作为等离子体学科的整体协同发展，需要在未来的布局中重点支持。

等离子体中各种模式之间的非线性相互作用研究是基础等离子体物理的重要方面。作为连续介质的等离子体具有"无穷多"的自由度、多种时空尺度以及由此引起的大量的运动模式。这些模式的相互作用主导着等离子体物理的各种非线性过程，特别是一些重要的物理现象与过程，如等离子体湍流与反常输运、环形磁约束等离子体的自发转动、等离子体中快粒子模式与其他模式的相互作用、等离子体磁流体模式之间的相互作用、激光等离子体不同模式之间的非线性相互作用、等离子体与电磁场之间的能量转换（特别是等离子体中的加热和加速过程）等。这些过程无论对磁约束还是惯性约束聚变、空间和天体等离子体以及等离子体在其他领域的应用都具有关键性的意义。未来十年里这些研究工作应注重以下几个方向：等离子体连续介质性质的研究；等离子体湍流过程研究；等离子体多尺度模式之间相互作用的研究；等离子体中的加热与加速过程研究等。

等离子体中的磁重联过程研究是解释实验室、空间、天体等离子体中很多重要物理现象如锯齿崩塌、托卡马克大破裂、地球空间磁暴、磁层亚暴、日耀斑与日冕物质抛射乃至一些星体演化现象的关键，是基础等离子体物理研究的重要方面。我国在磁重联的理论研究、卫星数据分析、实验探索等方面都取得了很多进展。今后应注重以下几个方向：实验室等离子体中磁重联过程与快粒子模式之间的耦合研究；三维磁重联的关键拓扑与物理问题研究；磁重联过程中的粒子加速与加热研究；磁重联过程中的波动问题研究；剪切流及外部驱动（包括边界条件）对磁重联过程的影响等。

（五）交叉学科发展布局与方向

等离子体的基本性质、学科的发展规律及其应用的背景，决定了等离子体与其他学科紧密结合、易于交叉的特点。针对国际上科技前沿研究与我国等离子体学科发展的现状以及科技发展的需求，选择一些有优势和潜力的交叉点进行整合，有望在基础和应用基础研究方面取得高水平的成果。

开展等离子体与电磁波的非线性相互作用的研究，应用其科学基础到等离子体的产生以及新的波源、波的传输和控制；开展等离子体与物理化学及化工的交叉研究，为等离子体技术在能源和环境领域的应用提供科学基础；开展等离子体与材料科学及凝聚态的交叉研究，为纳米制造、新材料合成、材料表面工程、材料处理与改性等提供新的技术手段；开展等离子体与生物学的交叉研究，为等离子体技术在医学、生物学、农业等领域的应用提供科学基础；开展等离子体和空间科学的交叉研究，为深入了解一些空间灾害性天气现象的起因、航天器安全提供科学依据。

五、凝聚态物理学科发展布局

凝聚态物理的研究，从微观量子世界的基本规律的探索，到实际材料、现象或器件在科学或工程中应用，涉及面非常广，是一个基础性和应用性都很强的领域。其总体发展既要强调对前瞻微观量子理论和新物理、新现象的探索，同时也要强调凝聚态物理研究对材料、信息、能源等科学发展的引领作用，加强理论与实验的结合，加强自主创新实验技术的发展和应用，加强科学计算方法的探索和大规模计算平台的建设，促进各分支领域之间的合作以及与化学和生物等学科的交叉与融合。

对于凝聚态物理的各个分支学科，由于研究内容和应用方向不同，布局应在总体统筹的情况下，各有侧重，在已有工作的基础上，既保持学科的特点，同时又能促进学科之间的交叉融合，使得我国凝聚态物理的研究能够保持可持续性的发展，特别关注以下各个分支学科中的核心科学问题。

（一）半导体物理

一方面，半导体物理的发展要求能从材料组分、掺杂和器件层次结构及尺度等方面对各种半导体器件及其集成电路实施越来越精确的调控。20世纪70年代以来，以超晶格、量子阱和量子点、线为代表的低维半导体结构的出现将这种调控首次推进到量子调控的阶段——通过一个、二个乃至三个维度方向上的尺寸量子化效应，可以人工剪裁半导体的能带结构。在这类低维半导体中不仅仅只是它们的能带与三维的有很大的不同，更重要的是它们呈现出许多与三维固体全然不同的新奇量子现象，例如，二维半导体调制掺杂异质结构中的整数、分数量子霍尔效应、具有特殊拓扑结构的5/2量子边缘态等。另一方面，随着半导体器件尺度和维度的不断变小，量子效应会日益凸现出来，将半导体科学技术真正带进了量子调控的全新阶段，赋予半导体全新的物理内涵。

1. 半导体的能带调控

半导体能带调控是半导体科学技术的核心。20 世纪 70、80 年代开始的能带剪裁工程采用分子束外延生长技术将不同禁带宽度、不同掺杂类型的半导体组合生长在一起，制备出半导体超晶格和其他自然界不存在的半导体材料。未来半导体能带调控的内涵将更为丰富。例如，既可以用分子束外延生长技术将铁磁、半金属与半导体构建成具有新动能的异质结材料，又可以通过掺入磁性原子来调控能带。例如，重掺 Mn 的（GaMn）As 稀磁半导体中，Mn 离子的自旋之间通过价带电子的媒介作用产生了铁磁耦合，使得沿磁化方向的能带出现巨塞曼分裂，实现了对能带进行调控的新手段。通过调控特殊窄禁带半导体能带，可以使它们呈现拓扑绝缘体特性，在拓扑绝缘体中的体内态有能隙，与普通的绝缘体一样，但表面或界面态没有能隙，像金属一样可以导电。近年来发现石墨烯（即单层石墨）特殊的晶格结构，使其色散关系呈线形，准粒子具有零质量，服从相对论性的狄拉克方程。如果未来能精确调控生长材料的晶格结构，应用能带调控有可能设计出具有新能带色散关系的半导体。

杂质不仅可以有效地调制半导体材料的性能，也有可能成为半导体能带调控的新途径。随着第一性原理计算方法日趋完善，计算机辅助的材料设计，尤其是随着对杂质在半导体晶格中的微观构形、化学成键、自旋/电荷/晶格间的耦合状况等的预测和设计逐渐成为可能，不仅将传统的掺杂推进到杂质设计的新阶段，并有可能通过掺杂形成杂质能带，使原来单一能隙的半导体变成多能隙的半导体。

对晶格结构的调控也会通过声子谱的改变来改变半导体的性能。例如，一般情况下，声子热库会破坏量子比特的相干性。但通过特殊的声子调控，是否有可能修复量子相干性，是值得探讨的问题。

2. 量子态的检测与调控

当半导体器件有源区成为一种尺度已能与电子、光子的波长相比拟的小量子体系，信息载体从经典的电子流演变成量子波函数。因此，对半导体特性的调控最终将演化为对半导体小量子体系的量子调控，开展半导体小量子体系中量子信息制备、调控、传播、检测等重大科学问题的研究将为下一代量子信息技术发展奠定物理基础。

对半导体中电荷、自旋或其他量子态进行调控，首先需要发展能对相应的量子态进行空间、时间、能量、动量域进行高灵敏、高分辨的表征手段（如法拉第、克尔旋转等光谱技术手段等），探测单量子态和研究量子比特的制备、量子门操作、纠缠传递等基本量子过程。同时，还要进一步探索如何运用新的物理现象或效应，发展新的探测技术。例如，采用超快光谱和局域探针相结合的技术；核磁共振/电子回旋共振与局域探针（STM/AFM/MRFM）的联合技术等，实现单自旋态的探测。

研究铁磁、铁电或多铁材料及其复合结构中铁磁、铁电及其磁电耦合的内在机制，探索调控材料电、磁性能的新方法，开发新功能材料。一方面，利用超快光脉冲技术，深化对超快退磁化、磁化增强、磁晶各向异性、磁矩进动、反法拉第效应和光场对磁矩的刻录等现象的认识，实现对磁性和磁晶各向异性的超快操控，探索新型磁记录器件。另一方面，通过探索测绘自旋链的耦合排列图像，研究由自旋 dimmer 构成的介观自旋链向宏观自旋链演变过程中是否能保持纠缠特性是另一极有挑战性的重大物理问题。

半导体中的某些特殊缺陷中可能存在弛豫时间很长的单自旋量子态，使得孤立缺陷态的量子调控受到关注。寻找晶格振动和自旋轨道相互作用都很弱且同位素丰度很低的孤立自旋体系，同时又可以与能带电子进行可控耦合的特殊缺陷是实现量子比特的首要条件，因此，半导体中特种孤立杂质成为量子调控的另一重要对象体系。

由于金属表面等离子激元（SPP）有可能承载和传递量子信息。研究金属亚波长结构 SPP 的产生、传输及其与各种半导体小量子体系的相互作用，是传输操控半导体量子态的另一个重要手段，也是研制新型光子器件的新技术途径。例如，基于 SPP 的单光子开关、单光子晶体管、激射器、可调谐全光波长变换器、双色全光调制器等新型量子光电器件等和基于 SPP 诱导透明的量子光学非线性器件、光子可控相位门等新型量子光学器件等。

利用光与电子、自旋的相干耦合（如利用量子点的二能级体系中光子的反聚束效应）可实现单光子的发射；利用双激子间的关联相互作用，还可产生纠缠的光子对。利用光子晶体波导与光子晶体缺陷谐振微腔之间的耦合，或者利用光子与固体中孤立自旋缺陷、杂质中心（例如金刚石中氮/空位对缺陷等）的纠缠，可实现室温下超越 ms 量级的光子存储。特别在半导体微腔中，激子激元可以发生玻色-爱因斯坦凝聚。与原子相比，激子的质量要小得多，玻色-爱因斯坦凝聚温度可达 1K 量级，比原子的玻色-爱因斯坦凝聚温度要高好几个量级。激子凝聚体可达到近 50 微米的宏观尺度，通过对凝聚体不同点的相位测量，可检验固体中量子态的关联与纠缠特性，也是一种传递量子纠缠的媒介。

3. 半导体材料与器件

在光伏电池中，为了充分利用紫外高能光子的能量，减小发热，一种新的想法是对光子能量进行量子剪切，调控量子点中的光学非线性过程，将一个紫外高能光子截成多个刚好能被半导体吸收的低能光子。由于态密度的量子化，量子点的非线性光学性能很强，双激子激发起着重要作用。要有效地剪切光子，必须全面了解量子点的非线性光学性质，特别是双激子的光谱特性和玻色增强效应。

硅基半导体是支撑人类社会信息技术发展的基石，目前 95％以上的半导体元器件是硅材料制作的。增大硅单晶材料的直径，减小微缺陷的密度，是现在以至将来很长一段时期半导体材料发展的一个趋势，其主流方向是发展适合于硅深亚微米乃至纳米工艺所需的大直径硅外延片。在绝缘衬底上，通过智能剥离、SIMOX（注氧隔离硅）或其他技术生长硅基半导体材料也会在硅技术不断发展中得到越来越多的重视。

硅基光、电器件集成一直是人们所追求的目标，但由于硅是间接带隙，其带间跃迁几率比直接带隙半导体材料小几个数量级，光吸收系数和发光效率远弱于直接带隙半导体材料，如何提高硅基材料带间光跃迁效率是硅基光电功能材料研究中的一个亟待解决问题。增加光波导与其他发光及探测器件上硅的单片集成度，是大幅提高高性能计算机、高端 CPU 和互联网络速度的一个重要手段。在微纳尺度有效地表征和构造硅基功能结构是一个挑战。

半导体工业技术新一轮发展的是与 GaN 半导体材料联系在一起的。通过对 GaN 加入 In 或 Al 元素形成混晶后，其禁带宽度可以从短波红外调谐到盲阳紫外，是具有广阔用途的宽禁带半导体材料。这类材料在发光二极管（LED），激光二极管（LD），光电传感器，电调制器件和光-光调制器件的信息获取与处理方面具有独特的优势。GaN 中加入 In 后，会产生类量子点效应，导致载流子辐射复合局域化，大幅度抑制了缺陷诱发的非辐射复合效应。此外，基于 GaN 基材料的发光器件具有重量轻、效率高、寿命长、环保等优点，已成为下一代光源的有力竞争者。氧化锌（ZnO）及其他 p 型掺杂的 II-VI 族化合物也是值得关注的宽禁带半导体材料。这些材料的激子离化能约 60meV，远大于室温对应的热能，在光电器件方面有重要的应用前景。碳化硅（SiC）和金刚石等属于间接带隙的宽禁带半导体材料，在电子器件中也有一定的用途。

禁带小于 0.8eV 的半导体称为窄禁带半导体。这类半导体可将光波段拓展到红外波段，在红外光电子材料与器件的应用中有重要用途。碲镉汞混晶半导体是典型的窄禁带半导体材料，其能带在红外波段连续可调，载流子的有效质量小、迁移率大，在红外探测器，特别是红外焦平面器件技术的应用方面取得了很大成功，已经成为当前红外探测器技术中的主流技术。此外，通过载流子在量子阱势中级联输运和复合过程，还可制造量子级联激光器，将激光波段从红外延伸到太赫波段。窄禁带半导体材料与器件进一步的发展，主要是要通过对多种量子结构和量子效应的集成，来提升这类材料的光电功能。

近年来，由于有限元和第一性原理计算方法的发展，新型半导体材料的设计可以首先通过计算机模拟进行可行性分析，缩短了新材料发现的周期。同时，由于电磁波场传输计算方法和电势自洽计算方法的发展，半导体器件设计与模拟也深入量子层次，可大大提高器件的量子效应，为进一步的应用奠定了基础。这方面的研究，会加强理论计算与实验的有效结合，推动半导体材料与器件研究的发展。

（二）磁学

磁性是物质的基本属性之一。磁性起源于量子力学效应。磁学是研究磁、磁场、磁效应、磁现象、磁材料及其实际应用的一门学科。随着研究方法与实验技术的进步，研究的深入与发展，对磁相关效应认识的深化及调控能力的加强，磁性物理研究的内涵发生了明显的变化，研究重心从传统磁学过渡到以自旋电子学为标志的新磁学。传统磁学主要关注磁矩间相互作用导致的集体激发行为，长程磁序的演变规律以及体系的宏观统计行为，而新磁学研究则更加关注作为磁性本原的自旋个体运动规律的探索，自旋流的产生、输运以及自旋弛豫等自旋动力学问题，关心磁与物质其他基本属性间的相互关联、相互调控及由此产生的新现象、新规律，呈现出日益增强的与其他物理学学科的交叉渗透融合的趋势。磁学相关问题研究将有助于从不同角度、不同侧面、不同层次上揭示物质科学规律，有助于新物质的创造、新凝聚态物理效应的探索。根据对磁学研究发展规律及态势的分析，以下研究方向值得重点考虑：

1. 自旋输运及自旋动力学问题

电子具有两个重要属性：电荷与自旋。很多重要的物理发现例如导电性、超导电性、巡游磁性、巨磁电阻效应及微电子器件的各种功能都和电荷输运过程密切相关。相比之下，长期以来一直忽略了对自旋运动学、动力学问题的研究。可以预期，自旋属性的开发利用不但会给凝聚态物理新现象、新规律提供广阔的探索空间，也会对微电子技术、信息技术产生巨大影响。

自旋相关输运问题包括自旋流的产生、调控、输运、弛豫规律，自旋相干性、自旋动力学行为以及相应的检测方法技术的研究开发。通常采用自旋注入或光选择性激发获得自旋极化电流。稀磁半导体（包括氧化物稀磁半导体与常规稀磁半导体）的研究，主要目的之一就是为了获得高自旋注入效率。利用自旋-轨道耦合特性，采用电场控制不同自旋取向载流子的分布，即自旋霍尔效应，也是一种获得自旋流的方式。显然，新的有效的自旋流产生的方法原理、技术仍然是一个重要的研究课题。

有机半导体因为其弱自旋-轨道耦合引起人们的极大关注，在这里自旋具有相当长的扩散距离。但是有机半导体的主要输运方式为极化子导电，具有强电-声耦合，常常产生不利影响。而常规稀磁半导体作为自旋载体，居里温度常常过低。由此可见，新的自旋流载体的探索将是未来一个时期磁电子学研究的关键。

由于量子点的零维特性，电子的轨道态是量子化的，电子的自旋态由于自旋翻转机制的有效抑制而变得十分稳定，被认为是量子比特的最佳选择。作为新磁学的外延领域，低维体系的自旋动力学问题也应该得到进一步的关注。

2. 固态磁性的多场量子调控

利用磁场和自旋或自旋集体激发之间的相互作用调控磁相关行为，是传统磁学的主要研究课题之一。但是深入的研究发现，由于自旋-轨道耦合、自旋-电荷耦合、自旋-晶格耦合的存在，各种形式的外部/内部扰动通过对轨道的影响、对电荷序的影响、甚至通过自旋转矩传递明显影响系统的自旋结构/序与自旋态。由于多场调控与磁调控原理方法上的不同，影响途径不同，作用的结构层次不同，突出的物理问题不同，可以导致新物理原理、新物理规律的发现以及物性调控的空间。磁性体系的非磁量子调控的相关问题应该是磁学研究在未来一个时期内所关注的重点。

最近的研究表明，当自旋极化电流流过纳米尺寸的铁磁薄膜时，极化电流与薄膜的散射会导致从传导电子到薄膜磁矩的自旋角动量转移，从而引起铁磁薄膜磁矩的不平衡，发生转动、进动甚至磁化方向翻转。这一效应提供了新的磁化方向调控方式，可能解决高密度磁信息存储中的散热及高能耗等关键问题；随着信息科学和技术的发展，将出现对自旋纳米振荡器和自旋微波探测器的重大应用需求，利用自旋转移力矩效应还可以激发微波振荡以及自旋波，是极有潜力的研究方向。

相关领域还存在一系列重要科学问题。例如：①从理论和实验的角度阐明自旋转移力矩的起源。一般而言，自旋转移力矩来自于载流子自旋与局域电子自旋间的力矩传递，这个过程与载流子流动时所经过原子的先后顺序有关。但从原子层面来看，人们还不清楚自旋转移力矩效应与实空间原子构型的具体关系。②如何实现几十吉赫兹或更高自旋进动频率的精确预测和有效调控。自旋极化直流电可以产生几十兆到几十吉赫兹的高频微波信号，但目前还没有成熟的理论预测最高进动频率或最高微波输出频率。③背散射电子的自旋转移力矩效率问题的研究。这些物理科学问题的解决将为新一代磁随机存储器和磁逻辑等重要磁电子学器件奠定基础。

此前，人们多关注磁性体系磁化取向在外界扰动如磁场、电场及光辐照下的变化，很少涉及体系内禀磁性。实际上，外部扰动可以通过对载流子浓度和运动状态、对能带结构以及电子填充情况的影响，进而影响体系内禀磁性。已经发现利用电场可以明显改变铁磁有序合金 FePt、FePd 的磁晶各向异性，利用场效应对稀磁半导体载流子浓度的调节影响其磁转变温度。在有机铁磁体系中也看到磁性在电场下的变化。这些初步工作清楚展示了外部扰动对固态体系磁性的调节作用。以往工作多关注输运特性的调节特征，如磁电阻效应，内禀磁性的调控可能开辟物性调控的新空间。目前有关研究还处在起步阶段，无论是理论上还是实验上的积累都很少。

此外，磁化过程中的电场控制，特别是物质的多铁性，也是一个受到广泛关注的问题。多铁性是指在一种材料中存在铁磁/反铁磁序和铁电序。利用电场对电极化形态的影响以及铁序和电序间的强烈关联，可能实现电场对于体系磁化形态的控制。这一效应在高密度信息存储、电磁信号处理/屏蔽、电磁能量转换等领域具有非常广泛的应用前景。众所周知，由于对对称性的不同要求，铁电与铁磁序无法共存。但是，研究表明通过对电荷、轨道序等的调节可实现螺旋磁序与铁电序的共存，从而向磁、电互控的目标迈进了一大步。决定磁电关联的物理机制以及如何获得强电磁关联是亟待进一步研究的问题。

3. 低维磁性体系磁相关物理效应

典型磁性物质的物理特征长度如交换长度、自旋扩散长度以及电子平均自由程均在 $10 \sim 10^3$ 纳米尺度范围内。当磁性物质尺寸与特征尺度可以相比或更小时，由于量子尺寸效应的增强，可能出现一系列新颖物理现象，所以，低维体系的基本磁性与磁电关联效应的深入研究不但有助于对磁性起源、磁关联根本规律的认识，还可能大大加强物质磁性的设计与量子调控能力，为建立在磁相关效应基础上的新型微电子器件、超高密度存储技术提供原理储备。

这里主要关心在一个、二个或三个方向上的尺度在纳米量级的低维体系，包括表面、界面体系、超薄膜、各种磁性隧道结和巨磁电阻纳米多层膜、纳米多层膜异质结、纳米线、纳米管、原子链以及纳米颗粒等。重点关心的问题包括：①磁性纳米体系的自旋结构、与不同性质背景物质（铁磁性/反铁磁性、铁电性/反铁电性）间的相互作用及相关效应；②具有不同磁序的磁纳米体系、磁量子点的自旋动力学行为、纳米结构畴壁运动规律与涡旋畴变化动力学；③纳米线/纳米管、原子链/准原子链磁矩的检测及操纵；④单向各向异性交换偏置现象及磁各向异性的人工调节；⑤磁关联的传递以及层间铁磁、反铁磁耦合及其振荡现象等；⑥与超高密度磁记录相关的一些关键问题如磁记录过程的非磁写入、强垂直磁各向异性磁性体系的探索、纳米尺寸磁性颗粒超顺磁行为的抑制与延迟，基于纳米尺度磁畴的三维磁存储等问题；⑦磁电阻振荡效应、量子阱效应，磁性杂质导致的近藤效应、纳米磁性颗粒（磁性量子点）引起的自旋相关库仑阻塞效应及由此导致的巨隧道磁电阻效应等。

4. 新型磁结构设计及新物理效应探索

当前的磁学研究，应该充分利用先进的实验技术与计算模拟能力，以基本理论为指导，通过精确可控人工材料制备技术进行具有特殊磁结构新材料的设计以及新物理效应的探索。除通常的铁磁、反铁磁等磁有序结构，具有特殊长程自旋结构磁性体系-阻锉磁体、手性磁体、有机和分子磁体、磁性半导体、半金属磁体在很多方面都显示了其特殊的重要性。例如，由于对对称性的要求不同，长程铁磁序与铁电序无法在同一体系中共存。但是，最近的研究表明，通过对电荷、轨道序等的调节可获得螺旋磁结构，而后者与长程铁电序兼容，从而使体系显示了一系列奇异物理行为——强电磁关联性。量子相变、量子临界现象的研究是新奇物理效应探索的重要途径之一，阻锉磁体则是研究量子涨落与量子相变的理想体系。磁量子相变是最为普遍的量子相变现象，原因是材料的低维磁结构和几何磁阻挫大大加剧了量子自旋涨落，同时，电子间的局域关联使电荷自由度低温下冻结，自旋自由度得以凸显。有机磁体除可能具有轻便及透明的特点外，更重要的是自旋-轨道耦合弱，是理想的自旋载体材料。

磁性材料中电荷、自旋和轨道序以及相关的量子临界现象也是值得重视的方向。组合不同量子序体系，利用自由度间的强烈关联设计新自旋结构；通过对特定自由度的调节，实现不同物理性质之间的交叉调控，进而实现量子物态的多场调控。拓扑绝缘体态是由自旋-轨道耦合引起的新量子物态的一个例子。根据电子态结构的差异，传统意义上的材料被分为金属和绝缘体两大类。而拓扑绝缘体是一种与二者都不同的新的量子物态。这种物质态的体电子态是有能隙的绝缘体，而其表面则是无能隙的金属态。由于自旋-轨道耦合作用，在表面上会产生由时间反演对称性决定的无能隙的自旋分辨的表面电子态。拓扑绝缘体态的研究可能使我们重新认识一系列磁相关现象，如反常霍尔效应等。拓扑绝缘体可能是理想的自旋载体。

（三）表面物理

表面物理的内容主要包括表面的原子、电子与声子结构、表面吸附与相变、表面催化、半导体表面和界面物理等内容。过去十多年来，随着实验技术、薄膜和低维纳米结构制备科学以及大型理论模拟方法的迅速发展，表面物理研究的内涵发生了非常大的变化，与其他方向，如半导体物理、超导物理、磁学、强关联物理的交叉与渗透程度越来越高。原因很简单：由于器件微型化和量子效应等因素的驱动，这些方向的研究对象越来越多涉及低维（如薄膜）和纳米体系，而与薄膜和低维纳米结构制备相关的大部分内容都与表面物理有关。由于对称性的降低和表面再构，与固体表面相关的模拟与计算比晶体要复杂得多。随着计算能力的提高，这种现象逐步得到改变。极低温强磁场扫描隧道显微镜（STM）、自旋极化 STM、角分辨光电子能谱（ARPES）、自旋极化 ARPES、时间分辨的 ARPES、磁共振力原子力显微镜（MRFM）、近场光学显微镜（SNOM）、光电子发射显微镜（PEEM）、（自旋极化）低能电子显微镜（LEEM）等表面分析技术已经被广泛地应用于半导体物理、超导物理、磁学、分子电子学以及分子自旋电子学等领域的研究，并取得了巨大的成功。特别是，如果把栅极制作在 STM 的样品上，还可以原位对特定的结构进行输运测量，因而能在单原子层和单原子/分子水平上进行极端条件下的输运实验。在这一意义上，凝聚态物理的许多前沿科学问题都可以在表面物理的范畴内进行研究。量子调控研究对材料体系要求很高。其中，一大类材料体系的制备要涉及表面物理的内容。在化学上，固体表面的分子自组装，基本上均属于表面物理的研究范畴。利用原子力显微镜对单个化学键的拆分和形成所需的力和能量的测量，可以对化学键的机理进行直接研究等等。这种形势的转变，促使我们要从信息科学、能源科学、材料科学和化学等学科的发展来重新通盘布局表面物理的内容，并给予高度的重视。

表面物理的研究，要重视高分辨率高灵敏度精密实验仪器和实验技术的发展，鼓励以解决前沿科学问题为目标的实验技术和实验方法的研究，发展具有自主知识产权的新的实验技术和实验方法，在此基础上逐步改善我国精密仪器基本全部依赖于进口的局面；利用表面物理在真空蒸镀、分子束外延和自组织等方面在制备低维材料与量子材料的优势，重视固体表面非平衡条件下生长动力学的研究，制备或发明一系列新的材料体系和结构体系，使我国在新材料和新结构的制备和生长方面逐渐走在世界前列，通过这些新材料引领世界的一些前沿领域；鼓励表面物理与凝聚态物理的其他领域（如半导体、超导、磁学、强关联物理、表面催化等）的有机融合和渗透，使表面物理的研究具有长期的生命力；重视与表面物理相关的理论模拟与计算研究，鼓励理论与实验的密切合作，提高我国表面物理的研究水平。

1. 高分辨率高灵敏度实验技术和实验方法的发展

扫描隧道显微镜的发展是过去 20 年来所有实验技术中发展最快的一个技术之一。从以前的室温 STM 到今天工作在 10 毫开 STM，从无磁场到可以在高到17 特下工作的 STM，从几分钟扫描一幅图像到今天每秒扫描上百幅图像，从几分钟 1 埃热漂移到今天的 10 小时小于 1 埃，从不能检测磁信息到能分辨单个原子磁矩趋向的自旋极化 STM，从只有空间原子分辨到能同时实现对单个原子或分子的化学分辨，以及电化学 STM 等等，STM 的实验技术在过去 20 多年可以说是发生了翻天覆地的变化。每当出现这种技术的进步，在科学上就有新的突破出现。同时，STM 和其他实验技术如超快光学技术、光荧光/拉曼技术、多探针输运测量系统、原位材料制备系统以及扫描电镜的联合，将使得研究范围和研究对象大大增多，也是我们要关注的一个重要方向。很遗憾，除极少数技术或方法外，我国科研人员在这方面的贡献很小。尽管这些技术不再是原创，但因为其强大的功能加上商业仪器价钱的昂贵，我们仍要十分重视，目前仍然不算晚。

原子力显微镜（AFM）因其能对一大批绝缘材料进行原子级水平的成像能力以及对力学性质测量的能力，在国外得到了迅猛的发展。极端情况下利用 AFM 可以实现对单个自旋和移动单个原子所需要的力的测量。目前我国购买的商业 AFM 远远超过 100 台，但是，到去年底为止，没有一台能实现真正的原子分辨（国内最近有个别研究人员刚刚做到这一点）。随着从事这个方向的优秀年轻科研人员特别是归国人员的增加，这个状况一定会改变。这个方向关注的重点是非接触式如调谐式音叉 AFM。无论是通过商用仪器实现还是整机研发，都值得鼓励。另外，我们也要关注具有强大功能的静电力显微镜、近场光学显微镜、近场微波 AFM 等等。

2. 射线及其相关技术

低能电子显微镜（LEEM）、自旋极化 LEEM、光电子发射显微镜（PEEM）、X 射线 PEEM 同时具有对晶体结构、电子结构和磁性结构实时成像能力，是国际目前正在快速发展的领域。比如，国际 LEEM/PEEM 系列会议已经召开了六次。但是，国内从事这个领域的科研人员寥寥无几。我国最近几年花巨资新建和改进了几个同步辐射大科学装置。如果我们不能掌握和使用这些技术，这对同步辐射大科学装置来讲也是一个很大的缺憾。

由于具有我国自主知识产权的深紫外激光技术的发展，我们可以不用依靠昂贵的同步辐射作为光源就可以实现高能量分辨、高光束流下的角分辨光电子能谱（ARPES）和自旋极化 ARPES 以及时间分辨 ARPES 研究。这个方向我国具有优势，值得大力推广。但是，遗憾的是，目前角分辨光电子能谱仪我国完全依赖于进口。在能检测自旋状态的 Mott 探测器的研制方面，我国的个别科研人员具有能力，但是目前仍然还没有形成气候。需要布局和鼓励这些重要技术的研发。这些技术的发展，将会大大推动高温超导机理、低维量子结构和目前刚刚兴起的拓扑绝缘体等领域的研究。

3. 低维结构和量子材料的制备相关的表面物理研究

科学特别是凝聚态物理的几个非常重要的科学发现和材料的制备相关，如整数量子霍尔效应、分数量子霍尔效应、巨磁阻、高温超导等，正所谓"谁掌握了材料谁就控制了物理"。凝聚态物理的一个重要的发展趋势是研究的对象不断向着低维和纳米尺寸方向延伸。这些研究对象中常见的形式是量子点、量子线、超薄膜、异质结、自组织有序纳米结构等，构成这些结构的材料可以覆盖从半导体、超导（包括非常规超导）、磁性、铁电/压电、热电、拓扑绝缘体一直到常规绝缘体的绝大多数材料。这一情况使得与表面物理相关的低维结构和量子材料的制备及其精确控制显得非常重要。因为这些结构的制备或生长往往要在一个单晶衬底上通过外延或者真空沉积等办法来得到，这使得在非平衡条件下的表面生长动力学研究显得异乎寻常的重要。如果再和原位表征和测量技术结合起来，和理论模拟结合起来，这将是未来凝聚态物理最有生命力的一个研究领域。在半导体、超导、磁学等领域的前沿科学问题都可以在这里得到研究。这不但会使我国在新材料和新结构的研发方面逐渐走在世界前列，通过这些新材料引领世界的一些前沿领域，同时为量子调控、纳米科学等国家重大计划的实施以及未来的信息技术和能源技术提供坚实的物质基础。

每当出现一个新材料、一种新技术，利用这些新技术，研究这些新材料表面的原子/电子/声子结构、表面吸附与相变等传统表面物理问题仍然是长期需要支持的一个方向。

4. 表面物理与其他领域的交叉科学研究

表面物理的研究对象不限于特定的材料对象，原则上可以针对任何材料进行研究，可以和凝聚态物理的其他研究领域进行交叉。通过以上所述的关于实验技术和材料制备方面的内容我们可以看到，表面物理和半导体、超导、磁学、强关联物理、表面催化的主要研究方向的有机结合已经成为现实。这种结合使得合作的双方均增添极大的生命力。所以，在以后很长的一段时期内，我们要鼓励传统表面物理领域的科研人员直接进行半导体、超导、磁学、强关联物理、表面催化等领域的研究工作。我们强调，这里的交叉研究或融合完全不是指简单的合作。

5. 表面物理相关的理论模拟与计算研究

要鼓励具有自主知识产权或原创性的理论模拟与计算方法的发展；鼓励理论与实验的密切合作，这对提高我国表面物理的研究水平具有重要意义。

（四） 强关联物理

自量子力学建立以来，多体量子关联一直是凝聚态物理研究的核心问题。特别是近 20 年来，随着大量新型材料的发现以及具有特殊功能的量子器件的设计和实现，包括量子霍尔效应、高温超导电性、庞磁电阻、巨热电效应、巨光学非线性、近藤效应等在内的大量新奇量子现象被揭示出来。这些现象不能在以单体近似为前提的传统固体理论框架下得到解释，新的理论体系的建立势在必行。同时，这些体系所呈现出来的丰富多彩的奇异物性使它们可以胜任很多传统材料难以实现的功能，在能源、信息、材料、国防等学科和领域有广泛的应用前景。

对关联量子效应的研究主要是通过新材料体系的发现、高品质单晶的合成以及对材料结构、载流子浓度、杂质等微观因素的精确控制来实现的。物理学的发展历史证明，每一次新材料及其伴随的新物理现象的发现，都会在国际上引起大的震动，为物理研究开辟新的研究领域和方向。在过去的几十年里，平均每五年都有一些新的物质状态或量子过程被发现。但要指出的是，目前已发现的这些现象还只是整个关联量子世界的很小一部分，还有大量的现象和系统有待探索和发现。可以肯定，在未来的几十年也会有这类没有预料到的发现，存在着引发重大科学发现的机遇。即使对于前面介绍的一些典型的多体关联现象，我们的了解也很有限，尤其是对产生这些现象的物理原因以及它们之间的内在联系了解很少，目前还只能是对每种现象作个案处理，分别研究，缺乏统一的理论描述。

同传统的金属和半导体材料相比，关联电子材料在特定的条件下对电、磁、光、热、声的响应行为会更加强烈、突出，为对其物性有效实现量子调控提供了丰富的可能性和广泛的应用空间。这方面研究将成为技术革新的源泉，对能源、通信、计算机技术、信息处理和储存以及国防军事技术产生深刻影响。事实上，对关联氧化物材料的应用研究在近年来取得了很大的进展。例如在电子和通信领域，庞磁电阻锰氧化物可用来制造可靠而低能耗的磁存储器件，高温超导体可用作无损耗信号传输和高性能滤波器，锶镓氧化物的 p-波超导态和分数量子霍尔效应的 5/2 态是进行拓扑量子计算研究的理想体系，钴氧体热电材料可用做无噪声、无污染、无机械损耗的电源和制冷机。

关联量子系统中多种自由度及其相互作用之间的竞争所产生的各种有序相及其量子相变行为与物理机制，为深入探索微观量子世界提供了广阔的空间。研究这些问题，就是要深刻理解不同有序态和量子涨落的起源，增进对多量子态的合作现象的认识，建立正确描写复杂量子系统的理论模型，为这些系统的实验研究和应用开发提供理论图像和指导。关联量子现象的表现形式非常丰富，但导致这些现象的物理根源或机理可能是相同的。要找出这种根源，单一的实验现象分析通常是不够的。只有通过比较系统和深入的唯象理论分析，从总体上把握这些现象的规律，然后通过比较细致的微观理论计算才有可能真正解决问题。

量子关联现象的研究和探索在材料、化学等学科方面有很强的应用背景，与这些学科有割舍不断的联系。除此之外，与其他学科的交叉也在增强。特别是近年来，随着激光冷却技术的飞速发展，通过施加光格场实现了对多原子体系的量子调控，为精确操控多体关联系统提供了强有力的实验手段，促进了强关联物理与量子光学的结合。此外，强关联理论的研究近年来大量使用了量子计算与量子信息理论中的知识，发现用量子纠缠和信息熵来刻画一个量子相变系统比统计力学方法要丰富得多，受到越来越多的关注。

1. 高温超导机理探索

超导现象自 1911 年被发现以来，就以其独特的魅力持续不断地吸引着广大科学家的关注，这不仅因为它能完美地展示量子力学的一些重要规律，同时又具有潜在的应用前景。实现室温超导是人们梦寐以求的事情，每当有新的超导材料被发现，总会激起一轮新的研究热潮，如此一波接一波地推动超导材料向更高的超导临界转变温度迈进，同时推进实用化进程。室温超导的发现无疑会给人类社会带来革命性的变化，而恰恰是在过去十余年中，人们在对高温超导机理的研究中感悟到实现室温超导并不存在理论上的障碍。

自 1986 年缪勒（Müller）和柏诺兹（Bednorz）在氧化物陶瓷材料中发现 30 开以上超导以来，氧化物超导体的转变温度已经高达 130 开以上（高压下可达 160 开），在某些方面的应用也已崭露头角。高温超导机理研究是一个极富挑战性的问题，是建立新概念、新理论的一个理想平台，被认为是当前物理学中尚未解决的最重要的问题之一。这不仅仅是因为超导材料有巨大的应用潜力，更重要的是超导作为自然界的一种极端物理现象，包含的物理内涵极其丰富。高温超导的研究，揭示了包括线性电阻、赝能隙等大量到目前为止我们尚无法在已有的量子场论和固体理论框架下得到解释的物理现象，反映了关联量子现象的复杂性。要解决这些问题，必须提出一系列新的物理概念，建立一个新的量子多体理论体系。因此，对高温超导机理的研究，不仅仅是为了解决一些具体的物理问题，而是为了更全面地理解多体微观量子世界，为更多更新的关联量子的探索和应用建立微观理论基础。

铁基超导体具有与高温铜氧化合物超导体非常相似的电子相图：母体都同为反铁磁体，随着掺杂，反铁磁性被破坏而超导电性被引入。但是与铜氧化合物不同的是，铁基超导体相图中存在超导与反铁磁性共存的区间，这一点对于其机理研究是非常重要的，目前该问题还存在很大争议，还需要利用更多的微观探测方法去研究。能带计算和实验研究表明，铁基超导体是一个多带超导体，最近的角分辨光电子能谱实验已经明确观察到两个不同大小的能隙存在，因而仅用单带模型并不能有效地描述铁基超导体。这使得对铁砷体系的研究变得复杂，但同时也带给我们全新的物理内容。建立一个多带的物理图像去理解铁基超导体将会有助于我们理解其丰富的物理特性。

高温超导机理研究的关键，就是要建立描述铜氧化物和铁基超导体的相图的统一理论，解释各种反常物理现象，特别是赝能隙、线性电阻等现象产生的微观机理。赝能隙是由于某种未知起源的能隙打开，造成的低能态密度或熵的缺失。赝能隙与超导能隙有一定的相似性，对包括比热、磁化率、电阻、拉曼散射、中子散射、角分辨光电子谱、扫描隧道电子谱等所有物理量都有影响，在不同的物理量的测量中有不同的表现形式。线性电阻是电荷-自旋自由度分离的结果，也可能是一种量子临界行为的体现，在普通金属材料中不会出现，是一种典型的非朗道费米液体行为。只有解决这些问题，才能从微观角度理解高温超导的机理，挖掘这些材料的应用潜力，指导发现新的转变温度更高的超导体。

对于铜氧化合物超导体，电子-电子的强关联效应被认为是其丰富的物理现象的根源，而在铁基超导体中，电子-电子的相互作用没有铜氧化合物那么强，被认为是一个中等强度的关联系统。这使得铁基超导体的机理会有别于铜氧化合物。如何处理这种体系是非常有争议的，有人认为应该从强耦合的角度作为出发点，与铜氧化合物进行对比，而也有人认为应该从弱耦合的角度去处理，即从一个全新的角度去理解这个体系。这种争论目前还很激烈，需要大量的理论和实验研究去给出更多的参考信息。

在高温超导体中，反铁磁性涨落被认为是很有可能的配对的机制之一。在铁基超导体中，反铁磁性涨落机制也同样被提出来理解其配对机制，目前的非弹性中子散射实验表明铁基超导体可能和铜氧化合物一样，超导态与反铁磁性涨落有密切关联，但目前实验结果还是很有限，需要在更多的材料体系中去验证这一观点。进一步的研究，要加强对铜氧化物超导体和铁基超导体中的反铁磁性涨落、磁激发及其对超导电子配对的影响，磁激发与声子之间的耦合作用及其对超导性质影响的定量研究。

2. 量子霍尔效应与拓扑序

就量子霍尔效应及其更广泛的二维电子系统而言，物理现象非常丰富。有些现象已经被充分认识并得到广泛应用。例如，在二维电子气基础上设计的场效应晶体管被广泛应用于现在的电子产品。但整数和分数量子霍尔态中的特异低能元激发是一个长期未能解决的问题。近年来，随着样品质量的不断提高，更有不少的新奇现象相继被发现，如微波辐照下的零电阻现象、双层二维电子气系统中激子的波色-爱因斯坦凝聚等。从高质量二维电子气出发，加上一定的电、磁乃至空间微结构的调制，可望派生出一系列有意思的量子力学现象，为基本物理问题研究和量子器件探索两个方面提供广阔的研究新空间。

开展二维电子系统研究，首先要解决的瓶颈问题是高迁移率样品制备，即要争取制备出适合开展前沿基础研究的高质量的二维电子体系材料。过去几十年来，二维物理研究中的许多重大实验突破都是与样品质量的提高密切相关的。随着研究的深入，当前许多前沿课题都需要采用迁移率高达 1000 万厘米^2/（伏·秒）的样品。这样的高质量样品目前全世界只有七个机构的实验室才能够生长。二维电子气的研究是一个高门槛的研究领域，我们只有在高迁移率二维电子气材料的生长方面继续加大投入，才能保证自主生长充足的高质量样品，带动国内更多的研究小组参与二维电子系统的研究，这对于提高我国在这一领域的整体研究水平具有非常重要的意义。

在二维电子系统研究的测量系统建设方面，除了建设极干净灵敏的直流、低频电学测量系统，以开展常规的量子输运研究外，还需要大力发展一些有特色的时间域波谱学（微波谱、核磁共振、红外傅里叶变换谱、表面声学波谱和各种磁光谱等）和热学（如热容和热电系数）测量手段。由于环境的特殊制约，在低温强磁场下每整合一种测量手段都是一个巨大的技术挑战，即使是有经验的研究人员，也需要反复的摸索和调试。但是，实现这些测量手段与低温强磁场极端条件的成功整合，可以保证我们具有从多个不同方面对二维电子系统的各种量子物态开展全面研究的能力，有利于我们在国际竞争中取得优势。

电荷、自旋与轨道的耦合在氧化物材料中导致大量新的物理现象出现，如反常霍尔效应、自旋霍尔效应、拓扑绝缘体等。近来发现，这些现象都与量子拓扑绝缘体有关。所谓拓扑绝缘体，就是存在拓扑简并基态的能带绝缘体，一个典型的例子就是量子霍尔效应系统。如果能从实验上找到能隙比较大的量子拓扑绝缘材料，就有可能实现室温下的自旋-轨道量子调控，为新型功能材料的设计和器件的开发，实现对轨道的量子调控的广阔空间。

拓扑绝缘体的存在最早由理论预言，随后得到了实验的证实。拓扑绝缘体是一类具有特殊能带结构的绝缘体，其内部有两套能带，由时间反演对称联系在一起。对于二维系统来说，单独一套能带构成一个具有量子霍尔效应的子系统，而另一套能带具有符号相反的量子霍尔效应。因此，在整体上，两套能带上的量子霍尔效应严格相消，但这个二维体系将具有量子自旋霍尔效应。其中，最重要的物理观测效应是在二维体系的边缘形成具有特殊拓扑构型的边缘态。

3. 竞争序与量子相变

关联量子现象的一个共同特征，是存在电荷、自旋、轨道、晶格等多种自由度或超导有序、磁性有序、电荷有序、轨道有序等多种有序相的共存和竞争。关联量子材料发现的各种新颖的量子现象正是来源于这些自由度或有序相的相互作用。在不同的材料或不同的外界环境中，不同自由度扮演的角色和重要性是不同的，这导致了关联量子材料丰富的电子相图和各种奇特的量子相变。探索体系在不同的相之间的电子结构的演化规律，研究关联电子系统中各种自由度随参数改变而导致的电子结构的改变，对于探索相关量子效应的起源，研究更有效的量子调控机理尤为重要。

量子相变是由于量子涨落导致的相变。与通常热涨落诱发的相变不同，它的驱动力来自于体系内在的量子自由度，但相变临界区的量子涨落（包括有限温度下的量子临界区），会显著地影响体系的性质。关联体系本来就已经表现出很多奇异的电子结构和物性，在量子临界区，体系具有更大的不确定性，也因此可以更有效地实现量子调控。量子相变作为一种新的统一视角来研究强关联体系中复杂的现象，越来越受到人们的重视。

铜氧化物高温超导体中存在超导有序和反铁磁有序的竞争，铁基超导体中也存在超导与磁的共存和竞争。近年来的 STM 实验发现，这些系统中还可能存在局部的电荷有序，以调制由于掺杂导致的电荷分布的不均匀性。电荷与磁有序的竞争，也是导致钙钛矿锰氧化物中出现庞磁阻现象的原因，对这种氧化物材料的各种电荷、自旋和轨道有序研究，不仅使我们对钙钛矿结构的各种锰氧化物的电荷有序、自旋、轨道有序有了更多的了解，而且也对锰氧化物中相分离和双交换的机制有了深入的认识。这些系统中，量子涨落非常强，存在量子临界点和比较宽的量子涨落区，对材料的物性有很大的影响。进一步研究这些系统中的量子相变和量子临界行为对深入理解关联量子现象是非常重要的。

铁电与铁磁之间的相互作用，是近年来多铁材料研究的一个重要内容。多铁材料是指电荷、自旋和晶格自由度分别呈现铁电、铁磁和铁磁弹性等长程有序态，且各个自由度之间存在耦合的体系。特别是自旋与电荷线性耦合的磁电效应，使得外加电场可以直接调控体系的磁状态，因而可以实现磁存储器件（MRAM）中信息的"电写入"。由于"电写"避免了传统"磁写"技术中需要较强电流以产生磁场以及磁场在空间分布较宽的缺点，因而可以显著降低磁存储器件的能耗，并显著增加磁存储器件的密度。多铁材料的潜在应用价值引起了国际科学界和工业界的广泛关注，自 2000 年起多铁研究的成果迅速增长，然而我国在这方面的研究至今才刚刚起步。多铁块材的生长需要高温高压合成，薄膜材料的生长需要氧化物分子束外延等非常有挑战性的手段；多铁物性的测量由于电极化畴结构和磁畴结构的共存而需要不同于传统的技术，如近年来发展的光学二次谐波等测量方法。在理论方面，由于电极化和磁化从根本上对电子结构有着矛盾性的要求，因而如何处理各个自由度之间的共存与耦合，并构造出具有较大磁电调制效应的体系需要全新的概念。但从长远而言，对多铁材料这个具有代表性的关联量子调控体系的研究将有可能导致信息技术的重大变革。

基于石墨结构的 sp2 杂化的碳基低维材料是存在多序竞争的有机分子强关联体系的代表。例如，碱金属掺杂的 C_{60} 体系中存在着电荷关联效应、声子 Jahn-Teller 效应、自旋 Hund 定则耦合、分子取向等多种相互作用，因而诱发了有机高温超导电性、金属-绝缘体相变和分子取向有序性等一系列新颖的量子态。一维的碳纳米管中不仅存在 Luttinger 液体、自旋-电荷分离等典型的强关联效应，而且其优异的电学、光学和机械性能有着广泛的应用前景。2004 年发现的二维石墨单原子膜（石墨烯）呈现反常分数量子霍尔效应等奇异量子行为，而且其电子结构可以通过对手性的控制而调节，因此是量子调控的理想体系。未来的碳基纳米线路可以部分取代当今硅基的微纳电子器件，并有助于突破摩尔极限。因此对碳基低维体系的材料结构和物理性质的量子调控是关联量子调控的另一个重要方向。2010 年诺贝尔物理学奖授予石墨烯材料的先导研究者盖姆（Andre Geim）和诺伏肖洛夫（Konstantin Novoselov）。

热电材料是一种将热能和电能进行转换的功能材料。由于半导体材料的热电转换效率太低，达不到大规模应用的要求。寻找取代半导体的热电材料是一个热门的课题。半导体中热电效应起源于电荷，但是，在实际材料中，通过电荷与自旋或轨道自由度的耦合，有可能提高材料的热电性能。自旋和轨道对物性影响在强关联电子体系中最为显著，强关联电子体系表现出许多丰富的物理现象（如巨磁阻、超导等），因此成为一个重要的探索热电材料的方向。例如，$NaCoO_2$ 材料在室温下具有高达 100 微伏/开的热电势，但电阻率只有 200 微欧·厘米，其原因目前还不清楚。相对于半导体中热电机制纯粹与电荷特性有关来说，对过渡金属氧化物的良好热电性质人们更倾向于从自旋和轨道自由度来解释。一种看法是认为大的热电势来源于自旋熵的贡献，但要真正阐明这个问题，还需做进一步深入的研究。

4. 氧化物界面的新奇物性及量子调控

半导体虽然本身是相对简单的材料体系，但正是对于半导体异质结的研究，成就了 20 世纪电子、信息科学的发展。在传统半导体器件逐渐达到其物理极限的时候，对有更加丰富物理现象的氧化物的研究就变得越来越重要。对氧化物异质结的研究，与 20 世纪 60 年代对半导体的结的研究一样，有着重大的基础研究价值。这方面的研究可能产生过渡金属氧化物器件，并导致下一个技术革命的到来。

氧化物体系由于 3d 电子的存在具有了电荷、轨道、自旋和晶格之间的多关联效应，从而使得这类体系不仅具有了丰富的结构和丰富的能态变化，更具有了多功能的物理特性，包括介电、铁电、光电、庞磁电阻以及光学非线性等。低维度的引入通过界面和维度的调制，导致了许多新奇的物理特性。例如，将两种简单过渡金属氧化物薄膜 $SrTiO_3$ 与 $LaAlO_3$ 组成异质结，尽管两种材料都是经典的绝缘体，在他们的界面处却表现出反常的金属性甚至超导的行为；又如，由于轨道自由度的参与，把两种非磁材料放到一起，则表现出磁性行为，并且所有这些性质还可以通过外加的门电压来调制。氧化物超晶格的铁电效应会显著增强，用激光法制备的氧化物异质结构中会出现奇异的正磁电阻效应以及增强的横向丹倍光电效应。这些由于氧化物界面的引入而导致的新奇物理效应，引起了广泛的关注和兴趣，也为设计和制造下一代光电器件提供了诱人的前景。

氧化物界面及其器件的物性研究，建立在日益成熟的薄膜生长技术以及对新材料新现象更为全面认识的基础上。目前的研究主要集中在探索和制备有特殊物性的复合界面，并通过先进的测量方法来理解界面上的特殊应力、电荷转移、电声子相互作用等微观过程及其对物理化学性质的影响。这方面的研究刚刚起步，在世界范围内，目前大约有 20 多个研究组从事这方面的研究。

在快响应的光电过程研究方面，钙钛矿氧化物材料具有宽带隙，是可实现紫外波段工作器件的材料。虽然人们对传统半导体材料的光电响应的认识比较清楚，可这种多关联体系由于其能态的复杂性和自旋极化载流子运动的特殊性，对其光电微观动态过程的研究尚未被清楚地认知。尤其是该体系的磁相关内禀性质在体系的光电响应过程中所起的作用、影响及其对光电物理过程的干预将使得氧化物体系的光电过程呈现其独有特质。因此，开展新体系下光电效应的研究，也将对建立氧化物、特别是磁性氧化物光电物理过程的描述方法具有创新性意义。

氧化物界面层的结构与物理的探测与表征是一个有挑战性的课题。这个新的研究领域也为光学，特别是表面、界面二阶非线性光学的研究提供一个新的机遇。基于结构非对称性的二次谐波产生及和频产生，在具有反演中心的介质内这些过程是被对称性禁戒的，但是在表面或界面上，反演对称性被破坏，这一过程是允许的。这个特性可用于提取表面和界面信息，实现表界面结构与物理性质探测，表明非线性光学可以探测到传统手段和设备所探测不到的物理。

此外，对低维氧化物体系的非线性光学方法研究，也可以为电子关联体系的研究开拓新途径。通过低维氧化物结构界面二阶非线性光学微观信息的获得，能够进一步揭示界面极化、界面磁化等多自由度、多机制共存及竞争在低维氧化物结构体系铁电铁磁耦合、自旋极化输运及其光电物理过程中的作用。更为重要的是，由于人工设计的低维氧化物的宽带隙特性以及其能态结构的人工可调性，使得该体系在快响应新型紫外探测器中具有很大的潜在应用背景。而这样的具有多自由度的、新一代的、快速响应的钙钛矿氧化物紫外探测器正是我们最终的研究目标。这一目标的实现将在国家安全和国防上具有非常重要的意义。

六、原子分子物理学与光学学科发展布局

原子分子物理学作为研究物质基本的构成——原子分子的结构、性质和相互作用的基础研究，表现出非常明显的在基础研究中的原始创新能力、高新技术发展中的重要源头作用和培育创新人才摇篮的战略地位。20世纪，人类对物质的认识和理解在很大程度上依赖于对原子分子间相互作用的观察和解释能力的不断提高。由此产生作为20世纪科学发展一大突破的量子物理，在未来科学技术中仍然占有重要的地位。进入21世纪，物质科学在微观层次上的发展趋势是进一步获取对物质性质、运动的自然规律的深层次的认识，并在此基础上使量子过程实现控制。在这一进程中不可超越的是原子分子层次，因此原子分子物理将发挥着越来越重要的作用。光学学科是研究光辐射的基本原理、光传播的基本规律，以及光与物质相互作用过程等。目前研究内容涉及超快和超强光物理、介观光学与纳米光子学、量子光学与量子信息；新型光学介质及其对光传输过程的影响、高分辨和高精度光谱及其激光精密操控。此外，光学学科还在能源、信息、化学、生命和空间科学的光物理过程研究中起到重要的作用。

原子分子与光学学科的研究通过改革开放以来两代人的努力，已得到强有力的发展，并不断缩短与国际水平的差距，我国科学家已逐渐进入国际学术圈。未来10年，我们将围绕开创科学前沿和服务国家需求两个基本点展开学科布局，进一步凝练研究目标，充分发挥原子分子物理学和光学学科交叉、融合的综合优势，集中力量开展时空多维度极端条件下原子分子光学，光学新材料、新物理与新器件，原子分子多体相互作用与量子动力学过程，冷原子分子物理，以及量子光学前沿等的研究，力争在这些领域做出更多原创性成果。上述学科发展布局的战略目标为：推动我国原子分子与光学研究的迅速发展，取得有重大创新的研究成果，解决国家安全和经济建设急需的重大科学问题，为国民经济和社会生产力的发展做出重要贡献。

（一）时空多维度极端光物理基础研究

目前，随着现代光科学技术的飞速发展，光学领域的前沿向着时间、空间、

速度、频谱和强度等极限发展。在空间上，突破光学衍射极限的研究已引起人们极大重视，纳米光子学和介观光学已发展成为异常活跃的新兴学科，涉及光子晶体的设计、制备和性能；表面等离激元增强的物理与光谱研究；近场光学新方法及其应用等研究内容，基于纳米/微米结构的光子学传输和作用的介观光学新原理新器件已是研究的重点。作为光子学器件三维集成制备的新方法，飞秒激光三维微纳制备技术已引起极大关注。在时间和强度上，飞秒直至阿秒超快光脉冲的获得与应用已形成了超快超强激光研究的新领域，阿秒时间分辨已使人们开展原子内部电子运动动力学研究成为可能，拍瓦量级超强激光脉冲的获得为强场直至相对论光学、超强激光在介质中的非线性传输研究，研究量子电动力学等提供了实验条件。尤其是位相可控少周期光脉冲的获得为精密光谱测量和观测物理过程及精密操控提供了崭新手段，带来了全新研究内容。在速度极限上，激光冷却和囚禁、玻色爱因斯坦凝聚以及超光速和慢光速传输物理的研究已引起人们的极大重视。此外，在频率方面，太赫波、X 射线激光等新光源及基于非线性光学方法的频率变换的新原理和新技术研究及应用也成为拓展光学研究的新内容。

1. 阿秒极端超快相干脉冲和超短波长激光物理研究

超快超强激光脉冲技术是推动原子分子物理研究的原动力，目前正在开拓阿秒甚至更短的极端超快相干脉冲的产生、特性表征与应用方面的新前沿。阿秒脉冲的产生主要通过周期量级飞秒激光与原子分子高阶非线性过程得到，在强度和调谐等方面有一定的局限性。国外在 X 射线自由电子激光方面逐渐加大了研究经费的投入（如 DESY，Spring-8 和 SLAC 等实验室），自由电子激光也是超短 XUV、VUV 以及硬 X 射线激光源产生的一个新的重要途径。超短波长与 X 射线波段激光的开拓与发展的重点是缩短波长，提高亮度和转换效率，改善相干性和提高重复频率，实现小型化高强度 X 射线相干辐射所涉及的关键科学技术问题等。

2. 基于超快激光的精密光谱学研究

精密光谱学正迅猛地延伸发展为基于强场超快的精密光谱学以及与此密切相关的强场超快光场的时频域精密操控、极紫外与软 X 射线等极短波段非线性光学与非线性光谱学等新兴前沿学科的开拓建立了坚实的基础。探索在超快时间尺度与超短波段范畴操控光场，将为精密激光光谱学、原子分子精密测控、物性量子调控等前沿研究提供新概念、新方法与新技术，跨越到更深的层次（超高时间分辨、超高频谱精度）上认识微观世界物质内部的能量转移和信息传递过程等。

3. 强场物理前沿研究

经研究实验，获得少光周期量级的超快超强激光脉冲（强度高达 10^{22} 瓦/厘米^2）及其物理应用，包括台面新型粒子加速，产生从太赫辐射至 γ 射线高亮度新型辐射源，产生光核反应，正负电子对、中子源和同位素产生，极端高温高密的等离子体条件及高能量密度物理，非线性量子电动力学效应，包括真空物理。这些极短的脉冲、极高的强度将使人类对物质世界的认识推向新的极限，其中可能蕴涵巨大的创新和发现的机会。

4. 超快生物物理

在生物分子学中，结构与功能的相互关系及其动力学是理解整个生命过程的基础。对于这一问题，人们已经采用多种方法进行研究。这其中能够促进对功能实现的最终理解的研究属于原初的动力学研究。例如，在光合作用中，研究光能由分子天线收集、传递及随后的电荷分离过程。在广泛研究的酶、蛋白质及核酸等体系中，这一原初过程尚未进行广泛而深入的研究，其原因在于时间尺度处于超快范畴，超快光谱学技术与该领域的融合刚刚开始。这个领域长久未解决的重大问题之一是水合化作用和它的生物功能，即生命科学中水这一关键媒介在生物功能实现中的作用及其动力学过程。在过去多年的研究中，各种重要技术手段诸如 X 射线，中子散射，核磁共振都广泛地研究过这个问题，然而由于时间分辨率不够，加上缺乏空间分辨率，这一问题本质一直没有得到充分认识和解决。近几年，先进的计算机大型模拟计算提供了理论预测：生物水（水合化中的水）比人们想象中的运动速度要快得多，在皮秒时间尺度上，这一结论至关重要，因为它提供了生物分子波动的依据，而且生物分子波动对所有分子生物功能来讲是关键性的运动。

5. 自旋的光学探测和调控

基于自旋的电子学器件是未来电子学器件的一个发展趋势，电子自旋霍尔效应等的发现极大地促进了这一领域的发展。长的自旋弛豫时间是自旋电子学器件所必需的一个条件，而亚皮秒自旋弛豫则可应用于光开关器件。光学方法在自旋注入和探测两个方面都是非常重要的实验手段，特别是在研究超快时间分辨的过程时具有不可替代的作用。随着基于自旋的元器件研究的不断发展，光学手段将在自旋的量子调控领域发挥重要作用。

当一束有限大小的光束（波包）入射到两个均匀介质的分界面上时会发生反射与折射，如果考虑光子的自旋（光波的偏振状态），光子的自旋会影响光的折射与反射，造成光束在垂直于介质折射率梯度的方向上有位移，并且这一位移与自旋方向有关，这就是光的自旋霍尔效应。这一概念是 Onoda 等在 2004 年提出的，将对量子通信等产生重大影响。但是由于光的自旋霍尔效应产生的横向位移很小，远小于波长，比光束的直径要小很多，因此这一现象很难观察到，即使能够使自旋向上和向下的光子分开，但是大部分光束仍然是重合在一起的。如何增强横向位移以使两束光真正分开，便成为难题。2008 年，Hosten 等利用弱探测方法测量了这一纳米级位移。

随着器件尺寸的不断减小，光子自旋霍尔效应将越来越突出。因此在研究低维结构中电子的超快弛豫等过程时，应该考虑光子霍尔效应的影响。下一步研究重点：电子自旋的光学注入方法、电子自旋的光学探测方法、电子自旋的光学调控方法、光子自旋效应的探测和调控方法、光子自旋和电子自旋的相互作用及其应用。

（二）光学新材料、新物理与新器件研究

作为光学研究及其应用的基础，光学材料及其器件研究一直是重要的内容之一。在新型光学材料研究方面，作为光子学发展的基础，具有电子共轭体系的有机和聚合物材料，有机/无机混合新材料和纳米结构材料一直是非线性光学研究的重要内容，巨大和超快非线性光学响应材料的获得将实现全光快速信息处理；新型无机二阶，特别是适用于短波长深紫外非线性晶体是实现激光频率变换的主要手段，得到极大重视。近年来，各种波长量级和亚波长量级结构光学新材料，包括光子晶体、光子超晶格、元材料等的制备及其新奇物理特性研究也为光子学新材料研究带来了崭新的内容，纳/微光子学材料和器件将成为新一代集成光回路的基础。

结合社会发展需求的原子分子和光学研究是学科持续发展的重要促进。光电转换和光伏效应等与当前能源问题具有精密的联系，基于有机、半导体材料的各种薄膜光电显示及太阳能新材料和新器件一直在巨大应用和产业化的前景下得到发展和重视，已成为光信息科学研究的重点。全光纤激光器、全固态半导体泵浦激光器等激光器的研制也是新器件研制的重要内容。基于量子保密技术的新型光通信系统在军事和民用方面都具有巨大的应用前景。

1. 非线性光学新材料、新器件研究

作为光物理及光子学研究和应用的基础，非线性光学新材料及新器件研究一直是重要的内容之一。在新型三阶光学材料研究方面，作为光子学发展的基础，具有 π 电子共轭体系的有机和聚合物材料，新型无机半导体材料，有机/无机混合新材料和纳米结构材料一直是非线性光学研究的重要内容，巨大和超快

非线性光学响应材料的获得将实现全光快速信息处理并成为新一代集成光回路的基础；新型无机二阶，特别是适用于短波长深紫外的非线性晶体是实现激光频率变换的主要手段。在非线性光学研究领域取得巨大成功的基础上，光学超晶格正在向量子光学领域拓展，有可能产生出新原理器件。

2. 表面等离激元介质波导及其功能器件的制备

表面等离激元（surface plasmon polaritons，SPP）能够将电磁场能量聚集在很小的空间范围。因而 SPP 器件在突破衍射极限尺寸方面具有巨大的潜力，SPP 可望成为纳米集成光器件的信息载体。特别是近十几年来，纳米加工和表征手段的发展，使在纳米尺度上对金属表面进行加工处理以控制 SPP 的行为和表征 SPP 成为可能，更掀起了一股研究表面等离激元的热潮，形成了表面等离激元学（plasmonics）。

要利用表面等离激元完成二维光路的亚波长微纳集成，首先必须制成表面等离激元光路的基本元件，如波导、分束器、反射镜和棱镜等，其中波导是控制 SPP 传播行为最基本的元件。

最简单的表面等离激元波导就是两层结构，SPP 被激发后在无限的金属表面上沿直线传播，但这样的波导无法对 SPP 传播进行控制，更无法实现对 SPP 的亚波长局域。所以必须在金属表面制备一些微纳结构以控制 SPP 的传播，才能实现真正意义上的波导。随着近十几年来微纳加工技术的发展，已经在实验上实现的 SPP 波导结构主要有这几种：金属条波导、点颗粒线波导、光子晶体禁带波导、长程表面等离激元波导、金属槽波导和介质条波导。

在金属表面覆盖一层折射率比空气大的介质，表面等离激元在介质和金属界面的波矢要大于在空气和金属界面的波矢，也就是 SPP 在介质中的有效折射率大于其在空气中的，而且这种有效折射率反差比很多波导结构都要高。如果利用这种高折射率对比，将介质层加工成条形以约束 SPP 的传输，就可以制备成表面等离激元的介质型波导（DLSPPW）。介质条一般使用聚合物制备，因为聚合物种类多样，光化学等性质易于修改，而且在传统的集成光学中应用得很多。与其他波导相比，DLSPPW 具有模式约束性好、过弯散射损耗小、可用材料多样等优点，将成为表面等离激元波导的重要研究方向。下一步研究重点：DLSPPW 的设计和计算方法；DLSPPW 的可控制备技术；通过掺杂等改善和调控性能；构成组合器件的方法和技术。

3. 光子人工微结构的调控机理与新现象

光子晶体是一种具有光子能隙的人工周期结构，其特征周期长度与带隙光子波长相比拟。光子在光子晶体中的运动类似于电子在凝聚态物质中的运动，因此它又被称为光子的半导体。人们可以通过对光子能带的设计来达到调节和操控光子运动的目的。同时，它的大小只有相应波长的几十倍，即在可见和近红外波段为十几到几十微米的量级。目前已经在这样大小的二维光子晶体上成功地实现了导波，滤波，激光辐射，超短光开关等单元功能。因此，基于光子晶体光子元器件的集成极有可能突破原有的几个主要制约因素，为全光集成打开新的途径。总之，光子作为新一代光电子器件信息的载体，在应用上具有超高速、超大容量、抗干扰、保密性强等诸多优点。因而对光子作为信息载体的相关机理的深入研究必将为未来信息领域带来新的发展机遇和挑战。纳米尺度下的电子能带工程的应用已经广泛地应用于我们生产、生活的方方面面，使人类的生活方式发生了巨大的变化，研究纳米尺度下的光子能带工程，必将带来相关学科和人类生活的新的革命。一方面，这种对光子和电荷的纳米量级的量子约束，将衍生出独特的、物理内涵十分丰富的、完全不同于宏观尺寸物理现象的新的量子现象和效应，同时还会源源不断派生出具有新概念和新原理的纳米光电子器件，也将从最基础的机理和原创器件层面上为开拓光子信息技术的潜力提供新的发展机遇。这无疑对目前和将来国家信息科技的发展和安全起着重要的保障作用。另一方面，通过深入研究光子在周期性纳米结构中的传播、转换及其光子动力学行为，达到对光子时间、空间分布以及光电转换的有效控制，从而有利于探索对新一代光量子器件的新的特性的开发和性能的改进。

4. 光子微结构集成回路及相关元器件的研究

实现高性能的光子微结构如光子晶体集成光子器件和回路，离不开对光子晶体光学特性如光子带隙调控机理、等位面、传播速度和色散、有效折射率和介电常数等显著的了解和调控。光子晶体集成光学器件大多依赖于光子晶体中缺陷态的产生和调控，如线缺陷可以构成光子晶体波导，点缺陷可以构成光子晶体共振微腔。缺陷态的共振频率，模场分布，品质因子等参数决定了如何利用这些光学器件。超快速、低功耗新型介观光子器件在光子集成回路、光计算和超快速信息处理等领域都具有非常重要的应用背景，是目前纳米光子学和材料科学领域的研究前沿和热点之一。光子晶体具有光子能隙效应，能够实现对光子传输状态进行人工调控。非线性光子晶体的光子能隙的位置和宽度能够随着外部参数的变化而改变，是实现新型介观光子器件的重要基础。

5. 光子晶体量子信息处理关键基础科学与技术问题

光子晶体可以改变和控制光子的态密度和局域态密度，当原子分子置于光子晶体中时，将感受到大大不同于空气和其他均匀背景媒质中的电磁真空涨落作用，从而使自发辐射效应得到有效的调控，可以抑制，也可以增快。其他量子光学行为也将得到有效的调控。充分开发光子晶体缺陷态，可以在微纳米尺度上实现光和物质的相互作用。利用光子晶体波导可以降低光波的传播速度，实现所谓的"慢光"效应。由于光波传播速度很慢，大大增加了光和原子、分子、量子点等物质体系的相互作用时间，光学非线性效应得到显著的提高。在高性能的光子晶体微腔里面引入激光活性介质，提供了良好的激光谐振腔，从而在微纳米尺度上实现低阈值甚至是无阈值的激光输出。高品质因子（$Q > 10^6$）和低模式体积（辐射光波长三次方）的光子晶体微腔可以将放置在里面的原子、分子、量子点等物质量子辐射出来的光子捕陷在微腔里面达到光子振动周期的百万甚至千万倍的时间尺度，产生的电磁场高度集中在光波长的空间尺度上，原子和光子的相互作用被极大地放大和增强，量子效应十分显著，人们很容易观察到原子能级的拉比分裂，单光子输出，光子和原子的量子纠缠等现象。

6. 表面等离激元和量子体系相互作用研究

由光和金属中自由电子的集体振荡相互作用而激发的表面等离激元，可以将光局域在亚波长的范围内传播；在发生表面等离激元共振时，还伴随着纳米颗粒附近的巨大近场增益。纳米金属的这些独特性质在表面增强拉曼散射、纳米波导和传感、纳米天线、纳米太阳能结构及光学非线性方面有着重要的应用。最近，分子或量子点的表面等离激元光学开始兴起。人们将荧光分子或量子点放在共振纳米颗粒的近场增益范围内，实现荧光的增强或淬灭；或者，利用金属膜或颗粒的表面等离激元来传递给体分子（donor）和受体分子（acceptor）间的 Forster 能量传递。

（三）量子光学的前沿问题研究

1. 受限光子-原子相互作用与腔量子电动力学

为了实现量子信息处理和未来量子器件，要探索强耦合光子-原子/分子系统的量子效应，以在单粒子水平上操控原子、分子和光子，实现新奇量子态的制备、测量和控制。利用各种微结构，可以增强物质与光场之间的有效相互作用，使得人们能够快速操控原子分子等的量子行为，实现与光子-实物粒子之间的量子纠缠和量子信息传输，以期把在单粒子和少数粒子水平上可以实现的量子相干现象，扩展到复杂的多粒子的系统上。

腔量子电动力学（QED）是研究原子-光场强耦合作用的基本物理理论。它主要基于单光子和单原子相互作用，并以此为基本单元可以构筑各种复合结构人工系统，形成单原子与单光子量子相干互联的量子网络。在强耦合区域，单个光子和单个原子相互作用的量子相干效应突出（如光子阻塞现象），由此可以产生单光子、纠缠光子及其他非经典光，实现单光子探测和单原子操控。这方面的研究包括，①单粒子及少数粒子的确定性控制以及（超强）强耦合极限［耦合强度可以与衰变率（共振频率）相比］下腔量子电动力学研究；②基于腔量子电动力学的单光子、单原子和单分子量子态制备和探测；③基于腔量子电动力学的量子通信和量子计算研究；④基于量子反馈对原子和光场相干控制；⑤原子系统和玻色爱因斯坦凝聚的腔 QED 和原子-腔相互作用集体辐射的量子行为研究。

2. 固态人工结构中的量子光学问题

通过特殊加工，在极端受限的条件下，在固体系统中可以像原子一样呈现出分立能级（如量子点、超导约瑟夫森结、纳米振子等）。这些体系与光相互作用时，可以展现出许多新的量子相干现象（甚至宏观量子现象），如 Rabi 振荡和 EIT 现象等。在固态量子系统与光的相互作用方面，具有高品质因子和低模式体积的固体微腔（如镜面腔、固体微球腔、固体微盘腔、微芯圆环腔、光子晶体腔等）是获取强耦合的关键因素。随着加工技术的发展，各种人工系统在几何结构上（如光子晶体和光子超晶格）和介质选取上（如表面等离子体激元）协同设计，综合剪裁出更为复杂的人工材料——超颖材料（metamaterial），为光与物质相互作用提供了更为奇特的环境，与光相互作用也会展现更加丰富的量子光学现象。

3. 开放系统中的量子光学问题

实际量子系统都不可能是完全封闭的系统，总是要与周围的环境相互作用。由于量子光学体系具有很好的可控性和许多有效的测量手段，可以在量子光学体系里深入研究开放体系的演化过程。研究内容包括：①相干性的消失过程-量子退相干的各种物理机制，如量子测量和环境作用导致退相干现象；②光场相干操纵系统的量子有效性研究：光场在什么情况下可以作为经典相干光源有效地操纵量子体系；在具体量子光学过程中，光场的经典与量子界限如何划分？③结合具体的量子光学系统，发展描述量子开系统的马尔可夫和非马尔可夫过程的理论方法。

4. 若干量子物理基本问题的量子光学检验

量子光学系统具有非常好的相干性和可控性，它衍生出各种精密测量手段，为许多重要基础物理问题提供了高精度的检验工具，如通过光子数可分辨的探测和量子精密传感等，实现超越标准量子极限的测量（如亚量子噪声测量）。量子测量问题始终是量子力学的基本问题研究的核心，如量子力学对物理实在的描述是否完备，是否存在可能的隐变量理论？是否非局域？检验这些问题的最好实验平台就是量子光学系统。量子力学还有许多基本问题，如量子 Zeno 和反 Zeno 效应等，它们的检验可望从光子拓展到有质量的实物粒子、甚至介观物质系统。量子光学系统还可以用来模拟和检验一些根本的基础物理问题。例如，基于 EIT 效应的慢光（停光）系统模拟黑洞视界现象，检验真空涨落引起的各种可观察效应（Casimir 效应、Unruh 效应和 Lamb 移动等）；通过超冷原子捕获技术，进行基本粒子永电矩的测量，对标准模型进行检验。

5. 量子态制备探测与量子信息相关的量子光学研究

量子信息的发展与量子光学是密不可分的，量子信息许多关键问题的研究依赖于量子光学基础，如量子纠缠是量子信息的重要资源，用量子光学的手段实现量子纠缠是目前最成功的方法。从量子密码、量子算法到量子计算机的物理实现的各种途径，量子信息研究关注的问题很多，如量子逻辑门、量子通信、量子密钥分配、纠缠分配和纯化、飞行量子比特和静态量子比特之间的转化、量子存储、量子接口、量子模拟等。它们的理论和技术突破，必须与新奇量子光学材料和器件紧密结合（如光学参量振荡器、微纳机械、原子和离子俘获阵列、超导结构、量子点和腔 QED 等）。当然，从量子光学到实用化量子信息技术，有许多技术难关需要攻克（如通信波段和原子吸收线量子纠缠态光源的制备、纠缠交换与纯化过程、高保真度的量子接口、更快响应时间、更高量子效率和更小暗计数率的单光子探测手段等），但这些都离不开量子光学的基础研究。

这方面的研究主要包括：①探索多组分纠缠、高压缩度、高纠缠度光场以及其他非经典态的制备和相关的基本理论；②发展基于空间纠缠（如高阶横模）非经典光场的量子成像技术与理论，实现突破经典光源量子噪声设定的成像精度极限，完成量子的光学图像放大和精确定位；③针对量子信息中的应用（如基于量子节点、信道互连的量子网络），探索量子态控制方法，实现主动量子接口（如光场连续变量信息在原子系综内的量子存储）；④基于原子系综、少数原子乃至单原子与光场相互作用，研究原子-光子量子纠缠和各种非经典辐射的相干控制等；研究多光子态的量子效应（包括高阶相干性和构造结构复杂的量子纠缠）及其在高精度量子测量中的作用。

6. 一维光子强约束结构的新效应和新应用

作为量子光学发展的一个方面，介观光学研究需要考虑的关键问题之一是介观尺度上光的约束与传输。由于光子是玻色子，在没有其他外加场的情况下，大量的光子可以被同时约束在一个很小的空间范围内传输而不相互影响，只要光强没有超过媒介的光学非线性阈值或量子电动力学的真空非线性阈值，这为光在小尺度上的约束和传输提供了很大的发展空间。同时，某些非线性效应本身也可以用来加强介观尺度上光的约束和传输能力，而且对光施加强约束是研究光的基本特性最有效的方法之一。

目前，一维电子强约束结构（如量子线和半导体纳米线）的研究相对成熟，已经显示出诸如量子限域和库仑阻塞等新效应和新应用。一维光子强约束结构的研究还远未成熟，除了在介质纳米线上显示出的强倏逝波和异常色散等特性外，进一步深入研究并扩展材料体系（如从介质扩展到半导体和金属），将会有一系列新的、更为基本的介观光学效应和基于光学探测手段的介观物理效应被发现和应用。同时，相比与其他低维结构（如零维的量子点或二维的薄膜），一维强约束结构（如纳米线）既可以对光进行强约束，又可以在空间上实现光的传输，是实现光的强约束传输最简单、有效的结构，也是未来实现更高密度、更高速率或带宽的光信息处理技术和器件的基本结构单元之一。

（四）原子分子多体相互作用及量子动力学过程

原子分子过程中多体相互作用涵盖原子分子结构和碰撞，是原子分子物理学的前沿研究核心，与此相关的量子多体动力学问题是极具挑战性的基本物理问题之一，从 20 世纪初量子力学诞生之时直到 21 世纪初，经过科学家的大量努力，才能精确数值求解最基本的量子三体动力学问题（如电子碰撞氢原子电离和氦原子的光致双电离）。

原子分子过程中多体相互作用及量子动力学过程研究是目前原子分子物理的重要前沿课题，研究包含了各种最先进的科学实验仪器方法（如自由电子激光、同步辐射光源、电子-离子碰撞、冷却或囚禁原子、分子、离子等）。这一问题的研究在简单原子分子体系上的突破，无论理论还是实验上都将极大地推动人们对物质科学的深入认识和实现对物质变化过程的控制，并将为与能源问题相关的等离子体过程、自然或实验室极端条件下的物质状态、空间环境物理基础等有着重大背景的应用研究领域提供关键的原子分子过程的精确信息。

1. 激发态原子分子和光子、电子、离子碰撞

光子、电子与原子、分子碰撞发生各种物理过程（如吸收、散射、激发、解离、电离等），在自然界广泛存在，也一直是人类认识微观物质结构与其演变过程的重要手段。尤其是光子、电子与原子、分子相互作用产生的激发态原子分子问题，由于激发的原子分子往往处于量子叠加状态，其相互作用及其弛豫

过程表现出明显的量子关联或纠缠性质，这些量子行为的实验准确观测和理论精确描述具有重要意义，但仍然有大量问题需要解决。例如，如何处理原子分子激发态问题，仍然是极富挑战性的任务；如何通过在原子分子尺度上（具有空间埃分辨、时间亚飞秒分辨）实现多事件的同时观测，进而深入认识原子分子的多光子双电离过程和内壳层电子出现的俄歇过程。此外，从基础研究角度来说，通过操控制备的原子分子系综将能够具有确定的量子状态，描述状态的波函数明确包含标量性质和矢量性质，为提供一个完整准确的相互作用信息准备了条件。例如，通过将随机取向分子的分子实现空间取向，将能够在空间方向固定或称为分子坐标下实现碰撞过程，从而获得体系波函数的各向异性和碰撞反应动力学更加细致的信息。

电子、离子与原子分子碰撞的单（多）电离、自电离以及解离的完全测量是验证多体动力学理论最基本也是最重要的手段。实验发现的非散射平面的碰撞电离中一些结果与理论预言严重不符，表明需要深入认识过程中的多体关联相互作用。通过激光选择激发或符合测量技术开展态选择和通道选择的光或荷电离子碰撞实验研究，认识选择激发态原子分子的能级结构、激发态弛豫及其相应动力学机制，仍然是原子分子物理热点科学问题。利用中高能电子与原子分子碰撞电离的符合实验，实现对原子分子轨道的成像，是碰撞物理的重要前沿课题之一，这一研究如果能在能量分辨和灵敏度上获得突破，将可能提供分子的电子运动-振动运动耦合的直接实验数据，实现直接从波函数水平检验玻恩-奥本海默（Born-Oppenheimer）近似，进而有可能为分子物理和量子化学开辟一片新研究领域。

泵浦-探测光学方法的发展，不仅使得在飞秒时间分辨下观察分子内部原子运动成为可能，而且开辟了研究分子体系的电子、核运动及其耦合产生的各种超快动力学过程研究领域。这一领域的研究包括：①分子内部振动量子态的演化过程实时监测；②同步获得诸如演化通道，产物碎片的动能、内能及角度分布等全面信息，以及各种物理量的相互关联，如质量关联、能量及动量关联、激光偏振，跃迁偶极距，转动角动量和碎片反冲等矢量的关联；③从分子自身坐标系中，跟踪检测波函数从初始激发到演化结束的过程，实现分子量子态超快演化过程的实时精确检测；④超越波恩-奥本海默近似过程（电子-核运动的非绝热性耦合、角锥交叉现象）等典型的多体多事件问题的研究。

2. 高电荷原子物理

利用重离子冷却存储环和电子束离子阱装置，产生的高电荷离子具有自身核电场强度极强、加速的高电荷离子速度极高（与物质相互作用的时间尺度从飞秒到亚阿秒）、制备高电荷离子的环境可控等特点，产生所需的高电荷离子并研究其辐射光谱和碰撞过程。通过大科学装置产生类氢、类氦和类锂等少电子重离子，精确测量其光谱结构，研究对其能级结构和碰撞动力学具有直接影响的相对论效应、量子电动力学效应等，以及极端强场下相对论和量子电动力学效应。与先进激光技术、离子阱技术相结合，发展参数可精确操控的离子靶制备技术和发展完全测量实验技术。在此基础上，开展非相对论和相对论重离子与原子分子相互作用的动力学、与分子结构和空间取向相关过程的动力学、相干电磁辐射场中的电荷交换过程等精细碰撞动力学实验和理论研究。同时，注重高电荷态原子物理研究与等离子体物理、天体物理及核物理结合，推进相关学科的融合。例如，电子与各种电荷态的离子的复合（recombination）和双电子复合（dielectronic recombination）是各种等离子体演化中最基本和重要的原子碰撞过程，不同能量电子的碰撞反应速率决定着等离子体的演化和性质，也对深入认识天体物理过程有着重要价值。由于双电子复合是自由电子与核外束缚电子相互作用的共振俘获激发过程，对能级结构非常敏感，这方面的研究已经开拓为储存环上新的精细谱学技术，电子-离子共振谱学，为研究传统方法难以开展的重要科学问题，如少电子体系强库仑场中的量子电动力学效应、相对论效应和核效应、天体物理等离子体相关的电子离子碰撞速率的精确确定、远离 β 稳定线放射性核素基态性质等，开辟了新的途径。

3. 高温稠密等极端条件下的原子分子结构与动力学过程

对极端条件下原子分子结构与动力学过程的研究出现了大量需求。例如，能源、天体中有许多涉及高温高稠密、极低温度等物质状态及其变化的科学问题，需要原子分子物理学提供基本数据和基本过程的信息。现代科学技术的发展也为研究极端条件下原子分子行为提供了保障。目前实验室已经能够在热力学量和能量（如温度、压力、密度、能量密度等）等方面产生极端条件。从原子分子物理出发，研究在热稠密物质中电子-离子强耦合的动态特征，电子的激发和电离过程，电离电子分布对离子的相互作用，热稠密等离子体的吸收谱和辐射不透明度，内壳层电子的压致电离和谱线重叠及移动等，探索解决极端条件下出现的新物理问题，同时满足国家需求。

4. 强激光场中原子分子行为

超快强飞秒激光技术的发展加速了原子分子物理学研究的进程。研究强场中原子分子的强耦合、强关联效应，包括原子分子的多重电离、内壳层电离相关过程，分子的电离解离关联，电子重散射与高次谐波-阈上电离过程等。通过对飞秒激光脉冲的整形和剪裁，有效地改变光场与原子分子体系相互作用，实现对各种原子分子的量子过程调制。另外，利用相位稳定的超短脉冲优化控制原子分子体系高次谐波发射，从而实现极紫外波段的孤立超短亚飞秒及阿秒脉冲产生，开展实时观测和认识原子分子内部电子动力学途径的探索等。

5. 团簇的结构与物理、化学性质

团簇是尺度范围为 0.1~10 纳米原子分子聚集体系。团簇的独特性质来自于其价电子在空间上受限而产生的电子局域性与相干性增强以及更大表面原子体积比所引起的不同的原子间相互作用。团簇物理研究对象是既不同于原子分子又不同于宏观凝聚态的物质。研究团簇特性与其电子结构、几何结构以及其尺寸演变的关系，是原子分子物理学科中团簇物理研究的中心问题。从原子与分子物理出发，通过研究自由原子分子电子结构、物理和化学性质向大块物质演变时所出现的物质构造特性，可以沟通与凝聚态物理和材料科学的物质结构与性质设计的联系。以金属团簇为例，到目前为止人们仍然需要更多的关于随着原子数增加金属团簇结构如何变化、能带怎样出现、其磁性和热力学性质怎样以及其表面化学物理性质如何等问题的认识。

6. 原子分子精密谱和物理常数

原子分子精密谱测量不但为众多学科领域的发展提供了所需的原子和分子数据，同时用于检验物理学的基本理论和定律（如量子力学、相对论、引力场等）以及确定物理基本常数（如精细结构常数 α、兰德因子 g 等）。发展基于囚禁原子分子离子、超冷原子分子的精密光谱测量和物理常数精确测定，发展激光稳频技术获得超窄线宽（亚赫量级）的激光技术和飞秒光梳光谱技术。由于激光冷却技术、冷原子分子物理的发展，使得进一步提高原子分子光谱的测量精度成为可能。同时冷原子分子和激光光谱测量技术的结合使人们在精密谱测量中向前迈进了一大步，为重新精确测量基本物理常数提供了可行的基础。

7. 原子分子物理前沿研究实现的创新实验技术研发

原子与分子物理学发展表明每一重大突破都与实验技术创新直接相关。提升在原子分子层次上开展研究的技术和仪器方法的水平，是必须优先发展的工作。发展利用改变外界环境（如碰撞、外静电场和脉冲光场方法）来实现对原子分子的偏转、聚焦、取向、准直以及冷却，以及实现"芯片上的原子或分子实验室"，对原子分子实现操纵与控制。发展以激光为基础的各种先进技术，包括阿秒脉冲产生、飞秒光梳以及激光场的剪裁等。剪裁光场特别是飞秒脉冲整形，已经能够实现分子量子运动的各种干涉效应的调控，进而对分子反应这一量子多体动力学过程进行控制。

（五）冷原子分子物理及应用前沿研究

1. 冷原子及冷中性等离子体物理特性

在冷原子体系的物性研究方面，开展对超冷原子在不同光晶格中的量子相、旋量玻色–爱因斯坦凝聚体中由于长程和各向异性的偶极相互作用所诱导的奇异自旋涡旋结构、低维量子气体、冷原子体系的量子相干性与退相干机理和冷原子体系的自旋及电、磁、光特性等问题的研究。由此产生与冷原子体系相关的实验技术方面：①探索在新的原子体系（包括碱土金属原子）中实现量子简并。原子间相互作用和原子的种类密切相关，因此在新的原子体系中实现量子简并往往意味着会得到新的物理。②对 Feshbach 共振技术特别是光 Feshbach 技术的发展。对于总磁矩为零的原子，光 Feshbach 将会成为一个重要的调节原子间相互作用的手段。另外，光 Feshbach 技术还可以应用到旋量 BEC 中，实现不同磁性序间的量子相变。③发展新的探测技术。冷原子气体的探测通常采用时间飞行动量分布法，在位（in situ）探测只能在非常有限的系统中实现，发展探测手段关系到这个领域的进一步发展。

2. 冷分子制备与操控

冷分子的实验制备包括冷分子（温度为 1 开至 1 毫开）和超冷分子（温度为 1 毫开以下）的制备。通过超声分子束冷却结合惰性原子缓冲气体碰撞，静电场、光场的减速等，可以有效地直接冷却分子而获得冷分子。超冷分子的实验制备是通过首先利用激光冷却原子后实现它们的缔合而间接产生的。

3. 冷原子体系与量子模拟

实验上实现量子模拟器，特别是利用光晶格中的超冷原子气体模拟凝聚态物理中的基本模型已经取得了非常瞩目的研究进展，但其中还存在着一些重要的问题有待解决。例如，由于外势阱的限制，原子在光晶格中并不是均匀分布的，这样 Mott 绝缘态和超流态会共存，形成所谓的"婚礼蛋糕"。

4. 超冷量子偶极气体中的物理问题

对玻色–爱因斯坦凝聚体和超冷费米气体在高速旋转的势阱中所形成的类似量子 Hall 效应的强关联量子态、费米原子的 p-波超流体，由部分吸引的偶极相互作用所诱导的 BCS 配对和超流、高自旋多自由度玻色与费米原子体系的超流特性等问题的研究，还需进一步深入。对于超冷分子构成的量子简并偶极气体体系，仍然还有很多问题需要解决。

5. 冷原子分子碰撞动力学

冷原子分子体系提供了一个非常良好的研究原子分子碰撞过程的平台。冷原子与光子共振相互作用，是产生超冷分子的一个重要途径。通过与光相互作用出现的 Feshbach 共振，可以在超冷原子体系中调节 s-波散射长度的符号和大小，使其散射长度在共振点附近发散到正负无穷大点，而对应于正散射长度的一侧，两个散射的原子将形成弱束缚态，即 Feshbach 分子。如何利用啁啾脉冲和整形脉冲与超冷原子相互作用来产生有效的光缔合过程，有丰富的物理内容。

6. 冷原子量子态（操控）工程的物理基础及技术

在基于冷原子的量子计算上，最有希望实现单向量子计算的体系是束缚在光晶格中的冷原子气体，即先生产一个大的 cluster 态，再逐步地对单格点上的 qubit 进行的测量，进而实现等效的量子门操作。由于 cluster 态的制备过程只需诱导一次近邻格点间的相互作用即可，所以前面提到的第一个困难可以回避。早在 2003 年，在实验上已经间接验证了 cluster 态的制备过程。随着初始化和单点操控技术的提高，距离在该体系中实现单向量子计算的目标越来越清晰。

7. 基于冷原子分子的精密光谱和物理常数测量

作为物理学基本组成部分，基本物理常数的精密测量物理与技术一直是国际前沿研究领域。测量精度每提高一位，预示着物理效应的新发现以及对物理规律认识的提高。在该领域中，里德堡常数是所有基本物理常数中测量精度最高并且是唯一未来可能定义时间基本单位的常数，精细结构常数是否变化的精密测量是检验相对论等基本物理规律的重要依据。冷原子物理的发展为精密测量物理带来革命性的变化。

七、声学学科发展布局

由于声学学科的交叉性，渗透到包括电子、信息、能源、环境、国防、艺术等各个领域。因此，我国的声学研究方向比较分散，注重于声学在各个方向的应用研究，而忽视了声学本身的应用基础性研究。未来的 10 年，我国在声学领域应重点发展以下若干方向。

（一）水声物理和海洋声学

水声物理学的发展趋势主要包括以下几个方面。与海洋学紧密结合。其主要原因在于：虽然目前的海洋声场程序在理论上可以计算海洋现象对声场的影响，但是对海洋现象的了解及其适合于水声的建模还不够成熟，这需要水声学家与海洋物理学家紧密合作；海洋声学本质上是实验科学，对上述的研究需要进行长期大量有针对性的海上实验研究。与信号处理技术紧密结合，发展基于水声信道的信号处理技术。虽然现在已发展了大量水声信号处理技术，但是这些技术往往是基于简单的声场模型。在实际情况中，海洋信道复杂多变并且往往不是完全确知的，所以需要大力发展基于环境自适应水声信号处理技术，比如通过获得的声信号同时提取出当时的海洋环境信息。发展主动探测技术。由于潜艇噪声的不断降低，主动探测技术日益受到重视。主动探测技术除了进行换能器技术、信号发射形式等研究以外，还需要深入开展利用水声信道提高主动探测性能研究，比如主动匹配场技术等。

（二）超声物理

目前超声技术（包括低功率的检测超声和大功率超声）广泛应用于工业领域，然而，超声物理的研究进展不大。检测超声的典型例子是关于黏结界面特性及黏结强度超声定量无损评价研究，必须深入开展黏结界面原子、分子相互作用的微观机理和以连续力学为基础的宏观机理的研究，才有可能把塑性范围内的断裂强度与超声检测的宏观物理量从理论上建立直接关系。而大功率超声的作用一般归因于超声空化效应，然而超声空化本身的研究仍然没有突破性的进展，尽管功率超声技术在超声清洗、超声乳化、声化学、污水处理、原油处理、超声治疗等方面有了大量的应用。另一个典型例子是地球介质中的声传播的多孔介质声学理论，目前最成功的理论是 Biot 多孔介质声学理论，然而 Biot 理论在微观尺度上描述孔隙流体与岩石骨架的相互作用存在着不足之处。在各向异性地层介质中声传播的理论方面，仍然几乎是空白。

（三）声人工结构

声人工结构的研究是目前的一个热点课题，相关结构具有巨大的应用价值：声子晶体具有的禁带特性等使得它在减振、降噪、声学器件等方面有着潜在的广阔应用前景。具体可用于高精密机械加工系统的隔振，潜艇的消声瓦、声呐等方面；根据声子晶体中存在缺陷时声波的局域特性，可以设计出新型的高效率、低能耗的声学滤波器，也可以设计出具有高聚焦、低能耗特性的声学透镜等；准周期结构的特殊排列可以达到有效调节禁带宽度和起始频率的目的，拓宽声子晶体的应用范围；声亚波长结构可用于声场局域和近场声学等相关领域的应用；声超常材料中的负折射现象可用于超高分辨率声透镜等；利用声超常材料实现声隐身"斗篷"。声人工结构的应用还处于起步阶段，有待广大科研工作者进一步的探索和研究。若干重要的研究方向，如应用于低频声波的吸收和隔离，低频声波能量的耗散和隔离一直是声学界所关注和尚未解决的难题。能否利用声人工结构的特性，实现低频声波的吸收和隔离？声超常材料中的负折射现象应用于超高分辨率声透镜，特别是应用于医学超声成像；声学"斗篷"的隐身机理和物理实现，根据理论要求，构成声"斗篷"的材料需具有正交各向异性密度，因而只能采用人工结构的复合材料，如类似于声子晶体的多层精密复合结构。如何构成并且实现这样的人工结构，以及如何优化声"斗篷"的隐身性能都是有待进一步研究的课题。

（四）医学超声物理

由于医学超声的发展与提高人类健康密切相关，国内外在这一方向的投入非常大，基础研究发展非常快，并且基础研究向实际应用的转化非常快，新技术不断出现，超声诊断和治疗水平不断提高。在超声诊断方面，超声影像新技术不断出现，特别是微气泡超声造影剂是超声医学影像学发展的里程碑，近年来微气泡在靶向超声分子成像表现出潜在的应用前景。人体组织是典型的非牛顿流体，并且由不同的组织组成，超声波在这样的介质中的性质还有待于进一步的研究。特别是在超声治疗方面，如肿瘤的 HIFU 无创治疗，如何在人体深部形成亚毫米量级焦域，有赖于非线性超声波在生物组织中传播特性研究的突破。在靶向药物传递及基因治疗中，对声孔效应以及声孔效应引起的细胞生物效应研究也是必要的。

（五）噪声控制和环境声学

人类生存的声环境是十分重要的。随着我国的经济发展，一方面，人们对声环境的要求越来越高；另一方面，声环境的污染也十分严重。改革开放以来，我国在环境声学的标准制定和噪声控制方面取得巨大的进步，若干方面与发达国家同步。今后的研究方向包括：符合主观感受的环境噪声的客观评价、室内外声环境设计方法、噪声计算仿真和声学反向仿真、噪声控制新方法等各个方面。声学材料研究是目前噪声控制的又一热点领域。按照功能分类，声学材料可以分为吸声材料、隔声材料、阻尼材料、透声材料；按应用方向分类，可以分为建声材料、水声材料、超声材料；按材料形式分类，可以分为纤维材料、泡沫材料、高分子材料、结构材料等。当前声学材料研究的焦点，在于微穿孔板吸声材料、声子晶体材料、低频薄层声学材料和声学智能材料。声学材料的多样化给建筑声学和噪声控制设计带来更多的选择和可能，而声学材料发展的方向主要包括四个方面，即薄——材料厚度、轻——材料质量、宽——声学频带、强——结构强度。

（六）超声电子学

主要包括声学 MEMS 和超声电机两个方面。MEMS 技术已延伸至各个领域，当然也拓展到电声、超声、水声等声学各个领域。声学微机电系统已成为MEMS 领域一个重要组成部分。最近硅微电容式传声器取得突破性进展，已开始量产，走向市场。硅微传声器、微超声换能器和薄膜体声波谐振器，它们都有重大的应用前景。超声电机未来的发展趋势为微型化。随着微机械、微电子的快速发展，特别是纳米技术等国防尖端技术、生物医学技术、半导体技术对微型电机的需求越来越多。由于超声电机的结构多样、灵活，在直径小于 6 毫米的电机中，性能大大优于电磁电机，研发微型超声电机有宽广的发展前景；直线型超声电机的位置控制精度可达微米级，甚至纳米级。精确定位（控制）和引导治癌药物进入癌细胞，使之仅仅杀死病人的癌细胞而不致伤害患者的正常细胞一直是癌症治疗专家们和患者梦寐以求的目标。微小精密的超声直线电机的研制成功给癌症专家们实现这一目标提供了有效工具。

对照国外近年的声学研究，我国在以下几个方向的研究相对薄弱，而这些方向在提高人类生活质量，认识大自然，或者服务于人类是十分重要的，在未来的 10 年，我国应该引起足够的重视。

1. 大气声学

大气声学是研究大气声波的产生机制和各种声源的声波在大气中传播规律的分支，作为以声学方法探测大气的一种手段，也可看成是大气物理的一个分支。20 世纪 60 年代末，回声探测器对大气物理的研究起了很大推动作用，导致了大气声学许多方面的进展。例如，用次声"透视"大尺度的大气过程；通过自然或人工产生的次声波在大气中传播特性的测定，可以探测某些大规模气象的性质和规律，对大范围大气进行连续不断的探测和监视；利用接收到的被测声源所辐射出的次声波，探测它的位置、大小和其他特性，如通过接收核爆炸、火箭发射火炮或台风所产生的次声波可以探测这些次声源的有关参量；预测自然灾害性事件，许多灾害性现象如火山喷发、龙卷风和雷暴等在发生前可能会辐射出次声波，因此有可能利用这些前兆现象预测灾害事件。

2. 动物声学

虽然动物声学的研究在国际上已经开展得非常广泛，但是我国目前这方面的研究还刚刚起步。我国是地球上生态多样性和生物多样性都最丰富的国家之一。随着国民经济的高速发展，人类活动剧烈地改变着这些珍稀动物的生存环境，其中声环境也是一个重要方面。因此人类活动对我国特有濒危动物栖息地的声环境的影响，以及人造噪声对这些动物本身的影响是一个应该得到重视的研究方向。此外，这些我国特有野生动物的叫声与它们生理状态之间的关系，以及根据它们的叫声来监测它们在自然栖息地的生活状况，也是一个值得研究的课题。这些研究，有望为我国的环境保护和濒危物种保护做出有意义的贡献。在未来数十年，我们应该关注的研究方向包括：①发声机理及其与语音信号处理结合的交叉科学研究；②发声机理与临床医学相结合的交叉学科研究，声带病变与声带振动异常和发声异常之间关系的研究，目前，在我国开展得还较少；③听觉过程中的非线性效应研究，人类的听觉系统具有极高的灵敏度和动态范围，听觉系统这一优异性能用传统的线性理论很难解释，目前的研究认为声信号在耳朵中的传播是一个非线性的过程，但是非线性效应在这个过程中的作用还不是很清楚；④听觉和发声过程的神经活动研究：听觉和发声过程都伴随有复杂的神经活动，听觉神经系统进行声电转换和频谱分解的机理、中枢听觉神经系统的组织结构和功能以及这些中枢结构从听觉神经时变频谱信号中提取有用信息的方法都是听觉生理研究方面的重要课题。我们可以期待，这方面的研究成果对心理声学、声信号处理、临床医学以及神经科学都具有重要价值。

3. 心理声学

主要研究方向包括：①时变信号的听觉特征研究已经成为国际上的研究潮流，国外近年来在此方面的研究获得比较好的进展。这方面的研究不仅对建立主观反映的理论体系作用重大，而且对声源重发声场重建技术、人工智能和机器人等众多领域具有重要意义。例如，在头部运动时声源的空间定位研究中，除了声源的方向定位外，距离定位特征和关键因素问题，以及不同的声场条件（如直达/混响声的能比），或不同混响环境对声源的距离定位的影响特征等；②噪声的声品质参量研究，由于声品质特征受文化背景等因素影响较大，因此我国的声品质参量体系不应直接照搬国外的结果，而应该从基础的参量出发建立在汉语文化背景条件下的参量体系。我国声品质参量体系的研究和建立，将为国内的工业和技术产品的品质提出建立良好基础；③环境噪声的烦恼度，对环境噪声的测量和量度都是以获得与人耳的主观反映以及烦恼度的反映相一致为根本目的的，并以此作为安全防护、公共健康以及社会保障等方面的噪声污染法律法规的依据。影响噪声烦恼度的声学因素包括噪声级、频率分量及谱的不规则性，噪声事件的次数，时间特性，背景噪声级等。非声学因素包括环境因素和个体因素，前者包括视觉景象、噪声蕴涵的社会及文化内涵、屏障及气象条件等；后者包括人的年龄、性别、身体条件、社会及经济状态、活动状态、生活环境等。关于这方面的研究也有利于深入探讨噪声对人影响的内在机制。

目前，国内从事声学研究的主要有中国科学院声学研究所、南京大学、同济大学、西北工业大学、哈尔滨工程大学、陕西师范大学、华南理工大学等单位。中国科学院声学研究所设有声场与声信息处理国家重点实验室和中国科学院重点实验室，偏重于水声学、超声学、音频声学等的应用和应用基础研究，在我国国防建设和经济建设中是不可或缺的。南京大学设有近代声学教育部重点实验室，偏重于声物理的基础和应用基础研究，对中国声学学科的发展起了重大作用。鉴于声学在国民经济和国防建设中不可替代的作用，我国加强声学领域的研究是十分必要的，特别是加强声学的基础和应用基础研究，建设相应的国家重点实验室。

第三节　交叉学科发展布局与发展方向

一、量子物理、信息科学和未来量子器件

（一）量子信息的实用化研究

量子信息是一个多学科综合的交叉前沿领域。物理学要面向量子信息的实际应用和核心技术，侧重量子信息的物理基础，及时应对其中新出现的科学问题，启发未来量子器件的发展。

原子、分子、离子、光子和光场具有结构简单，易于操作，量子态制备技术成熟的优点，在未来的 15～30 年内，这些量子客体在量子信息科学的发展进程中仍将占有一定的地位。我国在量子光学与量子信息科学交叉领域，经过多年的积累，已形成了具有国际竞争力的理论与实验相互交融的研究团体。面对国际量子信息科学迅猛发展的势头，我国除了保持这方面的优势，还应在该领域从战略的高度做出未来发展的布局，力争解决量子信息科学中新的科学问题和关键技术难点，加强固态量子计算和未来量子器件的研究。

在量子通信方案及其安全性方面，在以实用化为目标的量子密码的物理实现方面，似乎亟待解决的原理性理论问题并不多，其主要任务是考虑特殊部门

（如军事和国防部门）的实际需求，在降低成本方面做文章。当然，量子密码实现中有一个关键技术，就是单光子源和单光子探测。这方面理论和实验都有很大的发展空间。这样的单光子光源是具有国家目标的核心技术。由于国家的战略需求，没有现成的商业化系统可用，这是一个尚须集中力量进行技术攻关的重要研究方向。在基于量子态离物传输（quantum teleportation）的量子通信研究方面，虽然实验理论均有很大进展，但在很大程度上回避了一些关键性的原理问题。如迄今为止，尚没有一个真正的量子离物传态实验能够高效地、100%区分四个 BELL 基。怎样探测 BELL 基（特别是固态系统的 BELL 基探测）是一个理论和技术上的严峻挑战。另外，量子纠缠是量子信息的必要资源，但迄今为止，人们尚且不能对量子纠缠给出一个公认的、可操作的度量。因此，怎样度量和表征量子纠缠是一个尚未彻底解决、但又不可回避的科学问题。

联系于量子通信网络的构筑，我们需要强调冷原子和量子光学的结合，加强单光子源和单光子探测器的研制，关注于以下的研究。为实现实用化的量子中继，利用环形腔、原子光晶格或将冷原子导入一维光子晶体空心光纤，大幅度地提高原子系综的光学厚度，增强集体效应，提高光子量子存储和读出效率；通过蓝失谐的偶极光阱中的量子存储过程，提高量子存储的寿命；研制窄线宽的纠缠光源，实现与原子量子存储器的频率匹配。

在量子算法和量子计算理论方面，既要努力从理论构造各种新的量子算法（绝热量子计算和拓扑量子计算）和普适计算方案，也要针对科学和工程典型问题发展专用的量子计算方法，研究与之相关的量子算法复杂性；开发研究新的高效率的可实用的量子编码，开展量子码的纠错译错码和容错机制的研究；开展量子信息中的数学问题研究，包括效应代数、量子操作、算符代数等，以及各种新型量子计算机模型的理论。

（二）量子计算及其物理实现

量子计算可集成性要求量子计算机的主要器件应立足于当代业已成熟、并还在蓬勃发展的硅（半导体）工业技术，平面化和电路化的设计是实用化的量子计算机所必需的。虽然基于超导系统的量子计算目前看上去是固态量子计算当前最具强势的发展方向，但从长久的工业化目标看，它仍然带有强烈的过渡化特征。只有超低温技术的成本大大下降，基于超导系统的量子计算才能最终走向实用。

研究各种相关的、具有可扩展性优点的固体系统，如量子点，超导约瑟夫森结，固体 NMR，固体微腔和光子晶以及单层石墨纳米结构等，需要解决的关键问题有：①固体量子体系的量子退相干问题，并特别关注固体系统中低频噪声和散粒噪声及其相干控制机制问题；②在多种不同的量子比特体系中进行量子信息交换、实现各种量子模拟；③利用固体系统表面等离子体波，实现量子信息传输和存储。

在超导量子计算方面，超导量子比特系统有其独特的退相干性质，低频噪声可能起着关键作用。例如，最近日本 NEC 关于电荷量子比特的实验展现了 $1/f$ 噪声对超导量子计算系统影响的支配性。但是，低频噪声起源的微观机理现在人们还很不清楚，这为研究提供了丰富而又富有挑战性的研究课题。我们需要针对各种超导量子比特的特点提出有特色的耦合方案，并针对一些典型的量子算法设计更多比特的超导量子电路，不断探索基于超导量子器件的新型量子计算方案，如绝热量子计算、拓扑量子计算等。注重超导量子比特量子态的测量方法研究。发展量子态单次读取（single-shot）的测量，开发超导量子比特量子态的非破坏性测量方法。

超导量子计算的物理基础只要是超导传输线与电荷量子比特的强耦合形成所谓全固态结构的腔量子电动力学（cavity QED）结构，它原则上为实现可规模化量子计算系统奠定了基础，并使得固体器件和量子光学系统结合起来。由此引发了人们去探索各类人工原子与微波电磁场、超导传输线（superconducting transmission line）和各种量子比特中间的耦合，在更广泛的范围内探索真空物理效应等场量子化现象和固体人工原子所特有的新奇的量子光学现象，如研究超导人工原子的可控强耦合产生的量子光学机制。这些基本研究可以导致各种新型的量子操纵技术，也为量子计算机的最终实现奠定基础。

在量子点量子计算方面，双量子点及多量子点系统的制备、测量和自旋控制是研究的重点。量子点系统的双比特系统的可控制备还是难点，已有的方法包括劈裂栅结构、叠层自组织量子点及自发偶然形成的平面内量子点团簇。控制这样的"量子点分子"的生长的技术并不成熟，其物理过程也相当复杂，对其中量子跃迁的分析涉及高精度光谱技术，量子光学统计技术等。在自旋和环境相互作用导致的退相干的理解及控制方面，未来发展要了解核自旋系统多体效应，以在实验上实现自旋回波和更复杂的控制。在实验技术方面，要发展复杂脉冲序列的电子顺磁谱学和光谱学；在材料准备方面要强调硅材料系统的研究，如 Si 材料的劈裂栅量子点的制备技术、把未来半导体量子点中的自旋相干时间提高到 ms 量级，使得成熟微电子技术就可以迅速应用到该体系。还要发展新型碳材料量子点系统，如石墨烯量子点、碳纳米管量子点、金刚石 N-V 中心等。

（三）未来量子器件和量子光力（opto-mechanics）系统

量子计算的研究启发了基于单粒子波函数位相效应的未来量子器件的构想

和相关的实验探索。量子信息发展启发的、具有纳微米结构量子相干器件的关键特征是通过量子态的相干性实现特定的功能。现有的信息处理系统——计算机的传统构架发展也要求人们对各种复杂人工系统的量子态知识有更加深入的了解，发展复杂结构的波函数工程，在各种尺度上对微观、介观乃至宏观结构的形态与演化进行量子控制，在不同的空间尺度、时间尺度和能量尺度上对量子态进行人工的相干操控。

在光子器件方面，一个例子是通过电磁诱导透明（EIT）等机制实现人工非线性介质，从而产生光子的量子相变、实现光子控制光子的单光子晶体管（single photon transistor）和光子开关。另外一种量子器件是基于单量子点自旋系统和纳米光学器件（如光子晶体中微腔和波导）的可控耦合。最近几年光子晶体领域的迅速发展为控制单个量子点和单个光子元件之间的相互作用提供了一个机遇。这个方向的研究对量子光学的发展也有重要意义，有可能导致高度可控的单光子或纠缠光子对元件的产生。

量子器件与纳米技术结合的研究，在实验上进展得十分迅速。目前人们已经能够实现 GHz 振荡的纳米机械器件，它已接近标准量子极限。因此人们已开始探讨用它作为量子数据总线及量子比特可能性。在这方面开展研究，会大大提升我国纳米技术研究的追求目标。目前的实验可以制备并探测 GHz 高频振荡纳米结构。它在基本物理方面的用途是通过具体实验法考察经典-量子过渡。在量子信息应用方面，纳米机械通过新型机制冷却到基态，可以作为链接量子比特的量子数据总线。未来人们可以把高频振荡的纳米器件与单自旋或其他量子系统耦合起来，作为一种新型量子传感器；其中，振动频率为 GHz 量级的纳米机械器件，可以作为一个宏观量子"探针"探测超导比特量子态，或作为数据总线连接超导量子比特，或与实际的自旋耦合、构建测量单自旋的自旋共振力显微镜。

实现固体量子计算和固体纳米机械器件量子效应的一个共同难点是 $1/f$ 的低频噪声，其根本机制现在还极不清楚。目前人们设想可以利用脉冲控制和自旋回波的方法克服噪声，但目前还没有根本地解决问题。今后需要我们理论和实验研究的共同努力，在研究低频噪声起源的同时，提出更加切实有效的方法抑制低频噪声。

二、软凝聚态物理

软凝聚态物理学作为研究软物质的科学，具有多学科内涵和丰富物理特性以及广泛应用背景，已发展成为与化学、生物学、材料和计算科学等紧密相关的一个物理学新学科方向。在国内我们经过 10 多年的努力，研究得到了迅速的发展，取得了很好的国际影响，在一些方面，我国科学家已经逐渐进入国际前沿。在未来 10 年中，软凝聚态学科发展的整体思路是：继续观测和发现软物质体系各种复杂物理现象和特性；建立准确描述软物质运动规律的理论体系，用以描述和刻画软物质体系具有的复杂相互作用、非平衡态及动力学运动特性和复杂相有序结构的自组织过程；探讨软物质体系的一般运动规律和深刻的物理机制。

　　未来 10 年，将围绕着软物质科学相关的科学前沿问题和与国家重大需求相关方面展开学科布局，充分发挥国内在凝聚态和统计物理、计算物理学的综合优势，系统深入研究软物质体系相关课题：①颗粒物质物理；②聚合物的复杂相行为；③胶体物理；④软物质微流变实验和理论；⑤液晶理论和应用；⑥生物大分子物理；⑦软凝聚态物理实验方法、技术和理论计算方法。学科发展的战略目标为：推动我国在软物质方面研究的迅速发展，取得重大创新和原创性成果，为国民经济和社会生产力的发展作贡献。例如，推动与液晶相关的物理特性研究，为液晶更广泛应用提供坚实的科学基础和技术发展思路。推动颗粒物质系统自组织和输运特性的研究，为探索和预测地震和山体滑坡等自然灾害的发生机理提供理论基础。

（一）颗粒物质物理

　　颗粒物质是指由大量离散尺寸大于微米的宏观固体颗粒组成的体系，这类体系在自然界中无处不在，与我们的日常生活环境、生态、生产和运输等密切相关，对其静力学和动力学的研究具有深远的意义。颗粒之间的相互作用以摩擦与非弹性碰撞为主，这类非线性耗散特性的相互作用使得颗粒体系总是处于非平衡态，充满着不稳定性，呈现出丰富的物理现象，人们对其特性和机制的了解还十分有限。其物理行为既不能用一般的固体理论来理解，又不能用一般的流体理论来解释。因颗粒物质在所有耗散系统中是最容易观察和统计的，对颗粒物质的研究有可能在统计物理理论上得到突破。研究还将有助于探索地震、山体滑坡、泥石流、雪崩以及冰凌等自然灾害的发生规律与机理，可有效预测和防治灾害的发生，以确保人民生命财产的安全。

　　颗粒物质物理研究是软凝聚态物理前沿领域之一。近 10 年来对颗粒物质的研究已取得了重要的进展。主要包括有颗粒的输运性质研究、颗粒体系崩塌的机理与力链结构研究，振动驱动的颗粒分聚现象与斑图的形成，颗粒流的相转变机理与结构研究等。在国内，中国科学院物理研究所等十多个科研院所和高等学校从事颗粒物质物理的研究，并已取得了一些重要成果，包括颗粒气体的颗粒流的动力学研究，颗粒体系的摩擦力，堆积颗粒的粮仓效应，振动颗粒的分层效应以及波与力在颗粒体系中的传播等的研究。需要布局的前沿课题包括：

1. 颗粒气体方面

如果把颗粒体系按数密度或体系表征特性来分，可分为类气态，类液态和类固态三相。其中，颗粒气态是最有可能最终得到完整地理论理解的态。重要的课题是否能在颗粒气体这样的非平衡态体系中找到类似于平衡态统计力学中的速度分布律。如何找出边界参数所扮演的角色？对平均自由程小于体系特征长度的稀疏态颗粒气体，如何确定团簇形成的两相共存亚稳分解区，并且使此预测得到验证？

2. 颗粒流体方面

颗粒流属于可压缩复杂流体，其动力学研究是重要的方向之一。例如，对颗粒流中的激波结构的研究将有助于我们对颗粒流的耗散特性以及颗粒流中相转变的理解，对颗粒的自组织、斑图形成机理等的研究有助于我们对非平衡态时空有序现象物理规律的认知，对颗粒流稀疏、密集、堵塞态转变的研究有助于对山体滑坡、泥石流和交通流等自然现象发生规律与机理的探索。

3. 颗粒固体方面

颗粒固体指的是处于准静态的大量颗粒集团，其力学方面的研究在工程上已有数百年的经验公式的积累，然而物理模型的建立在近20年才引起物理学家关注，近年的进展主要是在颗粒介质中的沿非线性力链结构传播的研究，大尺度颗粒介质的本构关系的建立等方面。颗粒固体的力学性质的研究在工程应用方面有十分可观的应用前景，是重要的基础研究方向之一。

4. 各向异性颗粒及带电颗粒的相互作用

对于各向异性颗粒及带电颗粒的相互作用，颗粒在外电场或磁场作用下的运动行为等有关颗粒物质的流动动力学、结构、相变和自组织方面的研究亦为重要研究课题。

（二）聚合物的复杂相行为

理解聚合物的基本行为，对理解软物质其他体系如胶体、液晶和生命聚合物如细胞骨架，DNA和蛋白质等有极为重要的推动作用。聚合物是一类长链分子，聚合物长链的本质和易自装形成多尺度有序结构的特点，使得聚合物的力、热、电、光、铁电、热电等各种物理性质和分子识别等化学性质都表现为强烈的各向异性，控制聚合物自组装形成的空间取向和结构可实现各种调控手段。不同的聚合物材料构成的混合体系在外部条件改变下几乎都会发生相分离，这是由聚合物的低混合熵所引起的。嵌段共聚物由于不同的聚合物子链通过共价键结合在一起，导致宏观相分离的抑制、微观相分离形成而导致各种有序的纳米结构。前沿研究课题包括：

①从理论和实验上揭示和探索聚合物软物质相有序和演化过程中形成有序微结构的物理机制和动力学引起的新生长规律，讨论如何来控制和设计聚合物自组织形成的有序结构；揭示聚合物等自组装过程中相互作用、动力学效应和熵效应作用的机理。②理解聚合物复杂体系凝聚结构形成过程中的界面、维数效应及其理论，理解受限条件下嵌段共聚物形成纳米结构的理论机制以及建立通过界面（基板）诱导、调控高聚物凝聚结构的方法。弄清受限聚合物体系因链折叠引起成核熵势垒、结晶机理以及对相行为和转变的影响。研究受限聚合物由于分子链在厚度方向上的几何受限或锚定这类体系的成核生长机制，影响成核势垒的因素。③研究受限聚合物体系的介观相有序行为，嵌段共聚物等体系在受限如薄膜条件下，本体结构有可能被破坏，体系可能出现因为受限条件和本体结构竞争引起的失挫。研究本体结构有可能破坏形成新结构的自组装机制，如何消除失挫引起的拓扑缺陷结构，改变失挫对结构发生转变的作用，进一步提出在受限条件下如何保持本体相行为的机理。④受限聚合物/纳米粒子复合体系的组装机理：高分子聚合物中由于纳米颗粒的存在，会改进聚合物材料的电学、热学和力学性质。考虑多相聚合物或嵌段共聚物与纳米粒子的相互作用，如胶纳米粒子在聚合物溶液中熵驱动下的自组装，嵌段共聚物由于纳米粒子存在引起的相行为以及利用聚合物相行为结构作为模板诱导纳米粒子、DNA等组装以实现结构调控等。⑤探索介观尺度下的涨落因素和超越平均场近似的聚合物流体理论，发展有效的非平衡统计物理学方法研究聚合物复杂体系。

（三）胶体物理

胶体广泛存在于日常生活中的各个场合，如化妆品、食品、各种悬浮液等，在医药、化工等各个领域有重要应用，研究胶体对于理解一系列凝聚态现象和理论概念有重要科学意义。近来，特别是显微摄像技术和计算能力的进步，使得实时跟踪单个胶体粒子并通过其轨迹和分布计算一系列微观物理量成为可能。这种研究一方面揭示了胶体的一些细致的微观性质和图像，同时也发现了一些非常有趣的新现象，包括胶体的排空相互作用、带电胶体的反常相互作用、非球形胶体的特殊布朗运动行为、胶体晶体的制备和研究等。由于胶体的相互作用的力程和强度可通过各种方式调节，从而可在实验上演示一些重要的凝聚态物理的理论模型和概念。近年来关于聚合物科学，表面活化剂溶液和其他复杂系统的研究构成了一类不同于传统胶体悬浮液的胶体系统，表面活化剂、油、水的三元系统可形成热力学意义上稳定的，自组装的胶体系统，存在一系列非常有趣的自组装结构和性质，是最近几十年来长盛不衰的研究课题之一。主要研究的课题：

1. 多分散胶体的平衡性质

对于深入系统研究尺寸、形状的多分散性对胶体系统平衡性质的影响，一方面，计算技术和理论方法的进步已经提供了足够的研究工具；另一方面，实验技术的不断进步已经足以探测多分散的影响。一些尚需解决的问题：尺寸和形状多分散性对于胶体悬浮液热力学性质的影响；尺寸和形状多分散性对于胶体的晶化，胶体晶体的结构，弹性的影响。一个非常有趣而又长期没有得到很好解决的问题是二元胶体系统（两种胶体颗粒的尺寸或形状有较大的差异）的结构和性质问题。

2. 胶体动力学问题

胶体动力学理论问题没有得到很好的解决，实验上的进步也比较有限。理论上主要集中在胶体的聚集过程，长时间和短时间扩散等问题。但经过主要是德国的几个研究组的长期系统研究，也积累和取得了不少进展。积极开展这一领域的研究应该是适当的，因为胶体动力学的理论问题涉及从流体力学到非平衡态统计物理等学科，需要用到较多深入的数学工具和大量的数值计算。通过研究，可以培养一批理论素养好、功力深厚的理论学家；胶体动力学问题实质性的进展将是重要贡献，其方法或概念上的突破将会对其他相关学科产生重要影响。

3. 带电胶体的性质

大多数胶体颗粒悬浮于水中都带电，胶体的双电层问题一直引起胶体科学界长期的关注。胶体悬浮液中的静电相互作用仍然有很多不清楚之处，大量的研究都基于平均场理论——泊松-玻尔兹曼方程，甚至是线性化的泊松-玻尔兹曼方程。但实际带电胶体系统在静电相互作用下存在多体关联，理论上研究并不多。基于量子场论方法的一些研究取得了一定的进展，但问题还远没有解决。与此相关的带电胶体与带电高分子的相互作用问题，静电相互作用在大量生物相关的胶体系统中的作用等问题，都是重要的问题。

（四）软物质微流变实验和理论

流变学是研究物质（包括固体、液体和软物质）力学响应的一门学科，流变测量可告诉人们所测材料有多"硬"或多"软",取决于流变测量的时间尺度或空间尺度。由于软物质具有复杂的多尺度结构和动力学,他们对外界的应力或应变的力学响应具有很宽的频谱(0.01~105 赫)。一般地,软物质在低频范围内更像"流体",而在高频范围内更像"固体",表现出黏弹性,即他们同时拥有黏滞性和弹性的响应。一方面,国际上对微流变的实验和理论研究正在蓬勃展开。这也是在国内开展微流变研究的最佳时机。另一方面,以光学显微镜为工作平台,通过激光、外磁场和显微成像等辅助手段对微米量级的示踪球进行操纵和跟踪的技术日益成熟。这也为微流变的研究奠定了坚实的实验基础。

目前,微流变的实验技术已有坚实的理论基础和较成熟的实验数据处理方法,我们可以直接将其发展成为一个实用的实验手段去研究微米尺度下的软物质和生物材料中的新问题。微流变技术的开发和应用提供了一个可以广泛应用的实验手段去研究一系列软物质系统中的黏弹性问题。更重要的是,微流变技术为研究生物材料的力学响应和细胞生物学打开了一个窗口。许多实验已证实活细胞的运动、分裂、分化以及死亡都和细胞间的应力作用以及周围介质的黏弹性有不可分离的联系。微流变技术的应用无疑地为生命材料和细胞生物学的研究提供一个在微米尺度上的强有力的实验手段。因此,微流变技术的研究是在凝聚态物理,多尺度力学和细胞生物学方面的一个重要多学科研究课题。

(五) 液晶物理

液晶是重要的软物质,由于其独特的分子构成和可调控的结构特性,液晶物理特性和显示器件机理的研究对国家的平板显示器工业持续性发展有不可估量的影响。国内在液晶基础理论及实验方面研究的支持、投入较少,使得我国液晶研究队伍日渐萎缩。另外,管理部门认为液晶显示器已经产业化,液晶基础研究已走到尽头,实际上,液晶仍然有丰富和广域的研究内容。例如,三维显示、蓝相显示及柔性液晶显示都是今年涌现出来的新型显示,其研究蕴涵许多未解决的基础物理问题。

1. 新型液晶显示器件模式研究

液晶显示及其关联材料物理的研究常常孕育重大发现,如 20 世纪 60 年代 de Gennes 在液晶显示物理研究中找到软物质的普遍规律,从而获得 1991 年诺贝尔物理学奖;2006 年,日本东京工业大学细野秀雄(Hideo Hosono)研究用于柔性液晶显示 TFT 材料时,无意中发现了铁基超导体。新型液晶器件模式研究重点是:非向列相液晶材料的液晶器件模式研究、液晶的分子自组装特性研究、新型液晶材料(如香蕉型液晶与蓝相液晶)的化学合成及其物理特性表征、基于液晶导光效应的碳纳米管场致发射显示（CNT-FED）三维显示机理研究。

2. 液晶性半导体（LC-TFT）

薄膜晶体管（TFT）是平板显示的核心技术，现有的 TFT 都是由硅基或金属氧化物半导体构造，但 2008 年日本理化研究所等机构发表新闻公报，宣称已开发出电子传递能力强的液晶性有机半导体。这个突破刚刚开始，我国应部署介入。首先，液晶性半导体的特性与分子结构相关，应从理论模拟研究电子结构计算、光电特性，提高迁移率的机制、改善其发光特性研究及其在 OLED 和有机激光器方面的应用。其次，实验方面探索合成新的具有半导体特性的液晶材料。最后，染料掺杂液晶/聚合物光栅激光器的研究：分布式反馈 DFB 激光器具有谱线窄，波长稳定性好，动态谱线好，便于调制等优点，被广泛用于光纤通信和有线电视，提高了信息的流通速度，尤其是在全光网络的并行光互连、高速光交换系统，甚至生物医学方面都将扮演极其重要的角色。染料掺杂液晶/聚合物光栅激光器的制备方法，是将激光染料、光引发剂、光敏预聚物材料与液晶均匀混合，置于干涉光场中使其发生定域光聚合反应，形成聚合物层和液晶层交替的光栅结构。选用几何特性独特的液晶分子，利用其自组装特性，可以形成无刻痕的有机光栅，利用这种无刻痕光栅也可以做成激光器。

3. 高响应速度液晶材料性质的理论研究

目前为配合高清数字电视显示合成高响应速度的液晶材料遇到了很大困难。从液晶物理出发，研究应着重于下面几个方面：双轴液晶、蓝相液晶等的相图扩展；高响应速度液晶的分子结构研究；非液晶异构物、纳米微粒等掺杂物质对液晶性能改善的研究；液晶材料中瞬态全息图建立和自擦除机制。

4. 生物液晶物理研究

研究应着重于以下几个方面：生物液晶、溶致液晶的物理理论在生物膜磷脂筏（Raft）形成机理的研究；超导体、玻色-爱因斯坦凝聚体等中的液晶理论解释；液晶弹性体理论及其人工肌肉的微结构设计；生物液晶材料的制备及其与生命相关的特性研究（液晶与生命现象、药物在生命体内的传递与释放等）。

（六）生物大分子物理

生物大分子主要包括蛋白质、DNA 和 RNA 分子，是典型的软物质。研究工作主要涉及这些分子的序列、结构、力学特性和结构形成动力学，在复杂环境下的生物分子各种相互作用特性以及生物分子马达和人工纳米器件的研究等

（具体的研究方面详见物理学与生物学交叉部分）。

（七）软凝聚态物理实验方法和技术与理论计算方法

1. 新实验方法和技术发展与探索

通过各种探测手段、操纵与检测等技术的发展和应用，人们对软物质结构和功能的研究已由过去的宏观水平提高到目前的分子水平，已由传统的统计方法发展到对单分子实行直接操作与测试，并由此带来理论上的一些突破。但是，由于软物质的复杂性和其微观层次结构的多样性，人们还需要发展和建立新的实验方法与技术应用于软物质的研究。尤其在动力学方面，人们对于软物质的认识还远未达到完整的程度。相关的实验手段和技术还有大力发展的空间，信噪比、时间和空间分辨力都急需大幅度提高。这需要从物理学上不断有所突破和发展，产生新概念、新方法和新技术。例如，对于基因转录和表达的实时动力学观察、活体内的物质运输动力学行为、蛋白质的单分子弹性和动力学等方面还需要建立相应的实验系统。在生物分子马达和人工纳米器件的组装方面还需要发展相关的技术，应用于生物大分子、分子马达和人工纳米器件表征和操纵的单分子成像和动态显微技术、光谱技术等也需要进一步发展。

2. 理论计算方法发展和模型的建立

随着计算机速度的快速提高，人们对软物质体系的理论模拟提出了新的需求，期望开展越来越大规模和精确的"计算机实验"。目前，全原子分子动力学或者蒙特卡罗模拟受到越来越多的重视，并在研究水的动力学和水对生物分子的结构形成和功能运动方面起着不可替代的作用。其力场是基于拟合化学小分子的实验和量子力学计算数据建立的，对于描述简单蛋白和小体系运动是有效的。对于涉及更复杂的物理化学因素，如金属离子等导致的电荷转移和极化效应等时，需要发展适用范围广和准确的力场并需要提高构象空间的搜索与采样效率，要求人们大力开发经典力学/量子力学结合的方法、高效的构象空间搜索算法，发展大规模并行计算技术等。发展多尺度模拟计算方法对研究高分子聚合物的结构、动力学和组装等方面的物理机理，多尺度下有序结构的转变和实现新材料的设计都是十分重要的。

三、物理学与生命科学交叉

物理学与生物学交叉主要体现在生物物理学、生物信息学、生物技术和方法发展的物理基础、由生物学启发的物理学问题等领域。物理学与生物学的交叉是最典型和最重要的交叉学科领域。既有更接近生物学的生物物理学研究课题，又有靠近物理或从生物学抽象出来的物理问题的研究。研究发展的思路已表现出，既可对比较简单情况的模型研究，又可考虑在细节更加复杂因素影响下的生物体系研究。强调基于相互作用和系统特性的定量刻画和描述方式，是物理学的基本原则，研究的方法和手段主要是利用和借鉴凝聚态物理、统计物理、计算物理、现代数学、信息学和计算机科学方面的概念、理论、方法和各种实验技术手段。未来10年，我们将围绕着与生物学科交叉的前沿课题和国家重大需求两个方面进行学科布局，进一步凝练研究目标，充分发挥物理学科研究队伍雄厚的研究实力，开展与生物学的交叉和融合，集中力量研究：生物分子的相互作用以及结构和功能动力学；生物膜相关的结构和动力学；生物信息学及其物理方法基础；生物网络结构特性和动力学问题；生物神经系统的动力学问题；与生物学相关的物理技术和方法（参见超快光学等方面）；由生物学启发的物理学问题等领域。推动我国物理学与生命科学交叉研究的迅速发展，取得有重大创新的研究成果，为从物理学上定量了解生命和刻画生命科学提供基础理论，为服务于国民经济和社会生产力的生物科学和技术提供坚实的理论基础和技术支撑。

（一）蛋白质相关问题的研究

蛋白质是实现生命系统中重要、复杂而又精巧的催化、输运、调控等生物功能的生物大分子，其特定的三维结构是实现生物功能的基础。蛋白质序列与结构、结构与功能关系的研究始终是蛋白质科学乃至于分子生物学的核心，需要从生物学、物理、化学、数学和计算科学等方面开展交叉研究，反映出这一研究领域的丰富学术内涵和多学科交叉合作的必要性。与蛋白质相关的重要问题主要有：蛋白质分子的折叠动力学的实验和理论研究；蛋白质二级结构和三级结构预测；蛋白质-蛋白质、蛋白质-配体分子和蛋白质与DNA分子相互作用，蛋白质聚合和聚集等。

1. 蛋白质折叠的研究

蛋白质是怎样折叠成为其特定的三维功能结构，是生命科学界的研究热点，是理解生命过程的重要基础。由于蛋白质分子的氨基酸序列成分和相互作用的复杂性，蛋白质分子体系的热力学和动力学性质表现出丰富的多样性。理论上，需要从不同层次的蛋白质模型出发，结合实验数据和现象，开展模拟计算。特别是有关全原子含水的模拟计算尤为重要，大规模长时间的模拟计算能够给出与实验相关的结果，对深入探讨其中的物理机制有重要的启示作用。实验上，一个重要的方向是单分子技术在蛋白质研究上的应用，可以对单个蛋白质分子的运动进行刻画。研究中还应该考虑各种复杂的环境和有辅助因子参与的情形。

2. 蛋白质在细胞内折叠和寡聚化过程等相关问题

近年来，人们对在细胞内真实环境下发生的物理化学过程表现出越来越多的兴趣。实际上，细胞是一个极其拥挤而又复杂的蛋白质合成与代谢工厂，蛋白质分子自组装及其生物功能的实现是在这样一个复杂拥挤环境中进行的，这对生物物理研究提出了新的问题和挑战：这一拥挤复杂环境如何影响蛋白质的折叠热力学与动力学，如何作用于蛋白质寡聚体、多聚体的扩散—折叠—组装过程，拥挤环境在蛋白质聚集和蛋白质折叠病中起什么作用，对生物大分子之间的相互作用有什么影响，进化过程和这一细胞内环境是如何互动的等。

3. 蛋白质结构预测方法

随着生物学进入后基因组时代，海量的序列信息和有限的结构信息不匹配之间的矛盾越来越突出。这一矛盾的解决需要人们发展各种实验的或理论的手段来研究蛋白质的静态结构与动态结构，发展从序列预测蛋白质结构的各种理论与计算方法已成为一个重要的研究方向。蛋白质结构预测技术评估（CASP）大赛是一个世界性的蛋白质结构预测技术评比活动，需要积极参与。蛋白质结构预测涉及生物信息学、生物化学、统计物理、概率论、模式识别和数据挖掘等多个学科的知识，是一个典型的交叉学科。

4. 蛋白质的功能运动与变构

在细胞调控网络和信号转导路径中，作为网络基本单元的蛋白质之间通常表现出一种非线性的、超敏和高度协作的响应。这种协作性的分子基础是蛋白或蛋白复合体能够在和其他分子相互作用时发生构象变化，从而把信息传递到另外一个相距较远的位点。蛋白质的变构象运动是细胞调控网络和信号转导过程中一个基本的分子现象，它通过正的反馈或负的抑制控制着细胞的代谢过程。目前，计算上研究蛋白质变构的有效手段之一是全原子分子动力学模拟，但受制于计算机的计算能力或者力场参数的准确性，或只能描述线性的和局域的运动，不能研究偏离天然态很远的、非线性的构象运动。近年来，蛋白质变构象运动的研究受到越来越多的重视。

5. 蛋白质折叠病

据预计，到 2020 年，全球阿尔茨海默病人数将达 3400 万。蛋白质折叠病的发生一般认为是由于细胞内正常的蛋白构象向疾病型蛋白构象转变。例如，疯牛病的分子机理是 PrP 蛋白的 α 螺旋结构向 β 折叠结构转化并聚集，帕金森病患者的脑内也有蛋白质沉积物，这些沉积物包含由 α-synuclein 蛋白形成的纤维。这要求人们加快对其发生的分子机理的研究，弄清蛋白质发生结构转变与纤维化的热力学和动力学机制，在转变过程中起主导作用的物理化学因素，序列和细胞环境对纤维化倾向性的影响等。蛋白质折叠病分子机理的研究还是人们开发和设计相关药物的基础，并有可能为新药设计提供新的思路和突破口。

6. 蛋白质-蛋白质、蛋白质-核酸相互作用与分子对接

蛋白质执行其功能时，需要和其他蛋白质、核酸、或生物大分子相互作用。这些相互作用体系可以以瞬时的形式存在，如酶的催化过程，或者以长时间稳定存在的复合体形式存在，如核糖体，蛋白酶等。研究它们之间如何相互作用、在其中起主导作用的物理化学因素与关键位点是重要问题。

7. 蛋白质设计与药物开发

蛋白质序列设计是蛋白质折叠的逆问题，它和蛋白质折叠一样是有关蛋白质氨基酸序列和三维结构关系的中心问题。蛋白质设计问题的解决需要开发高效的序列与构象空间搜索算法，同时需要寻找快速准确的计算构象自由能的方法。蛋白质设计领域正在快速发展中。

（二）DNA 的超结构以及 DNA 力学特性、RNA 的结构、折叠与功能运动

DNA 的双螺旋结构众所周知，但 DNA 分子在一定的外界条件下（如限域、表面吸附、抗衡离子、药物、凝聚剂等因素的作用），可形成更为复杂的超结构，如超螺旋、微环、聚集体等。之所以能够形成这样的超结构，其中的熵变、自组织、布朗运动、静电力、范德瓦尔斯力等物理因素起着关键作用。这些问题都需要从物理学的视点上开展深入系统的研究。DNA 双链和单链的弹性特性的力学研究是典型的与凝聚态和统计物理密切相关问题，一直是研究的热点。力学特性直接与 DNA 链的生物功能相关，理论研究可解释多种实验观测结果。实验上，正在大力发展的一些尖端实验方法，如单分子成像、荧光、单分子操纵、皮牛力测量、微悬臂、微纳流控技术等将在这方面的研究中发挥重要作用。

RNA 分子是生物体中一类重要的分子机器，包括众多种类的非编码 RNA，其功能结构序列特性的研究已成为前沿热点。目前已经解出的非编码 RNA 三维结构仍然很少，对其功能类型和结构类型也所知不多，没有非常有效的预测三

级结构的理论手段，对 RNA 结构的折叠机制更没有很好的了解。发展预测其功能结构的方法是人们完整的认识生物大分子的结构和功能的不可或缺的研究内容，具有重要的理论意义和应用价值。同时，这是一个新兴的、具有挑战性的交叉学科，越来越引起人们的兴趣和重视，是一个值得关注的方向。

（三） 生物膜相关问题

细胞是生物体最基本的组成单元。无论是细胞的表面，还是细胞内部各种细胞器的表面，都有一层形状各异具有特殊性质的薄膜。我国科学家发展了生物膜的弹性理论，在细胞膜形状研究领域做出突出的贡献，不但解释了长期以来令人困惑的问题，而且可以预言和指导实验去发现新的膜泡形状，使人们对于支配各种现象的机制有了明确的了解。目前，生物膜的形变与膜蛋白结构、构象运动之间的关系是这个领域的新兴奋点与热点。具体如膜蛋白构象运动引起的生物膜形变的空间和能量变化尺度、膜形变导致的膜蛋白之间的相互作用、协作性、拥挤效应等。膜蛋白以及离子通道的研究是近年来生物物理、生物化学研究的极大热点。由于膜蛋白对生物膜的依赖性，导致它们的结构很难被测量。迄今为止，PDB 数据库里只有约 180 个 unique 膜蛋白结构。据估计，自然界大概有 1700 种膜蛋白结构。按照目前膜蛋白结构测量的技术水平，大概还需要 30 年才能全部完成。因此，膜蛋白结构与功能的多样性为人们提出了众多的科学问题。这些问题的解决需要生物化学、生物物理、实验生物学、计算生物学等多学科共同合作来完成。

（四） 生物网络和系统生物学

生命是高度有组织的机器，生物分子的复杂相互作用通常构成各种生物网络。目前对蛋白-蛋白相互作用网络、基因表达调控网络、代谢网络和信号转导网络等重要生物网络的静态、动态特征都有大量的研究工作，已成为热点领域。虽然复杂生物网络是了解真实生物结构（如细胞）和功能的重要基础，但知道了一个个的基因网络、调控网络、代谢网络之后，并不足以说明生物的结构是如何形成的和如何工作的，而是要把所有的单元之间的关系耦联起来。即从测序基因组到功能基因组，从基因网络到网络之间的耦联、整合，最后过渡到系统生物学。系统生物学是一门新学科，它由三个部分组成。第一部分，首先要整合所有发生在不同层次的生物系统中的理论、实验数据；第二部分，在这些数据整合的基础上，提出能够刻画该系统在不同层次协同工作的模型；第三部分，应用这个模型来预测系统未来可能会发生什么事情。系统生物学的研究不仅依赖数学方法的参与，也需要大量物理学的理论、方法和工具。这些方面的研究热点包括以下几个方面。

1. 生物网络的拓扑结构研究

根据研究内容的不同，生物网络的研究主要可以分为两个方面，即拓扑结构和动力学的研究。生物拓扑结构的研究主要是从理论上构造模型来揭示大尺度生物分子调控网络的形成和发展过程，可以看做是一种自上而下的研究方法。与其他复杂网络的研究类似，生物网络拓扑属性的研究主要关注四个方面的网络属性：度分布、最短路径、聚集性和鲁棒性。对生物网络结构特性的研究，有助于我们对细胞功能实现机制和生物分子间相互作用机制的理解。然而，拓扑结构的研究仅限于揭示生物网络的某些静态的网络属性。这对于全面理解生物功能的实现是远远不够的。因此，需要进一步考虑生物分子间相互作用的强度和时间因素，从而对生物网络进行更加深入和全面的描述。

2. 生物网络动力学研究

生物系统本身就是一个复杂的动力学系统，生物网络动力学的研究所涉及的内容也极为广泛。就网络的构成和功能而言，生物网络可以分为转录调控网络、信号转导网络和代谢调控网络。生物调控网络动力学研究更多地采用了一种自下而上（bottom-up）的研究方法，即首先研究常见模块或基序的动力学特性，进而揭示蕴涵于复杂网络中的设计原理，并揭示其生物功能实现的动力学机制。常见基序如开关、振荡器、噪声过滤器等的产生机制都已获得了广泛的研究。例如，负反馈结构通常可用于产生振荡和过滤噪声，而正反馈结构则可以实现开关功能。生物网络的研究主要涉及：信号转导网络、调控网络和代谢网络。总体而言，关于生物网络的研究目前还处于初级阶段，因而也具有极其广阔的发展和探索的空间。

（五）非编码序列、非编码基因和非编码 RNA

DNA 上编码蛋白质的区域（即基因）只占人类基因组的一小部分，不会超过整个基因组的 3%，其余 97% 以上的 DNA 序列有何功能，仍不大清楚，也就是基因组中的非编码序列。研究表明哺乳动物中表型变化主要与非编码区有关。近年来，黑猩猩基因组的研究结果也发现人和黑猩猩的基因几乎是一样的，约 1‰ 的基因组序列差异主要在非编码区。近年来，大量的高等生物全基因组水平转录研究表明，基因组的绝大部分序列是有转录产物的，这些转录出来的 RNA 只有少部分用来编码蛋白质，大部分产物是非编码 RNA，与其相应的基因就称为非编码基因。越来越多的事实证明非编码 RNA 具有重要的生物功能，microRNA 的研究就是最突出的例子。micro RNA 的出现重新唤起了科学家们对"RNA 世界"的重视及对"生命起源于 RNA 分子"这一命题的兴趣，已成为前沿热点课题。

非编码序列、非编码基因和非编码 RNA 的研究为生物信息学提供了前所未有的机遇，也提出了严重的挑战。在编码基因预测与蛋白质模拟领域多年来发展的一系列理论方法，多数不适宜非编码的研究。随着成千上万非编码 RNA 分子的发现，它们必然组成 RNA-RNA 相互作用网络参与调节细胞中的生命活动，它们与蛋白质-蛋白质相互作用网络相对应，好比宇宙学中的暗物质与亮物质。面对非编码 RNA，人们需要找到各种不同的非编码 RNA；需要仔细研究他们的各种新的生物学功能；探讨非编码 RNA 与蛋白质的相互作用，并得到丰富的有非编码 RNA 参与的 pathway 及相关网络。未来的生物网络应当是由蛋白质和非编码 RNA 两类元件共同构成的，是双色的。引入"双色网络"的概念到生物网络和系统生物学研究当中是极为必要的，这也为发展新的物理理论、技术、方法提供了依据。单个基因、各种调控元件以及非编码的其他类型的功能 DNA 序列之间有着复杂的相互作用，共同控制着人类的生理活动。对基因组功能元件及组织机制的研究，将对与人类疾病相关的研究产生革命性的影响，为进一步认识整个人类基因组的功能蓝图开辟道路。这些课题的研究需要发展新方法和新技术。而在新方法和新技术的开发中，发展理论方面的新手段是十分迫切的。物理学，特别是统计物理和计算物理学在这方面是重要的基础，需吸引和培养更多青年人才投身其中的研究。

（六）生物神经系统的研究

生物神经系统是由数量巨大的神经细胞连接而成的，具有复杂的网络结构和动力学行为。神经信息的传导和整合过程是通过神经网络系统实现的。因而，神经系统的网络动力学行为与其信息活动和认知功能密切相关。当前，神经科学的研究呈现出"实验与理论和计算相结合"的特征。计算神经科学的方法，即通过构建具有生物学意义的网络模型，求解动力学系统，阐明网络的时空动力学特性，进而阐明网络的功能及其生物物理机制，被认为是一条重要的研究途径。目前，关于神经系统动力学的研究大致集中在以下几个方面：研究神经网络的时空动力学行为，如同步放电、各种频段的振荡行为，分析其产生的神经机制和功能；研究感觉（视觉、听觉、嗅觉、本体感觉等）信号是如何处理的，知觉是如何产生的；研究运动指令是如何发起和执行的；结合对系统动力学行为的描述来阐明高级认知过程的神经元、突触和网络机制。主要研究工作记忆、学习、注意和选择等。

（七）单分子生物学

将物理学中的新型显微、成像、探测和操纵技术用于生物体系包括大分子体系的研究是当前生物学的研究热点。多光子显微成像和多光子荧光成像技术、原子力显微镜技术及扫描近场光学显微术、纳米生物传感技术等对于单个生物大分子实时监测具有良好的应用前景。扫描探针显微术，包括原子力显微镜、扫描隧道显微镜、扫描电化学显微镜、扫描近场光学显微镜等。它可以工作在真空、大气和水溶液中。荧光共振能量转移技术是一种已经应用于活细胞检测两类分子相互作用的最新技术。SPM技术和光钳技术是目前分子操纵的主要工具，利用这些技术可以实现对单个分子的动态识别和操纵，可以在单个分子水平上进行分子结构和功能的研究。不仅能得到大量的物理信息，而且可以获取化学、生物信息。利用在AFM针尖上修饰不同的化学分子集团或生物分子集团，可以得到样品表面局域的化学、生物分子相互作用的信息。随着实验技术和理论分析的进步，我们一方面需要充分利用现实的实验条件，结合生物学细致研究有重要意义的问题；另一方面需要发展新的实验技术，因为在技术上我们还需要不断提高空间和时间分辨率，以更准确的方式探索生物体系的物理特性和与功能相关的生物特性。

（八）生物学启发的物理问题的研究

源于生物学的问题的研究，一方面可以对生物体系进行理解和刻画，另一方面可以超越生物体系本身，形成具有一般意义或对其他学科有启示的科学问题。典型的例子是由人工设计的氨基酸序列排列构成的人工生物分子，表现出丰富多彩纳米微结构特性和物理性质，是目前纳米材料科学相关的热点课题。有许多类似与生物学相结合课题是值得关注的。

四、能源物理

能源问题和碳排放问题是目前亟待解决的重大战略问题。物理学如果能够面对这一重大方向，解决其中的关键科学问题，对于进一步促进生产力的发展、科学技术水平的提高、经济增长和社会进步至关重要。基于物理学考虑，大力发展可再生能源以替代目前广泛使用的石化能源是解决问题的关键。其中包括太阳能、生物质能、水能、风能和新一代的核能。除水能和风能的技术比较成熟外，太阳能、生物质能和新一代的核能都处在探索研究或快速发展阶段。布局开展与新能源相关的基础和技术研究对于解决当前的急迫的能源问题及加强技术储备意义重大。在太阳能、生物质能和新一代的核能中拟开展以下方面的研究。

1) 太阳能。太阳能的利用主要包括光热和光伏两种形式。太阳能大规模应用的关键是提高效率、能量储存和降低成本。光热系统中能量以热能的形式储存，拟开展新型耐高温、廉价储能介质及热量传递的相关研究。在光伏系统中，拟开展新型材料太阳能电池的研究以提高光电转换效率和使用寿命及开展低成本长寿命太阳能储能电池的研究。

2) 生物质能和人工光合作用。拟开展生物体利用太阳能光合作用物理机理的基础研究，在此基础上开发及设计出能高效利用太阳能的生物体或无机纳米人工结构。

3) 核能。核能包括新一代核裂变能及核聚变能。新一代核裂变能的研究包括核燃料增值、长寿命放射性元素嬗变、新一代堆型及其安全性等方面。开展相关问题的研究对于大规模开发核能应用有重要意义。核聚变能理论上可以从根本上解决能源的问题，是未来的能源。拟开展相关的惯性约束、磁约束、及新的聚变原理的基础理论及技术的研究。

第四节　大科学装置和重点实验室建设计划需求分析

一、大科学装置建设需求分析和计划建议

大科学装置已经成为发达国家科技创新能力和国际竞争力的重要力量，其创新能力体现在各个方面，最为突出的是促进学科交叉、促进新兴和边缘学科的发展，以及突破重大新技术的强大能力。

大科学装置的发展始终受到科学技术和社会发展需求的驱动，总的发展趋势是，领域不断扩展，形态逐渐多样，数量持续增长，水平不断提升，影响愈来愈深刻和广泛。大科学装置诞生之始就表现出开放性、国际化的发展趋势，在今后的发展过程中，这一趋势将会更加增强。最新的发展态势是发达国家在发展规划中有计划、有步骤且科学地部署所需大科学装置的建设。长期以来，发达国家对大科学装置的发展都有相当大且稳定的投入（指全生命期投入）。不计航天等领域，美国近几年投入约占 GDP 的 0.02%，德国为 0.028%，英国为 0.018%。由于科学目标不断提升和资源需求越来越大，而发展需求又十分旺

盛,进行长远规划日显必要。

近年来在我国逐渐形成了几个依托大科学装置的大型科学研究基地和高技术园区,成为国家创新能力和国际科技竞争力的重要力量。特别是以北京正负电子对撞机(含二期改造工程 BEPCII)、托卡马克实验装置(含全超导托卡马克实验装置 EAST)、兰州重离子加速器(含重离子冷却储存环 HIRFL-CSR)和同步辐射光源(包括上海光源、合肥同步辐射光源和 BEPCII 光源)等为代表的大科学装置的成功建造和运行,使我国相关领域的创新能力和国际竞争力得到极大增强,标志着我国在建设大科学装置方面具备了高水平的自主创新和技术集成能力,进入了世界先进行列,并使我国进入相关研究领域的国际前沿,取得了一系列具有国际影响的科学成就。

尽管取得上述成就,我国大科学装置的现状与世界发展水平和建立国家科技创新体系的需要相比,尚有较大差距。原创性的科学目标和科学成果较少,总体技术水平偏低,科学竞争能力较弱;总体规模和数量存在较大差距,学科布局与国家需求相关的许多重大科技问题形成"瓶颈"制约;实验探测系统和设施配套性较差,结构不够完善,部分战略性领域甚至仍为空白,建成后的后续发展乏力,开放共享不足,影响科学产出和科学效益的发挥;技术储备和科技队伍不足,长期持续发展的基础较为薄弱。尽快缩小这一差距,是我国大科学装置发展面临的艰巨任务。

我国科技发展及经济、社会发展对大科学装置提出了巨大的需求。在日趋激烈的国际竞争环境下,我国亟待提升基础研究水平,实现重大突破,为技术和经济发展提供新的基础;同时,我国面临环境、资源、能源、人口健康诸方面的巨大压力,许多相关重大科技问题亟待解决。《国家中长期科学和技术发展规划纲要(2006—2020 年)》中部署的许多科技前沿重点领域和关系经济、社会快速、持续发展的重大科技问题都与大科学装置密切相关。如微观和宇宙物质结构、纳米科技、先进材料与先进制造、先进能源技术、大规模计算、全球变化与区域响应、环境监测和研究等。这些需求将在下面分领域具体阐述。

与物理学学科相关的大科学装置发展目标应该分三个阶段:①到 2020 年左右应大大缩小与世界领先水平的差距,尽力填补国家科技发展和经济、社会发展急需的空白领域,同时大力提升已有大科学装置的支撑能力;总体发展水平,应能支撑在生命科学、材料科学、环境科学、能源科学等国家重点支持的领域内,开展世界一流的研究工作和战略高技术发展工作;能在基本科学问题的某些点上,支持我国科学家开展有特色的研究工作,取得具有重大科学意义的原创性成果。②到 2030 年左右我国大科学装置总体发展水平,包括数量、领域覆盖、技术水平、科学目标和技术的创新性,以及科技产出,达到世界先进水平,若干领域取得国际领先地位;在若干前沿科学领域取得对学科发展具有重大影响的开创性成果。③到 2040 年左右我国大科学装置的总体发展水平应进入世界前列，在许多领域取得国际领先地位；对世界众多前沿科学领域的发展具有重大影响力；对解决经济、社会可持续发展中的环境、能源、资源、健康等领域的相关重大科技问题起到突出作用；依托这些大科学装置，形成若干科学技术产出位居世界前列的大型科研基地和高技术园区。

我国大科学装置的发展方针应该是：长远规划，分阶段适度规模推进；合理布局，通盘谋划，加强依托设施的大型科研基地和高技术园区的建设，最大限度地发挥设施的效益；已有设施的后续发展和新设施的建设并重；重视未来发展的技术储备和队伍建设，保障长期、持续发展；通过科学合理的投入、建立科学的管理体制和运作机制、加强开放共享和国际合作，确保设施的建设水平和科学技术目标的实现。

与物理学学科相关的大科学装置发展思路和计划分三方面：①大力支持已有大科学装置的运行和后续发展，使期发挥更大的效益。已有装置的后续发展包括建成后的持续改进、完善和大幅提升支撑能力的重大升级改造。前者主要涉及对建成装置的日常投入，目前我国对这方面的投入不足。后者则涉及规划和国家的项目安排。国际经验表明，大科学装置建设时控制适度规模和适度技术性能，并适时通过大规模改造升级，扩大规模，提高技术性能，提升研究支撑能力，是一种科学合理的安排。我国大科学装置规划和每个项目的建设计划都应对此加以充分考虑，以便为这些发展留出发展空间、准备技术条件，也便于国家进行长远计划安排。已有的许多大科学装置由于建设经费不足，在实验线站和探测装置的建设方面投入严重不足，使得已有大科学装置不能更好地发挥效益。另外目前已有的大科学装置国际化有待进一步加强。②大力支持在建大科学装置（如强磁场装置和散裂中子源等）按期、高效、优质完成建设，并重视这些在建装置后续发展、规划以及实验线站和探测装置的建设，以充分发挥其效益。③未来大科学装置的规划和部署须根据国家战略需求、经济社会发展、世界科技发展前沿和各学科领域发展需求，下面将分领域分别阐述。

（一）粒子物理领域大科学装置

高能物理研究装置——超级 τ-粲或超级味工厂。我国用于从事粒子物理研究的大装置主要是北京正负电子对撞机。它在升级改造后已开始收集数据。估计其有意义的寿命约有 5～8 年。这一装置将亮度提高到约 1×10^{33} 厘米$^{-2}$·秒$^{-1}$ 量级。全新的 BESⅢ探测器也比 BESⅡ在探测效率，粒子分辨及能动量分辨上有大幅度提高，但由于受有效空间和已有设计的制约，进一步提高亮度，改善探测器能动量及粒子分辨的余地不大。τ-粲及 b 夸克能区的物理依然十分丰富。

它是由微扰 QCD 向非微扰 QCD 过渡能区。由 QCD 预期的奇异强子态，奇异态和混杂态，多夸克态以及胶子球等的质量均落在此能区。利用正负电子对撞机有确定质心能量且本底较小的特点。超级 τ-粲工厂或超级味工厂可成为国际高精度高能物理研究前沿装置。我国的正负电子对撞机及其上的北京谱仪实验已在此领域占领国际高能物理一席之地 20 余年，取得了国际公认的成果。我国已在这一领域从加速器、探测器设计建造到物理理论和实验分析，积累了丰富的经验，并有一支完整的研究队伍。因此，建议积极对超级 τ-粲或超级味工厂进行物理目标，加速器和探测器可行性及预研究，并适时进行相关大科学装置的建造。

1. 国家深度地下科学和工程实验室及装置

深度地下科学实验室由一系列实验室，实验区及相关辅助设施组成用以进行科学实验。其主要目标是用于探测极稀有粒子与核的反应过程，如暗物质的直接探测、质子衰变、无中微子双 β 衰变、中微子散射等。这类实验由于其极小的反应截面，只能在深度地下或者水下进行，以避免因宇宙线引起的本底。深度地下实验室的建立将开辟我国暗物质直接寻找，无中微子双 β 衰变的寻找。为我国在这些重大科学问题上创造可能的突破条件。这类实验的特点是周期长，通常在 10 年左右，造价高，约 10 亿元量级，需要先进的探测器技术和方法，因此只能分阶段进行。鉴于我国在这方面尚缺关键技术和专业队伍。我们应积极开展可行性及预研究，建造相应的装置，培养人才，攻克关键技术。

2. 空间科学研究装置及实验室

高空空间实验室是最具独特优越实验条件的粒子物理和天文观测站。它可以进行宇宙线观测寻找反物质，间接寻找暗物质等。在空间站上的实验需要大量高科技和基础工业作支撑，且耗资大，周期长。因此需作长远规划，从可行性预研到实验阶段的全过程要有稳定的支持。我国应加大加快这一领域的投入，及时开展 R&D，建立我们自己的空间科学研究装置及实验室，如建设世界最高灵敏度和分辨率的硬 X 射线巡天望远镜，对黑洞等致密天体高能过程进行高信噪比的观测研究；建立宇宙线国际观测站和相应的大规模宇宙线探测器阵列等。

3. 中微子物理实验装置

中国在中微子物理实验研究上面临重大的发展机遇。正在建设中的大亚湾反应堆中微子实验利用大亚湾核电站得天独厚的条件，实验测量 $\sin^2 2\theta_{13}$ 的精确度将达到 0.01，远超过国际竞争对手预期 0.03 的精度。这个实验结果将确定未来国际中微子物理实验的发展方向，并对反物质等前沿物理问题的研究具有重要意义。中微子物理实验方面未来可能的发展机遇是：如果测得的 $\sin^2 2\theta_{13}$ 不是太小，可以考虑利用日本 J-Parc 到我国进行超长基线（2000 千米以上）中微子震荡实验。它的科学目标是研究中微子穿过地球的物质效应，测量中微子震荡的 CP 相因子和中微子质量平方差 m_{23}^2 的符号，解决现有 300 千米和 800 千米中微子振荡实验无法回答的问题。

（二）核物理领域大科学装置

原子核、核物质以及强子的结构和性质，是当今乃至今后相当长时期核物理研究领域的重要前沿科学问题。中低能核物理与核天体物理研究，涉及原子核存在的极限、极端条件下原子核和核物质的性质以及宇宙形成和演化中的关键核过程等，实验上需要不同能量的高流强的稳定核重离子束和放射性核束以及各种配套的实验探测装置。强子结构和强相互作用物质相图研究，主要针对"夸克禁闭"、核子内夸克和胶子的空间及动量分布以及强子物质到夸克-胶子等离子体（QGP）相变临界点的寻找等，实验上需要不同能量的各种极化和非极化束流以及功能强大的实验探测装置。超出"标准模型"的物理研究，如中微子性质及其对宇宙演化的影响、宇宙中正反物质不对称、暗物质、暗能量以及是否存在新的基本相互作用等。

中国现有两台核物理大型研究装置。北京的 HI-13 升级改进后性能将会有大幅度的提升，兰州的 HIRFL-CSR 已通过国家验收并投入运行。HIRFL-CSR 可提供几百 MeV/u 至 1 GeV/u 的稳定核重离子束流和几百 MeV/u 的放射性核束流，为我国的核物理及其应用研究和相关交叉学科的研究创造了较好的实验条件。

中国核物理研究装置未来的发展，从近期看，一方面，升级改进现有装置，扩展放射性束流种类、提高束流强度和品质，发展先进的核探测技术和实验方法，在核结构和核物质性质等研究方面多出成果；在未来 5～10 年建议建造下一代用于核物理基础研究和重离子束应用的先进综合研究装置，开展核质量测量、原子核存在极限及高能量密度物理前期等基础研究和航天器件安全检测、抗辐照材料、空间辐射生物效应、重离子束诱变育种等应用基础研究。另一方面，放射性核束物理与核天体物理是本世纪核物理研究的前沿，为开展这方面的前沿研究，建议同时建造一台属于新一代放射性核束专用装置，可采用不同于现有类型的创新技术路线来产生丰中子放射性核束，如利用先进的反应堆技术产生高通量热中子束诱发 ^{235}U 靶裂变；从长远看（未来 15～30 年），在前期工作的基础上，瞄准学科前沿和国家重大战略需求，总体设计、分期建造一台重离子驱动的高能量密度物理和物质基本结构综合研究装置，利用其提供的高功率重离子束流，开展重离子驱动的高能量密度物理和惯性约束核聚变研究，并进行重离子驱动惯性约束核聚变点火条件的技术探索，为我国核能源的发展做出贡献，并可利用其提供的高能量、高强度的离子束流以及高亮度电子-离子束流对撞的条件，开展强子结构和核物质相图研究等，还可利用其提供的相对论能区高流强放射性束，探索可控的中微子束流产生方法以开展中微子物理研究。

离子束治癌装置。用重离子束治疗其他治疗方法难以奏效的顽固癌变，在日本、欧洲引起了很大的社会反响，质子束治癌则在美国得到了较为广泛的发展。这是大科学装置直接回报社会的一个很好例证。在放射治疗中，重离子束和质子束治癌以及其他放射性方法治癌，各有特点，互为补充。关键是合理布点，各用其长。相比而言，重离子束治癌效果明显。但因开发较晚，可以借鉴的经验不多，需要在治疗机理和治疗方法上进行基础性的研究工作，以建立适合中国人群的重离子束治疗计划系统，提高治疗水平和降低治疗成本。国家应该大力支持离子束治癌装置的示范工程，并有计划、有组织、有步骤地推进具有自主知识产权的我国离子束治疗装置的产业化。

（三）等离子体物理领域大科学装置

高温等离子体物理直接涉及能源、国防等国家核心的利益和前沿科学问题，也是我国中长期科学技术发展的重大课题。这主要涉及磁约束聚变等离子体和高能量密度物理两大方面的科学和技术问题，对这类问题的解决通常需要大型的科学研究装置和理论、数值模拟的密切结合。

1. 现有磁约束聚变实验装置能力的改进提高

首先是优先完善和提升已有磁约束聚变实验装置的系统性能和研究能力。我国磁约束聚变集中在以托卡马克为主要途径的研究上，以全超导非圆截面托卡马克 EAST 和偏滤器位形的 HL-2A 两大实验装置为主，重点解决一些磁约束聚变等离子体中的重大科学技术问题。最近几年，一系列实验系统建设和技术改进极大地改善了两大装置运行的稳定性和等离子体品质。但受加热和诊断投入的限制，一些重要的物理实验仍无法开展，重大的创新性成果不多。未来的几年，在两个主要的托卡马克装置上需要重点加强加热和电流驱动系统以及诊断系统的建设和完善、大型数值模拟和综合数据分析系统的开发和应用，这些系统的进一步完善，将会极大地增强我国开展磁约束聚变重大前沿课题研究的能力和水平。同时建议开展稳态先进托卡马克运行模式的研究，开展稳态高效运行的先进托卡马克聚变反应堆基础物理和工程问题实验研究，发展关键技术，探索实现长脉冲、先进托卡马克运行模式的有效途径，提高对先进托卡马克运行模式下等离子体行为的理解和预言能力，为国际热核实验堆（ITER）及工程试验堆的设计建造及运行提供科学依据，使我国核聚变能开发技术水平进入世界先进行列。

2. 下一代燃烧等离子体磁约束聚变装置

ITER 的科学目标主要研究托卡马克稳态运行和燃烧等离子体物理这两大科学问题。从科学的角度看，燃烧等离子体中以自加热起主导作用，对包含稳定性、输运等方面的等离子体动力学的认识是一个非常具挑战性的研究，这一高度非线性的体系极可能导致许多新的发现。由于在 ITER 有限的运行周期内，绝大部分研究以实现 500 兆瓦聚变功率和能量增益 $Q=5$ 的 3000 秒长脉冲聚变等离子体作为最重要的科学目标，从而许多国家都在规划新一代磁约束聚变装置，目标是将高度非线性燃烧等离子体作为一项最重要的科学研究。在这样一个高度非线性自组织体系中，等离子体非常输运的微湍流的饱和机理、各种时空尺度下多种模的非线性耦合和相互作用、高能粒子引发的各种不稳定性以及如何控制和利用这些不稳定性等，由于等离子体参数范围，如碰撞率、归一化的离子回旋尺度、高能离子的能量和份额等都会和现有磁约束聚变等离子体有比较大的不同，从而在物理认识上极有可能产生许多新的发现。这些研究所导致的任何科学上的突破对维持聚变等离子体的燃烧、提高未来聚变堆的经济性具有不可估量的意义。要开展这些关键科学问题的研究和聚变能利用研究，这类装置所产生的聚变功率应至少在百兆瓦量级，以保证由聚变产生的 α 粒子对等离子体的自加热占主导地位。因此，未来 10 年，我国对下一代磁约束聚变实验装置应有所部署，以期在未来的聚变能科学和技术的应用上不失先机。

3. 高能量密度物理实验装置

未来 10～20 年还应集中力量建设高能量密度物理实验装置。在驱动高能量密度物理的装置中一种是以聚变能为目标的高能量装置，如美国劳伦斯-利弗莫尔国家实验室（LLNL）的国家点火装置（NIF），这方面我国正在建设 10 万焦耳量级的神光 III 装置，百万焦耳量级的激光装置也在规划中。具体见本章的"核能利用大科学装置"一节的"激光聚变装置"部分。需要指出的是，这些大型激光装置研究的对象不仅仅是聚变能物理，还包括高能量密度物理的前沿课题，譬如实验室天体物理、高能量密度条件下材料物理、辐射流体力学等。除此之外，建议集中力量建设基于超快超强激光的高能量密度物理实验装置。作为物理学的重要学术前沿，高能量密度物理研究离不开大型实验平台。尽管国内有多个研究机构和高校建成了一些超快高强度激光装置，在激光粒子加速、阿秒脉冲产生、激光聚变基础物理、新型激光等离子体光源等方向开展了较深入的研究。但总体来说，国内在超高激光强度下的强场物理和高能量密度物理研究方面和国外相比尚有一定差距，其中一个原因是投入不足、资源分散。随着人们追求更高的激光参数，其造价和维护费用将非常昂贵，维护难度也更大。因此非常有必要建设一个国家级的完全面向国内外用户的10拍瓦级超高强度激光装置，同时建立一支高水平的激光装置运行与维护队伍。与此相关的是目前纳入欧洲大科学装置发展路线图的所谓极端高强度激光能源研究装置（ELI），其参数是由10路20拍瓦激光器组成的200拍瓦，2千焦激光装置，其重复频率达到10赫，这是非常有挑战性的，引起了全世界强场物理学界的广泛关注。这个装置将是面对全世界的用户装置，它将有可能使人们验证量子电动力学一些基本理论，包括真空极化、真空沸腾等。这样的超高强度激光装置，其造价和维护费用极其昂贵，其维护的难度也更大。我国开展10拍瓦级装置的建设，一方面将有助于提升我国的激光技术上水平，另一方面，该装置一旦建成将使我国的科学家有机会开展最有创新性的科学研究，同时也使我们有更多的机会参与欧洲ELI装置有关的国际合作研究。如果利用高能电子与高能激光束相互作用，有望产生高亮度MeV量级伽玛光子和用于非线性光核物理等研究。开展激光产生离子束注入加速器的研究，对加速器技术及其应用研究都是很有意义的。

（四）核能利用大科学装置

核能是理想的战略能源，对我国经济发展和环境的意义重大，在21世纪，将会以裂变能为主，同时大力发展聚变能的研究。未来几十年，我国将大力发展裂变能的应用，核电技术已经经历了三代技术发展，第四代核电技术正在研发过程中。核电的可持续发展涉及三个层次的关键技术：改进和提高热堆核能系统水平，从"第二代"向"第三代"技术发展；发展快堆核能系统及其燃料闭合循环技术，实现铀资源利用的最优化；发展次锕系核素和长寿命裂变产物焚烧（嬗变）技术，实现核废物最少化。国际上四代裂变电站技术正在不断发展和完善之中，围绕这一目标的大科学装置已经没有必要，主要是以工业界为主的规模化商业应用。

但裂变能大规模可持续发展依然存在两大问题：核燃料的充分利用（增殖）和长寿命核废料的处理（嬗变）。20世纪60年代提出了用分离和嬗变的核燃料闭式循环方案来处置中、长寿命高放废物的方法，先将次锕系核素（MA）和长寿命裂变产物（LLFP）从高放废物中分离出来，然后再集中起来进行嬗变，使其变为非放射性的或短寿命的核素。此技术路线可在充分利用资源的同时，大大降低核废料的毒性和体积，结合必要的少量高放废物的深埋，是处理处置长寿命高放废物的合理选择。利用高能中子可以进行有效的增殖和嬗变。产生高能中子的方法有很多种，如加速器、激光打靶；磁＋惯性约束（Z-pinch），托卡马克（磁约束）等。围绕这一目标，有必要建立一些大科学装置进行科学可行性和工程可行性研究，为核燃料的充分利用和长寿命核废料的处理起到积极作用。

聚变能源是最有希望彻底解决能源问题的根本出路之一，开发核聚变能源，对于我国的可持续发展有着重要的战略和经济意义。聚变能的和平利用研究走了 50 年的历程，主要途径有磁约束和惯性约束两种途径。近年来，国际上正在积极推进同时具备高能量和高功率的超高强度激光装置的发展，可能给激光聚变的发展注入新的生命力。2006 年欧盟已将用于聚变能源和多学科基础研究的高功率激光装置（HiPER）和极端高强度激光能源研究装置（ELI）纳入欧洲大科学装置发展路线图，ELI 装置和 HiPER 装置分别计划于 2013 年和 2015 年前后建成，用于激光聚变能源、高能量密度物理、粒子加速器、阿秒科学、高能物理、核物理、实验室天体物理及交叉科学研究。美国 LLNL 近年提出了激光惯性聚变-裂变能源（LIFE）新方案，核心思想是利用激光聚变点火产生的高通量中子诱导次临界裂变反应释放能量，部分概念与加速器驱动裂变堆（ADS）和磁约束聚变驱动次临界裂变堆（FDS）的构思类似，但充分发挥了激光聚变的优势，被认为是在真正实现纯聚变能源前的一个重要技术。LLNL 提出其 LIFE 研究的目标是 2020 年建成原理样机，2030 年实现商业应用。

在各种可控核聚变技术中，以磁约束核聚变和激光驱动惯性约束核聚变发展最快，但这两种技术还都面临着不少困难。例如，磁约束核聚变中抗高通量中子辐照的材料问题和激光驱动惯性约束核聚变中大功率激光器的重复频率低的问题等。所以，它们到商业应用还有漫长的路要走。重离子驱动惯性约束核聚变具有高的能量转换效率，这是值得探索的另一条路子，需要解决的问题是如何提高功率以达到点火条件。开展重离子驱动惯性约束核聚变的研究，将会促进高能强流重离子加速器技术的发展，同时也促进高密度非理想等离子体物理的基础研究和大块高能量密度物质的产生及其性质的研究。相关技术的发展又会促进核物理的基础研究。另外，当今的核能利用离不开核废料处理，加速器驱动的次临界系统可以在核废料嬗变方面发挥作用。

根据国际发展现状和我国实际情况，未来几十年，我国核能利用大科学装置的发展主要途径为加速器驱动的次临界系统（ADS）、托卡马克、激光聚变和重离子驱动的惯性约束聚变（重离子驱动的聚变装置在核物理领域已有阐述，这里略）这几种途径，尚需建造必要的大科学装置，对核能发展的科学和工程可行性、商业可行性进行深入的研究。

1. 加速器驱动的次临界系统（ADS）

ADS 是目前嬗变核废料的最强有力工具之一。核科技界认为 ADS 是一个极有前途的新一代核能开发的技术路线，总体上说，ADS 更适合核废料的嬗变，而快堆更适合核燃料的增值。ADS 由中能强流质子加速器、外源中子产生靶和次临界反应堆构成。与临界堆相比，ADS 系统有两个最重要的特点。第一，由于 ADS 系统有外源中子，其中子余额数目明显地多于临界堆，因此其核燃料的增殖能力和核废料的嬗变能力明显强于其他所有已知的临界堆。第二，由于 ADS 系统的能谱很硬，几乎所有长寿命的锕系核素在 ADS 系统中都成为可裂变的资源。因此 ADS 是一个变废物为资源的装置。这种先进的闭式核燃料循环方式，同时具有良好的资源效益、安全效益、环境效益，是裂变核能可持续发展的新技术途径。

未来 10 年进行第一阶段原理验证，并建造预研装置，解决 ADS 系统单元关键技术问题。主要包括：研发高效率、高可靠性、束损极小的 CW 强流直线加速器；研发高功率铅铋（LBE）液态靶和冷却剂的关键技术；研究利用拟建的中水法商用后处理厂满足 ADS 后处理要求的可能性等。为了突破上述关键技术，近期建立一台 $30\sim50\mathrm{MeV}/5\sim10$ 毫安低能强流直线加速器及一个适当规模的 LBE 试验回路，建立一个热功率 $5\sim10$ 兆瓦的次临界实验装置以检验设计和进行技术的集成是非常必要的。$2020\sim2025$ 年进行第二阶段 ADS 原型装置建设，进行中等尺度技术集成，建成并运行由兆瓦级加速器束功率（$600\sim1000\mathrm{MeV}/5\sim10$ 毫安）驱动的 $50\sim100$ 兆瓦热功率的 ADS 实验堆并开始进行嬗变实验。$2030\sim2040$ 年为第三阶段全尺度工业示范，进行全尺度技术集成，建成并运行全能量、降低流强的 10 兆瓦束功率（$1\sim1.5\mathrm{GeV}/10$ 毫安）的加速器驱动的 $800\sim1000$ 兆瓦热功率的示范堆，进行运行可靠性和系统经济性的验证。

2. 托卡马克磁约束聚变

经过数十年国际磁约束聚变界的共同努力研究，托卡马克作为受控磁约束核聚变反应堆的科学可行性已经得到初步验证，下一步必须解决的关键问题与托卡马克聚变反应堆工程可行性与商用可行性密切相关，它涉及稳态先进托卡马克运行模式以及燃烧等离子体物理这两大科学问题。国际热核实验堆（ITER）就是为能同时研究这两大问题而建设的。目前，我国应着力积极参与 ITER 的工程建设，消化、吸收、掌握聚变堆关键技术。开始进行 ITER 建设中我国承制的超导导线、屏蔽包层等部件的设计、认证以及制造技术的研发，完成部分部件的制造，掌握 ITER 关键技术；锻炼队伍，培养人才。与此同时，结合燃烧等离子体科学基础的研究（见本节一（三）"下一代燃烧等离子体磁约束聚变装置"）发展关键技术，如 Nb_3Sn 超导磁体、低活化第一壁材料、混合堆包层关键技术、氚工艺、远程控制、高功率稳态中性注入和微波加热技术、先进诊断技术。独立开展多功能聚变堆的设计、研发，为在 2020 年前后开始建造实验堆奠定坚实基础。2020～2035 年进入 ITER 计划稳态燃烧物理实验阶段。除派人参与 ITER 的运行和物理实验研究外，国内的研究目标应着眼于建设和运行 50 万千瓦量级的聚变演示堆，针对"持续燃烧"先进运行模式、氚自持及闭循环、粒子及功率排出、低活化材料和其他聚变示范堆的关键技术，进行整体部件组合验证。2035～2050 年进入 ITER 装置的高参数运行和退役期。根据核聚变研究的发展趋势和当时的国际环境，我国核聚变能源开发有两种选择：一是建造百万千瓦聚变裂变示范堆，进而实现核聚变能源的商用化；二是在纯聚变能源商用化之前，作为聚变能技术在能源领域的中间应用，建造"百万千瓦多功能磁约束聚变示范堆"，进而实现纯聚变能源的商用化。

3. 激光聚变装置

我国的激光聚变研究始于 20 世纪 60 年代中期，具有很好的研究基础，特别是激光聚变所需的高功率激光驱动器研究方面在国际上有重要一席之地，建立了除美国以外唯一完备的高功率激光驱动器技术支撑体系。80 年代开始研制成功神光系列高功率激光驱动器，90 年代中期开始研制成功用于激光聚变快点火基础研究的系列超强超短激光系统。此外，我国科学家在激光聚变物理基础研究中也取得重要成果，为我国进一步发展激光聚变能源提供了很好的技术与人才基础。

我国的激光驱动器研制将可能在"十二五"和"十三五"期间分别实现 10 万焦和 100 百万焦以上的输出能力，为激光聚变能的研究提供很好的平台基础。2015 年左右，以聚变能源为目标的激光聚变快点火驱动器关键技术攻关和基础实验研究取得重大进展。建立 10 万焦水平的激光聚变快点火原理实验平台。2020 年左右建立 20 万焦水平的激光聚变快点火演示验证平台并获得聚变点火成功，达到 20 倍左右的聚变增益。研制成功激光驱动聚变-裂变混合堆原理验证实验系统。高重复频率聚变能源激光驱动器关键技术攻关取得重大进展。2020～2035 年，高重复频率聚变能激光驱动器达到 10 兆瓦输出水平。研制成功激光驱动聚变-裂变堆发电演示验证系统，达到 100 倍左右的系统增益。500 兆瓦级激光驱动聚变-裂变堆发电达到试商用水平。研制成功激光驱动纯聚变发电演示验证系统。2035～2050 年，500 兆瓦至 1 吉瓦级激光驱动聚变-裂变电站达到商用水平。激光驱动纯聚变发电达到试商用水平。

（五）多学科大型综合研究平台及装置

1. 大型先进光源

同步辐射（synchrotron radiation，SR）光源是目前世界上数量最多的在线运行的大科学装置。由于 SR 具有频谱连续广阔、准直方向性、高强度、高亮度、有偏振性、有时间结构、洁净、光谱可精确计算等优异特性，作为多学科共用的高水平实验平台，SR 光源在现代科学技术发展中的重要地位已为科学界公认并逐渐得到社会和各国政府的认同。利用同步辐射实验技术开展实验研究所涉及学科众多，应用领域广泛，甚至成为某些前沿学科不可缺少的分析工具。

自 20 世纪 60～70 年代问世以来，SR 光源的相关理论和技术发展迅速，大体上经历了三个发展阶段，所以现有装置分别被称为第一代、第二代和第三代 SR 光源。一般而言，"第一代"指以高能物理实验（如对撞机）研究为主要目标的兼用光源；"第二代"指以利用弯转磁铁产生的 SR 为主的专用光源；"第三代"指以利用插入元件、尤其波荡器产生的 SR 为主，以高亮度为特征的专用光源。"代"的演进并不是替代的关系，一方面，第三代高亮度光源是近年来新光源建设的主流，其突出优点是束流发射度很小，光能高度集中，有能力在空间、时间和光子能量等方面进行极高分辨率的用光实验；另一方面，正在运行和继续发展的 SR 光源是多样化的，不同的光源各有特色，光子功率密度最高的波段不尽相同，各有适应对象，将长期共存，互为补充，相得益彰。随着加速器技术的进步，世界各国对"第四代光源"的探索一直在多方位地推进。新一代光源将以光子亮度极高、脉冲极短、光束高度相干为特征，可能的选型包括短波长自由电子激光、束流横向尺寸极小的衍射极限型储存环光源、能量回收型直线加速器驱动的光源，或束团长度极短的红外相干光源等。

SR 光源是我国科技基础条件建设的组成部分，也是培养造就科技人才的基地，为我国科技事业的发展做出了重要贡献。我国同步辐射装置的现状是三代光源兼而有之，波段和地域的布局基本合理：北京正负电子对撞机（2.5GeV）2009 年完成重大改造后，以更高的电子能量和运行流强向 SR 用户开放；中国科学技术大学国家同步辐射实验室（NSRL）的合肥光源 HLS（800MeV）是第二代专用的真空紫外光源，2004 年完成二期工程改造，供光能力、利用效率、轨道稳定性都大幅度提高，正在持续稳定运行；上海光源 SSRF（3.5 GeV）于 2009 年建成出光，作为能量最高、性能优秀的中能区第三代 X 射线光源，在世界上处于重要地位。SSRF 能量居世界第四，是目前世界上正在建造或设计中的性能最好的中能光源之一。

21 世纪科学将进入量子调控世界。为了揭开自然界各种现象和生命起源的本质，提高控制宏观和微观物质的能力，同时需要 X 射线光源研究物质的原子结构信息和真空紫外（VUV）光源研究与功能和性质相关的材料的电子结构信息。X 射线同步辐射光源主要用于高精度测量构成物质和生命体的原子空间结构，对于研究原子结构与功能之间的关系、揭示材料组成原理等是强有力的工具。如大部分蛋白质的三维空间结构的确定，材料中原子的精确构造和有价值的电磁结构参数等信息，利用 X 射线光源做出了许多重要的工作。VUV 同步辐射光源主要用于研究和操控价电子的状态和变化，测量在物质结构、功能以及物理化学变化中发挥关键作用的价电子结构和状态。它对于我们认识电子结构、自旋和化学动力学是如何决定材料的性质是至关重要的。如研究超导和磁性材料的电子结构和性能只能利用 VUV 光源，"水窗波段"细胞成像利用 VUV 光源具有巨大优势。

制定未来我国 SR 事业发展的规划，希望能够通过以下几个方面的努力促进我国同步辐射事业整体水平的提升，并按优先级次序提出可行的改进建议，协调各方面的努力，促进世界一流科研成果的产生。①从扩展光源辐射能区和完善光源地域分布的角度，合理布局同步辐射光源的建设；②跟踪国际进展并结合自身特点，研制新的高性能插入元件，推动实验方法的发展创新；③对发展用户队伍和优选应用课题的战略部署；④紧密的国际合作方式；⑤更加科学、规范的管理模式。

根据我国经济和科技发展规划及长远的发展趋势预测，明确我国大型光源建设从跟踪、追赶、超越到领先各个阶段的发展战略，并结合具体光源装置的建设确定发展路线图。未来第四代光源的建设，应该代表着我国在光源方面达到甚至超越世界先进水平（2020～2030 年）。大型光源装置建设的发展路线图如下：2015 年左右，完成上海光源二期工程，进一步缩小我国与先进国家的差距；2020 年左右，可建成我国新一代先进光源，以世界最亮的同步辐射光源，跻身世界先进行列。同时，完成软 X 射线自由电子激光装置的建设，完成 ERL 和 XFEL 等装置关键技术预研；2030 年左右，建成中国自己的、世界最先进的 ERL 和 XFEL 光源，全面进入世界先进水平，同时积极开展更新、更强光源装置（如激光–等离子体光源、激光–介电结构光源等）的预制研究。

2. 散裂中子源

先进的中子源是中子科学研究的基础。自 1932 年中子被发现以来，能产生高通量中子的中子源一直是科学家不断努力追求的目标。进入 21 世纪，美国、日本、欧洲等发达国家和地区开始认识到能提供更高中子通量和中子利用效率的散裂中子源在现代科学技术中的重要地位，相继提出建设束流功率为兆瓦量级的散裂源。它们能产生比反应堆高上百倍的有效中子通量。在研究物质结构方面中子散射与同步辐射技术互为补充，在研究物质的微观动力学过程方面，中子散射更具有其独特的能力。科技界普遍认为：中子散射已经并将继续对物理学、化学、生命科学、材料科学、生物学、纳米科学、医药、国防科研、工业应用和新型能源开发等学科前沿重要领域基础研究和高新技术开发研究产生根本性的深远影响，实现重大的突破。此外，散裂中子源的强流质子加速器也可以综合利用，成为为核物理，天体物理，核医学，核化学，基本粒子研究，能源工业和国防建设服务的大科学平台。

中国散裂中子源（CSNS）已于2009年启动建设，建设周期7年，选址广东。CSNS建成后将是我国第一台也是发展中国家的第一台散裂中子源，属于新一代散裂中子源，一期设计功率为100千瓦，脉冲中子通量达2×10^{16}厘米^2/秒，脉冲重复频率为25赫，其主要性能指标位居世界前列，能够满足目前国内大部分的中子散射相关实验的要求。但同时应看到，与美国和日本近年建成的兆瓦级的散裂中子源相比，百千瓦级的CSNS的主要指标还有一定的差距。CSNS二期升级启动时间约为2017年，直线加速器建设时间3年，而谱仪需要在5年时间内按用户需求逐年增加。为了满足用户对更高水平研究和更广阔研究领域的需求，在第三期升级计划中，将提高束流功率到500千瓦。为此，需要将直线加速器能量提高到250MeV，并建设第二靶站，第三期升级项目启动时间约为2024年，建设周期约4年。

除了地处广东的CSNS升级以外，随着国内用户数目的增长和科学研究的需求，特别是考虑到北方用户的需求，我国在2030年应考虑在北方新建一台6兆瓦束流功率的散裂中子源，总共约40台谱仪。它可由1.3GeV全能量直线加速器加累积环构成，既可直接由直线加速器提供毫秒级长脉冲中子，又可通过累积环提供微秒级短脉冲中子，同时满足中子散射研究对平均中子通量和脉冲中子通量的高需求，成为国际上最高水平的中子散射装置，为国内外高端用户提供实验束流。它将促进我国在功能材料、微系统、信息技术、纳米科技、生物科技、地球科学、交通技术、可持续发展和国民健康等诸多领域达到世界领先水平。

（六）极端条件大型实验平台

就像历史上许多重大的科学发现都得益于当时实验条件的进步和研究手段的拓展一样，近年来极低温、强磁场、超快超强光场和高压等极端条件的发展和运用，使得人们可以在实验室中发现并研究物理、材料、化学和生命科学中许多奇妙的新现象。这些研究为未来能源、信息和材料等领域中科学问题的研究和核心技术的解决提供了新的途径。例如，利用实验室中创造出来的极端条件，人们可以开展宏观量子现象及其调控的研究，并且已经取得一系列重要进展，包括量子液体的发现（1996 年诺贝尔物理学奖）、激光冷却原子（1997 年诺贝尔物理学奖）、原子的玻色-爱因斯坦凝聚（2001 年诺贝尔物理学奖）、分数量子霍尔效应的发现（1998 年诺贝尔物理学奖）等。再比如利用超强、超快激光产生的高能量密度极端条件，人们可以对未来能源、相对论工程物理学、超高梯度粒子加速、在实验室里模拟超新星爆炸等重要物理过程进行研究。今后几十年这一领域的发展趋势和科学目标如下：

面向未来固态量子器件研究的极低温量子调控实验设施。随着集成度的不断增加，传统的微电子学必然会被纳米电子学取而代之。而在纳米尺度上起主导规律的是量子力学原理。运用量子调控原理来构筑可规模化的固态量子器件、发展量子信息技术，可望极大地提高我们的信息处理能力，大大突破经典计算机计算能力的极限，有效处理数学上的一些难解问题（如密码破译）。这一领域的前沿研究将对科研、金融业以及国家安全方面未来的发展产生极其深远的影响，是人类步入信息时代以来又一次面临的巨大机遇和挑战。为了实现固态量子信息处理，在量子调控过程中必须尽可能长时间地保持固态量子器件的相位相干性。相关的研究必须要在极低温综合极端条件下才有可能实现。极低温综合极端条件下的量子调控实验设施主要包括由稀释制冷机、核去磁制冷系统提供的极低温环境，再配以极干净的量子调控、测量系统。在未来几十年中，随着量子调控研究的不断深入，一方面，极低温综合极端条件实验设施的规模会不断扩大；另一方面，实验设施的环境温度和调控系统的噪声水平也会不断降低，以实现更低的电子温度和更纯净的宏观量子现象。极低温量子调控实验设施所面向的科学目标主要包括：①纳米量子电子学；②量子模拟和仿真；③量子计算机（超导量子计算、量子点量子计算、二维电子气拓扑量子计算等）；④关联电子体系的物性和调控，等等。

面向未来材料合成、结构分析和物性研究的高压综合极端条件实验设施。压力是平行于温度、组分的一个基本物理维度，可以非常有效地缩短物质的原子间距、增加相邻电子轨道重叠，进而改变物质的晶体结构、电子结构和原子（分子）间的相互作用，使之达到高压平衡态，形成全新的物质状态。这些奇异的物质状态是在常压条件下所不能得到的，表现出和常压截然不同的物理化学特性。例如，柔软的石墨在高温、高压下会变为自然界最硬的金刚石，铁在高压下会失去磁性，气态的氧在高压下会成为超导体，等等。这些常规条件下不存在的新奇物质却在高压极端条件下层出不穷。已知每种物质在 100 吉帕的压力范围平均有 5 个以上的不同状态，水即呈现 10 个以上的高压结晶相，许多元素在高压下顺序成为金属。高压极端条件下参与相互作用的电子浓度增加，形成稠密量子体系，将产生许多在常态所没有的物理现象。金属氢即是一个典型例证，它在理论上已经被预言是室温超导体，是多年来国际上一直在追求的目标。高压综合极端条件实验设施主要包括各种大型压机和桌面型的金刚石对顶装置，及其各种配套的测量和表征系统。随着超高压、高温、超快超强激光等综合极端条件的发展以及相应的结构、物理、化学、材料等特性集成诊断技术的建立，在 100 吉帕的超高压力范围结合 5000K 以上的高温新物质的合成和研究已经在国际上快速起步。在今后几十年中，一个物质科学的跨越式发展正在到来。

高能量密度物理和超快科学研究。极端的高能量密度物理状态通常只存在于天体内部以及核武器的爆炸中。近年来，随着强激光装置功率的不断提高，使得在实验室产生高能量密度的条件日益成熟。基于相对论超快超强激光技术的高能量密度物理研究是发展最快的科学领域之一。目前激光聚焦峰值强度已经接近 10^{22} 瓦/厘米^2，这种强激光束与等离子体相互作用已经产生大量全新的物理现象。在未来几十年的发展与建设周期中，各物理条件可以达到新的极限量级与尺度，至 2020 年，激光所能提供的光场强度可以突破 10^{25} 瓦/厘米^2，超快控制时间可望到 10 阿秒量级，在此条件下可以进行超相对论光学的研究，通过激光加速获得 GeV 乃至 TeV 高能粒子。

二、国家重点实验室及平台建设

未来物理学学科的发展，除了部署大型国家实验室和建造大科学装置外，在高校和研究机构需要适当布局一些中小型装置和综合实验平台，建立相关的国家重点实验室，作为人才培养、基础物理研究和新型实验技术发展试验场所的重要组成部分。在过去近 20 年内，已经建设了一批重点实验室或平台，这些重点实验室分布在大学或研究机构，为我国学科发展、基础和应用研究及人才培养做出了很大的贡献。在未来 20 年内，在各学科领域还需要建设一批国家重点实验室和综合研究平台，下面分领域进行阐述：

（一）粒子物理方法和技术平台建设

粒子加速方法和技术，粒子探测和实验技术是粒子物理和核物理进一步发展的关键，是实现这两个领域的前沿研究目标的不可缺少的重要保证，也是核技术在国民经济建设各方面进一步应用发展的前提。粒子探测和实验技术在向着高精度和多功能的方向发展，探测器的规模和复杂程度与日俱增。为了满足未来 10 年国内外大型加速器实验、地下实验室等大科学工程的需求，粒子探测和实验技术主要向着高精度和多功能的方向发展，我国需要在高时间分辨探测技术（皮秒量级），高位置分辨探测技术（微米量级）和新探测方法与技术方面进行研制攻关，以适应高能（TeV）以及高亮度核与粒子物理实验及稀有事例（如暗物质）探测等高精度物理测量对探测技术的要求。此外，基于粒子加速和粒子探测的方法和技术在射线辐照，成像，诊断和治疗中都有广阔前景和独到的应用。我们建议以研究所和大学联合建立国家重点实验室和公共研究平台，以加强基础设施建设，优化资源，联合攻克技术难关。应建立下列国家重点实验室：①粒子探测方法和技术平台；②粒子加速方法和技术平台；③射线辐射，诊断和成像平台。这些重点实验室和研究平台应包括：

高分辨粒子探测技术：大型粒子谱仪要求精密测定粒子的径迹，因此要求探测器有高探测效率，高空间分辨（<100 微米）和好的时间分辨（约 5 纳秒）及双径迹的分辨。①高位置和时间分辨探测器的研制。近 20 年来，微结构型（micro pattern）探测技术取得了很多突破，国外在大面积和批量制作的工艺上有很大进展。在气体探测器技术发展方面，突出的有气体电子倍增器（GEM）、微网格气体（MicroMEGAS）、微条气体室（MSGC）等微结构探测器具有极好的位置分辨（<100 微米）。在半导体探测器方面以硅微条探测器（silicon micro-strip detector，SMD），尤其是像素探测器（pixel）是半导体探测器新发展的突出代表。随着高亮度加速器的发展，要求探测器具有很强的抗辐照本领，信号收集快，所含物质少和价格便宜。这类探测器应用的面积和相应的电子学路数也在迅速增长。微结构探测器及其伴随的电子学读出系统在基础研究和应用科学中（如 X 射线成像、γ 射线照相、中子成像及医用射线显迹方面）的应用正在迅猛的发展。微结构气体探测器和硅微条探测器的时间分辨率在纳秒量级，在粒子物理实验中为了更有效和多手段的识别粒子要求有高时间分辨探测器，一些气体探测器如 MRPC（多气隙电阻板室）、TOP（传输时间型切连科夫探测器）等的时间分辨在亚纳秒（40～100 皮秒）范围。②超高能粒子鉴别和测量（能量、动量等测量）技术。由于未来的大型粒子物理实验能量普遍在 TeV 能区，其探测器主体部分将以量能器为主，量能器型探测器的重要性越来越显著。在 TeV 能区的强子量能器目前主要存在两种不同的技术路线，即粒子流分析（particle flow analysis，PFA）方法（要求量能器物质密度高，探测单元小（高粒度）），能够测量喷注的能量、方向和双重读出（dual readout）方法（同时测量粒子在量能器中产生的荧光成分和切连科夫光成分，分别获取电磁过程和强子过程沉积的能量，通过合适的组合压低因电磁簇射和强子簇射响应不同而导致的能量涨落，提高总能量分辨率）。以上两种方法都需要采用新型的读出器件（包括新闪烁晶体）和电子学。高能宇宙线需要超大型的探测系统以重建宇宙线的能量和方向，最新发展的方向包括切连科夫光量能器和大气荧光量能器等。③极低本底放射性测量。

新的应用核技术，如高分辨中子成像探测器、高分辨医学成像探测器（如

GEM X 射线成像、神经网络方法在探测技术中的应用）以及材料的指纹识别技术（对材料表面、近表面到体内的三维密度和成分的探测手段）。

特殊用途的传感器–低能量能器。灵敏探测 eV 至 keV 能区的物理。一些稀有过程的探测，如将物质寻找、双 β 衰变、X 射线宇宙学、宇宙红外–紫外光谱学等常利用入射粒子与介质相互作用时晶格、原子或分子振动发射的声子（phonons）引起的效应。事实上用于形成声子部分的动能通常比用于产生电子–离子对、电子–空穴对的电离能要多。探测声子常用的直接的方法就是测量"声子"（动能）被介质吸收产生的各种可观测的效应。最直接的效应是热效应。采用合适的对温度灵敏的传感器可以记录热效应导致的吸收介质温度变化，从而实现对"声子"的探测。通常工作在低温环境（接近 0 开）中。存在以下几种主要类型的低温量能器：热敏探测、声子感应器（phonon sensor）和过热超导单元（superheated superconducting granule）。

探测器测试平台。①利用重离子束和产生的次级粒子束流建立探测器测试平台，包括精密动量束和精确定位的粒子束和高电离密度的离子束。②建立用于高精度探测器测试的宇宙线测试实验平台。③建立运行在毫开水平的低温平台。④建立用于半导体镀膜、连接的微电子加工和测试平台。

新型探测器的发展对读出电子学带来极大的挑战。因此，电子学的方法和技术也应有相应的研究开发平台，它主要包括：①基于先进专用集成电路（ASIC）技术的微电子学设计与测试。目前我国的 ASIC 设计仍处于起步阶段，与国际水平相差甚远。除了要借鉴、引进国外先进实验室的 ASIC 芯片，学习、消化，进行系统集成，还要大力支持我们自己的 ASIC 设计，重点部署，实现跨越式发展。②读出电子学新方法和技术的研究。③新一代粒子物理实验电子学框架平台和数据传输总线标准。目前广泛使用的 VME 总线和 PCI、PXI 总线在高速数据传输和高可用性方面存在着明显的不足，使得建立一个适应今后粒子物理实验新标准的需求变得非常迫切。④新型触发判选和 DAQ 平台研究。随着加速器的流强和亮度越来越高，本底事例数越来越大，对触发判选的工作方式和排除本底的能力提出了挑战，对数据读出以及预处理的能力也提出了新的更高要求。建立新型粒子物理实验触发判选系统平台和新一代高密度、超带宽数据传输和数据处理平台的研究非常重要。⑤抗辐射电子学。空间射线探测是宇宙线与高能天体物理研究的重要手段，随着国家经济实力和技术的发展，空间探测将成为一个新的重要发展领域，应给予足够的关注，大力加强抗辐射电子学的研究，从芯片设计到系统集成。⑥先进的粒子（包括离子）加速方法和技术。

（二）核物理国家重点研究平台建设

国际上与"核物理"、"等离子体物理"相关的实验室有一部分是由国家资助的拥有大科学装置的大型实验室，如美国的七大国家实验室及欧洲、日本的若干实验室。我们也有一些大实验室是属于国家实验室范畴的，如"兰州重离子加速器国家实验室"、"中国科学技术大学同步辐射国家实验室"、"中国科学院高能物理研究所正负电子对撞国家实验室"、"北京串列加速器国家实验室"等。这些实验室的体量都远大于国家重点实验室，难以作为参比的对象。我们选取具有代表性意义的、由美国国家科学基金会资助的美国国家超导回旋加速器实验室（NSCL）进行分析。

NSCL 挂靠在美国密歇根州立大学物理与天文系，由美国国家科学基金会于 1963 年投资建立，实验室主要从事核物理的基础研究及加速器的研发工作。目前拥有两台大学中能量最高的超导回旋加速器。实验室的总人数有 192 人。其中，物理研究人员 74 人、加速器研发及工程技术与维护运行人员 93 人、管理人员 25 人。此外，每年约有 300 名客座人员利用其设备开展相关研究。目前美国国家基金会每年给该实验室的运行费为 2000 万美元。据统计，2007～2008 年度该实验室的固定及客座人员在相关学术刊物上发表文章情况如下：$Nature$，1 篇；PRL，22 篇；PLB，10 篇；PR 系列，85 篇；$Nucl.\ Phys.\ A$，4 篇；$NIM\ A/B$，9 篇；$Astrophys.$ 等，9 篇；$Europhys.$ 系列，5 篇；$Rev.\ Sci.\ Instr.$，1 篇；$IEEE$ 系列，5 篇；等等。

20 世纪 80 年代由世界银行贷款建设中国的国家重点实验室时，由于明确限制与"核"相关实验室的建立，因此，国家重点实验室的行列中一直没有核物理与核技术方面的实验室。2007 年，科技部批准筹建"核物理与核技术国家重点实验室（北京大学）"，2009 年底验收通过，目前是国内唯一的与"核"相关的国家重点实验室。对国家重点实验室今后一个时期布局的建议：

从了解的情况看，除"兰州重离子加速器国家实验室"、"中国科学技术大学同步辐射国家实验室"、"中国科学院高能物理研究所正负电子对撞国家实验室"、"北京串列加速器国家实验室"外，尚有一大批与"核物理"及"等离子体物理"相关的科研机构没有在"国家实验室"及"国家重点实验室"的行列中：

清华工物系：110 人。

北京师范大学核科学学院（含教育部重点实验室）：70 人。

四川大学核科学学院（含教育部重点实验室）：50 人。

兰州大学核科学学院：50 人。

西北核技术研究所：700 多人。

中国科学院等离子体物理研究所（含中国科学院重点实验室）：400 多人。

中国科学院上海应用物理研究所（含中国科学院重点实验室）：500 多人。

中国西南物理研究院：1100 多人（有国家稳定支持）。

中国工程物理研究院：8000 多人（有国家稳定支持）。

鉴于核科学与技术在国家整体战略（包括国家安全与能源等）中占据着极其重要的地位，应该集中建设并逐步增加与"核物理"相关的国家重点实验室。未来几年，扩大到 3 个左右比较适当。增加的方式建议通过对现有的部委或中国科学院重点实验室进行评估后新设。

（三）核技术国家实验室和平台建设

我国核技术及应用研究涉及面广，但较为分散，重点不够突出，非常需要通过国家重点实验室平台建设计划形成若干个有特色、较为系统的核技术及应用中心，服务国家战略需求。

目前在核技术领域仅有一个国家重点实验室（北京大学核物理及核技术国家重点实验室），主要从事加速器质谱技术及应用，核技术在核材料、生物医学及纳米科学中的应用，虽已形成一定特色，仍面临规模偏小，装备设施不够精良以及骨干技术人员较为缺乏的发展困境，仍需要进一步加强投入，发展成在国内外有影响的核技术及应用研究平台。

1. 重离子辐照生物学效应重点实验室

重离子辐照的生物学效应研究是重离子治癌的基础。兰州重离子装置的建成为基于该装置开展重离子辐照的生物学效应研究提供良好的实验平台，应充分利用该装置开展重离子治癌的生物医学基础与机理研究，建立相关的重点实验室，以促进重离子治癌在国内的发展与应用。

2. 极低本底放射性测量平台

痕量放射性测量在核物理、环保、电子、航天、医学、生物学等方面具有极为广泛的应用，也是建立国家地下实验室，进行极低本底地下粒子物理实验的前提条件。目前国内测量水平与国际先进水平差距很大。建立极低本底放射性测量平台，以伽马谱仪为主要测量手段，将国内测量水平提高 2 个量级，地面实验室测量精度达到 0.01 贝可，地下实验室达到 0.001 贝可，达到国际最好水平。

3. 核成像技术重点实验室和平台建设

核成像技术具有非常广泛的用途，目前核成像技术的推广应用主要受到相关影像探测技术的限制，发展各类高性能的探测器及探测技术十分迫切，通过建立重点实验室，可以引导联合各方面的技术力量，形成局部优势，较快取得突破。

（四）等离子体物理国家重点实验室和平台建设

与其他学科相比，我国等离子体物理学科的整体状态离实现一些重要国家目标对这一学科的要求有很大的差距。解决这一问题首先要从教育入手，制定相关的政策激励有条件的高校系统开设等离子体物理课程，除了鼓励和吸引高校积极参与国家重大研究计划外，还需要加强对一些从事基础和低温等离子体研究的科研机构和高校的支持力度。建议国家相关部门联合支持几个大学规模的、公用的基础和低温研究平台，以促进等离子体基础科学的快速发展和人才的培养。

1. 等离子体与波相互作用的实验平台

作为最基础的多功能实验平台，配以相应诊断设备，开展波与等离子体相互作用机理研究，研究等离子体中波模的激发机理、传播规律以及与等离子体相互作用的特性。

2. 等离子体工艺腔室的复合在线诊断平台

结合低温等离子体工艺实验装置，建立等离子体复合在线诊断平台，采用多种技术（如电、光学以及微波诊断方法）相互配合、相互补充、相互验证，为开展低温等离子体实验研究提供必要的技术基础。

3. 等离子体合成纳米结构材料的实验平台

建立等离子体合成纳米结构材料的多参数、多场调控实验平台，进行纳米新材料和纳米结构制造方面的基础研究，发现和发展基于纳米技术的等离子体调控新机理和新方法。

4. 磁重联实验与数据分析平台

建立多用途的等离子体磁重联实验与数据平台，配以相应诊断设备，开展磁重联过程中模式及耦合、拓扑、粒子、波动、剪切流等问题的研究。为理解实验室、空间、天体等离子体中很多重要物理现象提供物理基础。

5. 激光驱动的高能量密度物理极端实验平台

与传统基于加速器装置产生的粒子和辐射源相比，强激光束产生粒子源和辐射光源具有的重要特征包括：超强的加速电场（较传统方式高至少 3 个量级）；超短的时间尺度（较传统的方式小至少 2 个量级）；高束流密度；优秀的自准直性；天然的共生性；极强的可调谐性等。这些特征一方面对于不同的实际应用带来了极大的灵活性和极高的经济性，另一方面，可以将超短的时间尺度和高空间分辨进行有效结合，对生物、医学、材料科学、物质科学、能源科学、甚至天体物理等领域动力学结构的创新研究提供前所未有的研究条件。因此，在充分利用现有的高功率、大能量激光装置实验平台的基础上，建立一些小型的激光驱动的高能量密度物理极端实验平台是很必要的。

（五）凝聚态物理国家重点实验室和平台建设

凝聚态物理发展的一个重要方向是向更小的空间尺度，特别是纳米尺度的发展，这些形态的发展一方面不断形成具有独特新物理效应的前沿方向，另一方面为物理新概念的技术应用提供原创性途径。当今纳米科技领域中的高密度、小尺寸、可控性、阵列化和大面积化对纳米加工技术提出了严峻的挑战。高密度的、周期性规则排列的纳米阵列的制备受制于光刻技术。随着密度的进一步提高、尺寸的进一步减小，传统的紫外光刻技术受到了衍射极限的限制。目前国际主流集成电路生产技术已达到 90 纳米水平，65 纳米水平技术初步进入量产，并研究成功 45 纳米水平技术。局限于常规的光刻和自组装技术，目前规则排列的一维纳米阵列的密度大多为 $10^9 \sim 10^{10}$ 厘米$^{-2}$（如以 65 纳米技术为例，所制备的两维纳米阵列密度约 2×10^{10} 厘米$^{-2}$），这已成为功能纳米器件性能进一步提高的障碍。为了得到特征尺寸更小、密度更高的纳米阵列，人们正在发展下一代的光刻技术（如级紫外光刻技术、X 射线光刻技术、电子束和离子束光刻技术等）。随着纳米阵列密度的提高，阵列中纳米结构单体尺寸、个体间的距离减小。当个体尺寸降低到 10 纳米或更小时，将面临诸如器件加工极限以及器件工作原理发生变化等一系列严峻挑战，这将成为未来高性能纳米器件在工业应用中的瓶颈。另外，当纳米结构的尺寸小到一定范围时，将会出现量子效应、尺寸效应及表面效应等许多新的效应，从而使它呈现出诸多新颖性质；当纳米结构阵列中个体间的距离小到一定范围时，个体间的相互作用（特别是服役过程中的相互作用）将成为一重要因素。基于这类超高密度纳米阵列中纳米结构单体材料的新颖性质和单体间相互作用对超高密度纳米阵列性能影响的探索，研究超高密度纳米结构阵列光电器件的构筑和性质将有可能获得新一代性能优异的光电器件。

为了适应凝聚态物理发展所表现出很强的基于微纳尺度物质基础的新机理和新效应的创新力、高新技术的推动力以及对于实验平台的高度依赖性特点，为了使得我国凝聚态物理得以快速发展，尽快形成一流成果，推动我国信息和能源领域技术的发展，有必要在集聚国家重点实验室以及部委的开放实验室这些基础研究基地的基础上，共同形成若干类分布式的实验平台如下：

材料与器件的微纳加工平台 10 个以上；

高性能光、电、磁、热、声表征分析平台 10 个以上；

高分辨率微纳结构、成分分析平台 10 个以上；

新型功能材料制备平台 5 个以上。

（六）计算物理交流平台建设

计算物理是过去 20 年来物理学中发展最为迅速的一个领域，在物理学的各个分支学科发挥了极其重要的作用，成为实验和理论分析不可或缺的一个手段。计算物理，主要是通过计算手段来研究和模拟微观和宏观物质世界的物理过程，探索微观及宏观系统的物理规律，预测材料的结构和物理性质及其相互关系，为新型材料的开发和应用、新型信息的存储和传输方式、新型能源的利用手段等提供科学的依据。

计算机模拟可以用来作为理论的一部分被用来验证和解释实验发现，其本身就是一种实验，被用来检验理论模型的正确性，而且，越来越多情况下，它被直接用来取代实验，或者降低科研成本，或者直接模拟各种实验中不易达到的实验条件（如对高温高压等极端条件），对建立理论框架、解释实验发现和预测新的现象与特性至关重要。因此，发达国家把计算物理作为现代科学研究中与实验和理论同等重要并可持续发展的二级学科。许多实验用计算模拟来取代，可以大大降低科研成本，而在高压、极低温和强场等极端条件下，这种取代已经成为必然。在近 20 年中，欧洲，美国、日本把计算物理方法的发展及其应用列为科技发展战略中的优先项目，投入了大量资金和人力，专门建立了计算物理实验室或研究中心，加强在计算物理的硬件、软件和研究队伍上的综合实力，同时对其他相关学科（包括高性能计算机）的发展也起到了极大的推动作用。

计算物理是一个与材料、信息、化学、生物、能源等领域密切相关的重要交叉领域，计算方法有很大的通用性，其研究成果在不同领域间的相互转换比抽象的理论分析和复杂的实验设计都要快得多，是一个更容易开展不同学科之间交流和合作的领域。

近 10 年来，我国计算物理的研究规模大幅增加，研究工作的质量也有很大提高。绝大多数科研院校都成立了从事计算物理，特别是计算材料物理方面的研究组。这是因为进行计算物理研究所需的硬件起点比较低，很多通用性的软件都已商业化，购买一套软件的成本也远低于大多数实验设备的成本。事实上，中国已成为以能带结构和量子化学计算为主的第一性原理计算商用软件发展最快的市场。这种以商业软件为主的计算研究，为计算物理在中国的普及起到了积极的推动作用。但是，这些研究过分依赖于商用软件，缺乏有原始创新、有特色性的研究，不会从根本上提升我国在计算物理方面的竞争力。具体而言，有三点明显的不利因素：一是不利于新的计算方法的提出和发展，不能掌握计算物理发展的主动权。已开发的商用软件显然都要滞后这个领域最新发展的计算方法很多年。没有这个主动权，也就失去了创新的源泉。二是不利于创新性人才的培养。使用商用软件的确可以开展一定的研究工作，但商用软件对选题的范围和新颖性都有很大的约束，以短、平、快的方式完成选题和整个研究过程，是不可避免的选择。三是不能真正开展大规模的科学计算研究，只能以作坊式的加工方式参与国际竞争，其投入产出比是不具有竞争力的。大规模的并行计算是计算科学发展的一个趋势，但要开发高效率大规模并行程序，没有多个研究组的常年合作是做不到的。

为了改变计算物理目前的这种研究状态，必须集中资源，建立超越各个高校或科研院所的一个计算物理的交流平台，促进新的计算方法和计算思想的交流，建立有中国自主产权的软件库，使之成为中国计算物理参与国际竞争的大舞台。

（七）原子分子光学国家重点实验室和平台建设

1. 建设"纳米、微米尺度精密介观光学加工平台"

近年来，作为当前光学研究重要领域的介观光学得到突飞猛进的发展，不仅是一个前沿科学领域，而且涉及多学科的交叉。介观光学主要研究的是波长和亚波长尺度下的光学现象。在可见和通信的红外波段，介观光学研究则涉及微米和纳米尺度。在这么小的尺度下，精密光学加工手段则成为研究发展的基础和支撑。

介观光学是下一代光信息、光显示、太阳能利用、光刻技术等应用所必须解决的关键内容，体现出多学科交叉的特点。微纳米尺度下的光学研究不仅揭示出新的物理现象和新规律，形成科学与技术的前沿，而且将对社会和人类文明发展及进步起到重要的推动作用，已成为各国政府、科学界以及企业界高度重视的领域，目前已经在世界范围内形成了一个微纳米尺度下光学研究的高潮。美国、日本、欧盟等不仅在微纳光学的基础研究领域处于领先，而且其微纳光学的成果能够及时转化为产业，使其在微纳光学领域处于领导地位。

我国在光学领域已有很好的研究基础，国内已有十几个科研院所、高等院校开展了微纳光学方面的研究和应用，并取得了一定的成果。但是，我国在微纳米光学领域的原创性工作还较少，能够转化为产业的则更少。这些极大地受限于我国落后的微纳米精密光学加工的手段和基础。

目前，我国在介观光学加工制造技术以及硬件设施上相对欧美等发达国家有相当大的差距。例如，美国国家科学基金会就资助哈佛大学纳米光学加工中心、斯坦福大学纳米光学加工中心等多个纳米光学加工中心。而我国并没有一个相应的介观光学加工中心，和国际竞争劣势明显。建设一个全国性的"先进的微米、纳米精密光学加工中心"，不仅可以避免各单位在低水平下加工设备的重复和不完备购置，而且可以专心服务于广大高校、研究所和企业的研究人员，将大多数科学家的精力从事务性工作转移到科学探索和创新工作上来。只有这样，才有可能在最短的时间内使我国的光子学、光子技术以及光电子产业实现跨越式发展，赶超国际先进水平，为我国的经济建设和发展做出重要贡献。

2. 建立先进的原子分子科学创新研究平台

根据原子分子与光学研究的特点、国际发展趋势和学科发展基础，统一规划集中建设具有特色的先进原子分子科学创新研究平台。根据学科特点、科学前沿和现有基础，研究平台应包括四个方面：①先进光源与原子分子相互作用研究。例如，基于超快强（ultrafast intense）激光的原子分子物理研究装置，主要从事在强场范围（$10^{13} \sim 10^{19}$ 瓦/厘米^2）的相干光与物质相互作用研究和超快（飞秒至阿秒）动力学过程研究；结合国家同步辐射光源及自由电子激光的发展，建立相关的原子分子物理研究装置，利用新型短波长光源，研究高亮度高能光子与原子分子相互作用产生的多体和内壳层过程。②荷电粒子与原子分子碰撞物理研究。例如，进行各种能量范围（eV 至 keV）的电子与原子分子碰撞的研究的实验装置，提供关于原子分子结构和散射动力学过程的各种精确数据；利用电子碰撞或加速器产生高电荷离子进行原子分子物理研究的实验装置，结合国家建立的大型冷却存储环重离子加速器以及建立电子束离子阱装置，开展高电荷原子结构以及高电荷原子与原子分子碰撞等方面的物理研究。③高精度原子分子理论研究条件支撑：根据原子分子光学学科特点，提供高速大规模运算条件，支持发展精确原子分子物理理论方法和相应的计算方法，开发高性能计算程序。④建立新型冷原子系统实验研究装置（或称为超低温原子分子与量子调控实验研究平台），加强冷原子分子物理实验中关键技术的攻关和交流，特别是推动冷原子分子科学在基础理论中突破、在基础物理常数和计量中的应用。

通过建设具有特色的先进原子分子科学创新研究平台，特别是根据本学科实验难度很大、技术要求高的特点，支持与创新思想结合的仪器发展，加强实验物理研究的支持力度，使之有国际水平的研究基地支撑并能获得充足和稳定的支持，满足科学发展和国家需求，推动实现在该领域的基础科学和应用技术研究以及原子分子物理学与其他学科的交叉，赶超国际先进水平，在国际科学前沿竞争和国家需求方面为国家作重要贡献。

3. 超快超强激光大装置和实验平台

目前国内已有研究机构建成了几百太瓦级甚至拍瓦级的超快超强激光装置，

在激光粒子加速、阿秒脉冲产生、激光聚变基础物理、新型激光等离子体光源等方向开展了较深入的研究。部分高校也建成了一些太瓦级的超短超强激光装置。但总体来说，国内强场激光物理研究水平与国外还有一定差距，特别是在超高强度激光条件下的实验物理研究成果较少。其中一个重要原因是国家投入力度相对不足，超高强度激光物理实验条件建设与国外相比有较大差距。强场物理研究水平很高的欧盟实施了多中心 Laserlab 计划，支持多个高水平的用户激光装置和研究中心。其中，以英国卢瑟福实验室最具代表性。该实验室有高性能的大型高功率激光装置和超强超快激光系统，同时有一支专门的队伍维护激光器，使激光器的性能参数达到非常高的水平。其用户遍布欧洲、日本、美国，因而研究成果是非常突出的。针对国际上该领域的发展状况，我国必须集中力量，通过强化对我国在该领域的诸如国家重点实验室等已有国家级研究基地的重点支持，建立一套真正面向国内外用户开放的大型超高强度激光装置，并建立一个公正和公开的运行体制。第一阶段目标可以是建设一个 10 拍瓦级的超快超强激光装置，该装置将使我国的科学家有机会开展最有创新性的科学研究，同时也使我们有更多的机会参与欧洲 ELI 项目开展国际合作。这部分见本章"等离子体物理领域大科学装置"中的"高能量密度物理实验装置"部分。

（八）光量子信息国家重点实验室和平台建设

量子通信系统关键技术与器件研发平台：用于研发高速光源与信号调制技术、高速单光子检测技术、高精度时间同步技术、高速随机数产生器、太空环境中使用的激光器和单光子探测技术、星载纠缠源等关键技术和器件等。

1. 量子存储和量子中继技术研发平台

用于研发原子的冷却和囚禁技术、光学共振腔和冷原子耦合技术，光晶格的产生、操控和测量技术等，用于实现长寿命、读出效率高的量子存储器。

2. 光与冷原子量子计算平台

光学平台用于产生 10～20 个量子比特的相干操纵和量子纠缠；光与冷原子相互作用平台用于研究超越 20 个量子比特相干操纵和量子纠缠的物理手段；冷原子和光晶格实验平台用于研究 50～100 个原子的量子比特相干操纵和量子纠缠物理手段，进行量子模拟实验。

第五章

优先发展领域与重大交叉研究领域

第一节　遴选优先发展领域的基本原则

面向我国经济社会发展的重大需求，面向前沿科学关键问题，未来 10 年我国物理学发展将根据以下具体原则遴选优先发展领域与重大交叉研究领域：①学科发展的重要基础科学问题或学科发展的主流和重要前沿；②国家战略发展需求或能产生、带动新技术发展的关键科学问题；③有利于推动交叉学科发展的基础科学问题或关键技术基础；④有较好的研究基础和人才队伍。

第二节　物理学优先发展领域

一、物理学整体优先发展领域

（一）新型光场的调控及其与物质相互作用

主要科学问题：新型光场的产生、传播、测量与相干控制，受控光场与物质相互作用的新现象、新效应及其应用基础。

（二）随机非均匀介质中声传播的表征、控制与作用的物理问题

主要科学问题：复杂介质中声的传播、检测与作用，海洋声场的时空特性与探测，噪声的产生与控制和新型吸声材料，新型发射与接收声换能器及其阵列。

（三）量子信息与未来信息器件的物理基础

主要科学问题：量子信息形态转换及测量的物理问题，量子纠缠和多组分关联的物理实现和度量，基于具体物理系统的量子信息处理和固体量子计算，单光子产生、探测及量子相干器件物理，量子模拟的理论、方案与实验。

（四）极端条件下深层次物质的结构、性质与相互作用

主要科学问题：标准模型检验与超出标准模型的新物理、宇宙学及宇宙演化中高能物理与核物理过程、超重新核素和新元素合成、原子核结构性质以及相对论重离子碰撞物理、统计物理与复杂系统。

（五）用于探测研究亚原子粒子的新技术、实验方法与应用

主要科学问题：新型加速器关键物理问题、高时空分辨粒子探测技术与快电子学、核技术和同步辐射先进实验技术方法及其应用、大型基础科学研究装置预研中的物理与关键技术。

（六）等离子体物理与数值模拟和关键技术

主要科学问题：惯性约束聚变与高能量密度物理，磁约束高温等离子体物理基础和控制、诊断方法，低温等离子体基础问题与应用，等离子体物理和空间科学的交叉。

（七）能源中的关键物理问题

主要科学问题：核能利用的新概念、新材料和关键技术基础；太阳能、氢能和其他新能源中的基础物理问题和关键技术；光合作用的物理机制、量子效应及其人工结构材料模拟；利用太阳能的光热、光伏技和储能技术中的基础物理问题；CO_2的富集、转化和再利用的物理、化学问题，大型风力发电装置及其结构和关键力学问题。

（八）与人口健康相关领域的先进诊断与治疗的新方法

主要科学问题：生物信息、生物大分子结构、与功能相关的新物理问题，

生物分子或类生物分子在复杂相互作用调控下的微结构特性，癌症等重大疾病的先进诊断、治疗方法，纳米生物医学新方法。

（九）新功能材料和新人工微结构材料的物理问题

主要科学问题：新功能材料的探索及其物理；物质结构和性质的计算与模拟；高性能复合材料或器件物性的表征与优化及其物理。

二、各分学科优先发展领域

（一）凝聚态物理

1. 关联量子材料的探索与发现

关联量子材料的探索和发现，是推动凝聚态物理研究发展的一个重要因素，也是凝聚态物理研究比较活跃的一个方向。每一类新材料的发现，一般都会伴随新的量子现象的发现。例如，铜氧化物高温超导体的发现，揭示了微观量子世界大量未知的物理现象，极大地推动了强关联物理的研究。此后，每一种新的超导体的发现，如 Sr_2RuO_4、MgB_2、Na_xCoO_2、铁基超导体等，无一不引起人们极大的关注，为强关联物理的研究注入了新的活力。

关联量子系统蕴涵非常丰富的物理现象，过去由于探测精度和样品质量的限制，其中只有很少的一部分形态或现象为我们所发现和认识。随着对关联量子现象认识的深入，对各种高精密的探测手段的要求也越来越高，有些实验甚至需要通过新颖的实验手段和方法才能实现。其一，对样品的质量要求更高。在很多情况下，制备出高质量单晶是实验成功的前提，只有这样，才能排除由于样品的不纯带来的不定因素。其二，对实验的测试手段也要求更高，除了常规的热力学和输运测量之外，还要求被测试的结果具有空间、时间、能量和动量的分辨能力。在这种需求的强烈刺激下，包括角分辨光电子谱、扫描隧道显微镜、高灵敏度的中子散射和核磁共振等很多高精密的测量手段不断得到发展和完善，大量未知的量子态和量子效应被逐渐揭示出来，丰富了关联量子物理研究的内容。

铜氧化物高温超导体是迄今发现的超导转变温度最高的超导体，最高临界温度可达 160 多开。铜氧化物高温超导体是一种准二维材料，可通过对反铁磁莫特绝缘体进行掺杂而实现，一般认为反铁磁涨落对超导配对起了很重要的作用。此外，低维的强量子涨落行为也对提高超导量子涨落起了至关重要的作用。

磁性相互作用的特征能量尺度在很多情况下都会大于声子的特征能量尺度，因此在低维磁性材料中寻找新的高温超导体一直是大家努力探索的方向。但是目前此类的研究还非常的有限，亟须进一步探索。对具有不同结构的新型铁基超导材料的探索是非常重要的。全新结构的铁基化合物也是非常重要的探索领域。例如，不同结构的库电层和不同厚度的库电层都可能给铁基超导体的性质带来重要的影响，而这对于理解其超导机理都是非常有益的。

除了超导材料，对具有超大电、磁、热电和非线性光学响应材料的探索也进展很快。例如，在具有钛矿结构的锰氧化物中发现了庞磁阻效应，在一维的氧化物链中发现了巨大的非线性光学效应，在 $KSeO_4$、$LuFe_2O_4$、$RMnO_3$、$CoCr_2O_4$ 等材料中观察到多铁现象等。各种新的具有电荷、自旋和轨道阻挫的系统被设计和制备出来，为自旋液体的研究提供了实验素材。人们开始广泛合成 4d、5d 过渡金属的氧合物，并观察到一些新现象。这些材料的机理牵涉到电荷、自旋和轨道等自由度，其中复杂的多体问题仍然是当前凝聚态物理研究的热点。

热电材料是一种将热能和电能进行转换的功能材料。从发现热电现象至今已有 100 多年，而真正将这一现象发展为有使用意义的能量转换技术与装置则是在 20 世纪 50 年代。目前研究得比较深入，而且已经获得商业化应用的热电材料主要是半导体材料。但这些材料的热电转换效率不到 10%，远小于传统的发电、制冷方式。而且，这些合金型材料制备条件要求较高，需在一定的气体保护下进行，有不适于在高温下工作以及含有对人体有害的重金属等缺点，使用时受限制较大。

关联量子材料是探索热电材料的一个重要方向。1997 年 Terasaki 等发现 $NaCoO_2$ 材料在室温下具有高达 100 微伏/开的热电势，但电阻率却是金属性的行为，为寻找新型热电材料提供了新的方向。在金属型的磁体中，自旋向上和向下的传导电子具有不同的散射率和密度，因此它们具有不同的塞贝克系数，就如同两个具有不同的塞贝克系数的导体固有的存在于一个磁体中。当在这个金属型的磁体两端施加温度梯度时，它就会沿着温度梯度的方向在不同的自旋区域对电子产生不同的驱动功率，这就是所谓的自旋塞贝克效应。2008 年，K. Uchida 等在 $Ni_{81}Fe_{19}$ 薄膜两端施加温差，并利用反转自旋霍尔效应来检测自旋电压，观察到了自旋塞贝克效应，进一步证明，从自旋的角度出发，可以获得良好的热电材料。

在探索和发现新材料体系的同时，也要加强高质量单晶和高质量氧化物薄膜和异质结的制备，特别是新型铁基超导体的探索和单晶生长，实现对其尺寸、组分、形态、空间分布以及掺杂的精确控制，提高材料的各种电、磁、光、热及力学性能。这是提高物性研究实验数据质量的基础。也要将分子束外延（MBE）这一尖端样品生长技术应用在关联体系材料制备中，例如，利用 MBE

生长氧化物超薄膜和异质结，利用 MBE 生长有机分子金属、磁体和超导体的单晶超薄膜等。这些复杂人工体系中孕育着丰富的物理现象和巨大的量子调控空间。

目前理论模拟与实验技术的发展已经使我们能在单个原子水平对各种量子低维结构的形成与演化过程进行模拟和研究，从而能在单原子层水平上对各种量子低维结构进行控制。由于凝聚态物理的最有意思的研究对象之一是低维量子结构，对这些结构的精确控制将对整个凝聚态物理的发展起到重要甚至是决定性的作用。研究的体系不限于简单金属和半导体，要扩展到化合物半导体、非常规超导材料、新型磁性材料、热电材料、多铁材料等，也要关注不同材料的异质结和超晶格的生长、研究。

2. 关联量子现象的物理机理

关联量子现象通常出现在低维系统中，粒子之间的相互作用与量子涨落效应都很强，给这方面的研究带来了很大的困难。在关联体系中，电子之间的库仑排斥作用阻碍了电子的自由移动以形成费米海，因而其行为无法用我们所熟悉的朗道费米液体理论来描述。关联材料中体系的功能基元不再是类似于电子的准粒子，而可能是其他新的集体激发模式。例如，在一维关联体系的 Luttinger 液体理论中，电子的电荷和自旋自由度可分离为电荷子和自旋子，这两种新的准粒子分别决定着体系的电性质和磁性质。此外，随着体系维度和复杂度的增加，更多的自由度变得独立而活跃，多个自由度之间的合作与竞争导致了强关联体系中丰富电荷和自旋的有序态、玻璃态和液态，非费米液体金属态和非常规超导态，超越能带结构的绝缘态等，通过调节外界参量可以实现不同有序相之间的转换和调控，导致新的量子临界现象的出现。因此，对关联量子现象的机理的研究必将导致凝聚态物理基本观念的深刻变革，具有非常重要的科学价值。

在铜氧化合物高温超导体，以及最近发现的 Fe 或 Ni 基高温超导体中，出现了包括费米弧、赝能隙、线性电阻和自旋-电荷自由度的分离等在内的反常物理现象，不能在已有的固体理论框架下得到很好解释。对这些现象，实验上已做了大量深入和细致的研究工作，特别是通过角分辨光电子能谱、扫描隧道谱、强磁场输运性质和热力学性质等方面的研究，对赝能隙与超导能隙的差别和联系有了深刻的了解，揭示了片断性的费米面存在，但同时也发现了只有在完整费米面情况下才出现的量子振荡行为。

固体物理学和以晶体管为代表的微电子工业把人类社会带入了信息时代。但是，传统的微电子工业在进入 21 世纪后终于接近摩尔定律的极限。随着器件尺寸的减小，原子尺度的隧穿效应和量子涨落无可避免地限制了器件的进一步发展。发展量子计算和量子计算机，是从长远角度解决这一问题的唯一出路。目前，量子计算研究遇到的最大的困难，是量子态的退相干问题。在量子计算过程中，相互纠缠的量子态会受到环境的影响，失去相干性。如果相干性失去得很快，不能通过纠错过程恢复的话，量子计算就不能真正进行下去。为了克服这个困难，人们逐渐认识到，有必要寻找合适的拓扑量子系统，利用拓扑元激发对环境扰动不敏感的特性克服当前其他方案中量子态的退相干效应对量子计算的致命影响，真正实现大规模的量子计算。在这方面，分数量子霍尔系统是目前研究得最充分的拓扑量子系统，理论预期某些分数量子霍尔态（如朗道填充数为 5/2 和 12/5 的分数量子霍尔态）可能成为实现拓扑量子计算的物理载体。这为二维量子霍尔系统的研究注入新的活力，使其再次成为凝聚态物理基础研究中的一个热点方向。

拓扑绝缘体的研究，主要是利用各种实验手段研究拓扑绝缘体边缘态（表面态）的色散关系、自旋螺旋度等本征特性，并利用拓扑绝缘体与超导体、铁磁体等形成各种具有特殊性质的界面态，实现一些目前在其他材料或器件中无法实现的特性或功能。其中一个比较有意义的方案，是将拓扑绝缘体与 s 波超导体连接在一起，所形成的界面态是一个 p+ip 超导态，磁通激发可产生具有非阿贝尔分数统计的拓扑准粒子激发，这种准粒子激发与 5/2、12/5 的分数量子霍尔态中的准粒子激发一样，可作为量子信息的载体，对其操作可以实现拓扑量子计算。电荷分数化也是拓扑绝缘体的一个普适特征，这方面的研究可以帮助我们深入理解微观量子世界电荷分数化的普适规律。在一维，电荷的分数化是通过在拓扑简并的基态上产生孤子激发来实现的，这种分数化的电荷元激发是聚乙炔等导电聚合物中的载流子。在二维，电荷的分数化通过在拓扑简并的基态上产生涡旋激发来实现，等价于在拓扑绝缘体的界面上产生孤子激发，但不同于一维，二维中分数化的电荷元激发带有分数统计。在三维空间，如何实现电荷的分数化目前还不清楚，有待进一步的探究。Axion 激发是拓扑绝缘体的另一个重要问题，对它的研究会加深我们对暗物质的理解。总之，对拓扑绝缘体的研究是一个有深刻物理背景和应用前景的基础研究课题，有许多基本问题有待探索解决，是目前凝聚态物理中非常重要的一个前沿研究方向。

3. 信息技术的量子基础

量子信息处理：半个多世纪以来，正是因为凝聚态物质与材料物理不断涌现的新发现，推动着信息技术不断朝超高速、超大容量方向突飞猛进地发展。这种关联可以一直追溯至 20 世纪 30 年代和 40 年代能带量子理论的建立和完善，特别是晶体管的发明之时。在技术革新方面，人们越来越希望未来芯片中"充满光"，将今天硅芯片的处理能力与光速融合在一起。未来芯片十分可能将计算、存储、通信和信息处理等多种功能汇集在一起。这种需求推动了基于 CMOS 的电子技术与光电子、光子技术相互融合。既保证了未来 CMOS 集成芯片产业的可持续发展，避免因更新换代所造成的巨大资源浪费和产业风险，它又很容易将现有 CPU、DSP 的速度提高 1000～50 000 倍，推动未来开发汇集计算、存储、通信和信息处理等于一体的新一代芯片技术。

在物理原理创新方面，随着半导体器件不断朝着小尺度、低维方向发展，它们已经成为一种量子结构，其中的信息载体也将从经典的电子流演变成量子态，寻求基于量子调控原理的新一代信息技术将很可能成为最终的解决方案，以满足信息技术对"更小、更快、性能更优异、功耗更低"的始终不渝的追求。于是，量子信息成为量子物理与信息科学相融合的新兴交叉学科。

量子计算机比经典计算机具有更强大功能，因为量子态叠加原理允许同时实现大量的计算。因此，它具有本征的并行计算能力，诸如整数分解问题在通常计算机上还没有找到多项式算法，而采用"量子并行计算"有概率上可求解的多项式算法（Shor 算法）。量子计算的另一个巨大潜力是量子仿真。实现量子计算的严重障碍是所谓退相干问题，即环境不可避免地破坏系统的量子相干性，使之自发地演化为经典计算机，完全丧失量子计算的优势。

当前的研究瓶颈在于量子计算的物理实现。虽然国际学术界对何种物理体系最终有可能研制成功量子计算机尚未定论，但是普遍认为基于固态物理系统和量子光学系统的结合是最有希望的。固态系统量子计算主要包括超导和量子点等，其优点是易于集成，缺点是退相干严重。量子光学系统量子计算主要包括离子阱，微腔和原子芯片等，其优点是量子相干性较好，主要缺点是物理可扩展性较差。

量子保密通信是量子信息学最接近实用化的量子信息技术。基于单光子的量子密钥分发在光纤中的传输距离已超过 120 千米，自由空间中的传输距离已超过 20 千米，目前正在开发地面与卫星间的保密通信技术。为了提升量子保密通信的水平，需要研究高成码率量子密钥分发协议和新的量子保密通信方法，提高核心部件，例如单光子探测器、真随机数源等的性能等。基于半导体材料的单光子探测与发射是量子密码通信需要解决的基本问题。下面列举了几种半导体材料器件在单光子探测与发射中的应用，它们有的已经用于目前量子密码通信，有的是新型的器件，在未来技术进一步完善后会给量子通信提供更好的性能。

随着化合物半导体自组装量子点生长技术的成熟和量子点激光器的研制成功，人们开始利用量子点通过电脉冲或光脉冲激发来产生单光子，目前可见光到近红外的单光子源均可以用半导体量子点实现。目前基于半导体材料的单光子探测器主要以雪崩击穿二极管为主。雪崩击穿二极管技术已经极其成熟，但固有的缺点是：如果两个或者多个光子同时被雪崩管吸收，产生的输出脉冲和单光子吸收并没有区别。为此人们又发展了各种单光子探测方法，包括可见光子计数器、量子点场效应管、量子点共振隧穿二极管探测器件等。新型单光子探测器大多由含量子点的器件实现，如利用量子点对空穴和电子的存储时间不同来实现单光子探测。

固体量子器件：固态量子器件电路大致分成三类：第一类是用具有某种特殊量子效应器件构成的，整体上仍属经典范畴的电路，如共振隧穿器件（RTD）集成电路。第二类是基于量子相干、叠加性原理的全量子器件及电路，以量子逻辑门为基本单元。第三类是基于量子相干光电子器件、光子器件及其集成。例如，基于激子极化激元在 k 空间凝聚的激光器——Plaser，基于自旋拉莫进动的超高频光脉冲发生器等相干光电子器件相继出现。

我国量子信息技术和空天技术的长期发展提出了对于新型光子源和探测器的需求。这样的需求其实已经不再只是中国，也是世界各国特别是发达的经济大国的需求。超高灵敏光电探测及新型光发射量子器件无疑是满足这些重大需求中信息获取与传输最核心的基础元器件，也是半导体物理最有机遇发挥引领作用的研究方向。其基础是要在电子层面研究光子与电子两个核心信息载体的相互作用问题，特别是电子-光子-激子等量子关联效应和操控，解决超高灵敏光电探测器件及单光子发射器件等核心科学问题。

到 2010 年，以硅材料为核心的当代微电子技术的 CMOS 逻辑电路图形尺寸将达到 25 纳米或更小。到达这个尺寸后，一系列来自器件工作原理和工艺技术自身的物理限制以及制造成本大幅度的提高将成为限制器件小型化和智能化的主要瓶颈。为了满足人类社会日益增长的对更大信息量的需求，近年来，微纳半导体结构的制备技术和加工工艺不断发展，使基于低维半导体结构材料的量子力学效应，如量子尺寸效应、量子隧穿、量子相干、库仑阻塞和非线性光学效应等的研究以及相应的固态纳米电子和光电子器件等受到了广泛的关注。通过能带工程实施的半导体微纳结构材料，具有与体材料截然不同的性质，可以满足上述要求。在磁性半导体方面，包括稀磁半导体（即非磁性半导体中的部分原子被磁性原子所替代），如何实现电子自旋的测量与调控以及自旋器件的设计研究，将为这一领域的进一步发展提供新的前提和可能。

另一方面，太赫技术被誉为 21 世纪的又一场"前沿革命"，它在感测和成像方面，具有比红外、微波更好的应用潜力和功能，在通信、雷达、电子对抗、医学成像、无损检测、安全检查等方面具有广阔的应用前景。半导体太赫源和探测器具有小体积、低造价等优越性，因此是发展太赫技术的一个重要前提。由于目前太赫辐射源的功率普遍都较低，因此发展高灵敏度、高信噪比的太赫探测技术尤为重要。太赫探测大致分为脉冲辐射信号探测和连续波信号探测两类。其探测器大部分是用半导体制作的高灵敏量子器件。

4. 磁效应及自旋电子学

固体磁现象及磁效应的研究，在现代量子理论，特别是相变及临界现象的理论研究方面曾经发挥了重要的作用。经过一个多世纪的探索，固体磁学的一些基本问题已得到了澄清，大量的物理现象及效应都能从理论上得到准确的预言或解释。同时，巨磁电阻效应发现，也为磁性材料的研究和应用开辟了广阔的空间。对新的磁性材料和效应的研究，始终是凝聚态物理研究的一个前沿方向，无论是从基础研究、还是应用研究的角度来看，都是必须优先布局发展的。

传统磁学关注磁矩之间的相互作用导致的集体激发行为以及长程磁有序的演变过程，注重热力学平衡态的静态行为、统计平均行为。统计平均往往抹平了自旋的量子特性。对新的磁效应的研究，则需更关注自旋流的产生以及输运、自旋弛豫、自旋相干性等自旋运动学及自旋动力学问题，关注自旋与轨道、电荷、晶格等自由度的关联及由此导致的新奇量子物态与物理效应。

电子具有电荷和自旋自由度，但传统的微电子学器件功能设计主要是基于电荷，忽略了自旋自由度。实际上，随着研究的深入，人们发现低维纳米尺度的体系中自旋自由度在很多方面优于电荷，如退相干时间长，能耗低等。充分利用电子的自旋属性，有可能获得功能更强大、操控更方便、处理速度更快的新一代微电子器件。

对自旋动力学及其相关输运规律的研究，是磁效应及自旋电子学的研究重要内容。近年来，由于实验技术和理论方法的发展，现在已有可能设计和控制载流子运动过程中自旋的相应变化，这已经充分体现在各类磁阻效应和霍尔效应的研究中。通过局域电场而不是磁场来调控电子的自旋，并通过超快时间过程来研究自旋的变化规律，也已成为磁效应探索的一个重要方向。由于自旋电子学的出现，磁现象及磁效应的研究与半导体物理、电介质物理和强关联电子体系的研究的交叉和结合越来越紧密。对稀磁半导体以及有机自旋电子学的研究，已成为磁学与半导体物理交叉的一个学科生长点。而多铁现象与电介质物理的研究密切相关，推动了对磁性材料中的电荷、自旋以及轨道有序及其竞争的规律性研究。

近年来，随着材料合成及制备技术的发展，除了常见的铁磁、反铁磁等磁有序外，实验发现一些新的磁有序结构，如阻锉磁体、手性磁体、有机和分子磁体等，还发现一些新的由于自旋与电荷或其他自由度的竞争而导致的量子临界现象。对这些新的磁结构及现象的研究，重点是研究自旋与轨道、电荷、晶格等自由度的关联及由此导致的新量子物态与物理效应。在轨道、电荷、自旋和晶格（声子）等多自由度竞争体系中，可以发生不同类型的有序—无序转变，由于每一过程都伴随特定物理性质的变化，可能选择性地调控其状态，各自由度之间的耦合也导致多个物理过程相互交织，为新物理现象与物理规律的发现提供了广阔的空间。一个典型的例子是庞磁电阻效应体系，通过磁场调控电荷与轨道序，引起钙钛矿结构锰氧化物电子输运性质突变，出现了迄今为止最大的磁电阻效应。

自旋电子学利用自旋自由度作为信息传输的载体，其关键是要达到对固态系统中自旋自由度的有效操控。通过自旋-轨道耦合、自旋-电荷耦合及自旋转移力矩效应，利用电场、光场结合磁场实现自旋态的调控，而传统磁学则主要利用磁场。一个典型的例子是自旋霍尔效应的研究。对非磁性半导体施加外电场，自旋-轨道耦合会导致在与电场垂直的方向上产生自旋流，同时在样品的两个边界处形成取向相反的自旋积累。另外一个例子是自旋极化电流对固态磁矩的调控。当自旋极化电流通过纳米尺寸的铁磁薄膜时，与多层膜磁矩的散射会导致自旋角动量由传导电子到薄膜磁矩的转移，引起薄膜磁矩的不平衡，发生转动、进动甚至磁化方向翻转。椭圆偏振光对电子的选择性激发也是产生自旋极化电流一种方式。

此外，纳米结构中的磁现象和磁效应的研究，也是近年来发展非常迅速的一个方向。纳米结构是指在一个、二个和三个方向上的材料尺度达到纳米量级之后的低维体系，如表面和超薄膜、100纳米尺度下的各种磁性隧道结和巨磁电阻纳米多层膜、纳米多层膜构筑的异质结、纳米线和纳米管以及纳米颗粒等。在这些低维体系中，由于某个或某些方向上的尺度已经与电子交换关联长度可以相比甚至更小，常常会出现一些意想不到的有趣现象，如层间铁磁、反铁磁耦合及其振荡现象、磁电阻振荡效应；量子阱效应；磁性杂质导致的近藤效应、纳米磁性颗粒（磁性量子点）导致的与自旋相关的库仑阻塞效应及其预计室温可达几十倍的磁电阻变化（TMR＞1000％），如类似 Mermin-Wagner 定理所预言的长程序消失等现象、具有单向各向异性的交换偏置现象以及可以人工调节的磁各向异性。除了许多奇异的静态性质，在纳米磁结构中的自旋动力学表现出许多与体材料中不同的性质，如磁场或者自旋极化电流驱动磁畴壁运动和涡旋畴变化的动力学，磁场或者自旋极化电流驱动磁化强度翻转的动力学，相反的情况下磁畴壁在运动过程中自身也产生电场和磁场等问题，如自旋弛豫和相位相消，自旋转移矩的动力学等，这些都是近期的重要研究课题。

5. 自主创新实验技术的探索和发展

物理学从根本而言是一门实验科学，是由人们对未知世界不断进行观测和思考而产生的。在凝聚态物理的研究中，新颖实验技术的发展与完善一向是重大发现的直接推动力。例如，昂内斯经过20余年艰苦卓绝的努力，发明和发展了液化氦的技术，从而开辟了低温物理这一学科，大大拓宽了人类对凝聚态物质的研究领域，并直接导致了超导、超流等奇妙物理现象的发现。在过去的100余年中，有多个诺贝尔物理学奖直接授予了在凝聚态物理领域实验技术的进步，除了昂内斯的氦液化技术外，还包括高压技术、X射线和中子衍射技术、激光光谱技术、电子显微镜和扫描隧道显微镜技术等。此外，实验现象发现方面的诺贝尔奖也大多得益于实验技术的进步。

尖端科学仪器的研发对促进凝聚态物理的发展和新的理论的建立起着至关重要的作用。科学发展的历史表明，新的科学发现和重要物理问题的解决往往和新的实验手段的发明或已有实验手段的改进密切相关，前沿基础研究的开展更离不开高尖端科学仪器的研发。事实上，新仪器的研发本身就是高尖端的工作，许多诺贝尔奖是直接和新的实验方法和新的仪器发明有关的，如液氦冷却技术（1913）、X射线衍射技术（1914、1915）、X射线光电子能谱技术（1924）、回旋加速器的发明（1939）、超高压产生的技术（1946）、相差显微镜的发明（1953）、激光的发明（1964）、高分辨率电子能谱技术（1981）、扫描隧道显微镜的发明（1986）、中子散射技术（1994）、激光冷却原子技术（1997）、集成电路的发明（2000）等。一些新的科学发现更是与实验技术的发展直接相关。例如，整数霍尔效应（1985）、分数霍尔效应（1998）的发现是和极低温、超高磁场技术的实现分不开的。气体原子的玻色–爱因斯坦凝聚的实现（2001）得益于激光冷却原子技术的发展。一个国家的仪器设备研发水平，是该国的自主创新能力的直接体现，反映着这个国家的科学技术发展水平，更决定了该国的国力以及在世界上的政治和经济地位。

在过去的20余年中，扫描隧道显微镜（STM）已逐渐成为凝聚态物理研究最强有力的实验工具之一。STM的显著优点包括：①原子尺度的空间分辨率，这对当今研究的低维体系和存在微观相分离的强关联体系尤为重要；②局域的电子能谱，特别是可以同时测量占据态和非占据态的电子态密度；③单原子/单分子操纵功能，可用于构筑新奇的人工量子态。

近年来，随着实验技术的不断完善，扫描隧道显微镜的功能愈发强大，应用的范围也愈发广泛。最近的进展包括利用STM非弹性隧道谱来测量局域晶格/分子振动谱、自旋激发谱、超导体电子与玻色模式的耦合等；利用STM测量由电子波函数相干而形成的实空间干涉条纹；利用傅里叶变换反推其动量空间的电子结构，从而同时具有实空间和k空间分辨率；利用强磁场中的STM研究超导涡旋的结构和中心电子态，以及单原子/单分子近藤效应的塞曼劈裂；利用自旋分辨STM研究体系的磁结构；利用变温STM研究高温超导体超导能隙随温度的演变；利用光辐照下的STM测量单分子和光子的耦合；等等。因此，STM的应用已经大大超出了初始阶段对表面形貌的简单研究，而真正成为凝聚态物理研究的核心手段之一。

我国在 STM 的应用方面拥有较强大的实力，涌现出了几个国际知名的研究组和一批 STM 研究人员。20 世纪 80 年代后期，我国的科研人员就已经研制成功工作在大气和超高真空的扫描探针显微镜。最近几年，也已经成功研制出低温扫描隧道显微镜以及具有原子分辨本领的原子力显微镜。在实验技术如能量分辨本领的改进方面最近几年也有较大的突破，目前我国能实现 0.1 meV 的能量分辨，这在国际同类仪器中处于最好水平。但遗憾的是，由于我国长期存在的产业化方面的瓶颈和评价体制的原因，这些技术不能进一步优化实现商业化。大多数研究组使用的是昂贵的进口成套设备，在研究的课题上也有明显的重复。国家需要在这方面加大产业化的推动力度。我们相信 STM 技术是在实验物理领域我国可能取得自主知识产权，并可以与国际一流水平竞争的方向。我们建议持续对 STM 及相关的技术研发进行支持，并在适当的时候推动产业化进程。

材料的宏观电、磁、热学性质（包括电导率/热导率、磁阻/霍尔效应、热电势、磁化率、比热等）的测量是凝聚态物理研究中最古老、最基本、最成熟的实验手段，在凝聚态发展史中占据着独特的地位。这些实验手段由于其多样性、高精度、在微小样品和极端物理条件中的适用性而在超导、量子霍尔效应、巨磁阻、近藤效应、各种磁有序、量子相变等领域的研究中发挥着不可替代的作用。

因此，我们建议大力鼓励在宏观物性方面的仪器研发工作。例如，投入专项经费，将仪器研发作为相关项目评估的重要考核指标，在国家大科学装置建设中重视附属测量设备的研发，限制商业化仪器的购置等。尽管短期内会对一些短平快的研究工作造成一定的困难，但长期而言能够起到披沙沥金，促进高水平实验工作的效果。此外，在与应用紧密相关的新材料、新器件的研发中，宏观的电、磁、热物性测量往往是最通用的实验手段，我们培养出来的这方面实验人才对于国家工业水平的提高将有切实的推动作用。

极端条件扫描探针显微镜（SPM）技术的发展和应用是目前在表面物理领域中最活跃的一个研究方向。扫描隧道显微镜是人类在 20 世纪最伟大的发明之一，与透射电子显微镜一起，它使我们对自然界的研究与认识真正达到了原子或分子水平。STM 的发明导致了纳米科学作为一个新型学科的建立。这里所说"极端条件"主要是指低温和强磁场。STM 发明 20 多年后的今天，原子水平的成像已经变成了它的一个常规功能。在凝聚态物理的前沿问题研究中，现在用得最多的功能是扫描隧道谱（STS）。在低温条件下，仪器的热稳定性和机械稳定性均得到显著提高，可以在很高的能量分辨（<0.1 meV）情况下对单个原子/分子的信号进行采集，并具有很高的信噪比（探针可以在 24 小时内锁定在一个分子上面不动）。非弹性隧道谱和单分子化学识别的实现（Ho，*Science*，

1997）就是其中的例子。清华大学和中国科学院物理研究所利用低温 STM 研究了单个磁性杂质在超导能隙的束缚态，由此实现了对单个原子的化学识别（Ji et al.，APL，2009）。自旋极化 STM 还能使我们在单原子的水平上对磁性进行研究（Weisendanger，Science，2000），是低维和纳米磁性研究的重要工具。强磁场是凝聚态物理研究最重要的一个手段之一，在 STM 中施加强磁场可以在原子尺度上对很多重要两维现象进行研究，对石墨烯和 Bi_2Se_3 拓扑表面态朗道能级的观察就是这方面的例子（Stroscio，Science，2009；Cheng et al.，arXiv：1001.3220）。目前国际上 STM 的最低工作温度可以达到 10 毫开以下，施加的磁场可以达到 17 特，与目前广泛使用的输运测量设备的极端条件相当。把 MBE 和极端条件 STM 结合到一个系统，我们不但能在单个原子层水平上实现对薄膜生长的研究与控制，还能在单个原子水平对极端条件下的物理进行研究，这导致了单原子层超导薄膜的发现（Zhang et al.，Nature Physics，2010）。当然，如果把 STM 与超快光谱结合在一起，我们还可以实现单原子/分子水平上动力学过程研究，观察到单个光子和单个分子的耦合过程（Ho，Science 2006）。

以上提到的 STM，只能用来研究导体表面，不能用于研究绝缘材料（几乎所有的表面分析仪器都不能用于绝缘体材料的研究）。原子力显微镜（AFM）可以对绝缘体表面成像，是目前为数很少的研究绝缘体材料的工具。但在通常的工作模式（接触，tapping）下，不能获得原子分辨。非接触调谐音叉式 AFM 是目前唯一能对绝缘材料表面成像并达到原子分辨的技术（Giessibl. Science，2000），利用这种技术，我们可以测定在表面移动一个原子所需要的力（Ternes，Giessibl. Science，2008），并能测定单个原子的电荷态（Gross，Meyer，Giessibl. Science，2000），但是世界上目前能做到这一点的研究组不多于 5 个。由于绝缘体代表着一大类材料，具有原子分辨本领的非接触调谐音叉式 AFM 的发展将是一个非常值得鼓励发展的方向。随着这个技术的发展与应用，可以预见一定会出现很多的重要发现。如果把拉曼技术和光荧光技术与 STM/AFM 结合在一起，通过针尖诱导的增强效应，我们还可以在单分子水平上研究化学键的振动态、分子对称性、固体的元激发（磁振子、等离激元与超导能隙的激发）等。

基于以上分析，在该方向目前值得优先发展的内容有：极低温特别是稀释制冷式 STM/AFM、极低温强磁场 STM/AFM、（极低温强磁场）自旋极化 STM、非接触调谐音叉式 AFM、超快光谱与 STM/AFM 联合系统、拉曼和光荧光光谱与 STM/AFM 联合系统、快速扫描（录像速度）STM/AFM、用于原位输运测量的多探针 STM。如果把这些技术和分子束外延或真空蒸镀系统结合在仪器上，可以实现低维量子结构的制备与电学、磁学、光学以及力学性质的原位测量。这个方向将是未来很长一段时期内表面物理的主要方向之一。

光电子能谱技术在过去十几年中获得了迅猛的发展，如能量分辨率由 10 年前的 20～40 meV 发展到目前的 5～10meV，角度分辨率由原来的 2°发展到目前的 0.2°。这些显著的进步，把角分辨光电子能谱这一传统的能带测量工具，上升为研究材料中多体相互作用的重要实验手段，并在高温超导体和其他先进材料的研究中直接导致了一系列新的发现。但随着对先进材料和相关物理问题研究的不断深入，对光电子能谱仪技术性能的要求也越来越高，现有光电子能谱技术在一些关键性能上亟待进一步改进：①超高能量分辨率。对许多重要材料和物理的研究，需要能量分辨率接近 1 meV 量级或更好，而国际上最先进的同步辐射光源的工作能量分辨率约 10 meV。实现 1meV 或更好的能量分辨率，是光电子能谱技术的一个飞跃，也是从事光电子能谱技术的科学家们长期追求的梦想和目标。② 信号体效应的增强。现有光电子能谱技术的另一个明显问题是对样品表面的极端敏感性。这主要是因为在通常所使用的光子能量范围内，探测的电子只来自样品浅表的几个原子层。而对超导体和磁学材料等先进材料而言，需要研究的是它们的体性质。因此，由于表面的敏感性，光电子能谱仪测量的结果能否真正代表材料的体效应，成为长期困扰光电子能谱技术的一个致命问题。

光电子能谱技术正是研究高温超导体等先进材料微观电子结构的高尖端实验手段。由于任何材料的宏观物理性质都由其微观的电子运动过程所支配，所以要了解、控制和利用先进材料中众多的新奇物理现象，就必须首先研究它们的电子结构。众所周知，如果要完全描述材料中电子的状态，需要获得三个基本的参量：能量 (E)、动量 (k) 和自旋 (s)。光电子能谱技术是所有实验手段中唯一能直接测量这些参量的实验手段，所以它在强关联电子体系和其他先进材料的研究及理论发展中处于非常突出的地位。

深紫外激光在光电子能谱技术中的应用，为光电子能谱技术的发展开辟了一个新的途径。如在我们最近成功完成的国际第一台超高能量分辨率角分辨光电子能谱仪研制项目中，通过使用真空紫外激光这一新的光源，实现了能量分辨率好于 1meV 的梦想，获得的激光强度（1014～1015 光子/秒）比现有的同步辐射光源提高 2～3 个量级，解决了长期困扰光电子能谱技术的表面敏感问题（采用真空紫外激光对应的样品探测深度比通常的同步辐射提高一个量级），把现有的光电子能谱技术提升到一个新的水平。并且，在建设成本和运行资费上，深紫外光源要显著低于同步辐射光源，为光电子能谱技术的普及和推广创造了条件。

深紫外激光在光电子能谱技术中的成功使用，提供了一个低成本、高效率、高性能的新型光源，为进一步发展新型高分辨多功能光电子能谱技术提供了契机。一方面，深紫外激光光源的进一步发展，将显著增强光电子能谱的功能，如发展更高功率、光子能量连续可调、光子偏振可调、更高光子能量的激光。另一方面，在光电子能谱技术方面，未来的发展方向：除了进一步扩展角分辨光电子能谱的功能外，将发展自旋分辨/角分辨光电子能谱、时间分辨光电子能谱、空间分辨光电子能谱。深紫外激光的使用，将使这些技术的研发成为可能，并大大提升光电子能谱的性能。

新物质的发现和新材料的制备是凝聚态物理中重大科学发现的物质基础。有些新材料的发现来源于长期广泛深入的探索和良好的物理直觉，如高温超导体的发现。尽管其中存在一定的偶然性，但有必然的内在规律，我们需要借鉴日本同行的成功经验，在不同材料的研究方面合理布局，假以时日必有所成。然而我们更加欠缺的是利用尖端样品制备手段来人工合成低维材料的能力，典型的例子是导致分数量子霍尔效应发现的分子束外延技术和介观物理样品制备中必需的微纳加工技术。分子束外延可用来生长传统手段无法得到的具有极高质量的单晶和异质结，而微纳加工技术允许我们按照实验需求制备灵活复杂的低维结构。二者结合起来可以对材料的组分、电子结构、几何维度、与外界的耦合强度等微观参量进行精密的调控，是量子调控在材料方面的最佳体现。

然而，分子束外延和微纳加工技术难度高、投资大、周期长，而我国在此方面基础十分薄弱，这直接导致了我们在二维电子气、半导体量子点、碳纳米管、石墨烯等近年来凝聚态物理研究的多个重大前沿领域无法与世界一流研究组竞争。同时，这些实验技术和研究方向与纳米电子线路、信息存储和量子计算等战略性产业息息相关。因此，尽管美国总体讲忽视材料研究，却一直极其注重在此领域的领先地位。此外，近年来随着技术的成熟，分子束外延和微纳加工开始在凝聚态物理更广泛的领域中发挥作用，如在氧化物表面、界面和纳米结构的研究中。因此，提高我国在分子束外延和微纳加工方面的技术水平刻不容缓，且将具有广泛而深远的影响。

6. 计算凝聚态物理的核心理论与自主应用平台的建设

计算凝聚态物理，主要是通过计算手段来研究和模拟微观量子世界的物理过程，计算材料的物性，探索微观多体系统的物理规律，预测材料的结构和物理性质及其相互关系，为新型材料的开发和应用、新型信息的存储和传输方式、新型能源的利用手段等提供科学的依据。它是一个涉及广泛的与材料、信息、能源、环境等领域密切相关的重要交叉领域。它不仅能为基本理论的研究和发展提供巨大的支持，而且能为各种实验提供强大的指导作用，模拟各种实验中不易达到的实验条件，预测各种新型量子现象，节省大量的实验经费和时间。

在过去的 20 多年里，物质科学研究中的计算模拟方法与计算机的性能在相互推动中迅速发展。蒙特卡罗法通过计算机模拟在核武器的研制过程中发挥了重要的作用；基于密度泛函理论的第一性原理计算，在材料的电子态计算、材料的结构分析和设计等方面都得到了广泛应用，密度泛函理论的创始人 W. Kohn 20 世纪 90 年代末获得了诺贝尔化学奖；由 K. G. Wilson 开始发展起来的数值重正化群方法，将求解多体物理问题与计算机结合起来，并解决了著名的单杂质近腾效应问题，于 80 年代获得诺贝尔物理学奖；在 Wilson 的基础上，S. R. White 提出了密度矩阵重正化群的概念，极大地推动了强关联问题的计算研究，也因此获得计算物理最高奖（Rahman 奖）。这些都是计算物理与物质模拟和大规模高性能计算机发展的重要标志。

计算方法的研究，是计算凝聚态物理发展的精髓和灵魂，也是自主软件开发的基础。只有在计算方法上有创新，才能在研究中把握主动性，做出原创性的工作。计算方法的研究主要解决三方面的问题。一是要准，只有这样，才能准确地模拟量子体系和量子现象，对强关联系统、多自由度及多场耦合系统、激发态、超快过程、动力学过程、非平衡等物理过程做出科学的预测。二是要快，这样才能快速有效地模拟各种复杂系统。三是要大，使得计算模拟能够直接和实验系统做比较。对这些关键问题的研究构成了当前该领域研究的前沿主流，任何一方面的突破都将极大地促进该领域的发展，也必将在科学史上占有一席之地。

计算凝聚态物理的研究主要包括两方面的内容。一是通过计算的手段来研究一些无法解析求解的（参数化的）物理模型，探索现象背后所隐藏的物理规律。这方面研究是计算凝聚态物理的基础。二是从物理学的基本原理出发，精确模拟现实的材料系统，通过计算机，模拟各种环境，特别是极端条件下的实验状态和结果。不同的计算方法针对不同的研究对象。大体上计算凝聚态物理的研究可分为连续介质、经典分子动力学模拟和量子模拟三个层次。这三个层次的问题互相衔接，覆盖了从以"米"为空间尺度、以"秒"为时间尺度的宏观层次到以"埃"为空间尺度、以"飞秒"为时间尺度的微观层次。虽然计算模拟的体系和对象各种各样，但涉及的基本问题却有相似性。研究这些问题的目的，就是要从理论上探索如何从个体满足的简单定律得到复杂的多体现象，预测材料的结构和其他物性，阐明各种新奇量子现象产生的微观机理。

发展计算方法与算法、开发软件是一个长期且庞大的工程，需要足够的人力和物力的投入。特别是随着高性能计算机的发展，开发与拥有自主知识产权的软件对于科学技术与物质模拟变得越来越重要，其意义不亚于自主开发我国的个人电脑微软操作系统，否则重大创新成果的产生或新材料的开发都会受制于国外的开发商。目前，虽然我国在第一性原理计算方面有一支庞大的研究队伍，但绝大多数人的研究主要依赖于从国外购买软件（VASP、WIN2000 和 GUASSIAN 等），他们不真正了解软件的内部结构，导致任何需要超越现有方法进行重要科学问题的研究和推广与发展方法本身都非常困难，只能跟在外国的后面进行研究。我国在量子多体问题的计算方法研究方面状态好一些，起步不比国外晚，许多新的计算方法就是由我国科学家提出的，在核心软件的开发方面也有了一定的积累，但在软件集成和商业化方面还缺乏长期和整体部署。

总之，计算凝聚态物理作为凝聚态物理的一个重要分支已经发展成一个体系完备、研究内容丰富、潜力巨大的科学领域。要想真正能有效面对国家战略需求和参与国际竞争，我们要建立自己的专业队伍，加强必要的计算设备，特别是大规模并行计算环境的建设，加强计算方法和相关软件的发展，解决一些核心的科学问题，从而提升我国在这个领域的竞争力。

在当前的凝聚态物理研究中，基于密度泛函的第一性原理计算研究占据了相当重要的位置。它已被广泛应用于各种物理系统，从基态到激发态，从纳米到表面，从简单金属到强关联电子系统，从静态过程到动力学过程。同时也被实验组广泛用以检验及解释实验结果。通过第一性原理计算，现在已有可能在没有任何可调参数的情况下，自洽地求解一个包含有几百个原子（近千个电子）的固体系统。对于简单金属和半导体材料，计算精度已可达到百分之几的量级。这样的精度使得材料设计和物性预测成为可能。可以想象随着该领域的发展，我们将完全有可能不做实验，而完全通过计算模拟来设计新型材料并研究其物性。

要求解一个没有参数的实际材料的量子力学问题，可以想象其困难程度是非常大的。而密度泛函理论的发展使得这样的研究成为可能。对于一个实际的量子力学问题它的解由本征态的能量和波函数来刻画，而每一个波函数又由一组基矢量展开并且在空间上是非均匀的。对于多电子系统，这样的问题包含了太多的自由度，求解非常困难。而密度泛函理论的基本思想是把这样的一个问题等价到另外的一个系统，只要该系统与原系统有相同的电子密度，则两个系统就应该有相同的能量。这样我们就可以不用考虑波函数，而只考虑系统的电子密度，使得计算量大大降低。

密度泛函理论用单电子势取代电子库仑相互作用，将多体问题转化成容易求解的单体问题。最常用的交换关联势近似有局域密度近似（LDA）和广义梯度近似（GGA）。但这些近似不能很好地描述分子间的相互作用，不适合处理色散力占主导（比如稀有气体）或者色散力起重要作用（比如生物分子）的体系，对过渡金属和强关联体系的处理也不很成功。此外，密度泛函理论的计算精度还不能满足很多应用的要求，例如，化学反应在常温下对 26 meV 量级的能量差很敏感，许多生物化学过程则要求更高的精度。为了解决这些问题，必须在密度泛函理论框架下，寻找新的交换关联能泛函，提高计算精度和速度。

提高计算速度，一种方式就是改进密度泛函理论算法。目前大部分密度泛函理论算法的计算量是随原子数的三次方增加的，较传统的量子化学方法已经有很大改进。但即使用最强大的超级计算机也只能计算几百个原子的体系，还无法研究生物大分子或上千个原子的纳米结构。近年来，已出现了一些程序包（如 ONETEP、SIESTA 等）来克服这个困难，计算量仅随原子数线性增加。但这些方法上的改进，目前还只限于有限体系（分子、团簇等），如何将其推广到周期性体系以解决固体材料中存在的问题，有待进一步的探索。解决复杂体系电子结构计算问题另外一条途径，就是发展多重尺度方法或半经典的方法。

传统的第一性原理电子结构计算方法，首先是选取一组完备函数基底，然后在这组基底下求解 Kohn-Sham 方程。平面波是比较常用的基底。但实际的系统，很多情况下没有平移不变性，如材料中的缺陷、极化体系、带电的纳米结构等。特别是近年来，对纳米尺度下的电子器件，如单分子电子器件、自旋电子器件等的理论计算变得越来越迫切。这些问题只能在实空间进行求解，但目前还缺乏一种有效的在实空间上进行电子结构计算的方法。

密度泛函理论是关于基态的理论，它不能很好地描述激发态。把这种方法拓展到激发态有两种途径。一是发展含时的密度泛函理论，把密度泛函理论推广用以研究含时动力学过程；二是把密度泛函理论与格林函数结合起来，在密度泛函的结果的基础上，根据线性响应理论计算动力学响应函数。但是在纳米尺度下电子受量子力学支配，通过纳米结构的电流电压特性往往显示极强的非线性行为。这时要处理的是一个非平衡开放量子系统的输运问题，类似于高能物理中的散射问题。解决这个问题，主要有两种方法：一是非平衡格林函数方法，二是多重散射 Lippmann-Schwinger 方程。这两种方法各有所长，前者能描述发生在一些纳米碳管中的电子输运，而后者能更准确地描述对通过原子和分子的量子输运过程。实际计算中，Lippmann-Schwinger 方程要用均匀正电背景下的电子气的凝胶模型模拟电极，替换具有晶体结构的真实电极，是此方法的主要缺陷。非平衡格林函数方法可比较好地处理电极的结构，但是存在其他技术上的困难，对以贵重金属或过渡金属为电极的量子系统计算的收敛性差。目前用这些方法计算得到的结果与实验测量常会有很大出入，如何改进这些方法，克服这个困难，是一个值得探索的方向。

局域密度泛函近似（LDA）在计算简单金属、半导体和绝缘体的电子结构上比较成功，但是用于过渡金属氧化物、稀土化合物等关联电子材料不是很好。这个近似失效的一个原因，是通常采用的交换关联势中存在着非物理的电子自相互作用。这一自相互作用在热力学极限下趋于零，对巡游性很强的电子贡献很小，但对局域性很强的电子却有很大的影响。因此，当 LDA 用于电子强关联系统时，会放大电子的巡游性所导致的电子杂化效应，但低估电子间的库仑相互作用。

为了克服这个缺陷，近年来人们提出了一些超越 LDA 的近似方法，把关联效应部分考虑进来。典型的是 LDA＋U 方法，这里 U 代表定域轨道上电子的库仑相互作用。但在实际的计算中，U 很难精确确定，通常是作为一个变分参数引进的。此外，LDA 与强关联计算方法的结合也是近年来研究的热点方向。其中，比较成功的是 LDA 与动力学平均场（DMFT）的结合。动力学平均场是一种高维空间中比较好的近似，比较适合处理单个磁性杂质问题。LDA＋DMFT 在研究重元素（如锕系元素）或其化合物构成的晶体电子结构方面得到了比较满意的结果。但 LDA＋DMFT 计算量很大，计算速度很慢，为了克服这个缺点，包括 LDA＋Gutzwiller 近似在内的其他的近似方法也在不断的探索过程中。

LDA 和 GGA 以及目前广泛使用的交换关联泛函，无论是对简单金属体系，还是强关联体系，在计算物理量时，与实验相比，都存在各种各样的问题。例如，能隙太小，离化能太小，亲和能太大，等等。最近已经清楚认识到其物理原因可能不止一个，为发现寻找新的交换关联密度泛函提供了新的契机。

通过密度泛函理论研究，高精度计算和预测各种物理量是人们最高的追求。密度泛函理论是建立在基于电荷密度的能量泛函基础之上的，可以非常容易地得到一些直接与能量和电荷密度有关的物理量，但是在从基态电荷密度和 Kohn-Sham 轨道出发计算各种物理量有很多时候不是非常直接的，如 Band-offset、缺陷的性质等。因此在密度泛函理论的框架之内发展各种算法高精确计算各种物理仍是第一性原理计算中的一个重要内容。

对关联量子物理的计算研究，就是要发展适用于量子关联系统的多体计算方法，并通过计算和模拟，定量研究过渡金属氧化物等复杂量子材料中的电子结构和物性，理解其复杂的基态、相图和各种反常性质，并在此基础上，探索复杂量子系统的物理规律，预测材料的结构和物理性质及其相互关系，为复杂量子态的探索和新型功能材料的开发应用提供科学的依据。这方面的研究，一是要通过计算，研究一些无法解析求解的物理模型，探索关联量子现象的规律；二是尽可能减少人为参数，完全从物理学的基本原理出发，精确模拟现实的材料系统，实现计算模拟实验。

关联量子物理的计算研究在过去的十多年里，进展十分迅速。伴随着当代计算机技术的迅速发展，这个领域提出了一些新的有效的多体计算方法，主要包括数值重正化群方法和量子蒙特卡罗模拟，已能对大量的关联量子现象做出定量的解释，并能对一些未知的现象做出精确的估计和预测。这些多体计算方法与基于密度泛函理论的第一性原理计算所针对的研究对象和功能不完全一样，但有一定的互补性。第一性原理计算的主要功能是确定材料的基本参数和电子能带结构，对研究关联性不强的金属或半导体系统比较好；而多体计算方法主要是用于研究基本的统计物理模型和凝聚态物理中的量子关联比较强的系统，包括量子反铁磁材料、高温超导材料等，探索理解这些系统中各种关联量子现象出现的物理根源和机理。

重正化群的概念，最早是为了解决量子场论中出现的紫外发散问题提出来的，曾非常成功地解决了量子电动力学的点电荷发散问题和量子色动力学的夸克禁闭和渐近自由问题，对量子场论的发展起到了核心推动作用。在统计物理和凝聚态物理的研究中，重正化群最早被用于解决连续相变和临界现象问题。20世纪70年代，K. Wilson第一次把重正化群理论与数值计算结合起来，解决了著名的近腾杂质问题，开辟了数值重正化群研究领域，并于1982年获得了诺贝尔奖。1992年S. R. White提出了密度矩阵重正化群方法，极大地提高了数值重正化群的计算精度。例如，对一维自旋为1的海森伯模型，这种方法的计算误差很容易就能达到10^{-12}之下，而其他方法至多能达到10^{-4}。随后，包括中国在内的许多国家的科学家对密度矩阵重正化群方法做了大量改进和推广，使之成为迄今为止精确计算各种热力学和动力学量最为全面的一种数值计算方法，解决了大量在一维或准一维量子模型的物理现象和机理研究方面遇到的难题。

密度矩阵重正化群方法的研究和发展，目前主要是集中在两个方向。一是进一步完善这种方法，研究解释一些在低维材料或光格场中冷原子系统中发现的物理现象，探索其背后所隐藏的物理规律。二是将这种方法推广用于分子或原子团簇的电子态计算。相比于传统的量子化学计算方法，这种方法能处理的分子轨道多，计算精度要高得多，可以解决一些其他方法不能解决的问题。最近这方面有比较大的进展，目前存在的主要问题是计算量大，广泛应用需要进一步提高计算速度。

密度矩阵重正化群方法在一维量子模型物理性质研究上发挥了重要作用，但对二维相互作用量子模型的研究，这种方法却存在缺陷。在二维格点系统，随着系统的面积的增长，这种方法的计算量和对计算机内存的要求呈指数增长，限制了这种方法的应用。为了克服这个困难，最近的一个比较大的进展是用张量乘积态来表示二维统计模型的配分函数或二维量子模型的波函数，然后通过对张量乘积态进行重正化群变化，迭代得到精确的数值结果。对经典统计模型，这种方法的计算精度已远远超过了蒙特卡罗模拟等其他方法。对二维量子自旋模型，这种方法的精度也已达到目前最好的量子蒙特卡罗计算的精度。而且这种方法没有量子蒙特卡罗方法的负符号问题，应用面更广。对这种方法进一步的研究主要在以下几个方面：一是进一步探索和发展张量重正化群方法，提高计算精度，使其成为研究二维相互作用量子模型最精确的计算方法；二是推广和应用这种方法，研究二维相互作用电子模型，如模拟高温超导体中电子相互作用的Hubbard模型或t-J模型，或有阻挫的量子自旋模型，得到一些无争议的计算结果，为解决高温超导机理、自旋液体存在与否等基本的强关联物理问题提供有用的信息。

量子蒙特卡罗模拟也是研究多体量子关联问题常用的方法。这种方法通过马尔科夫随机行走的方式对相空间中的状态抽样，来模拟一个物理系统中粒子的运动规律。量子蒙特卡罗针对不同的问题和研究内容，有不同的方法，常见的包括变分蒙特卡罗、路径积分蒙特卡罗、格林函数蒙特卡罗等。这些方法比较成熟，在研究相互作用玻色子模型、无阻挫的量子自旋模型方面发挥了重要的作用。但对于绝大多数相互作用费米子模型，除了变分蒙特卡罗，这些方法都存在所谓负符号问题（亦称为负概率问题），计算误差随着温度的降低指数增长，计算结果变得不可靠。

近年来，量子蒙特卡罗方法研究一个引人关注的方向，是将其与密度泛函理论结合，应用于第一性原理计算之中。其优点是直接采用多体波函数来刻画电子关联效应，无需对交换关联泛函形式作近似，避免了定域密度泛函或其他近似带来的不确定性，通过这种方法能够得到精度比较高的计算结果。缺点是这种方法的计算量比密度泛函理论大，目前还只能研究一些比较简单的分子或固体系统。但这方面的研究刚刚起步，还有很大的发展空间，进一步的探索研究是非常必要的。

不像第一性原理的计算软件，量子多体理论的计算软件现在还没有被商业化。这从一定意义上，限制了从事量子多体计算队伍的规模。但从另一个角度来看，也说明这方面的研究还有更大的发展空间。强关联多体问题的研究是一个极具挑战性的课题，只要这个问题没有解决，对其计算方法的研究就不会结束。我国在多体计算方法的研究和应用方面，自 20 世纪 90 年代以来在数值重正化群方法的研究方面做了大量工作，开发了一批有自主产权的软件。近年来在量子蒙特卡罗计算方面也有长足进步。我国在多体计算方面的进一步的发展，一是要重视多体计算软件人才的培养，扩大研究队伍和研究范围；二是要进一步探索和发展新的量子多体计算方法，解决或帮助解决在量子关联物理研究中的一些基本问题。

7. 软凝聚态物理

软物质在自然界物质存在中是最广泛最通常的一种凝聚态物质，物理学特别是凝聚态物理学和统计物理相关的概念、方法和手段在软物质的研究中可直接应用。因此，以软物质为研究对象的软凝聚态物理学快速发展，学科体系迅速建立形成，在 20 世纪 90 年代形成了一个物理学新学科方向。软凝聚态物理学现在已发展成为与化学、生物学和计算科学紧密相关的新学科。目前，软凝聚态物理的主要研究领域有颗粒物质物理、聚合物的复杂相行为、胶体、软物质微流变实验和理论、液晶物理和应用、生物大分子物理。

软物质中液晶物理的研究已经高度实用化，但仍然存在着应用目的驱动的基础物理问题。以显示技术为研究基础，液晶在各种应用领域的开拓性意义也日益凸现出来。因此，液晶前沿的研究具有重要的前瞻性和重大应用前景，将对国家的液晶显示器件行业和与液晶相关产业的持续性发展产生不可估量的影响。从物理上讲，液晶前沿研究是软物质与弹性力学科学、光学科学、流体力学科学和材料物理科学交融形成的交叉前沿学科。

软物质及其相关利用的主要研究内容分为三个方面：

1) 研究颗粒、胶体和聚合物等软物质在复杂相互作用下的动力学、自组（织）装、相变及其流变学特性。

围绕着颗粒、胶体和聚合物等软物质在复杂相互作用下表现出的复杂的时空动力学特性和奇异的物理现象，通过细致观测发现和分析表征其复杂的物理现象和物理特性，建立更准确的描述软物质运动规律的理论体系，用以描述和刻画软物质体系具有的复杂相互作用、非平衡态及动力学运动特性和复杂相有序结构的自组织自组装过程。

2) 液晶系统的物理特性研究和相关技术发展。

深入研究液晶器件物理，液晶材料和新型生物液晶系统的物理性质；利用液晶在外场作用下容易改变的一些性质（如光学折射率、弹性能存储、螺距等），研究经典固体材料不容易达到的相位调制、形体调制、多维微结构控制，甚至用于囚禁微观粒子等物理特性；开展与液晶系统相关的大规模分子间相互作用和特性的模拟计算等。

3) 发展软物质复杂体系实验观测和模拟计算新方法。

发展和建立新的实验方法和技术用于软物质的动力学研究，以提高实验观测系统的信噪比、时间和空间分辨力。重点发展如颗粒、生物分子、聚合物、胶体等实时动力学观察、物理特性表征，以及应用于生物大分子、分子马达和人工纳米器件表征和操纵的单分子成像和动态显微技术、光谱技术等。针对软物质体系复杂分子组分的特征，发展各类力场理论模型，利用分子动力学、布朗动力学、蒙特卡罗等模拟手段，发展和建立多尺度软物质体系的计算机模拟计算方法，开展大规模模拟计算软物质体系的动力学和自组装、自聚集过程。

（二）原子分子物理与光学

1. 时空多维度极端光物理基础研究

(1) 阿秒极端超快相干脉冲和超短波长激光物理研究

重点突破实现极短脉冲宽度、更高强度和更短波长相关的关键科学技术和物理问题，在阿秒极端超快光谱学、阿秒极端超快原子分子物理学与化学、阿秒极端超快非线性光学的研究、应用中取得重大突破。

（2）基于超快激光的精密光谱学研究

围绕超快时频域精密操控、超短脉冲整形、超快和超短波段精密光谱学等方面开展系列化的实验和理论研究。开拓基于强场超快激光的精密光谱学的新学科前沿并探索其重要应用，发展强场超快量子相干操控新领域，探讨超快强场激光相干控制在分子调控领域的应用。

（3）强场物理前沿研究

研究超短强激光脉冲（强度高达 10^{22} 瓦/厘米^2）及其物理效应。

（4）超快光物理交叉前沿

主要涉及高灵敏超快光谱学技术的发展以及基于超快光谱学技术而产生的前沿交叉研究领域，如超短时间和超高空间分辨探测技术在生物和材料物理、自旋的光学探测和调控、量子光学中的重要基础问题等方面的应用。在生物物理研究方面，超快光探测技术将提供生物结构与功能的相互关系及其动力学行为的信息。在自旋的光学探测和调控方面，超快时间分辨光学方法在自旋注入和探测两个方面都是非常重要的实验手段。在量子光学和量子信息领域，超快过程的光探测与调控将为一些重要问题提供关键的研究手段。这些问题包括：受限光子-原子相互作用与腔量子电动力学、固态与人工结构中的量子光学问题、量子态的制备、控制和精密测量、开放系统中的量子光学问题、若干量子物理基本问题的量子光学检验、与量子信息相关的量子光学等。

2. 光学新材料、新物理与新器件研究

（1）非线性光学新材料、新器件研究

激光三维显示的实用技术发展是现代显示技术中最重要的发展方向之一。

（2）亚波长光子微结构和表面等离激元相关重要问题

基于亚波长金属人工微结构的等离激元学是一种新的器件技术。它主要是利用金属纳米材料独特的光学特性，实现在纳米尺度对光子的路由和操纵。这方面的重要研究内容包括：发展针对纳米尺度人工电磁材料的光频段电路理论，为亚波长空间区域操控电场、电位移提供新的原理；开展基于亚波长结构的回路单元以及复杂元件的研究；金属纳米天线的设计与纳米尺度无线光学的关键基础问题；亚波长光子学及其在突破衍射极限聚焦方面的关键基础问题如反多普勒效应、光子隧道器件、定向发射光源等；表面等离激元诱导的局域电场增强新机理新现象；亚波长体系的表面等离激元与单分子/原子辐射的耦合、能量转移、单光子的产生、量子光场的线性和非线性效应的物理机制。

（3）非传统机制光子人工微结构的调控机理与新现象

非传统机制光子晶体包括：无序或非周期导致光子局域化的 Anderson 光子晶体，非线性导致光子相互作用的 Mott 光子晶体，手征结构导致拓扑光子晶体等。另一方面，由超颖材料构成的光子晶体存在完全不同于电子晶体的带隙调控机理。对这些特殊带隙结构的深入研究，不仅会加深我们对光子晶体等人工微结构的光调控物理过程的了解，而且有可能会反过来导致全新的电子调控手段，如利用电子的负折射现象来研制新的器件。除了非传统机制光子晶体，近年来特殊结构光子晶体光输运新机理、新现象的研究也引起人们极大兴趣。这方面的工作包括：①梯度结构光子晶体，梯度变化包括晶格结构、电磁参数如介电常数和磁导率等；②光子微腔阵列，它提供了一个新的研究角度即从局域性而不是波动性的角度来研究光传播问题；③光子人工微结构对光子真空模密度量子涨落调控而导致的宏观作用力，即所谓 Casimir 力；④特殊光子晶体对特殊组成形式的光波如矢量光束的调控新机理新现象。

（4）光子微结构集成回路及相关元器件的研究

超快速、低功耗新型介观光子器件在光子集成回路、光计算和超快速信息处理等领域都具有非常重要的应用背景。这方面的研究首先是超快速、低功耗新型光子晶体无源集成光子学器件和回路、有源光子学器件。无源集成光子学器件和回路研究对象包括高性能光子晶体波导互联网络、高 Q 低 V 值光子晶体共振微腔、通道上传/下载滤波器、密集波分复用技术、Mach-Zender 干涉仪。光子晶体有源光子学器件研究对象包括纳米激光器、信号调制器、光开关等。

（5）光子晶体量子信息处理关键基础科学与技术问题

高性能的光子晶体集成光子器件和回路的发展将为在光子晶体平台上发展量子信息处理技术，实现微观体系的量子调控提供坚实的物理平台。光子晶体量子信息处理涉及的关键基础科学与技术问题包括：①关键基础问题如高品质因子、超小模体积的非传统固态光学微腔的调控机理、实现光子-辐射子强相互作用的新方法、量子纠缠态的相干控制和动力学演化原理、固态微腔中新颖的量子非线性光学现象、微纳特异介质和珀塞尔（Purcell）方向性增强效应在可控的单光子辐射及量子相干远距离传输中的应用等。②关键技术问题如在半导体量子点的基材上制备高 Q/V 值光子晶体共振微腔、稀疏量子点阵列的材料制备以及单量子点的精确定位、在含氮空位的单晶金刚石薄膜上制作与之匹配的高 Q/V 值光子晶体纳米共振微腔等。③近红外波段全介电光子晶体特异材料的研究：近红外波段光子晶体特异材料在隐形、超透镜成像和近场光学等领域都具有非常重要的应用背景，是目前材料科学的研究前沿和热点之一。由于在光通信等近红外波段，介电材料的磁响应很弱，光与物质的磁相互作用还不到电场相互作用的 1/100。如何实现低损耗的全介电光子晶体特异材料，将是人们面临的一个重大挑战。

（6）光学人工微纳结构在超灵敏检测中的应用研究

近年来，基于环形光学微腔、表面等离激元增强和近场单分子荧光相关光谱等生物、环境检测和传感器的相关研究，得到了广泛关注并取得了非常迅猛的发展。其潜在的应用包括生物医疗、卫生保健、环境监测、甚至国土安全。国际上，尤其是美国和欧洲，越来越多的研究小组加入该领域，竞争非常激烈。最近，拥有高品质因子回音壁模式（whispering gallery mode）的环形光学共振微腔结构被认为是最有应用前景的新型传感器方案之一。在环形光学微腔型传感器中，光在微腔中具有很长的光子寿命（正比于微腔模式的品质因子），与被检测物质的相互作用得到了加强，从而提高了探测灵敏度。光学微腔传感器的研究内容包括：研究高品质因子环形光学微腔与微流通道集成的新型复合结构，增强光与生物等检测物质的相互作用，提高探测灵敏度；利用光学微腔生物传感器检测单个具有特殊医疗意义的蛋白质分子、病毒、DNA 等。

（7）表面等离激元和量子体系相互作用研究

在这种量子发光体和纳米金属结构联合体系内，主要有纳米结构主导或量子和介观体系强耦合两种相互作用机制。在纳米结构主导的体系内，靠近金属表面。一方面，巨大的近场增益会增强荧光效果；另一方面，金属表面的镜面反射效果导致激发态分子寿命缩短。为了得到高质量的荧光，就需要在纳米金属结构设计及分子弛豫系数方面综合考虑。当纳米金属结构比较小而量子体系又离得比较近时，就要考虑表面等离激元的量子化。这时，在外光场作用下，联合体系通过表面等离激元量子和量子能级结构发生相互作用。这个问题的解决一方面将会揭示许多新的物理，另一方面将会应用到与分子或量子点相关纳米器件设计。

3. 原子分子多体相互作用及量子动力学过程

原子分子物理学是对物质基本构成——原子分子结构、性质和相互作用的基础研究。事实上，从 Bohr 的氢原子模型到今天成熟的多电子原子分子结构理论，经过近百年量子理论的发展，人们得到了大量的原子分子能级结构、原子分子光辐射跃迁振子强度、电子和原子分子碰撞强度、原子分子之间的碰撞强度等基于原子分子能量本征态和在外部微扰作用下在能量本征态之间的跃迁过程的物理图像和物理量。但是随着超强、超快激光技术的出现，人们可以在实验室产生强度可以比拟甚至超过原子中核电场的激光场，激光脉冲的时间可以短至飞秒甚至阿秒，利用高能量激光可以产生比拟固体密度，温度达几十甚至几百 eV 的高温稠密物质。在这些物理条件下的原子分子体系和此前人们所熟悉的原子分子体系比较，将呈现由静态到动态、由微扰到非微扰、由简单体系到复杂体系、由孤立原子到原子和环境的强烈耦合、由弱场到强场的本质变化。人们对这类原子分子体系的动态结构及其和外场的相互作用的理解和描述将需要全新的概念和物理图像，这就是在刚刚开始的新世纪中，原子、分子和光学呈现给人们的新奇而朦胧的面貌。

原子分子过程中多体相互作用涵盖原子分子结构和碰撞，是原子分子物理研究的核心问题，与此相关的量子多体动力学问题是极具挑战性的基本物理问题之一，从20世纪初量子力学诞生之时直到21世纪初，经过科学家的大量努力，才能精确地数值求解了最基本的量子三体动力学问题（如电子碰撞氢原子电离和氦原子的光致双电离）。这一问题的研究是目前原子分子物理的重要前沿课题，研究包含了各种最先进的科学实验仪器方法（自由电子激光、同步辐射光源、电子-离子碰撞、冷却或囚禁原子分子离子等），在简单的原子分子体系上的突破，无论理论还是实验上都将极大地推动人们对物质科学的更加深入的认识和实现对物质变化过程的控制，并将为与能源问题相关的等离子体过程、自然或实验室极端条件下的物质状态、空间环境物理基础等有着重大背景的应用研究领域提供关键原子分子过程的精确信息。

（1）可控量子态原子分子和光子、电子、离子碰撞

超短脉冲整形技术的出现为原子分子多体相互作用及量子动力学的研究提供了有力的工具。通过空间光调制方法和遗传算法反馈控制，能够实现动力学过程的最优控制。进一步研究需要解决的关键技术和方法问题，例如发展对包括偏振在内的脉冲序列的各参量进行优化，从而了解和掌握超短激光的不同调节参量对分子量子态演化过程的影响，以期达到对量子态演化途径的控制。扩展目前能够实现整形脉冲的波段（如实现紫外波段飞秒脉冲整形），也是非常重要的。进一步实现在聚集体中的反应控制也是非常实际的问题，在聚集体材料内实现相干控制反应还有很长的路要走。之所以在凝聚态材料中实现相干控制具有挑战性，是因为凝聚态材料的复杂多相性和环境的波动性会很快地破坏其中激发态分子的相干性。已有研究初步表明，如果反应进行的速度快于失去相干性的速度，则在聚集体中通过整形脉冲序列相干进行反应控制是有可能的。显然，为了这个领域的继续发展，将其扩展到凝聚态材料反应的相干控制中是十分有必要的，其中有更为丰富的现象、更为实际过程需要实现反应过程的相干控制，这也是这个领域发展的必然趋势。

理论上对于量子多体关联问题还没有精确解，这就需要一方面发展物理模型，研究各种复杂的高阶物理效应；另一方面随着计算科学技术的进步，发展新的理论方法和计算方法。发展涉及高阶量子效应的原子分子多体关联效应的高精度理论和计算方法，对多体关联效应的影响进行科学预言和对实验观测的解释，是一个重要的理论计算研究内容。

（2）高电荷原子物理

开展与核物理及高能物理相关的高电荷原子物理研究。研究高电荷离子中电子行为与核子行为的相互关联作用，探索通过原子状态控制核衰变的可能性。通过选择储存沿同位素链或者同中子素链核素，基于电子冷却装置开展电子-离子共振谱学实验，探索扩展核基态性质的实验研究区域和通过放射性核素的双电子复合精细谱获得核电荷分布信息的途径，为系统研究放射性核素核物质分布提供关键数据。另外，利用储存环具有能长时间储存单一高电荷态离子的优点，实验上细致研究重要的与天体物理等离子体相关的离子-电子碰撞过程，探索各种共振结构，特别是对双电子复合速率的影响，为天体物理及其高密度等离子物理中各种模型构建、动力学演化提供精确和可靠的数据，为深入认识相关物理过程奠定坚实的实验物理基础。基于冷却电子束的储存环中产生的足够强度的类氢、类氦和类锂等少电子重离子与电子碰撞实验，也可以确定离子结构的精确信息，与理论结果对比，精细研究相对论效应、电子关联效应以及QED效应。

（3）高温稠密等极端条件下的原子分子结构与动力学过程

开展热力学和能量（如温度、压力、密度、能量密度等）等极端条件下的原子分子物理实验研究。内壳层电子的压致电离和谱线重叠及移动等。发展量子分子动力学（或者第一性原理分子动力学）、量子蒙特卡罗等理论方法、基于超快超强激光和等离子体相互作用产生的高次谐波极端紫外辐射对等离子体的结构超快时间分辨测量、太赫时域光谱辐射测量研究高温稠密物质的电导率等技术和方法、研究高压下分子体系结构演化及电子相互作用的超高压超快时间分辨光谱和电学测量方法等。不仅有助于理解与极端条件下物质结构及变化过程相关的大量科学技术问题，而且在学科意义上对认识原子体系中相对论和QED效应、多电子体系的电子关联作用等，也是十分重要的。

（4）强激光场中原子分子行为

研究超快强激光强场中原子、分子的行为，包括原子分子的多重电离、内壳层电离相关过程，分子的电离-解离关联，电子散射与高次谐波-阈上电离过程，发展实时观测和了解原子运动、电子运动的动力学过程的技术和方法，探索激光场与原子分子体系的强耦合效应，强场中多电子的强关联效应，以及原子分子状态的光场调控过程。在研究中从理论上发展处理强场问题的求解多维的量子含时薛定谔方程方法，扩展单电子体系计算到多电子原子体系及对分子体系的全电子计算模拟，仍然是一项艰巨的任务，解决这一问题无疑将对多体动力学的量子理论做出贡献；研究利用阿秒脉冲在极短的时间尺度对电子的运动行为、电子量子隧穿和波函数分布等探测和控制的可能，进而实现在电子层次上的对化学反应的控制，也是需要实验技术上有很大发展并非常具有挑战性的任务。

(5) 团簇的结构与物理、化学性质

通过质量选择技术确定和选择某一尺度团簇，为研究特定尺寸团簇的电子轨道、键合、光激发、电离和解离以及与其他原子、分子或表面的碰撞反应等提供了可能，通过各种谱学方法，我们对团簇体系的结构、能量状态、性质以及与光子、电子、离子等碰撞过程等有了一些认识，由此产生对团簇的结构和性质及其随尺度变化出现的演变规律的完整图像。通过气相选择团簇制备出具有独特性质的团簇材料，也是团簇研究重要的内容。团簇的制备、测控、修饰和组装，将可能为按照人们的意愿从零维到三维设计和制备具有量子性质的纳米材料或超微器件提供物理基础和技术准备。另外，在理论上已经有能力计算不同尺寸团簇的几何、电子结构，光学、电学、磁学性质和热力学性质，结合实验研究，正在不断推动建立相应的预言由小到大的确切尺度体系的物理、化学性能的理论框架和构造各种有价值的特殊分子及纳米器件。

(6) 原子分子精密谱和物理常数

由于精细结构常数的精度直接体现为实验与理论的符合程度，它的精确确定成为物理学重要的基础研究课题。迄今已建立了多种精确确定精细结构常数的方法，如电子 g 因子、量子霍尔效应、Mu 原子基态超精细分裂、氢原子 2P 态精细能级分裂等的高精度测量等。各种方法确定的相对精度从几十 ppb (10^{-9}) 到亚 ppb 量级。精密测量方法有待进一步的改进，有很多基础的物理问题有待人们探索。例如，影响原子谱精确度的根源，在于外场和环境对原子的干扰以及与原子分子运动有关的各种效应。当光频测量的精度到达如此高的水平时，更细微和新的效应会显现出来，如我们得考虑更有效的冷却方法、量子投影噪声 (quantum projection noise)、广义相对论效应和重力效应等，以及如何达到和超过极限精度等。借助基于冷原子/离子/分子的精密测量实验技术，对现有物理理论的基本假设和定律进行更加精密的检验等。

(7) 原子分子物理前沿研究实现的创新实验技术研发

发展高时间、空间分辨的超灵敏、高光谱分辨的分子识别方法，结合飞秒激光及相关谱学技术（如荧光光谱、拉曼光谱、二次谐波、太赫光谱等），应用到在原子分子水平上研究复杂分子体系（生物分子、高分子等）的一些重要原初过程和相干动力学过程，扩展探测分子性质及反应时间、空间的能力。发展高分辨的高能电子散射实验和 X 射线散射实验，提供原子分子的能量-动量-截面的三维信息，给出原子分子的完整的动力学信息。特别是由于 X 射线的强穿透性及中性粒子特性，对于各种极端环境如高压、高温、低温、强外电场和磁场及高真空不相容样品环境的原子分子动力学特性研究将是非常重要的。

(8) 面向对象的创新物理科学计算软件研发，数据库

依赖于高性能计算机系统的大规模高效数值计算和数值模拟是物理学研究

的重要手段。面向对象的创新物理科学计算软件和数据库是开展数值计算和数值模拟研究的基础，国际上从 20 世纪 50 年代开始发展的有关原子、分子、固体电子结构（能级结构）和碰撞截面的计算软件和数据库目前已经非常成熟，近 10 年甚至出现了多种功能强大、计算可靠的商业软件。在传统软件的研制和相关计算方法的研究方面，我国和国际上的先进水平有很大的差距，目前国内流行的计算软件几乎全部为国外研制开发。随着原子分子和光学的研究由静态到动态、微扰到非微扰、简单体系到复杂体系、孤立系统到环境效应、弱场到强场，新的高效含时计算方法和理论，新的面向对象的计算软件和数据库，已经逐渐成为近年来和未来若干年人们研究的重要方向。

目前国内外研究原子分子超快动力学过程的计算软件还非常不成熟，主要集中在低维模型和单电子模型的数值模拟，计算结果的可靠性，特别是定量可靠性还比较差，对多电子体系的关联和交换作用的研究还非常有限。在这方面国内外研究的差距不是很大，若能抓住机遇，在新的数值计算理论、计算方法以及高效计算软件的研发方面给予合理的支持，有可能产生出我国自主的软件系统和数据库。结合相关实验研究，有望在原子分子超快动力学过程的关联和交换能物理效应方面取得高水平的研究成果。

复杂体系，例如生物分子、有机分子、高温稠密物质等结构和动力学演化的数值计算和模拟，是当前和未来若干年高速发展的一个前沿方向。高效并行计算理论和方法，面向对象的计算软件和数据库是研究的重点。生物分子的功能实现机理、物质的高温高压结构和功能（光、电、磁）相变机理是物理研究的核心科学问题。未来发展的主要趋势是考虑电子运动、原子核运动和宏观运动不同运动尺度耦合的高效可靠的数值模拟研究。

4. 冷原子分子物理及应用前沿研究

（1）冷原子及冷中性等离子体物理特性

实现里德堡原子并对冷里德堡原子气体进行研究，理解电离过程和冷等离子体的形成以及相互作用的性质。尽管超冷中性等离子体的密度很低，由于起始温度低，其中的粒子还是可以或接近处于强耦合区域。同时低密度也意味着超冷等离子体的时间演化发生在更易被实验观察的时间尺度上。实现超冷中性等离子体，为研究基本的等离子体理论提供理想实验平台，开展超冷中性等离子体的热化过程、集体激发模式以及如何在膨胀的超冷中性等离子体中实现 Wigner 化等问题的研究。另外，里德堡原子间的长程相互作用以及不同里德堡能级间微小的能级差也能导致有趣的效应。冷里德堡原子还具有一些潜在的应用前景，其中最为典型的是可以利用其长程相互作用和偶极阻塞效应来做量子计算和量子操控。

（2）冷分子制备与操控

直接冷却或减速的冷分子制备与操控的研究，主要包括分子的亚毫开冷却以及分子直接冷却的普适方法及其物理机制、物理限制及冷却极限，分子腔内激光冷却（内外态冷却），高里德堡态超声分子束的静电 Stark 减速，脉冲顺磁分子束的有效 Zeeman 减速，连续分子束的有效减速及其平动温度的精密测量，非极性、非磁性分子的有效激光弯曲导引及其连续冷分子束的产生，脉冲超声分子束的多级光学 Stark 减速与时空操控，冷分子静电或静磁囚禁中的黑体辐射问题，集成分子芯片的微制作及冷分子波包的相干传输、分束与干涉问题和超冷分子转动能级的激光冻结等问题的研究。

间接冷却的超冷分子制备与控制研究，将包括振动基态超冷双原子分子的高效制备问题；超冷分子的冷碰撞与寿命问题；超冷分子的种类与多原子超冷分子的制备问题；超冷分子在室温环境下的物理和化学稳定性问题；超冷原子合成冷分子的能态选择和产率提高问题；长程束缚态里德堡分子的制备与操控等问题。

（3）冷原子体系与量子模拟

利用光晶格中的费米气体模拟高温超导模型是一个重要课题，但在光晶格中要达到超导转变温度要比目前实验上所能达到的温度还低两到三个数量级。因此，如何消除外势阱的影响并形成理想的晶格体系以及如何在光晶格中实现对原子气体的冷却将会成为今后实验研究的重要课题。

（4）**超冷量子偶极气体中的物理问题**

量子简并偶极气体实现与观测中的偶极-偶极相互作用，分子凝聚体或费米量子简并气体中的内态（内部运动）效应，超冷分子与介观量子力学系统（如纳米机械结构或纳米电子线路）间的相互作用与强耦合，冷分子内外自由度的同时监测与无损监测，超冷量子偶极气体中的多体物理、量子或非线性物理，超冷费米分子对是否存在一个类似的 BCS 理论，能否在超冷分子光学晶格中制备最低能量（即最低熵）态，在相变过程中长程相互作用扮演怎样的角色，超冷分子气体的量子磁学性质及其与自然界存在的磁性材料间有何联系，等等，构成了超冷分子及其量子简并偶极气体中的主要物理问题。

（5）冷原子分子碰撞动力学

正常情况下分子的空间取向是一个随机的平均值，这时物理量测量一般在所谓实验室坐标系下实现，因而将掩盖电子态演化过程的一些重要信息。精确的测量分子量子态行为及其相互作用过程，需要发展冷分子的量子态选择、控制和精确测量技术。例如，超快脉冲激光场中分子准直作用和可能的取向方法，超快脉冲激光场将导致分子轴向周期性地沿激光的偏振方向准直并在光脉冲之后依然保留，如果在冷分子系统上实现有效的无扰动的准直或取向作用，将极大地改变以往实验研究对象分子的空间取向分布的随机性和观测结果的空间平均性，对于研究分子结构及性质、分子体系与光子电子相互作用和立体分子反应动力学都非常有价值。另外，冷分子系统由于具有极低的温度和确定的转动、振动量子状态，使得原本被温度掩盖的一些反应通道成为现实，由此可能产生冷分子碰撞化学这一新的领域。

（6）冷原子量子态（操控）工程的物理基础及技术

近 10 年来，在光学晶格束缚冷原子系统的量子操控的实验研究方面，已经取得了非常显著的进展，例如，在初态制备方面，已经实现了 Bosons 和 Fermions 的 Mott 绝缘态的制备，和单原子在晶格上的输运；在调控 qubit 之间的相互作用方面，能够实现近邻格点之间的有效自旋-自旋相互作用以及单格点（在双势阱中）的寻址操作。这些单元技术的提高，为最终在光晶格束缚冷原子体系中实现标准的量子计算的电路模型提供了可能。尽管如此，在当前的条件下，在该体系中实现标准的量子计算模型仍然存在非常大的困难。主要在于，虽然冷中性原子有很长的退相干时间，但是，近邻格点之间，通过虚拟的隧穿过程诱导的有效相互作用强度非常弱，以至于在退相干时间之内，并不能完成很多的有效操作，而隧穿强度不能调得太大（低的隧穿强度是维持 Mott 绝缘态所必需的）。虽然就这个问题人们提出了可能的理论解决方案，但还未见实验上的进展。寻址问题仍然是大的困难，虽然有很大进展（在双阱中验证了寻址操作），但在一个大的晶格上实现高保真的寻址操作，仍然有非常大的难度。理想的初始化态制备还是很难做到。

（7）基于冷原子分子的精密光谱和物理常数测量

目前的频率基准是依靠冷原子喷泉钟定义的。以冷原子为工作介质，人们将不断发展并完善更为先进的冷原子光钟装置、时间频率比对测量技术等，进而得到精细结构常数随时间可能变化的精密测量结果。可以预见，在不久的将来，冷原子光钟将取代现在使用的微波原子钟而成为新一代的时间频率基准。除频率的精密测量之外，冷原子干涉仪可用来实现对重力加速度的精确测量，开展弱等效原理的实验验证；利用冷原子陀螺仪实现对转动的精密测量也有重要应用价值。此外，原子芯片技术使冷原子体系集成化、微型化，具有更好的可控性与实用性，因此原子芯片将在精密测量中扮演重要角色。显而易见，冷原子精密测量物理的进展将在认识客观物理世界和满足国家重大需求等方面开创新的时代。

（三）声学

1. 水声物理及海洋声学

研究海洋中声传播、声场的时空特性与探测。主要方向包括

（1）海洋声场相干特性研究

随着计算声学的发展以及实验技术的提高，人们的研究重点由声场平均变化规律转向时、空、频精细变化规律，并开始逐渐关注和利用海洋声场的相干结构。但是由于海洋环境复杂多变，而且海洋环境的变化对声场时空相干特性的影响研究涉及水声物理、信号处理、物理海洋等多个学科，目前，该课题在国际上仍是一个需要深入研究的重大基础课题。

（2）深海声场理论与实验研究

深海蕴藏着丰富的能源和矿物资源，同时也是未来可能的作战空间，对深海环境的认知如同征服太空，是人类征服自然界的另一制高点。由于历史的原因，我国在深海声场方面研究比较少。深入开展声波在深海传播规律的理论与实验研究，可以为深海海洋环境声学监测技术提供理论基础。

（3）发展海洋声学层析新方法

目前对海洋中水体变化规律的研究尚缺乏有效手段。发展包括海洋声学层析理论在内的声学方法海洋监测理论，可以为实现中尺度海洋环境变化的有效监测提供技术手段。

（4）海底声学探测新方法

蕴藏着丰富的能源和矿物资源的海底是影响声波在海洋中传播的重要边界。目前还没有一种有效快速的对海底可以进行大面积调查的技术手段。发展海底声学参数快速声学反演理论与技术，开展底质分类与声学参数对应关系研究。

2. 复杂介质中声的传播、检测与作用理论

研究超声学、地声学以及人工结构中声的传播、检测与作用。主要方向包括三个方面。

（1）随机非均匀介质中的声传播特性和表征方法

随机非均匀介质中声传播的研究是极不成熟的领域，其声传播特性的定量表征方法值得研究；针对具体的情况，存在大量的具体物理问题。

（2）声人工结构对声波的调控、优化及其应用研究

声人工结构的研究和应用尚处于起步阶段，还有待广大科研工作者进一步的探索和研究。

（3）定量声学探测与评价

包括声成像、逆散射和缺陷反演、信号处理和目标识别。特别是扫描探针声显微镜（SPAM）是近年来迅速发展的新的介观成像技术。

3. 噪声的产生、传播与控制

研究噪声（空气噪声和水下噪声）的产生、预报与控制。主要方向包括：

1) 流-固耦合系统的噪声与振动控制理论。

2) 结构声的有源控制理论和方法。

3) 新型的智能化声学材料与结构、低频声波的吸收和隔离。

4) 流体动力噪声理论模型、计算方法和控制方法。

5) 环境噪声场预测模型。

4. 非线性声学

研究声与媒质（固体、液体和生物体）的非线性相互作用和非线性效应。

5. 新型声学换能器及其阵列

研究新型发射与接收声换能器及其阵列。主要方向包括：

1) 超声相控阵技术及其声场建模。

与传统超声检测方法相比，超声相控阵技术采用电子扫描和聚焦，无需探头机械运动，检测速度快，探头放在一个位置就可生成被检查物体的完整图像，实现自动检查，且可以检测复杂形状的物体。

2) 新型声学换能材料与宽带、高灵敏度、大功率声学换能器研制。

高效、廉价、无污染的新型换能材料的研制，新的换能机理的研究以及换能器分析方法的完善和改进是功率超声的一个重要方向，如何实现大功率超声换能器性能的实时测试与定量测试，如超声功率、超声空化场等的定量测试等也是目前超声功率领域迫切需要解决的课题。

3) 声学 MEMS 研究。

目前声学 MEMS 主要用作传感器，必须加强声学 MEMS 作为传动器的研究，如微超声马达、微扬声器等；声学 MEMS 与其他 MEMS 一样应该向单芯片系统（SOC）发展，即它应将声传感器和驱动器以及电子电路（接收、发射、信号处理和控制电路）集成在一个单独的芯片上，形成微型化、智能化、多功能阵列化的系统。

4) 光纤声传感器阵列的研究。

（四）等离子体物理

1. 磁约束聚变等离子体产生与物理参数控制

磁约束聚变等离子体主要利用电场或电磁波在合适的中性气压条件下击穿放电产生。击穿产生的初始等离子体逐步过渡到稳定的高温等离子体是一个高度非线性的复杂过程，涉及电磁平衡和稳定性、等离子体边界物理及与壁相互作用、加热和输运、分布参数及控制等一系列动力学过程。对这些物理过程的理解和控制是获得高品质等离子体的基本保证。磁约束聚变等离子体的启动过程中需要加强的研究方面有：

（1）初始第一壁条件优化的技术手段和诊断

在等离子体击穿和形成过程中杂质来自第一壁，杂质含量的水平及发生在边缘的一系列原子分子过程不仅影响到等离子体的粒子和能量平衡，还直接影响到等离子体电阻，是决定等离子体能否平稳建立的关键条件之一。理解等离子体建立过程中与壁的相互作用以及如何控制与壁的相互作用是一个重要的研究目标。

（2）等离子体击穿、建立的辅助手段和物理过程

在等离子体建立阶段的各种预电离、加热和电流驱动可有效地辅助等离子体的建立，降低对装置极向场的工程难度，这对全超导托卡马克装置的安全和稳定影响，如 ITER 具有非常重要的意义。各种辅助手段与等离子体所作用的物理过程不同，如何理解和充分利用这些过程来获得稳定的、具有预期性能的等离子体是最重要的研究目标。

（3）等离子体建立过程中关键分布参数的诊断及平衡控制方法

电流超过兆安级的超导托卡马克装置，等离子体建立的过程可以从几 s 级（EAST、KSTAR）到几百 s 级（ITER）。这一过程中等离子体处于不断演化的动态过程，等离子体参数分布的演化需要发展新的控制策略和手段才能保证装置运行的安全和稳定，获得具有预期性能的等离子体。

2. 聚变装置边界物理与技术

在实验室条件下，边界层等离子体与材料相互作用是所有等离子体共同具有的研究领域。边界层与中心等离子体是不可分割的，边界层发生的物理过程会影响、有时甚至决定中心区域等离子体的状态。同时等离子体和表面相互作用是一个边缘研究领域，它和等离子体物理、表面物理、等离子体化学、原子物理、分子物理等学科都存在密切的关系。对边界层物理研究的目标是基于实验的观察，利用简化的物理模型或从第一性原理出发，发展能够描述等离子体边界过程的物理图像，发展手段实现对等离子体与材料相互作用的主动控制。

大量的实验证据表明，磁约束聚变等离子体边界物理性质及与壁材料的相互作用对中心等离子体的品质有直接的影响，等离子体芯部的粒子和能量通过输运传递到面向等离子体的第一壁上，这些能量和粒子与材料表面的相互作用会产生一系列复杂的物理过程，如粒子在材料表面的滞留、物理和化学溅射、原子分子过程等，造成材料的腐蚀和损伤、杂质的产生、粒子的再循环等，这些过程不仅直接影响诸如密度、温度、电场等边界性质，还通过各种输运、辐射直接影响等离子体整体的能量和粒子平衡过程。在未来磁约束聚变反应堆中，

过量氚粒子的滞留还对装置的安全性带来问题。这方面需要重点关注的问题有：

1）边界电场和等离子体流等性质对芯部等离子体约束和输运的作用；

2）边界刮削层输运对面向等离子体第一壁和偏滤器靶板热负荷的影响及热负荷的控制；

3）纵向磁场存在的条件下壁处理技术的发展和相应的机制；

4）粒子在材料表面滞留的机制及清除技术等。

3. 等离子体湍流和输运

湍流和输运是等离子体物理中一个基本而关键的问题，等离子体的各种梯度（压强梯度和温度梯度）能够驱动多种微观不稳定性和微湍流。湍流的电场引起热和粒子输运，它远比由碰撞引起的经典输运快得多。其中存在不同尺度的物理过程的相互作用，例如，湍流与磁流体不稳定性的相互作用，长程的带状流与背景湍流的非线性相互作用，等离子体宏观流对等离子体湍流和磁流体稳定性的作用等。需要发展多尺度的两维的湍流诊断手段，系统的解析理论（特别是非线性理论）、实验诊断、数值模拟的比较，在不同时空尺度上研究：包括快电子动力学、较慢的离子动力学、较长波长中等尺度（mesoscale）等离子体动力学和在输运时间尺度上的等离子体整体慢演化（热动力学）性质。

（1）等离子体湍流和输运的一些基本问题

根据国内的研究条件和基础，重点在以下几方面开展研究工作：H 模触发机制，为更加精确预测 H 模的阈值功率提供物理基础；H 模边界输运垒结构，主要是决定输运垒宽度的机制，为预测等离子体整体约束性能提供物理基础；一类边界局域模的动力学过程和在不显著影响等离子体约束性能的基础上寻找缓解模幅度的手段及机制；电子通道的反常输运机理，特别是发展相应的芯部湍流诊断确认引起电子反常输运的湍流模式；在离子/电子温度接近的条件下，等离子体反常输运的特性；与内部输运垒相关的湍流抑制机理等。

（2）等离子体流（旋转）的产生和动量输运以及对约束、稳定性的作用

作为等离子体中的一个基本输运过程，等离子体流产生和动量输运物理机理还不是很清楚。实验已发现，等离子体流与约束、稳定性有非常密切的关联。如在磁约束等离子体中，输运垒的形成经常伴随着等离子体流的剪切，等离子体环向旋转对电阻壁不稳定性模式有很强的制稳作用。这方面的主要研究内容包括：等离子体流自发产生和外源（中性粒子束注入，各种射频波）驱动的物理机制；非经典的动量输运机制；等离子体流对约束、稳定性的作用机理。其目标是发展可预测动量产生和输运的模型，利用外源的动量输运实现对等离子体约束和稳定性的控制。

4. 等离子体宏观不稳定性及其控制

起支配作用的长程库仑相互作用使极其复杂的波和不稳定性成为等离子体中最为普遍的现象，尽管实验、理论和数值模拟对等离子体中宏观不稳定性做了大量探讨，但不稳定性仍然是目前等离子体物理中研究得最广泛的课题。因为无论是在磁约束聚变还是在惯性约束聚变，等离子体不稳定的控制是实现聚变燃烧的必要条件，对各种不稳定性的机理及特征的研究对理解空间中各种灾害性天气事件起着至关重要的作用。在磁约束聚变中，下一步宏观不稳定性的研究主要目标是，发展定量预测能力和寻找新的等离子体运行状态，在此状态下等离子体参数能够超过由不稳定性阈值限定的正常极限并且控制等离子体使约束不会变差，例如，外部鞍形线圈对电阻壁模的控制，可以使等离子体运行到超过理想不稳定性的极限，外部共振磁扰动和弹丸注入可以缓解 H 模第一类边界局域模，等离子体约束性能基本能够维持等，这些是控制磁流体不稳定性下一步研究的热点。低碰撞率的动力学效应和非局域的长程效应以及微观不稳定性、湍流与宏观不稳定性的多尺度相互作用是下一步磁约束等离子体不稳定研究的主要方向；在惯性约束聚变中，有瑞利-泰勒不稳定、Richtmyer-Meshkov 不稳定以及各种激光等离子体中的参量不稳定性，激光束匀滑技术是控制上述不稳定的重要手段之一；更为基础的还应包括不稳定性发展的非线性过程，如非线性磁重联，基础等离子体研究中混沌、分形、斑图等非线性现象，以及孤立子或孤立波、激波及涡旋等相干结构的形成与演变。

5. 各种波与粒子相互作用

波与带电粒子相互作用一直是等离子体物理中最基本而又最重要的现象。等离子体加热和加速、不稳定性产生和控制研究都离不开波与粒子相互作用问题。在磁约束等离子体中，理解复杂条件下波与粒子相互作用及其与其他物理过程的耦合，改善利用外部注入的波传递热和动量到等离子体特定区域的技术，理解和预防高能粒子引起的不稳定性是主要的研究内容和目标；进一步扩展波的激发和传播模型到三维空间乃至整个相空间，以更好地预测波的能量和动量在等离子体中的沉积，改善波加热和快离子输运的理解，可靠预测燃烧等离子体中 α 粒子作为主要加热源的特性是实现 ITER 燃烧等离子体主要物理目标的关键之一；在激光等离子体相互作用中，目前相对论场强的电磁波与等离子体作用是重要的研究课题，包括基于激光等离子体的新型粒子加速、新型辐射源产生等；了解无碰撞激波在空间等离子体中的重要作用，有助于理解宇宙和空间等离子体中的一些重要物理现象。

6. 超强激光加速粒子和辐射源产生及其应用研究

超强激光与等离子体作用可以产生比传统加速器高出三个数量级的加速梯度，这为实现紧凑型加速器带来重要前景。强激光加速带电粒子在过去 5 年里获得了一系列重大突破。特别是在电子加速方面，人们已经可以在一厘米的空间尺度把等离子体电子从静止加速到 GeV，并且产生的电子束具有较好的单色性和方向性。10～100GeV 量级的电子束产生已经成为国际上多个实验室的下一步研究目标。而用强激光来加速质量大得多的离子虽然取得不少进展，但基于现有的一些方案目前仍难以获得 100MeV 以及更高能量的准单能质子束。对于特别令人感兴趣的肿瘤治疗等应用，所需能量要达到 200MeV 以上。基于传统加速器技术的离子束治疗加速器目前正在一些西方国家建造或已经建成，但其昂贵的造价和维护费用，使得治疗费用极其昂贵。所以一直以来人们期望通过采用激光加速质子来实现"桌面"小型质子加速器，以降低其造价。大量的数值计算表明，采用光强达到 10^{22} 瓦/厘米^2 量级的激光可以加速固体薄膜靶产生 1GeV 量级的质子束。但在实验上实现上述粒子加速需要大量的基础研究。

除了粒子加速，相对论强激光与等离子体作用可以产生从太赫辐射至 γ 射线的电磁辐射。产生辐射的物理机制包括高次谐波（激光驱动非线性镜面振荡）、轫致辐射、内壳层跃迁辐射、等离子体"飞行镜"效应、等离子体 betatron 振荡辐射（类自由电子激光）、基于激光加速电子的自由电子激光、等离子体振荡辐射、渡越辐射等。这些辐射可以达到很高的亮度和强度，某些参数可以达到和超过第 4 代同步辐射装置的指标，对基础和应用研究可以产生极大推动作用。

7. 高能量密度物理基础

高能量密度状态一般指能量密度大于 10^{11} 焦/米^3 或压强大于百万大气压的物质状态。它广泛存在于高能天体物理，而小尺度的高能量密度状态可以由高强度激光产生，另外 Z 箍缩和重离子加速器也能产生一定参数范围的高能量密度等离子体。因此高能量密度实验室等离子体物理（HEDLP）这个概念被提出来，它所研究的课题包括：极端条件下物质状态、超高场强下稠密等离子体、实验室天体物理、辐射流体力学、强激光及强流粒子束与等离子体作用、聚变燃烧等。下面列举几个方面。

（1）高能量密度条件下材料物理

在几百万大气压以下，高压对材料的影响主要是改变内部原子间的电磁相互作用，引起体积收缩和电子结构的变化，通过减小物质原子（分子）间的距离，从而使得物质内部的电子结构和原子（分子）的排列状态发生变化。更进一步的极端高压高温状态,不但会强烈影响物质内部原子之间的电磁相互作用,而且会涉及核相互作用,与此相关的极端高温高压下的材料物理和高能量密度物理,存在诸多未知领域,面临新的机遇和挑战。未来关注的重要方向包括:极端高温高压状态的实现方式与技术手段;极端高温高压状态的物理诊断方法;极端高温高压条件下的原子分子相互作用;传统固体理论在极端高压状态下的适用性;极端高温高压条件下原子的电离与稠密等离子体状态描述;物质在极端高压高温下的状态方程;金属氢等高能量密度材料的超高压制备。

(2) 温稠密等离子体

在惯性约束聚变的内爆压缩过程中,被冲击压缩的极高密度核燃料具有部分量子简并的特征。这样的物质状态不同于传统的凝聚态和等离子体,人们对这种状态的物质特性知之甚少,如温稠密等离子体的状态方程、不透明度、温稠密等离子体的输运系数、温稠密等离子体电子-离子之间的弛豫时间、带电粒子在温稠密物质中的射程、等离子体的原子物理性质等。这些过程对内爆压缩以及点火时燃料的状态都有重要的影响,对有关过程的实验诊断研究也是非常关键的。由于热核燃料在点火发生之前有显著的时间段处于温稠密等离子体状态,为精确预测就必须深入了解温稠密等离子体的上述各种性质。

(3) 实验室天体物理

用来驱动惯性约束聚变的高能量密度装置可以用来研究发生在宇宙和天体环境中的物理现象,这是天体物理中具有重要发展前景的新方向,称为实验室天体物理。这改变了传统的以天文观测为基础的天体物理研究方式。虽然实验室很难模拟真实的天体物理环境,但对其中一些问题的实验研究对我们认识天体物理现象可提供重要启发。

8. 等离子体中的磁重联过程

等离子体中的磁重联过程研究是解释实验室、空间、天体等离子体中很多重要物理现象如锯齿崩塌、托卡马克大破裂、地球空间磁暴、磁层亚暴、日耀斑与日冕物质抛射乃至一些星体演化现象的关键,是基础等离子体物理研究的重要方面。目前我国在磁重联的理论研究、卫星数据分析、实验探索等方面都取得了很多进展。未来 10 年应进一步加强对这方面的研究工作的支持,并主要注重以下几个方向。

(1) 实验室等离子体中磁重联过程与快粒子模式之间的耦合研究

快粒子模式激发的各种 MHD 不稳定模式对未来磁约束聚变装置稳态运行非常重要,很多这些不稳定性会伴随磁重联过程发生。因此,研究实验室等离子体中磁重联过程与快粒子模式之间的耦合是 ITER 物理将面临的关键问题之一。

（2）三维磁重联的关键拓扑与物理问题研究

自然界与实验室中的磁重联过程本质上来说都是三维的，相应的实验研究与卫星观测刚刚起步，理论研究还限于定性的简单分析，相关的研究不仅对于了解等离子体中的一些基本过程非常重要，而且有希望取得重要的进展。

（3）磁重联过程中的粒子加速与加热研究

作为前面提及的等离子体中带电粒子的加速与加热的特例，磁重联过程中的粒子加速与加热对于理解这一物理过程的能量转换与引发的众多现象都是非常重要的，目前的主导理论的物理基础很不牢固，急需发展新的理论。

（4）磁重联过程中的波动问题研究

低频波动对磁重联过程的激发和磁重联过程诱发的波动等问题是了解磁重联现象的物理基础。

（5）剪切流及外部驱动（包括边界条件）对磁重联过程的影响

剪切流及外部驱动在实验室和自然界的等离子体中是普遍存在的，如托卡马克等离子体的自发转动与误差场及电阻壁边界等、空间等离子体中的剪切流与太阳风驱动更是无处不在，而传统的磁重联理论研究都是从静态平衡、无穷远边界条件出发。理论、实验与卫星观测都发现剪切流及外部驱动对磁重联过程往往产生决定性的影响。因此开展这方面的研究是基础等离子体物理的重要任务。

9. 低温等离子体源技术

低温等离子体工艺之所以能够在一些高新技术领域（如半导体芯片刻蚀、功能薄膜材料合成等）得到广泛的应用，在很大程度上依赖于人们对相关工艺过程的等离子体产生、输运及物理参数控制等基础问题的深入研究，以及相应的新型低温等离子体源的研制。由于低温等离子体应用的领域极其广泛、目标千差万别，因而低温等离子体产生的方式呈现出多样性，其放电的物理参数范围也非常宽广。如放电的形式有直流放电、射频放电及微波放电等，而放电的气压可以从亚毫托到几百个大气压、电源的驱动频率可以从几千赫到兆赫、放电腔室的几何尺寸可以从微米到几米。根据低温等离子体技术的发展趋势，在低温等离子体产生和物理参数控制方面，需要加强如下四个方面的研究：

1）开展低气压、高密度、大面积均匀等离子体的产生机理及物理参数的控制研究。

尤其是重点研究电源的驱动频率、功率、放电气压等外部条件对等离子体状态参数的调制行为及对等离子体均匀性的影响。

2）大气压（或常压）条件下，开展运用不同激励方式来激发多位型、不同尺度的等离子体及其机理研究，如脉冲直流、射频和微波激发、表面放电、

DBD放电及射流型高密度等离子体产生和微放电集成产生大面积等离子体的方法研究，并重点解决放电稳定性、均匀性及放电区域尺度扩大等问题。

3）开展大功率热等离子体产生及物理参数的控制研究。

尤其是开展大面积、小参数梯度、参数分布可调的热等离子体的产生机理的研究，以及对实用型大功率热等离子体发生器，开展对其效率、稳定性及寿命的控制研究。

4）发展先进的低温等离子体诊断系统，开展低温等离子体的产生过程及物理特性的在线实验研究。

这些诊断系统包括：利用电磁波和等离子体相互作用，包括波的反射、散射及吸收等相互作用，发展介入式或非介入式微波诊断技术；探索大气压等离子体的诊断（波诊断）新方法；开展小间隙、多频放电等离子体诊断（探针）方法；从等离子体内部发出从红外到真空紫外波段的电磁辐射，带有大量等离子体复杂的原子、分子过程的信息，以等离子体光谱学原理和实验技术，发展光学诊断等离子体的理论模型，建立高时空分辨的光谱诊断技术。特别是目前国内的等离子体发射光谱的使用比较普及，大多是定性的研究，可以加大这方面的理论和模型研究，发展定量的具有时空分辨的等离子体发射光谱诊断新原理和技术。

10. 低温等离子体边界物理

对于大多数低温等离子体工艺，如薄膜沉积、芯片刻蚀及表面处理等，是通过等离子体与材料表面相互作用而实现的。因此，研究等离子体边界层物理特性，尤其是工件或器壁表面附近的鞘层物理特性，对优化等离子体工艺过程具有重要的指导意义。等离子体与表面相互作用一直是低温等离子体研究的难点之一，因为它涉及等离子体物理、表面物理、原子分子物理及化学等诸多学科，发生在表面的物理、化学现象极为复杂。可以开展如下几个方面的研究工作。

（1）边界层附近鞘层物理特性的研究

包括鞘层厚度、鞘层电场等物理量的时空演化规律；粒子在鞘层中的加速及碰撞过程。

（2）研究面向工件（壁）材料表面的粒子输运和能量输运现象

对于冷等离子体，重点研究粒子的沉积、吸附、注入过程，引起的二次现象（电子发射、原子溅射）以及表面的腐蚀行为；对于热等离子体，重点研究等离子体与表面的传热过程，尤其是电极的烧蚀行为。

（3）研究表面腐蚀行为对边界层物理特性的影响

尤其是研究表面的二次电子发射及原子溅射对边界层区电离过程及放电稳

定性的影响。

11. 等离子体数值模拟技术和高性能数值模拟程序

高性能计算技术的发展给包括磁约束聚变、惯性约束聚变和高能量密度物理、低温等离子体技术研究等带来前所未有的条件。美国能源部的 SciDAC 计划将高性能科学计算对科学发现的作用提高到了一个新的高度。事实上高性能数值模拟极大提高了大科学装置的使用效率，并对这些大装置的发展规划起重要作用。发展针对复杂科学问题的高性能数值模拟程序是其中的核心问题。这一方面需要对等离子体科学问题的清晰认识，另一方面需要对计算物理与应用数学人才的培养及面向国家级项目的计算中心的建设，支持大工程的科学计算，而这是有可能花相对比较少的经费，获得重大成果的重要途径。这其中对具有重要发展潜力的科研团队进行长期的支持，是必不可少的。

例如，磁约束装置更是一个磁场几何非常复杂的系统。对于这样的复杂系统，从第一性原理出发的理论和模拟非常困难，通常采用简化的模型来描述等离子体，这种方式取得了很大的成功，但这些简化可能造成处理的不自洽并导致理论和实验产生不一致。更重要的是，这些因素可能在一些情况下，如磁约束反应堆规模的等离子体，对整体行为的物理过程起重要作用。因此，需要基于物理图像的解析理论和物理模型的相互借鉴和融合，重点研究放在扩展物理模型和计算程序的开发上，并通过模拟工作和实验相互启发和验证。其目标是通过该方面的研究工作，可以达到预测等离子体基本行为和自洽分析实验结果的目标。

对于大多数低温等离子体工艺，等离子体通常都是由化学反应性气体在脉冲或高频其至是超高频电源驱动下放电产生的。这种等离子体不仅其组分极为复杂，而且其物理量变化的特点呈现出很强的时间瞬变性及空间非均匀性。尤其是大多数等离子体反应腔室存在着多尺度物理现象，即等离子体状态的变化有着不同的空间尺度和时间尺度，以及存在着多物理场场耦合相互作用过程。对于这样一个多场耦合和多时空尺度变化的复杂系统，单靠实验诊断手段很难对其中的等离子体物理性质进行全面深入的了解。采用数值仿真技术，可以对新型的等离子体工艺腔室设计提供物理参数优化，缩短产品开发的周期。通过开发具有自主知识产权的器件，可以有效支撑低温等离子体工艺的发展。

（五）粒子物理

1. 标准模型检验及超出标准模型新物理研究和高能量实验前沿

建立于 20 世纪 70 年代的标准模型具有可重整性和规范反常相消的优点，以

3 个耦合常数、6+3 个夸克和轻子质量、3+1 个 CKM 矩阵参数、2 个 Higgs 参数以及 1 个强 CP 相位，共计 19 个参数，统一描写了强、弱和电磁基本相互作用。虽然标准模型的建立是科学史上的一大丰碑，但是其在理论上并不完备，尚非终极理论。理论和实验都在呼唤超出标准模型的新物理，先后出现了大统一理论（GUT）、超对称理论（SUSY）和额外维理论（ED）等颇具影响力的理论。这一切都在期望着更高能量的粒子物理实验验证。

大型强子对撞机（LHC）是未来 10 年世界上最先进、能量最高、亮度最大的强子对撞机，是国际粒子物理合作研究的重大项目。其研究将对粒子物理基本理论的检验和以后的发展方向起到至关重要的作用，可能导致粒子物理学的重大突破，使人类对微观世界的认识进入一个新的阶段，具有非常重要的科学意义。参加 LHC 国际合作可以有力促进我国高能物理实验研究的发展，提高中国科学研究在国际上的影响力。目前，我国开展 LHC 合作面临经费支持不够，参与科研合作的人员不足等突出问题。建议加大经费支持的力度，支持更多的人员参与 LHC 的装置运行、物理分析、网格平台建设和装置升级工作，在掌握并学习先进技术的同时，培养锻炼国际型的科研管理人才，为将来在中国建设国际上新一代先进的高能加速器装置奠定坚实的基础。

国际直线对撞机（ILC）上将设计建造两个实验点，它们和 LHC 上的 ATLAS 和 CMS 实验点相比，具有相似的物理目标。直线对撞机的任务主要是：①继续探索没有被 LHC 发现的新物理；②通过已知的质心系能量和更加干净的信号与更少的本底，研究可能被发现的新物理特征。数十个国家进行了超过 10 年的研发。直线对撞机项目将会引入更多最前沿的技术，同时也将培养出能够掌握并发展这些前沿技术的专家。未来 ILC 可能成为粒子物理高能量和高精度的前沿，可能会产生重大科学发现。尽早参与 ILC 加速器和探测器研发的国际合作，将非常有利于我国自己的加速器和探测器研发队伍建设，掌握前沿的科学技术。

2. 强子物理、味物理和对称性破缺研究

对于弱相互作用普适性的信仰，造就了 Cabibbo 理论——通过夸克混合矩阵联系味道本征态与质量本征态。GIM 机制对于味道改变中性流（FCNC）的解释，使得人们前进了一大步。而 1973 年，Kobayashi 和 Maskawa 提出了至少应该存在三代夸克的假设，其混合矩阵（CKM 矩阵）才能包含产生 CP 破坏所需要的弱相位。所谓 CP 破坏，是指相互作用的作用量在电荷共轭变换 C 和宇称变换 P 联合操作下并非不变。据 Sakharov 条件，其对解释宇宙中正反物质不对称性起到关键的作用。

日本 KEK 的 Belle II 实验将在原来 Belle 实验的基础上，采用新的加速器技

术和探测器技术，使峰值亮度提高 40 倍，达到 8×10^{35} 厘米^2/秒，在 5 年左右的时间内积累约 $50ab^{-1}$ 的 γ（4S）数据，从而在 B 物理、粲物理以及强子物理研究中达到前所未有的灵敏度，多方位寻找超出标准模型的新物理和新现象。我国已经参加的日内瓦 CERN LHC-b 实验则是以质子-质子碰撞为主，集中于 B 物理和 CP 破坏研究。目前我国对 Belle II 实验和 LHCb 实验的投入规模尚小，应在适当时机扩大经费和人力的投入规模，以期在味物理和强子物理等我国传统优势领域取得有重要科学意义的成果。

随着精确测量实验的发展，人们对理论的精度也提出了更高的要求，因而在弱衰变过程中的强相互作用修正是人们不得不面对的课题。B 衰变中包含一个比较大的能标——B 介子质量，所以渐进自由的性质保证我们可以进行微扰计算。然而，衰变过程又总是和强子末态纠缠在一起，我们难以避开强子化带来的不确定性。所以，因子化定理（假设）——将可微扰计算部分和强子化部分分离，于此至关重要。味物理理论的研究是我国粒子物理的传统强项，随着实验的发展，理论研究必将得到更大推进。

量子色动力学（QCD）是描写强相互作用的基本理论，是一种几乎完美的量子场论。在夸克模型中，常规介子态由正反夸克对组成，而重子则由三个夸克组成。QCD 理论预言了多夸克态以及含胶子自由度的胶子球、混杂态等新型强子态的存在。在实验中发现这些新型强子态并对其产生和衰变性质进行研究，对于检验和发展 QCD 理论具有重要意义。因此，寻找和发现新型强子态一直是许多高能物理实验的重要物理目标之一。

BEPCII 将是未来 10 年在 $2 \sim 4.2 \text{GeV}$ 能区研究 τ-粲物理的独一无二的实验装置。得益于丰富的共振态和 τ、粲介子对的阈值产生，BEPCII 是研究 τ-粲物理的唯一装置。可以预期，在 BEPCII 能够覆盖的能区，BESIII 将积累世界上最大的共振态数据样本。BEPCII 上的 BESIII 作为高精度实验的前沿之一，它所获取的高统计量的数据（千兆量级），为研究 τ-粲物理提供了良好的实验平台，将加深我们对微扰和非微扰量子色动力学过渡能区的认识，为标准模型以外的新物理模型提供了检验和约束。这些测量能够为高能量前沿的发现提供有意义的信息和课题。利用将要获取的 BESIII 大统计量 J/Ψ 数据，寻找新的可能的多夸克态以及胶子球和混杂态，并研究它们的产生和衰变特性，从而理解其物理本质。系统地寻找和研究胶子球、混杂态等新型强子态，确定它们的自旋、宇称，是 τ-粲物理研究中最重要的研究内容之一。BESIII 是国内近期最重要的项目，在 τ-粲能区的精确测量方面有丰富广泛的物理课题。将 BEPCII 和 BESIII 进行升级改造，继续保持我国在 τ-粲物理研究方面的领先地位具有重要的意义。

3. 宇宙线物理

自从 top-quark 发现以来的近 20 年，高能物理实验的前沿除了高能加速器外也推向了中微子震荡、TeV-伽马射线天文学、极高能宇宙线观测以及暗物质探测等非常活跃的领域。伴随着众多的重大发现，许多与传统宇宙线实验相关的领域蓬勃发展起来，其中尤其以伽马射线天文学最为活跃，探测手段日益完善，空间分辨率和光子能量测量精度都大幅提高，直接逼向宇宙线物理研究的核心问题，即宇宙线起源于何处这一世纪之谜。

总结地面粒子探测技术近 20 年发展的经验教训，大力发展有效抑制宇宙线本底的技术有关键意义。以测量簇射 μ 子含量为核心的大型复合式探测器阵列的发展路线，同时瞄准高（阈能为 30TeV）、低（阈能为 300GeV）两个能量范围内的重大前沿问题，即巡天扫描 300GeV 以上的 γ 射线源并精确测量其高端能谱行为，探寻宇宙线的起源，冲击世纪难题。在西藏羊八井国际宇宙线观测站建设覆盖 1 平方公里的大型 γ 射线天文巡天扫描探测系统——大型高海拔空气簇射观测站（LHAASO），利用我国特有的高海拔观测基地在扫描观测中的有利条件，强调与 Cherenkov 探测技术的互补性，在 Cherenkov 探测技术难于发挥的高能区（＞30TeV）和扩展源探索（角半径＞2°）方面寻求突破点，探测灵敏度将远高于未来 Cherenkov 探测器。LHAASO 凭借定点观测和巡天扫描的双重优势将完成下列科学目标：①对北天区展开 γ 射线源的扫描搜索，达到能覆盖几乎所有已知源的灵敏度；②精确测量河内 γ 射线源高端能谱，希望由此确认宇宙线加速源；③精确测量源区 γ 射线强度分布，结合多波段分析手段探索宇宙线加速的具体机制。

LHAASO 瞄准最有希望取得突破的高能 γ 射线天文观测，吸收了国际上宇宙线测量的先进技术，一经建成，必将大大加强我国在该领域的实验观测水平研究力量。同时，通过高水平的国际合作，LHAASO 将建成为世界高海拔甚高能 γ 射线天文观测研究中心，并作为国际上最为活跃的宇宙线物理实验研究平台，为整个国际 γ 射线天文研究领域做出贡献，为解开宇宙线的未解之谜做出贡献。

4. 深层地下实验平台

暗物质存在迹象的发现始于 20 世纪 30 年代。目前已得到大量天文观测的证实。但目前还未在实验室探测仪器中被发现。2008 年 DAMA 实验组发表了最新的地下观测结果，直接从实验数据获得 12 个年调制周期，并以 8.2σ 精度给出与探测仪器相互作用模型无关的年调制量，DAMA 实验组认为这是到目前为止暗物质探测的一个重要的正面结果，但有待于其他实验的证实。随着天文学家不断给出越来越强有力的暗物质存在的证据，以及对宇宙中暗物质分布的越来越精准的测量，在实验室（包括地下及空间实验室）去捕捉及探测暗物质粒子信号变得日益重要。我国四川锦屏山隧道对开展地下直接探测实验具有极好的地学优势。其深度超过 6000 米深水当量，可以实现对 μ 子的有效阻挡。如果能够在四川锦屏山隧道建成地下观测实验室，将是世界上埋深最大（最大埋深 2375 米）的地下直接探测实验室，能够很好地屏蔽宇宙线背景，有望成为世界上最好的进行暗物质直接探测的实验室，为发现暗物质信号做出贡献。这也将极大地推动我国在相关领域的高技术的发展。

5. 中微子物理

中微子及其相关研究领域被认为是探索超出标准模型新物理、寻找宇宙中暗物质的少数有效研究途径之一。中微子的相关课题仍旧是 21 世纪粒子物理学中亟待研究的关键性领域。国际粒子物理界从 20 世纪 50 年代开始一直致力于无中微子的双 β 衰变的寻找，这项努力至今仍在继续。中微子的有效质量限已经从 100eV 大幅下降到 50meV。半衰期的测量不确定度大约为一个数量级，由此推算的 $\langle m_\nu \rangle$ 的不确定范围大约为 3 倍。最好的测量结果由 ^{76}Ge 的实验给出：$\langle m_\nu \rangle = 0.2 \sim 0.6$ eV，统计显著性 $>99.999\,999\,8\%$。这项实验结果一直受到质疑和挑战。

中微子是构成物质世界最基本的粒子，不仅是粒子物理研究的重点，也是天体物理、宇宙学研究的热点。中微子振荡与中微子质量和轻子 CP 破缺有关，是中微子研究的中心。中微子振荡目前存在三个未解决的问题：①除了大气中微子振荡（θ_{23}）和太阳中微子振荡（θ_{12}）之外，是否存在新的中微子振荡（θ_{13}）？②三种中微子质量本征态之间的质量顺序，即谁大谁小？③中微子混合矩阵中的 CP 破坏相角是多少？第一个问题是目前正在建设的大亚湾实验要解决的问题，第二个问题正是我们在这里要建议的大亚湾二期需要解决的问题。至于第三个问题，目前没有方案，留待未来解决。

大亚湾二期的研究方案是在距大亚湾反应堆约 60 千米处，建设一个万吨级的液体闪烁探测器。通过精确测量反应堆中微子的通量和能谱，可以确定中微子质量本征态之间的质量顺序。这对理解中微子的基本性质，建立有关中微子的基本理论具有极其重要的意义。除此之外，这个实验还可以测量中微子的振荡参数，如 θ_{12} 等至很高的精度。由此可以测试中微子混合矩阵的幺正性，寻找超出标准模型的新物理。这个实验还可能用于研究超新星中微子、地球中微子等，具有十分重要的意义。

（六）核物理与核技术

1. 核物理领域

（1）用放射性核束研究远离稳定线的原子核的奇特性质和规律
近年来核物理沿同位旋自由度（利用放射性核束）的研究表明核素可以自

稳定线向两侧扩展，这将生长出一个崭新的有大量未知核素的研究领域。远离 β 稳定线核素表现出奇特的性质，传统核结构模型所依据的核的饱和性、不可压缩性、幻数、深束缚能级结构、弱束缚态等都发生了显著的变化，从而对传统核理论提出了根本性变革的要求。放射性核束是具有反常中质比、有一定衰变寿命的不稳定原子核组成的束流，它的产生与应用为传统核物理的突破提供了崭新的实验条件和方法。利用放射性核束可以深入研究远离 β 稳定线核结构和核反应，探讨原子核滴线的位置，研究原子核束缚极限，探索更远离稳定线核的高自旋态、巨超形变、新回弯机制和新同质异能态等；而且放射性核束在近滴线新核素的合成中有着决定性的作用。总之，确定和验证核内质子和中子的数目、核自旋和温度等的极限，是对现有核理论的重要检验，产生和研究极端条件（高速旋转、核奇异形状、超级变形、反常中子质子比、常温低密、高温高密）下的原子核，特别是远离 β 稳定线的新核素，以及合成超重元（核）素、发现新的幻数、新的衰变方式、奇特的形变和反常核子密度分布等，是该领域研究的关键科学问题。这一领域的优先发展方向包括：

1）利用强作用探针或电磁作用探针系统研究远离稳定线核性质；

2）深入研究库仑位垒附近的重离子反应；

3）费米能区同位旋物理；

4）大规模测量不稳定核质量。

（2）合成超重新核素和新元素

一些核物理理论模型预言，当质子数接近 $Z=114$，中子数接近 $N=184$ 时，一些原子核特别稳定，这被称之为"超重稳定岛"。这些稳定岛附近质量数大的原子核被称之为超重核，相应的化学元素称为超重元素，人们预计这些超重元素的寿命会非常长。到底这些预言正确与否有待于实验验证。如果存在长寿命的超重新元素，将对物理学、化学和能源带来深远的影响。除了这些国际上共同关心的科学问题，超重新元素的研究还涉及国家的荣誉，国际上不同国家的科学家们对新发现化学元素的命名权争执非常激烈。

近年来国际上超重核合成和性质研究取得了很大进展，超重核区的研究已成为核物理研究重要的热点之一。研究超重核区原子核性质，探讨超重核核结构和衰变的新现象和规律，建立超重核衰变的新模型，理论研究合成超重核新途径和新机制，实验上用各种途径合成或寻找长寿命超重核并研究它们的基态和激发态性质，这都是十分重要的问题。理论和实验应紧密合作，争取将来在中国合成出一个超重新元素。如有长寿命超重核，将对核科学研究带来重要冲击。该领域研究的关键科学问题包括：

1）系统研究超重核区核结构及衰变性质；

2）研究超重核合成各种可能反应及机制；

3）合成超重新元素和新核素。

（3）核天体物理学

利用北京 HI-13 串列加速器和兰州 CSR 两个大科学工程，可以进一步深入开展核天体物理关键核素的质量、衰变特性和反应截面测量。

核天体物理关键核素的质量测量。利用国际上第二个可以开展质量测量的重离子储存环 CSR 和德国 GSI-ESR 正在开展扩建的时间窗口，通过等时性和肖特基技术，开展 20～100 质量区的 rp 过程核素质量测量，开展 50～100 质量区的 r 过程核素质量测量。

rp-过程和 r-过程所涉及核素衰变特性测量。这包括两个方面：①rp-过程路径上等待点的若干关键核素的 β 缓发质子发射，半衰期和 B（GT）强度分布；②r-过程等待点的若干关键核素的 β 衰变半衰期和 β 缓发中子发射概率。

在兰州 CSR 装置上与核天体物理相关的某些高剥离态原子的束缚态衰变测量。天体物理环境中的原子通常处于高度电离的状态，引起某些核素衰变的模式、有效半衰期乃至稳定性发生显著变化。束缚态衰变是其中的机制之一，它导致个别在中性原子状态下稳定的核素在全剥离时变为不稳定的；某些半衰期很长的剧烈变为半衰期较短的。这一机制不仅对 s-过程核合成的研究有重要意义，而且关系到 ^{187}Re-^{187}Os 宇宙时钟的校准。

关键核天体反应的间接实验研究和核谱因子的精确测量。开展爆发性核燃烧过程中关键反应率研究，通过测量放射性束和稳定束的（d，n）、（d，p）和其他单核子转移反应，结合 ANC 或核谱因子的方法，得出爆发性核燃烧中相应的（p，γ）或（n，γ）反应率。核谱因子是单粒子模型中关键的核结构参数之一，也是计算辐射俘获反应天体物理 S 因子和反应率的关键参量。近年来我国利用（d，n）或（d，p）反应提取谱因子的方法，在不稳定核（p，γ）和（n，γ）天体物理反应率的研究中获得了重要成果。但通过（d，n）或（d，p）反应提取谱因子存在一定的不确定性。希望通过测量重离子之间 ^{6}Li（^{7}Be、^{6}Li）^{7}Be 等弹性转移反应来确定不稳定核的谱因子，最大限度地减小提取谱因子的实验误差。

利用国际合作，开展重要核天体反应的直接测量（包括共振核反应），同时将研究的核区从轻核拓展到 r 过程的中重核，配合开展自主开发的核天体物理网络计算。

不稳定核的光学势的实验研究。由于光学势的同位旋相关性，不稳定核与相邻稳定核的光学势参量定会有不同程度的差别，会给天体物理反应率带来 20％～30％的误差，成为间接测量不确定性的主要因素。国际上研究不稳定核光学势实验工作很少。通过提高串列加速器次级束流强 5 倍左右，并采用大面积的硅条探测器对反应产物进行探测，提高实验的效率，实现弹性散射角分布的测量，提取不稳定核的光学势参量。

在以上过程中，不稳定核参与的核反应起着十分重要的作用，准确测定这些反应的天体物理反应率并分析其对元素核合成和恒星演化过程的影响，是当前核天体物理研究的热点和具有挑战性的课题。从实验方面来说，由于不稳定核的特殊性，准确测定这些反应的天体物理反应率非常困难。主要表现在：①不稳定核的束流强度较弱，实验的统计精度较差；②缺乏不稳定核的光学势信息，理论计算的不确定性较大；③在天体感兴趣的能区反应截面很小，难以直接测量；④间接测量仍存在一定的误差。

宇宙中各种元素的形成经历了复杂的核反应和核衰变过程。其中，许多是远离 β 稳定线奇特核参与的过程。利用放射性核束，可以人工实现在天体物理感兴趣的范围内的核反应，测量关键的数据。通过研究天体演化过程中的关键核反应及关键核的衰变性质，可为宇宙演化过程中元素的形成提供更准确的图像。目前，该领域有待解决的疑难问题包括：

1）质量数 $A \geqslant 9$ 核素的原初合成；

2）中微子物理中的一些重要问题；

3）核合成的 r 和 p 过程系统研究；

4）高能量 γ 射线暴的起源问题。

（4）高密核物质

在重离子碰撞中产生高净重子数密度的核物质，是正在建造的位于德国 GSI 的大型重离子碰撞实验装置 FAIR 的目的之一。当入射能量太高时，在中心区的粒子和反粒子成对产生，净重子数密度将很小，因此在 RHIC 或 LHC 上不可能产生高净重子数密度。RHIC 或 LHC 产生的高温夸克物质对应于早期宇宙，而在 FAIR 产生的高密核物质（也有可能是夸克物质）对应于致密星体。位于中国兰州的 CSR 由于碰撞能量不高，不可能产生夸克物质，但极有可能产生手征对称性部分恢复的高密核物质。

兰州冷却储存环由主环 CSRm、实验环 CSRe 以及连接两环的第二条兰州放射性束流线 RIBLL2 组成。进入 CSR 的重离子束流由现有的扇聚焦回旋加速器（SFC，$K \sim 70$）或分离扇回旋加速器（SSC，$K \sim 450$）提供；质子束流将由一台小型质子回旋加速器或计划中的 Booster 提供。$^{12}C_6$ 离子经 CSRm 加速后的入射动能达每核子 1.1 GeV，$^{238}U_{72}$ 离子加速后每核子达 0.52 GeV。质子经 CSRm 加速后的入射动能将达 2.8 GeV，对应动量为 3.7GeV/c。

兰州重离子加速器冷却储存环装置，为我国奇异核结构、核状态方程、强作用物质性质随物质密度变化、重子共振态、多夸克态及双重子态、介子阈下产生机制、手征对称性破缺恢复等核物理问题的研究，提供了良好的机遇。因此，如何充分发挥兰州 CSR 重大科学工程的作用，及时进行理论研究，探讨具有重大创新意义的物理课题，推动兰州 CSR 上核物理实验研究，是摆在我国核物理研究人员面前的战略任务。

（5）强子的结构和性质

近十几年来，由于国际上大型核物理装置的建成和投入运行，大量的新数据的采集和积累，强子物理的研究已成为当前亚原子物理和基础理论研究的前沿热点。特别是观测到的很多新的强子态不能用已有的理论进行解释，暗示着作为物质单元的强子有更为复杂的结构，或存在着强子的奇特态，如多夸克态、混杂态、胶球态等，基本理论和处理方法需要进一步修正和完善。

该领域研究的物理目标是通过各种理论模型方法和进一步的实验，发现和解释新的强子态，增强对强子的结构和性质的认识，完善强相互作用的基本理论。主要的研究内容包括：统一地解释已发现的介子态，包括能谱和衰变特性；寻找丢失重子，研究已观测到的重子激发态的结构和特性；解释观测到的新强子态，研究它们的结构；寻找可能的强子奇特态，包括多夸克态、混杂态、胶球态等，研究它们的产生和性质；研究 QCD 理论的非微扰效应及处理方法，完善 QCD 理论；研究各类强子的结构函数；研究各类强子的弱衰变等。

我国的大科学装置 BEPCII 已完成升级改造工程，它的亮度比改造前提高了一个数量级，该装置是当前国际上在该能区最好的研究强子物理的装置，目前第一批数据的采集工作已完成，数据的分析和物理的研究是下一段的中心工作。兰州的 CSR 也已通过验收，在它上面进行强子物理研究的准备工作也在进行之中。这两个装置将通过不同类型的物理过程，即衰变和碰撞反应过程，对强子的结构和性质进行交叉研究，对准确可靠地获取强子结构和性质有重要意义。

（6）相对论重离子碰撞与强耦合夸克胶子等离子体

讨论强相互作用相变及其新物态的理论是有限温度密度 QCD。由于 QCD 的非微扰困难，研究相变与强相互作用物质目前依赖于格点 QCD 与 QCD 有效模型。由于在有限重子数密度时，格点 QCD 遇到费米子符号的问题，目前尚无可靠的格点结果，特别是当重子化学势较大时。事实上，这个困难在过去研究 QCD 相变本身时就一直是个难题，目前考虑强相互作用物质更显得研究这个问题的紧迫性和重要性。

可以从以下几个方法相互关联，相互补充，相互检验地探讨强相互作用物质。①有限重子数密度和有限同位旋数密度的 QCD 格点计算；②从弱耦合到强耦合的 BCS—BEC 转变；③有限温度密度时的 AdS/CFT 对偶方法研究；④重整化群方法。

已于 2009 年开始运行的能量更高（每对核子质心系能量达 5500 GeV）的 LHC 重离子实验将为我们提供细致研究 QGP 性质以及 QCD 状态方程的更好机会。随着能量的提高，退禁闭相存在的时间将会更长，其效应也将更容易观测。

而未来在德国 FAIR 以及俄罗斯 NICA 的高能重离子碰撞实验将会探索低温高密区的 QCD 状态方程，尤其是 QCD 临界点。

相对论重离子碰撞早期形成了强耦合夸克物质的实验基础是对末态低横动量强子的集体流分析。后来又经过 AdS/CFT 对偶方法计算，发现黏滞系数与熵密度的比值确实很小，并考虑重味夸克穿过强耦合系统的能量损失，以及其他的理论研究与实验数据分析，进一步巩固了在 RHIC 产生的夸克物质是强耦合夸克胶子等离子体这一概念。由于夸克物质不能在末态观测到，一个重要的问题是如何通过末态的粒子分布来判断是否产生了强耦合夸克物质，这就是信号问题。与过去讨论的大部分信号的不同之处在于怎样体现强耦合这一特征。可以重点讨论下面几个与强耦合夸克物质的性质密切相关研究方向：①热密物质的集体流及其涨落；②重味粒子的产生及其压低机制；③QCD 相变临界点的位置及其性质。

（7）夸克层次的凝聚态物质

最近的理论分析表明，高密度时强相互作用的相结构比高温时要丰富得多。一方面，手征对称性恢复对密度非常敏感；另一方面，高密时的不稳定性提供了一种可能的新强子化机制。不仅如此，当密度高到一定程度时，还有可能产生色超导现象，使得 QCD 系统随密度的增加可能发生从核物质到强子物质、从手征破缺到手征恢复、从色严格对称到自发破缺以及从夸克因禁到解除等相变，包含了丰富的 QCD 对称性。

质子中子层次上的凝聚态是核物质，涉及的相互作用为核力，能量尺度为 MeV 量级。夸克层次上的凝聚态可以称之为 QCD 夸克物质，涉及的能量尺度为 100 MeV 至 GeV 量级。当物质密度很高的时候，核子口袋将被挤破，形成类似于费米气体的夸克物质。由微扰 QCD 和有效模型，夸克之间存在吸引相互作用，因此根据超导的 BCS 理论，在物质密度极高的低温夸克物质中会形成夸克库珀对，同时色对称性被自发破缺。类比电超导体，该状态的夸克物质被称为色超导体。

夸克层次的凝聚态物理是我们理解许多极端条件下物理体系所必需的理论知识。在现今宇宙中，存在一类特殊的天体，称为致密星体，其体积很小（半径几千米），密度很大，如中子星。这类天体中心的密度很可能达到了夸克物质存在的条件，或者人们认为一些致密星体就是纯粹由夸克物质构成。而这种致密的夸克物质有可能就是理论上预言的色超导体。色超导体的存在对中子星和夸克星的结构和相应的物理过程会产生重大影响。

研究 π 介子凝聚和 K 介子凝聚以及与天体物理现象相联系的反应过程。计算夸克物质中中微子发射的 Urca 过程以及 π 介子凝聚态和 K 介子凝聚态的中微子发射率，研究中子星的冷却机制。研究具有两种凝聚的体系的黏滞系数以及和中微子过程和非轻子过程的关系。计算与这些过程相联系的体黏滞系数，了解这两种凝聚的输运过程。

FAIR 能否产生色超导的关键是要较准确地计算产生色超导的临界重子数密度，这也是 BEC 凝聚态的起点。因此，从 BCS-BEC 转换的角度来讨论强耦合的色超导相，得出一个可靠的临界密度对于研究 FAIR 可能的色超导非常重要。当然，另一个关键是要有可靠的输运理论来估计 FAIR 的重离子碰撞能产生多高的重子数密度，这个密度是否达到了临界密度。

至于在兰州 CSR，与模型无关的计算表明，部分恢复手征对称性是可行的。而恢复到什么程度，能产生多高的同位旋密度，是否超过临界同位旋化学势，即真空中 π 介子的质量 140 MeV，有哪些可观察量与凝聚、BCS-BEC 转变相关，这是目前需要理论计算和模拟的。一个提高密度的方法是选择变形核，如椭球核来碰撞。这样，头对头的碰撞能使得中心区的密度可以有显著的提高。

夸克层次的凝聚态物质研究综合了核物理、粒子物理、凝聚态物理、冷原子气体物理、天体物理等学科，是一个交叉学科，对澄清许多基本物理问题有重要的意义。

2. 核技术及应用领域

（1）先进核影像技术及其应用研究

CT、单光子发射断层扫描（SPECT）、正电子发射断层扫描（PET）、核磁共振成像（MRI）等核成像技术的发展与人民生命健康密切相关，对于重大疾病的预防、诊断和治疗起到了十分关键的作用。核影像技术的发展重点一方面在于先进的射线源（如单色 X 射线源）、探测器、低噪声电子学及成像原理，目标是提高空间分辨率及密度分辨率；另一方面是系统技术集成，形成核影像仪器设备的综合研制能力，支撑开发具有自主知识产权的产品。

探测器技术是核影像中最为关键的部分，近年来，一些先进的探测器技术和新型的探测器材料的发展和应用，不仅使探测器的内在分辨率和探测效率得到了较大提升，还使新的系统设计变得容易实现，这为我国核影像技术和设备的发展提供一个有利契机。因此，加大对新型的位置灵敏型闪烁探测器、半导体探测器及其他新型探测器技术研究及开发，不仅将增强我国核成像技术的发展潜力，还可促进其他相关技术及工业应用的发展。核影像设备中，电子学系统的主要要求是数量多、速度快。随着新型探测器技术及新型核成像设备越来越高的技术要求，对后继电子学系统的速度、集成度等方面的要求也随之增加，近年来，FPGA、DSP 等技术的应用，使电子学系统更易实现。但随着技术的发展，对电子学系统的要求也是不断提高的，因此应加强电子学系统的研发，引入其他工业领域或行业中得到应用的先进电子学技术，使之适应核影像技术的特殊要求。海量的数据传输，是核影像技术的特点之一。目前，一些高速或超高速的数据传输技术已经在其他领域得到广泛应用。引入或研发先进的数据传输技术，不仅提升系统性能，还可拓展核影像设备的应用领域。

（2）放射治疗中的关键科学技术问题研究

放射治疗是核技术在人类健康方面的重要应用之一。恶性肿瘤是常见病、多发病，也是对人类健康危害极大的疾病，并一直是困扰世界各国的难题，居各种死亡原因的第二位。目前手术、放射治疗和化学治疗是肿瘤治疗的三大手段。调强治疗、图像引导放射治疗、质子治疗、重离子治疗等放射治疗新技术的出现，使得放射治疗的疗效显著提高，对核成像与放射治疗中的重要科学技术问题的深入研究，对于进一步提高人民健康水平将起到十分重要的作用。质子治癌和重离子治癌作为两种先进的放射治疗技术，癌症治疗效果显著，在国际上得到了较快的发展。重离子治癌和质子治癌在我国刚刚起步，已建成的兰州重离子研究装置为开展重离子治癌研究提供了实验平台，重离子治疗和质子治疗装置发展和研制中的关键技术问题以及重离子和质子辐照相关的生物学和医学问题都应是优先支持发展领域。

（3）核技术新原理、新方法及其应用研究，核技术与其他学科交叉的相关技术及应用研究

新的核技术方法的发展为其他学科提供了创新研究的重要工具，如基于光阴极微波电子枪的 MeV 超快电子衍射技术，可以实现 100 飞秒的时间分辨，在材料科学、化学及生命科学的超快科学问题的研究中，将发挥重要作用，在 MeV 超快电子衍射技术方面我国处于国际领先水平，急需支持取得一批原创性的成果。

我国正在建造先进的散裂中子源装置，需要及早开展高通量中子散射技术研究，发展相关的实验方法与测量技术。

X 射线自由电子激光作为新一代 X 射线光源，具有高亮度、短脉冲、全相干等显著优点，具有重大的科学应用前景。目前我国正在规划建造新一代 X 射线自由电子激光，X 射线自由电子激光实验方法及应用研究在我国尚属空白，需要及早布局，开展相关研究。

（4）同步辐射先进实验技术方法、理论方法与交叉学科应用研究

我国第一台第三代同步辐射装置上海光源已于 2009 年建成并投入运行，装置性能位居国际最好水平之列。上海光源首批建造了 7 个光束线站，后续还将建造数十个光束线站以全面扩展实验方法和学科应用领域的覆盖面。利用先进同步辐射光源的优异性能，开展超高空间分辨、超快时间分辨、高能量分辨与高动量分辨、高灵敏度实验方法研究，发展利用同步辐射相干特性和可变极化特性开展衍射、散射、谱学和成像新实验方法，以及发展建立相关理论方法和

分析方法，充分发挥先进同步辐射装置平台对多学科研究的支撑作用。

同步辐射是一个天然的交叉学科研究平台，可同时提供多学科领域开展研究。应优先支持同步辐射技术应用于生物科学、材料科学、能源科学、环境科学、医药学等领域的交叉学科研究，在这些领域，国际同步辐射的发展已显著地推动了该学科的发展，预期这一趋势还会进一步加强。我国应加强这方面的研究，力争跻身国际先进水平之列。建议的优先研究领域具体内容包括：利用同步辐射技术研究各层次物质结构与动态过程、研究和开发各种新型功能材料与核能材料、研究环境污染物在大气、水体、土壤和食物链中迁徙、转换的分子机制等重大交叉科学技术问题以及同步辐射技术应用于医学临床诊断与新药物研发等。

（七）理论物理

1. 超弦/M 理论研究

宇宙极早期行为、暗能量本质、深层次理解黑洞物理如黑洞熵问题、时空和相互作用本质等需要一个量子引力理论。其候选者超弦/M 理论是当前国际探讨这些问题的热点。超弦/M 理论还与超对称、夸克-胶子等离子体及相关性质和额外维的可能存在性密切相关。超弦/M 理论当前的研究主要集中在探讨其自身的一些非微扰性质如 M 膜及多个 M 膜的理论表述、该理论完整框架的建立以及由此导致的对时空、相互作用和经典与量子本质等的深层次认识，极早期宇宙行为如宇宙的暴胀行为，从超弦/M 理论导出粒子物理标准模型及一些超对称破缺机制，利用引力/规范对偶研究强耦合的夸克-胶子等离子体行为、凝聚态物理中的量子相变、冷原子系统等。弦理论的发展极大地推动了基础数学的发展，弦理论与基础数学的交叉研究对这两个方向的发展都会有积极的推动作用。近年来，国内在相关方向上有了一定的研究积累，缩短了与国际研究水平的差距，但我们的研究力量仍然单薄，国内很多重要研究单位希望开展该理论的研究但难以找到合适的人选，另外考虑到超弦理论研究本身需要周期长的特点，建议加强该方向的支持力度并给予持续稳定的支持。

2. 极早期宇宙研究

宇宙作为天然的实验室，由于其特殊性可用来检验一些加速器实验做不到的物理。例如，宇宙早期的暴胀是一个极高能物理过程，在这样一个高的能标，新的物理可能会进入这个高能物理过程，如时空非对易性、反常色散关系、CPT 破坏等，因此宇宙给极高能理论的研究提供了一个得天独厚的检验场所。结合国内外天文观测，如 LAMOST、WMAP、SDSS、SN 及近期升空的

PLANCK，极早期宇宙的研究是当前国际上的主要研究课题之一，我国应该加强支持这个方向的研究。

3. 粒子物理标准模型与超出标准模型新物理的理论研究

粒子物理的理论和实验研究都在呼唤超出标准模型的新物理的理论探讨，尤其 LHC 的运行更加推进 TeV 能区物理及相关新物理理论研究的开展。弱电对称性破缺机制的研究，极高温极高密条件下研究夸克-胶子等离子态及其可能的相变，微扰 QCD 的高阶修正的计算，量子场论的本质内涵、非微扰特性如非微扰 QCD 色禁闭、格点规范理论，大统一（GUT）、超对称（SUSY）、额外维（ED）等相关理论的探讨。

4. 统计物理基础和复杂体系的统计物理

在统计物理学研究方面，欧洲的底蕴很深，各个大学和研究机构都有一批从事与统计物理基本问题密切相关的学者，尤其是德国、法国、意大利这些国家的基础比较好。在美国，不仅一批著名大学的物理系有从事统计物理研究的最杰出人才，而且在许多大学的化学系和数学系也有人从事统计物理的研究，可以说是人才济济。我们的邻国日本，由 Kubo 传承下来，他们在统计物理方面也有很强的实力。相比之下，中国在统计物理的研究，主要集中在前沿跟踪和应用方面，对基本问题研究，缺乏传统传承和原创性研究。今后，我们要基于以下的历史发展考虑，全面深入地发展统计物理：①统计物理学应用领域越来越广泛。统计物理的应用促进了其他领域研究的开展，同时也为自身理论提出了许多新的问题；②过去的统计物理学主要研究平衡态，而现在需要研究的许多系统不处在平衡态，各种不同的非平衡态过程需要我们去研究；③传统上，统计物理学讨论热力学极限下的各种系统，这时系统的尺度和个体数量都为无限大，而当前需研究的许多系统，尺度和粒子数都有限，热力学极限不再成立。当前，小系统的远离平衡态统计物理学成为了一个迫切需要研究的方向，更一般地来说，需要建立有限系统的统计物理学完整理论。

应用方面：①无序系统低温构型空间和基态构型空间结构性质的统计物理描述与数值模拟：无序系统（如自旋玻璃和随机组合优化问题以及信息科学中的编码、解码问题）的统计物理性质非常复杂，而造成这种复杂性的一个重要原因是体系的构型空间的复杂性。我们拟通过理论和计算机模拟的方法对随机有限连通的自旋玻璃系统在低温和温度为零时的构型空间的结构进行细致的探索，通过对构型空间结构的把握来理解这些系统的平衡和非平衡性质。这一研究是无序系统统计物理学的一个重要而困难的课题，需要进行较大规模的数值求解和计算机模拟。②统计物理理论在组合优化问题和信息科学中的应用：计算机科学和信息科学中许多大规模的优化计算问题通常都会发生相变行为，使这些问题的计算复杂度在控制参数稍稍改变时发生质的改变。理解这些相变现象以及基于这些统计物理学的理解来发展更好的算法是我们的目标。这些研究将促进统计物理与信息科学的交叉与融合。③复杂液体和有限系统的临界现象：目前，临界现象标准理论将临界现象由坐标空间的维数 d 和序参量空间的维数 n 分成各种不同的普适类。在给定的 d 和 n，临界指数和标度函数等是普适的，不依赖系统的其他特性。但是，最近一些复杂液体的计算机模拟研究发现，系统的临界指数不是那么普适。以所谓的 Ising 液体作为例子，与通常的格点 Ising 模型和普通液体不一样，这个系统的粒子同时具有空间和取向自由度。计算机模拟的结果发现，这个系统的临界指数很强地依赖于系统的密度，这与传统理论不符。在我们将来的工作中，首先将利用计算机模拟研究各种复杂液体的临界现象，在对该现象有了比较可靠的认识后，我们希望能够构造复杂液体的理论模型，然后利用场论和重整化群方法，研究该系统的临界性质，发展临界现象的一般理论。希望在今后的研究工作中，对有限系统临界现象的理论，能够结合实验进行研究，最后获得可以与实验结果进行直接比较的理论结果。

5. 量子信息物理

量子理论与信息和计算机科学交叉，产生了新兴的交叉领域——量子信息物理学（physics of quantum information）。向实用化推进，量子信息学的实用化有可能引发新的技术革命，最终克服摩尔定律描述的芯片尺度极限对计算机科学发展的本质限制。由于量子信息、量子器件和纳米微结构方面的发展要求，人们需要在不同的空间尺度、时间尺度和能量尺度上对量子态进行人工的相干操控。现有的信息处理系统——计算机的传统构架发展要求人们对各种复杂人工系统的量子态知识有更加深入的了解，发展复杂结构的波函数工程，在各种尺度上对微观、介观乃至宏观结构的形态与演化进行量子控制。这方面的研究将是未来信息处理器件和网络构筑方案的物理基础。该领域研究包含以下主要方面。

（1）量子通信关键技术相关的物理问题

1）噪声背景下的量子通信。

为了能够实现大尺度下全天候的量子通信实验，需要解决信道高噪音（尤其是太阳光背景）影响，采用高精度滤波技术可以有效地降低背景噪音的影响，针对太阳背景，可以选择太阳光谱的夫琅和费线作为通信波长，通过窄带滤波可以有效地消除太阳光谱中其他成分背景光的影响。

2）新型量子纠缠光源。

基于纠缠态的空间大尺度量子通信实验，需要在遥远距离高损耗信信道分发量子纠缠态，这就对纠缠光源的亮度提出了更高的要求。新型的量子纠缠光源通过对产生纠缠态的新材料和新机制的研究可以大大提高量子纠缠光源的亮度，同时为了能够与基于冷原子量子存储的技术相结合，窄带纠缠光源是新型量子纠缠光源的重要研究方向。

3）量子中继和量子存储。

冷原子量子存储中关键的问题是如何保持所存储的量子态的长时间相干性和如何高效率地把存储的冷原子量子态转化为易于高精度操作的光子态。这方面需要对冷原子和量子光学结合体系方面的探索。读出效率是量子存储器的重要指标之一，读出效率越高，在量子通信过程中需要的资源越少，对量子通信系统的集成化是至关重要的。研究偶极光阱中的量子存储过程提高量子存储的寿命，也要探索基于冷原子光晶格的量子存储方案，提高存储寿命。

（2）固体量子计算：超导量子比特和量子点的相干操纵

1）超导量子比特系统的退相干问题。

超导量子比特系统有其独特的退相干性质。已有的实验显示，低频噪声可能起着关键作用。特别是，对不同的超导量子比特（如电荷量子比特、磁通量子比特等），低频噪声产生的机理还会有所不同。因此，这为研究提供了丰富而富有挑战性的课题，如从机理研究充分，降低噪声对量子比特影响。为此，需要优化已有的超导量子比特、甚至需要设计更抗噪声干扰的新器件。另外，超导量子比特本质是一种极端条件下的宏观量子系统，偏离临界相变温度时，单电子和准粒子效应会影响宏观量子比特的有效性。因此，全面彻底地分析清楚这些效应在理论上是一个挑战。

2）新的超导量子电路和量子计算新方案。

在提高超导量子比特相干性的同时，需要针对各种超导量子比特的特点提出有特色的耦合方案，并针对一些典型的量子算法设计更多比特的超导量子电路。另外，人们还在不断探索基于超导量子器件的新型量子计算方案，如绝热量子计算、拓扑量子计算等。

3）超导量子比特量子态的测量方法。

结隧穿、点接触（QPC）和单电子晶体管（SET）方法是目前固体量子测量的主要方法，特别是 QPC 和 SET 的灵敏度可以高达分辨单个电子电荷。超导量子比特量子态测量方法的发展趋势主要有两方面：一方面是发展量子态单次读取（single-shot）的测量方法。另一方面是开发超导量子比特量子态的非破坏性测量方法。利用超导量子比特与固体量子腔的耦合以及腔的量子光学效应来探索超导量子比特量子态的非破坏性测量，并利用大约瑟夫森结在非线性工作区时特有的双非稳态特性来探索超导量子比特量子态的非破坏性测量。

4）量子点量子计算的一般研究。

量子点量子计算自 1998 年由 D. Loss 和 D. P. DiVincenzo 提出以来，一直是量子计算研究的一个主流方向。在量子计算的几个主流体系中，量子点系统研究应该说是进展相对落后的一个，但这为我国研究工作者提供了一个还存在许多重要问题亟待解决的新兴研究领域，是我国在量子计算技术上实现跨越式发展的一个难得机会。量子点量子计算领域面临的一些重要的科学问题，如双量子点及多量子点系统的制备、测量和自旋控制。

5）自旋和环境，特别是和自旋环境的相互作用导致退相干的机理及控制。

目前这个领域的理论研究有相当不错的进展，但是对核自旋系统多体效应的理解还需要进一步的研究。实验上实现自旋回波和更复杂的控制仍然是难点。这些问题的解决，不仅对解决自旋退相干有重要意义，也有助于我们理解退相干、多体系统的时间演化等基本物理问题，也能发展高精度的磁共振技术。

6）单量子点自旋系统和纳米光学器件（如光子晶体中微腔和波导）的可控耦合。

最近几年光子晶体领域的迅速发展为研究者提供了一个机遇，就是控制单个量子点和单个光子元件之间的相互作用。这个方向的研究对量子光学的发展也有重要意义，有可能导致高度可控的单光子或纠缠光子对元件；这方面还涉及量子点光源的研究。增强腔的精细度并结合腔中量子点的定位可以大大提高量子点光源的收集效率。另外在高温下可用的量子点结构，以及对量子点光源的精密调节都需要进一步研究。除了光源的发射以外，怎么样利用其来作为量子计算的逻辑和存储元件也是一个重要的研究方向。

7）复杂脉冲序列的电子顺磁谱学、光谱学、控制理论和实验。

在核磁共振实验中，多脉冲控制和高维谱已经是相当成熟的技术，这些技术对实现高精度的核自旋控制以及解耦不同核自旋十分重要。未来技术发展的一个重要方向是在微波和可见光波段实现类似的控制精度，这将为一系列领域带来革命性的变化，包括量子计算、生物医学谱学、化学分析等。多脉冲和复杂形状脉冲的超快光谱可以通过声光调制实现，电子顺磁共振的技术最近 10 年也在快速进步，结合量子计算的研究，在这些技术上实现跨越式发展是完全可能的。

8）固体量子计算驱动的硅材料系统的研究。

Si 材料的劈裂栅量子点的制备技术目前还是难点。但如果解决这个技术问题，未来半导体量子点中的自旋相干时间就可以到 ms 量级，成熟微电子技术就可以迅速应用到该体系，可以预计电学控制量子点量子计算会取得重大突破。值得努力探索的领域还包括新型碳材料量子点系统，如石墨烯量子点、碳纳米管量子点、金刚石 N-V 中心等。另外碳材料具有优越的自旋相干特性，石墨烯量子点结构还有独特的磁学性能，碳同位素标记还可以可控地引入核自旋。这些优点使此类系统成为最近国际研究界关注的新方向。

（3）量子信息启发的基础物理问题

量子信息发展启发的、具有纳微米结构量子相干器件的关键特征，是通过量子态的相干性成长实现特定的功能。对量子态进行人工的相干控制，为量子物理研究提出了新的课题和基本问题。其控制器对被控量子系统的反作用是不可忽略的。特别是当考虑到有反馈的闭环量子控制，反馈的过程要求从被控系统的输出提取信息，而提取信息的过程相当于量子测量。众所周知，量子力学中的量子测量会引起波包塌缩，从而导致被测系统致命的状态改变。为了克服这种量子反馈的困难，一种可能性是部分地提取信息，优化逼近目标的时间演化。这些问题是需要研究的核心问题。

量子控制能力的物理分析和量子热力学有密切关系。Landauer 原理（擦除一个比特信息就要消耗能量 $KT\ln2$）的一个意义是在微观层面给出"麦克斯韦妖"佯谬的一个解决方案，另一个意义是预言信息处理的物理极限存在导致所谓的摩尔定律。由于普适的计算过程必然包括消耗能量、擦除信息等初始化过程，我们把"麦克斯韦妖"和系统放在一起，进行整体的考虑，普适计算的循环过程可视做一个热力学可逆循环。因此，在量子的层次研究热力学循环和量子热机，是普适量子计算物理极限研究的必然要求。

量子热力学研究的一个重要方面与相对论和量子非定域性矛盾有关。在弯曲时空背景下，物质场会表现出十分奇异的量子特性。由于时空奇异性和视界的存在，真空可能具有内禀的量子纠缠特征，产生霍金辐射等重要物理现象。另一方面，为了阐释引力场量子化如何自洽地给出经典世界的经典物理，人们需要应用"量子退相干历史"的观念。这些观念植根于量子力学的测量问题和量子开系统的一般理论，密切联系奇异时空结构导致量子信息损失的物理现象。另外既然经典力学是量子力学的极限，量子力学本身会不会是某种更精确理论的极限？

基于冷原子系统量子模拟的研究与量子信息密切联系。近年来超冷原子物理的蓬勃兴起得益于其前所未有的丰富的可操控性：不仅原子间的相互作用可以通过 Feshbach 共振调节，而且用于束缚原子气体的光学势阱可以模拟不同的晶格结构。我们将把偶极相互作用的引入束缚在光晶格中的量子气体中，用其模拟凝聚态物理中的强关联态以及量子信息中的信息传递。由于偶极相互作用是长程和各向异性的，我们期望在其中可以发现更为丰富的量子相。另外，偶极相互作用的高度可调节性，也可以为量子信息的传输提供有益的帮助。

6. 灾变、灾害现象相关的连续介质的非线性特性

针对相关现象，建立非线性数学物理模型，结合各种复杂环境条件做合理的近似，研究相关方程的非线性特性，利用已建立的孤子理论和孤立波求解方法，探讨相关模型的近似解的非线性物理特性，以及探索这些相关灾变或灾害性现象发生的物理机制。通过对这些典型系统的研究，加深我们对于有关自然灾害形成的认识，为探索和揭示如台风和海啸等重大灾害、灾变发生机理及其预测提供数学物理基础。

7. 斑图形成与演化的非线性动力学（如生命、等离子体、化学反应等系统）

研究反应扩散系统中螺旋波斑图的产生、失稳与控制的物理机制，特别是三维反应扩散系统的理论和实验方面的结合；利用螺旋波运动的普遍规律研究心脏螺旋波的失稳控制机制，研究为心脏医学提供理论基础和可能的心脏疾病的医疗方法。研究等离子体系统中的斑图自组织、演化机理与控制，基于螺旋波的演化失稳控制，探索为心脏疾病提供可能的医疗方法。推进探索磁场对长射流的影响和超快超强激光与等离子体相互作用下亿高斯磁场斑图结构产生的机制、条件和其中物理过程的研究，推进对惯性约束可控核聚变过程的理解及其控制方法。

8. 经典与量子系统不可积性、随机性与混沌

研究经典系统的轨道运动、经典量子对应、半经典理论、可积性、量子经典演化的可信度、开放量子系统的混沌理论；研究时空混沌自组织、同步与控制，多混沌系统耦合系统复杂动力学与多个奇怪吸引子的选择、竞争机制；研究基于混沌特性在化学、生物等前沿领域的应用；研究与玻色-爱因斯坦凝聚相关系统中的非线性特性，探讨 BEC 中的许多基本物理过程对促进诸如原子激光，精密测量等宏观量子现象的应用物理基础。推动经典系统和量子系统的不可积特性的研究，探讨其潜在应用的物理基础，推动生物网络系统的结构特性研究和与功能相关的动力学研究，为生物系统的调控、信号传导、信号处理提供物理基础。

9. 网络系统的拓扑结构特性和非线性动力学稳定和不稳定特性

充分利用网络中结构单元之间的相互关系和相互作用，构建复杂网络的联络，研究网络的拓扑结构特性，从而推动我国非线性科学的研究进展，推动与非线性相关的物理现象的物理特性和物理本质的深入研究及其在其他科学中的应用，推动非线性科学在国家重大需求相关科学问题中的应用。

第三节 重大交叉研究领域

一、生命科学中的物理问题

（一）生物信息、生物大分子结构和与功能相关的新物理问题

1. 非编码RNA、序列有关的DNA及蛋白质分子的三维结构和功能的模拟与预测

发展研究非编码DNA序列、非编码基因和非编码RNA功能的预测和复杂序列特性研究的方法，发展非编码RNA、序列有关的DNA及蛋白质分子的三维结构的研究方法，模拟计算和统计预测RNA和蛋白质的三维功能结构，为这些蛋白质、DNA和RNA大分子的生物功能和生物信息学的发展、结构、序列与功能之间的关系的研究提供坚实的物理基础和计算方法。

2. 生物大分子（DNA、RNA及酶蛋白）相互作用和网络动力学及系统生物学

发展预测非编码RNA与其靶基因、分子相互作用的方法，研究构造RNA-RNA相互作用网络、蛋白质-蛋白质相互作用网络及其双色网络，研究其网络参与调节细胞中的生命活动的生物特性以及网络的动力学特性，开展系统生物学的研究。

3. 脂类分子、结构蛋白分子等自组装生物分子纳米机器体系功能的物理性质、力学性质

研究脂类分子、结构蛋白分子等自组装成生物分子纳米机器体系的结构特性，与功能相关的动力学特性，以及其力学性质等；了解生物分子纳米机器的工作原理和过程。

4. 生物分子的操纵、分析与测量的新原理、新方法和新技术（如光镊、磁镊及微流体分子梳等）

发展用于单个生物分子水平上的观测、操纵和分析测量系统，精细观测生物分子的微观结构和表征相关的物理特性，实现单个分子水平上分子结构与功能的实验和理论研究比较。

5. 生物调控网络和生物信号传导（转导）网络系统的动力学

充分挖掘生物实验数据和结果，构造各类相关生物网络模型，研究网络的

动力学特性，研究其生物相关的调控作用和信号传导（转导）特性，刻画相关生物系统的调控、信号处理和信号传递的动力学和生物物理机制。

（二）与健康相关的先进诊断与治疗的新方法

健康问题已成为 21 世纪世界各国政府和社会公众关注的重要问题。人口健康直接影响到一个国家的经济发展和社会进步。科学技术的进步，推动了人类对自身健康和疾病的认识，使传统临床医学变成以现代生物学知识和物理学实验方法为基础的生物医学。

1. 放射治疗中的关键科学技术问题研究

主要科学问题有：癌症等重大疾病的治疗新方法，包括重离子/质子束治癌系统、纳米治癌药物、冷热刀治癌新方法、用于肿瘤和脑神经系统疾病诊断和治疗的放射性新药；癌症等重大疾病的先进诊断方法，包括 X 射线成像、γ 射线成像、核磁共振成像（MRI）等；芯片式疾病诊断；纳米生物医学等其他诊断和治疗新方法。

2. 辐射生物安全与防护

辐射生物安全与防护是我国需要优先发展的核技术交叉学科领域。随着国家对新能源的需求越来越急迫，核能在未来能源中具有非常关键的作用，被认为是解决未来能源的重要支柱。同时，核技术也被广泛地应用于生物、环境和医疗等各个方面。针对核技术的广泛应用，核安全问题特别是核事故（核燃料的泄露、核废料）和核恐怖（脏弹和核电厂、核运输的安全）事件发生对暴露人群辐射生物剂量评估已成为各国政府和机构的紧迫议题，也是核应急预案的核心和关键。研究内容包括辐射对生物体的影响包括诱发 DNA 损伤、改变基因和蛋白调控过程、调节生物体代谢水平和代谢产物等，建立基于 DNA 损伤、基因和蛋白表达以及代谢分析的辐射生物剂量快速、敏感和精确的评估方法，为核应急预案中辐射暴露区域的迅速安全处理以及暴露人群的治疗方案的确定提供可靠检测手段。

3. 医学超声的关键理论及技术

研究医学超声中诊断和治疗的新技术和新方法。主要研究方向包括：① 超声成像新技术，如超声分子成像和超声弹性成像技术。尽管超声分子成像已有炎症组织成像，血栓成像，以及肿瘤和新生血管的靶向成像等显现了重要的应用前景，但实际应用还需解决某些关键问题。例如，微气泡在血管中运动的状态和红细胞类似，会靠近血管的中轴运动，这使得微气泡的黏附效率较低。已有的研究指出，超声辐射力可以控制微气泡的运动，使其偏离血管中轴接近血管壁。另一方面，超声分子成像中缺乏高敏锐度的检测技术，这是因为黏附微泡的回声信号可能淹没在血管中自由流动的微泡及组织的回波信号中。目前，超声弹性成像技术还需在以下方面展开深入研究：基于二维探头的三维运动估计及三维弹性成像、声辐射成像安全性研究、弹性成像在超声治疗方面的应用。②HIFU 超声治疗，在 HIFU 的使用和研究中有一些关键环节，特别是体内焦斑（或称焦域）处声强、温度的实时非介入性测量并未获得突破性进展，这些关键问题的解决将有助于 HIFU 在临床上的应用。此外，HIFU 治疗中超声功率很高，必须考虑非线性效应。而人体是一个复杂的组织环境，在深部脏器的治疗中，声波的传播必须考虑皮肤层，肋骨的影响，同时温度的迅速上升，有可能产生微气泡，这些均会影响 HIFU 的声场及温度场。全面理解这些过程以及 HIFU 治疗过程中的温度监控是 HIFU 发展为一种成熟外科手术治疗技术的关键。③靶向药物传递及基因治疗，目前，对超声微泡介导的基因转染涉及心脏、血管、肝脏、肾脏、神经系统等众多领域，特别是在心血管疾病的基因治疗中，实现了心肌中血管生长因子基因的高效表达，促进了缺血心肌血管的新生。尽管微气泡诱导的声孔效应可有效地将药物或基因传递进细胞，但声孔效应过于剧烈，会导致细胞膜上产生不可逆孔道，对细胞造成损伤，导致细胞凋亡或裂解。利用声孔效应达到安全高效的药物或基因传递，迫切需要实时检测声孔效应，以进一步理解声孔效应的机制，控制因素，以及声孔效应引起的细胞生物效应。同时改进超声微泡的制作工艺及微泡与基因或药物结合的方式亦显得十分重要。

二、与空间科学、天文学等交叉的物理问题

（一）等离子体物理和空间科学的交叉

等离子体广泛存在于自然界中，等离子体的基本性质、学科的发展规律及其应用的背景，决定了等离子体与其他学科紧密结合、易于交叉的特点。针对我国等离子体学科发展的现状以及国家战略发展的需求，建议优先发展的重大交叉研究领域是：等离子体物理和空间科学的交叉。

"嫦娥计划"的实施标志着我国的空间开发开始进入"深空探测"阶段，电推进将很快成为我国新一代航天器的主力在轨动力，等离子体科学技术在航天方面的应用是低气压低温等离子体科学技术的重要领域。主要包括航天器的各种等离子体推进方式、低空间飞行器的动力研究、等离子体天线技术研究等。

等离子体推进研究包括 Hall 推进器、离子发动机等主流电推进方式的物理基础和关键技术的进一步深入研究以及微波等离子体推进、微型等离子体推进、等离子体帆、磁流体大功率推进、无阴极推进等新概念、新方式的研究；低空间飞行器的动力研究，因为这一高度上低大气压存在，低太空超高空飞行器的动力问题是这个高度上进行与国防、国家重要科学研究有关的飞行的关键，而一些在真空及大气压条件下都可以使用的电弧推进方式应该可以在这个高度上有优越的应用条件，并有希望将这一高度的稀薄大气作为工作物质加以利用；高超声速飞行器中的大气等离子体激波的物理和对自身形成的阻力、特别对非对称减阻或增阻新概念的研究；航天器自身的等离子体防护以及同步轨道的复杂空间（主要是等离子体）环境研究；等离子体和载能束新技术、新原理，如纳米载能束技术、原理等，等离子体和载能束与材料互作用机理，与细胞等生物体作用机理研究。其他譬如宇宙空间中高能宇宙射线的起源、γ 射线爆发机制、各种尺度喷流等天体物理现象，可以通过在实验室中用高能高强度激光与等离子体相互作用来研究，成为目前强激光等离子体物理一个重要研究前沿。上述研究与国家的深空探测计划以及国防、通信卫星计划、天体物理前沿科学问题有关，也将应用于生物工程、表面工程、信息、能源等重要国家经济安全方面。

针对国际科技前沿研究与我国等离子体学科发展的现状、科技发展的需求，这一领域的优先发展方向是：等离子体推进的物理基础和新原理；等离子体和载能束与材料、生物体互作用机理研究；实验室天体物理和高能量密度等离子体物理。

（二）高能物理与天文学的交叉

暗物质和暗能量是对粒子物理、相互作用的基本量子理论和宇宙学的一个重大挑战，也是天文学和高能物理重大交叉研究领域，是当前国际研究的热点。具体研究内容包括：结合国内外实验，如我国的羊八井实验观测站，研究暗物质的粒子物理模型，暗物质粒子在宇宙演化过程中的产生机制和探测可行性。结合国内外天文观测，如 LAMOST，研究与实验吻合的唯象模型并从更基本的粒子物理和引力理论认识暗能量的本质。研究动力学暗能量与其他物质如中微子、暗物质粒子等的相互作用，这些研究可以开拓探测暗能量的新方法，如利用中微子振荡实验。这些研究一定涉及天文学观测、高能物理实验和包括引力在内的基本量子理论的交叉与融合。

在这个方向（特别是关于暗能量的唯象研究）我国的研究与国际上基本同步，这有利于我们抓住时机做出原创性的工作。尽管我们这几年发展很快，但整体水平相对依然薄弱，建议加强这个方向的支持力度。

三、能源科学中的物理问题

（一）人工光合作用的研究

太阳能是取之不尽、清洁、廉价的理想替代能源。光合作用是所有化石能源和生物质能源原初光能−化学能转换的基元过程，对光合作用基本问题的研究，启示并促进了人工模拟光电转化器件的发展，为新型能源技术的研究和开发提供新的思路和原理。欧盟国际知名科学家2006年、2008年向欧洲科学基金会提交以光合作用基础研究为源头、旨在模拟光合作用过程、捕获太阳光能、生产清洁能源的白皮书，确定了10～15年的中长期研究目标。可见对于能源的中长期研究部署中，光合作用的基本物理问题研究是重要的环节之一。

光合作用相关的能源物理问题可从以下两个方面加以考虑：

1）自然光合作用物理机制——光合作用原初过程光能吸收和传递模式：自然界光合体系利用有限的色素分子进行光捕获，为了拓宽光谱的吸收范围，从而在有限的条件下获取更多的太阳能，光合系统通常会采取色素分子多重聚集的方式，利用不同聚集体吸收光谱的差异，达到拓展吸收光谱的目的。传能模式研究包括：①Förster传能机制：能量转移由给体和受体的电偶极库仑相互作用引起。②Dexter传能机制：Dexter传能机制是给体和受体分子在距离足够小的情况下，通过激发态和基态电子间的交换作用，实现能量的传递。③激子态传能机制：是一种相干传能过程。这方面涉及非线性光子飞秒激光回波光谱学方法，即相干二维光谱学。它能够准确描绘出能量转移的途径。最近一些量子信息方面的科学家也开始光合作用能量传递相干量子动力学的研究。复杂光合系统体系中色素分子退相干过程及其量子控制的理论研究是未来的主要研究方向。事实上，对于人工量子网络，量子态不仅是信息的载体，而且也荷载着能量。在非共振、非简并情况下，量子态的传输与转换，也可能伴随着能量的传输和转换，如光电效应系统的能量转换。基于量子信息的考虑，将有助于我们从新的角度理解光合作用的基本物理机制。

2）光合系统模拟的物理问题——人工系统模拟光电转换和能量传输：光合作用的基础研究最终将用于指导光合人工模拟系统的研究，实现太阳能的大面积利用和单元器件光电转换效率的提高。目前太阳能电池的突破途径主要有两个方面：①廉价电池，在效率一定的条件下，尽可能地降低制作成本；②极大地提高光电转换效率，降低相对成本。前者典型代表有：染料纳米晶太阳能电池及有机薄膜太阳能电池。后者的典型代表有半导体太阳能电池。相对于半导体光伏电池而言，染料纳米晶太阳能电池及有机薄膜太阳能电池虽然制作简单，但其物理过程远比半导体太阳能电池复杂，而且目前尚不明确其光电转换效率的理论极限，极大地制约了光电转换效率的进一步提高。只有在揭示其物理过程的基础上才能明确攻克的方向，从物理学基本原理出发，计算出染料纳米晶太阳能电池及有机薄膜太阳能电池的光电转换效率极限是光合人工模拟系统研究中的重要物理问题，非常值得物理学家去关注。

（二）新型太阳电池研究

研究工作主要是针对太阳电池的技术瓶颈问题开展的，涉及了太阳光的吸收频率提升和光电转换波段从可见光向波段二侧的短波与长波波段拓展等。首先，通过微结构的设计获得有效的光吸收。在太阳电池制造中引入微结构如表面金属纳米结构、微光纤结构等，有效捕获光线而增加光的吸收效率，使光的吸收达到或超过 90%；利用金属纳米结构在光的照射下在金属表面产生的表面等离激元（surface plasmon，SP）共振，就是具有代表性的方法之一。伴随 SP 的激发，光场的能量可以突破衍射极限而聚集在很小的空间范围，甚至可以折回到半导体层中，从而增加光的吸收，这种技术特别在薄膜太阳电池的研究方面有重要应用。其次，通过微结构设计减小光在太阳电池中的能量损耗。通过特定的量子结构的设计，诱导短波长光产生高能电子-空穴对碰撞晶格中的电子或束缚电子，产生新的电子空穴对，增加载流子的产生等，从而提高太阳电池效率；禁带中新能带的形成使得长波波段光能量得以利用，不断研发新型太阳电池材料。

（三）与能源物理相关的原子分子物理问题

惯性约束聚变（ICF）是解决未来能源问题的一个重要候选方案，已列入《国家中长期科学和技术发展规划纲要（2006—2020 年）》。ICF 涉及大量的原子分子物理问题有待深入研究。首先，是间接驱动的 ICF 金腔中强激光到软 X 射线转化问题，由于 ICF 强激光打靶的时间尺度很短，空间尺度很小，这是一个典型的时空演化的非平衡过程。要计算 X 射线，需要研究重元素金的各种原子物理过程，考察相对论效应和多电子关联效应对结构和动力学过程的影响；求解非平衡等离子体速率方程，由于等离子体中重元素的组态数目很多，需要发展精度高又能够节省计算量的物理建模方法，并发展实验测量技术标定理论方法。其次，是软 X 射线和热电子的输运问题，需要平衡和非平衡条件下的辐射不透明度、状态方程、电子热导率、电导率等输运系数。聚变反应发生后，α 粒子的输运和能量损失将成为一个重要的原子物理问题。由于 ICF 等离子体大部分时间处于高温稠密物质状态，会有新的原子分子物理问题，相关问题已经在其他章节进行讨论。

在近年来我国参与的 ITER 项目中，大型实验装置涉及大量的原子分子物理问题。在 ITER 等离子体中心区，可能存在的低核电荷数杂质，例如，Be，B，C，O 将变成裸核，而中等和较高核电荷数的杂质 Fe，Ni，Cu，W 不能完全电离。同时为了对等离子体状态进行诊断，也会注入一些中等和较高核电荷数的元素，如 Ar，Kr 等。氘氚聚变后会产生大量的 α 粒子。与原子物理相关的问题主要涉及四个方面：①等离子体辐射损失；②等离子体中的杂质输运；③α 离子输运；④等离子体光谱诊断。这些问题的研究都需要有高精度的原子结构和动力学参数。在 ITER 等离子体边界和偏滤器区域，等离子体温度为 $0.5 \sim 100$ eV，除了等离子体的主要组分电子和质子（包括其同位素）外，会有大量的 H，H_2，H_2^+，H_3^+，H^-，中性和低离化度的 Be，C，B，N，W 杂质以及 BeH，BeH_2，BH，BH_2，CH，CH_2，$\cdots$，C_3H_8，N_2 等杂质分子，特别是这些分子一般是振动激发的。该区域的物理问题主要是等离子体冷却和复合，都是典型的原子分子物理问题。ITER 的另一个重要原子分子物理问题是等离子体或带电粒子与壁相互作用，这里的带电粒子能量从 eV 到 10keV 变化，既有高能的物理溅射，也有低能的侵蚀过程。由于表面本身的复杂性，给实验和理论研究都带来了很大的困难。但正是由于粒子与表面相互作用决定了会有多少杂质进入等离子体区域。由于 W 材料的熔点高，未来的聚变装置也可能采用全 W 的等离子体壁材料，因此不同离化度的 W 元素相关的原子结构和动力学问题，都将是 ITER 项目需要深入研究的课题。

（四）安全、清洁、高效的核能利用相关的核技术及其应用研究

新概念核能装置原理及相关物理问题研究，核燃料提取、转换、循环和后处理中的关键物理问题研究，高辐照环境、超高温环境下材料性质的测试与评价，抗辐照新材料研究等。

核燃料的增殖和嬗变是先进核能体系中既具有基础科学意义，又具有重要应用前景的关键问题，是核能可持续发展的核心，是核燃料长期供应和安全的基础。

核燃料增殖简单说就是在反应堆中生成的核燃料比消耗的核燃料还要多，它涉及铀钍钚核燃料的组成及其核裂变过程。这些重要核素的性质、参数、裂变与中子俘获行为关系到核燃料的增殖、最优化利用与新型核电反应堆的设计。嬗变是一种元素通过核反应转化为另一种元素的过程，先进燃料循环中的嬗变则关系到放射性废物的最小化及最终处置的长期安全性。

核心科学问题是：

1）先进核能体系中的铀钍钚核燃料及其核过程：重点问题是钍铀循环核裂变机理、铀钚体系和钍铀体系的中子学及中子经济性、钍铀燃料体系中^{233}U 增殖过程及其相关的中子核反应参数与反应机理、核反应理论模型的改进与发展、核燃料增殖的新机理。

2）核燃料在先进反应堆燃烧过程中的基本行为及其增殖/嬗变：重点问题是探讨加速器驱动次临界系统（ADS）的堆器耦合；时空相关的堆物理、堆热工及其耦合，ADS 嬗变长寿命核素的基本过程；块堆和先进钍基堆的堆物理、堆热工及其耦合，钍铀燃烧过程中的核燃料增殖过程；不同类型核燃料的裂变产物分异机理及化学种态。

3）乏燃料后处理及其长寿命核素的分离/嬗变：重点是长寿命核素分离的新原理和新方法，钍基核燃料后处理的基本原理和方法，干法后处理的基本科学问题，关键核素在地质处置条件下的迁移行为、固定方法及其机理。

4）先进核燃料增殖与嬗变系统中的新材料：重点研究核环境中材料微结构的演变规律和机理，新型耐高温、耐腐蚀、抗辐照材料的设计、制备与表征，先进核能系统中的新型分离材料。

第六章

国际合作与交流

第一节 国际合作发展态势

当今世界，科学研究和技术研发的国际化已成为各国的共识，经济全球化加速了科技创新活动的国际化进程，国际合作进入了新的重要发展阶段。现代科研的广博性、多结构性、多学科性和综合性越来越明显，各个国家对国际合作迫切性的认识也越来越明确。世界各国都在努力利用国际与国内两个舞台，优化资源配置，积极开展国际合作，努力拓宽发展空间，争取有利于自身发展的国际地位。各国政府持续重视和支持国际科技合作，强调合作共赢，尤其关注国家利益和不断提升科技创新能力。特别是在经济日益开放的今天，中国科学技术的日益国际化是总的发展趋势。

作为基础科学的重要组成部分，物理学知识是人类共同的财富，物理学的发展历来是人类的共同努力的结果。在平等互利、成果共享、遵从国际惯例的原则下，近年来我国物理学领域的国际合作不断拓宽，合作规模日益扩大，合作渠道日趋增多，合作方式日益灵活。在形式上已经从改革开放初期的人员一般往来，进入开展合作研究项目、联合国内外力量合办科研机构的新阶段。合作内容在最初比较单一的科学研究的基础上，开始了更广泛更重要的合作研究、特别重大的国家合作研究计划。特别是研究内容上，也走出了模仿和跟踪的局限，实现着向自主创新过渡。

下面就物理学学科各领域国际合作发展态势进行阐述。

一、凝聚态物理

凝聚态物理方向很多，国际合作没有固定的模式，国际上也没有大的合作研究项目（如几个亿以上的项目）。但个体型的国际合作比较多，且呈增长的趋势。主要合作国家包括欧美大多数发达国家和日本、韩国等亚洲国家或地区。合作发表的论文数量，尤其是合作在高影响因子杂志上发表的文章数量占中国科学家在相应杂志上发表文章总数的比例比较高，说明国际合作的确对提升中国凝聚态物理的整体研究水平起了非常重要的作用。凝聚态物理方面的国际会议很多，比较大的会议，包括美国物理学会三月会议、国际磁学与磁性材料会议、国际低温物理会议、国际超导材料与超导机理会议等，这些会议规模都在1000人以上。此外，凝聚态物理的每个方向几乎每年都有中小型国际会议。近年来，随着研究经费的增加，国内研究人员参加国际会议的积极性在增加，邀请报告的数目也在增加。

随着大科学装置（如同步辐射、中子源、强磁场）对凝聚态物理的促进作用日益增强，我国凝聚态物理界与发达国家在大科学装置应用方面的合作与交流日益增强。例如，合作设计、建设同步辐射光束线和中子三轴衍射谱仪。另外，还加强了这方面的合作研究、人员互访、申请课题和召开联合会议等活动。

二、原子分子物理与光学

在原子分子物理与光学发展的新阶段，近年来发达国家对这一领域的研究都给予了极高的重视，抢占科技高峰。美国国家科学基金会以精确测量、原子分子动力学、原子分子结构、光学物理为原子分子光学的主要领域，资助包括量子控制、冷却及囚禁、低温碰撞动力学、基本物理常数的测量、电子关联、强场中原子非线性、原子-腔相互作用、人工微纳结构的光调控、电磁场量子性质等研究，同时专门在理论原子分子光学方面设立研究资助机构。联合能源部、航空航天局以及军方等多个资助机构，大量经费支持使得其原子分子光学研究始终处于领先地位。欧盟国家整体上在原子分子物理研究中具有传统优势。德国马普研究机构及一些大学在超快强场、量子光学、重离子碰撞等多个研究领域，处于国际前沿地位。此外奥地利在量子信息、瑞典在强激光及短波光谱、荷兰在分子物理、法国在能源相关的原子物理研究方面，取得一系列成果。日本十分重视与材料和能源相关的极端条件下原子分子物理问题研究，在政府支持下研究十分活跃。另外，加拿大国家研究院分子科学研究所近年来在超快强激光场中原子分子物理研究方面一直处于领先地位。加强与这些研究领域在相关关键物理问题上实质性的国际合作，是十分必要的。

近年来国家在大型科学装置建立上有了很大的发展，但目前在原子分子物理方面利用其中一些装置开展科学研究的条件尚不完全成熟。因此在逐步发挥我国的大型科学装置在原子分子物理中的作用的同时，要注重利用国际上先进的科学装置（包括第三代同步辐射、重离子加速器等）开展国际合作研究。自由电子激光作为新一代的同步辐射光源已经在物质科学研究中发挥了强大的推进作用。目前，德国、美国、日本等国争先投入巨资，在十多家著名实验室内建立这种超快短波相干同步辐射大型科学装置，争先将光辐射能量和强度推向极致，并且应用到飞秒时间分辨的物质科学实验研究中，如德国的 DESY VUV-FEL (FLASH, DESY, Hamburg)、European XFEL，美国 SLAC 国家加速器实验室的 LCLS 以及日本的 SCSS (Spring-8 Compact SASE Source) 等。通过国际合作研究，我们应充分利用这些国际上先进的大科学装置开展原子分子超快过程和极端条件下原子分子物理等方面的研究。

三、声学领域

近年来，我国声学界与发达国家进行了深入而广泛的合作与交流，形式包括：互访、合作申请课题和合作研究、召开双（多）边国际会议等。目前正在进行的包括：中美浅海声学会议、中德环境声学的双边定期交流、中国-欧盟城市声景观合作课题、中日音频声学双边会议、中澳结构声学合作课题、中英关于复杂环境下的声探测联合课题等。通过这些合作交流，不仅提高中国声学在国际上的地位，而且提高中国声学科技工作者的学术水平。

但是，声学领域的国际合作投入需要进一步加强，通过实施国际科技合作重点项目，提高我国声学研究的总体水平和层次，培养一批高水平的声学科技人才，特别是要注重培养具有国际影响力的领军人物。具体建议是：①建立国家层面的国际科技合作基地以及基础数据库，包括人才库、项目库、合作网等；②重点支持若干项由我国声学家提出的、我国有一定优势和特色（如浅海声传播研究、HIFU 治疗、噪声控制工程等）的国际合作项目；③重点支持在我国建立 1~2 个联合实验室或中心。

在此基础上，中国可参与的声学领域的国际合作计划题目包括：①全球噪声环境及其对生态影响的研究考察计划（人类共同的噪声环保标准）；②多语种自动语言翻译和语音识别研究计划（多国语言）；③海洋声学和全球气候的监测；④大气声学研究计划（海啸、地震、核爆炸等引起的次声传播是全球性的）；⑤全球不同文化背景下的音乐厅的设计和区别；⑥人类的听力研究（如人类响度级的重新标定）；⑦超声治疗。

四、理论物理

包括的各领域的国际合作方式基本类似，主要以个体的科研合作、访问交流以及学术会议的形式，整体的合作趋势是从原来的比较形式化的请别人来访，到目前的双方有实质性、平等基础上的科研合作、交流，以及走出去和被邀请合作、交流和访问。这在一定程度上反映了我国在相关领域研究水平的提升，并引起了国际同行的重视。例如，在引力理论与宇宙学领域，虽然整体上我们与国际研究水平还有一段距离，但在某些方向，我国的研究水平与国际上是相当的，如近期在宇宙学和暗能量模型构造方面、弦理论的微扰圈图计算以及对QCD 微扰计算的应用和弦/M 理论相关非微扰性质的探讨及应用方面。要加快提升我们在相关方面的水平，在立足自身的前提下，我们必须加深国际间的合作交流。尤其对宇宙学，各种大的观察装置都是国际间的一种合作形式在运行，获得的数据也是国际间共享。比如国内、国际下一代任何暗能量方面的项目都面临着前所未有的挑战，需要大量的人力、物力，只有国际合作才能把理论、数据分析整体拟合、天文观测三方面有机地结合起来，开展有效的暗能量研究。

国际合作使我国引力理论和宇宙学的研究直接进入世界前沿。通过与国际上最优秀科学家的接触、合作和交流，我们会尽快进入最前沿的研究课题。

五、粒子物理

通过国际合作，为我国科技教育培养人才，学习、借鉴发达国家先进科学技术，走向国际舞台并融入国际社会以及在世界最前沿学科领域发挥我国科学家的作用，做出显著贡献，发挥了独特的、不可替代的作用。我国北京正负电子对撞机及其北京谱仪就是一个极成功的、以我为主的国际合作工程。它从派出我国工程研究人员到美国培训学习，到中美共同建造北京正负电子对撞机和北京谱仪，以及从事高能物理实验，逐步使我国在高科技领域占领一席之地，并成为该领域处在国际前沿的研究基地至今 20 余年（有欧洲，美国，亚洲几十余所研究所和大学）。

通过国际合作，保持了我国物理研究人员能在国际一流研究课题中工作、学习和成长。我们跟踪掌握了发达国家的先进方法和技术，并培养了相当多的年轻研究人员。这些反过来对促进以我为主的基地在我国本土的实验起到了不可替代的作用，如北京谱仪实验、兰州重离子加速器、上海光源、大亚湾反应堆中级子实验和西藏羊八井宇宙线实验。

通过国际合作，为我国科研人员与西方发达国家科学工作者在人员和文化交流上提供了独特的环境和平台。由来自世界各地不同语言、文化、科学技术背景的科学家在本国政府资助下去共同设计建造大型实验装置和基地，共同进行科学研究和分享成果。这样的合作已远远超过科学研究本身的含义。它对人类相互理解、合作、求同有其独特的贡献和意义。

当前该学科前沿领域课题大部分是以国际合作形式出现，大科学工程尤为如此。几乎每一个大科学工程，无论是在地面进行的还是在天上或者是在深层地下进行的粒子和核物理实验均是多国合作。许多为探讨和解决物理学最前沿的科学问题的大型实验，已没有任何一国能在财力、人力和技术上单独承担完成。例如，刚开始运行的欧洲大型强子对撞机四个实验中的任何一个实验均是多国合作，共建装置，分摊财力、任务，贡献掌握的技术，合作攻克难关且分享科研和技术成果。在基础研究领域，尤其是在高能和核物理领域有几十年国际合作的历史，在近二三十年尤为突出，且合作形式、领域、方向更加广泛，深入和实质。甚至已引入大公司的运作模式。即视贡献大小决定话语权和成果享受权。目前国际上在粒子和核物理方面的主要研究合作计划有：

1）欧洲强子对撞机上所有四个实验。

2）美国 Fermi 国家实验室 D0 实验及布鲁克黑文国家实验室重离子对撞实验 Star。

3）日本 KEK 正负电子对撞机 Belle 实验。

4）美国 JLAB12GeV 强子与核物理实验。

5）意大利国家地下实验室寻找暗物质。

6）欧洲正在进行预研的可进行粒子物理、核物理和原子物理的 FAIR 实验。

7）日本的深度地下实验室进行的中微子实验。

8）正在计划的美国深度地下实验室。

9）美国航天飞机上进行反物质寻找的 AMS 实验。

10）北京谱仪上的 τ-粲物理研究。

11）大亚湾反应堆中微子实验。

12）西藏羊八井高山宇宙线实验。

六、核物理与核技术研究领域

对于一些国际上最先进的、我国尚不能自行开展的大型实验，应有选择地积极开展国际合作，如 RHIC 和 LHC 相对论性重离子对撞实验与夸克物质研究、FAIR 高密重离子碰撞实验和反核子物理实验和 CEBAF 电子束流实验等。FAIR 和俄罗斯联合核子研究所（Dubna）的重离子加速器 NICA 为研究高密核物质和强子物理提供了绝佳的机会和丰富的核物理研究课题，是具有广泛物理课题的重离子和强子物理的中期计划。中国应该参加 FAIR 关于高密核物质研究的 CBM 国际合作实验组，尽可能参加 NICA 的核物理研究。除了核物质和强子物理研究外，还可以参加电子和不稳定核对撞实验，研究不稳定核性质。

中国核物理学家还应参加国外一些大型实验装置的建设，以取得更多的发言权。例如，中国核物理学家应为建造 FAIR 做出积极贡献。ALICE 国际合作组成立于 1993 年，已发展成为由来自 30 多个国家的 100 多个研究院所的 1000 多名核物理科学家参加的大型国际合作组。中国参加了 ALICE 的光子探测器的研制，它是在 LHC 进行重离子对撞实验与研究夸克物质性质的重要设备。

我国核技术的良好发展离不开密切的国际合作，作为支撑我国核技术及应用研究的核科学技术装置的建造尤为如此。例如，兰州重离子研究装置、上海光源等大科学装置的建造都极大地得益于密切的国际合作，这是这些装置达到国际先进水平的重要条件。我国计划建造的"散裂中子源"大科学装置的建造亦需要多渠道的国际合作，借鉴国际先进经验。ADS 研究计划的实施需要开展广泛的国内外交流与合作。

七、等离子体物理

磁约束聚变每次重大的进展都是国际聚变界共同努力的结果，在磁约束聚变研究领域的国际合作和取得的突破性进展已成为大科学装置建设和实验研究的典范。国际上，大的磁约束聚变装置对同行都是全面开放的，我国主要的两个实验装置 EAST 和 HL-2A 也不例外。目前最大的国际合作为 ITER 研究计划，合作方有中国、日本、韩国、印度、欧盟、美国和俄罗斯。中国作为七方中一个平等的成员，将参与 ITER 建设、未来的运行和科学实验，七方共同享有 ITER 所产生的所有科学技术成果。目前还有非官方的国际托卡马克物理活动（International Tokamak Physics Activities，ITPA）框架，针对磁约束聚变一些前沿物理问题和 ITER 需求开展联合科学实验，中国也是 ITPA 的成员之一。对中国而言，ITPA 不仅是了解国际聚变研究前沿动态、充分利用国际聚变资源的平台，而且是让国内聚变融入国际聚变、与国际水平接轨、培养高端人才的极好机遇。除此之外，各种双边的国际合作在关键科学和技术问题的解决上发挥了重要的互补作用，有力地促进了国际磁约束聚变研究的快速发展。

高能量密度物理和惯性约束聚变，因为与武器物理密切相关，与西方开展深层次合作并不容易。但如果切入基础研究和重要科学前沿研究，譬如在以能源研究为目的的"快点火"聚变，开展国际合作研究仍有很大余地。未来 5 年，美国的 NIF 装置和 Omega EP 装置进入运行，欧洲的 HiPER 计划和 ELI 计划进入实施阶段，日本的 FIREX-I 计划也将进入运行。其中，某些装置研究高能量密度物理的能力前所未有，超过国内现有装置的条件，为开展国际合作提供了契机。在超短超强激光与等离子体相互作用及其潜在应用方面，包括新型粒子加速器、新型辐射源物理、光核物理、以能源为目的的新型激光聚变，国际合作是非常广泛的，也是在国际上比较开放的领域。由于存在广泛的应用背景，该领域的研究的竞争是非常激烈的。该领域要发展世界最大峰值功率激光器，即欧盟 ELI 计划。其中，峰值功率达到 200 拍瓦，我国应该积极参与该计划的合作。

对空间等离子体的研究目前主要通过在处理卫星观测资料的基础上，进行理论和模拟研究其中的基本的物理过程。由于卫星计划耗资巨大，需要几个国家联合起来进行有关空间探测，和有关国家进行合作是必需的。如我国和欧洲空间局合作的分别于 2003 年和 2004 年升空的双星计划就是很好的范例，它们与欧空局"星簇计划 2"中已发射的 4 颗卫星，组成密切配合的联合探测网，在从太阳到地球的空间中，形成人类历史上第一次对地球空间的六点立体探测体系。另外，卫星观测的主要问题是可重复性差，是被动的实验，没法进行人为控制。在实验室中开展和空间等离子体中条件相似的实验，结合卫星观测更好地研究空间等离子体中的基本物理过程，也是一个广泛国际合作的研究领域。

第二节　国际合作与交流的基本情况

我国科技方面的国际合作大体经历了四个重要发展阶段。第一阶段是 20 世纪五六十年代的创建期和初步发展期。这一时期国际合作的特点是忠实履行国家外交方针政策，建立并发展与苏联及东欧国家的科技合作，同时在条件允许的情况下开展与西方国家的科技联系，力图打破西方国家的封锁，可以说这一时期的国际合作为我国科学研究和技术研发奠定了基础。第二阶段是七八十年代的恢复期和振兴期。1977～1979 年是中国科学事业恢复调整的重要阶段，1978 年全国科学大会的隆重举行，迎来了我国"科学的春天"，具有重要历史意义的党的十一届三中全会召开之后，对外科技交流和国际科技合作也步入了振兴与发展时期。这一时期国际合作的中心任务是解放思想，迅速打开国际合作渠道，开拓国际学术交流新局面。在此期间，交流合作的形式开始趋于多样化，但主要还是组团访问科技较发达的先进国家研究机构和大学，签订合作协议和意向，参加国际学术会议，派出留学进修人员，邀请国外著名学者专家来华访问交流。在一般性考察访问的同时，合作研究项目开始建立，一批科技骨干通过与外方共同开展的研究合作而成长起来。第三阶段是 90 年代的发展改革期。国际科技合作在 90 年代进入一个良好的发展阶段，国际合作交流规模不断壮大，国际合作的内容更加丰富，在全国形成了多层次、多渠道、多形式的国际交流格局。除了注重同美欧日等科技发达国家的交流外，同俄罗斯、东欧、南美及东南亚各国等恢复和建立了科技交流关系。第四阶段是 21 世纪初大规模、多合作模式的发展壮大期。无论是大学，还是中国科学院，国际合作基本上都是以提高有效吸纳国际科技创新资源的能力为主线，以组织重大科技创新活动为纽带，合作渠道日趋增多，合作规模日益扩大，合作领域不断拓宽，合作方式日益灵活。随着国际合作的逐步深入，形成了一批重点国际合作项目，一批科学家进入国际组织任职，一批重要的国际会议在华举办，一批以我为主的国际合作项目在华展开。可以说全国范围内国际合作取得了突破性进展，在国际科学界的影响和地位明显提高。国际合作由人员交流、项目合作逐步发展到共建中外联合研究机构、合作研究基地与创新研究团队等新的合作模式，在人才培养与学科建设方面充分利用了国际资源。

国际合作促进了我国高能物理快速发展和大科学装置高水平建设。利用隶属中美两国政府科技合作协议的中美高能物理合作计划是一个成功的典范，中美高能物理合作计划是美国能源部下属 5 个国家实验室与中国科学院基于高能加速器装置的多个研究所的合作机制，对于促进相互的人员交流，学习美方的先进经验，起到了良好的作用。在此合作计划下，由我国投资 2.4 亿元，历时 8 年，于 1988 年 10 月在高能物理所建成了北京正负电子对撞机，在同类装置中达到国际领先水平；同时自 1980 年 1 月中国科学院与美国科学院签订谅解备忘录以来，双方一直保持着良好的合作关系，每年互派一定数量的高级学者进行合作研究和讲学，自 1984 年起，两院领导人开始举行定期会晤，就一些共同关心的重大科技问题交换意见。近 10 年来，通过积极支持国家实验室和研究机构进行国际合作，我国建设了一批大科学装置，开展了一批国际科学计划，对于基础科研能力的提高起到了关键性作用。例如，北京正负电子对撞机的改建、合肥托卡马克装置的升级、上海同步辐射光源的建设等都广泛引入国际合作，邀请国际著名专家学者来华交流，共同探讨重要的科学问题，联合解决关键性技术难点，取得了很好的效果。中国科学院近代物理研究所"兰州重离子加速器冷却储存环工程"于 1999 年 12 月开工，与俄罗斯科学院西伯利亚分院、德国重离子研究中心开展全方位合作，并成立了国际顾问委员会，借此掌握了获得超高真空的关键工艺措施和技术路线，引进了先进的磁铁研制技术，造就了一批科研骨干。由国家外国专家局专项支持的"引智计划"提供了一项灵活的国际合作支持渠道，可资助符合要求的任何国家的专家来大科学装置建设单位进行短期工作与技术交流，能够及时邀请国外有关专家讨论工作中需要解决的科学与技术问题，对于大科学工程的顺利建设起到了重要作用。

一、高能物理实验领域

我国 20 世纪 80 年代至 90 年代末参加了大型正负电子对撞机（large electron position collider，LEP）的 L3 和 ALEPH 两个实验，中国科学院高能物理研究所，上海硅酸盐研究所和中国科学技术大学等承担了部分探测器的建造，参与了物理分析工作，做出了一定成绩。我国还以小规模的人员组参加美国费米实验室 P 对撞机 D0 实验以及美国 SLAC 的 Babar 实验、意大利 Φ 介子工厂实验，日本 KEK 的 B 介子工厂 Belle 实验。这些参与都是以 1～2 个研究所或者大学，几个或 10 余个人，部分受对方资助的形式进行合作。我国科学家在这些实验中都做出了一定贡献，但因规模太小，且不具有一定规模的硬件贡献，所以在这些实验中的影响极为有限。

我国比较大规模的、有支持经费承诺的国际合作项目是 LHC 的 ATLAS 和 CMS 实验。它们由国家自然科学基金委员会、科技部和中国科学院共同资助。我国在这两个实验中都参加了探测器的部分建造，如 CMS 上的部分 μ 子漂移室和 ATLAS 上的 μ 子谱仪中的漂移管室。目前我国在这两个实验室中都是由两所或更多所大学和研究所合成一个研究组参加实验。

存在的问题和不足：以参加 ATLAS 实验为例，中国对 ATLAS 实验的建造支持费为 ATLAS 实验的 0.5％，是美国的 1/60，比以色列、印度、中国台湾少许多。我们没有参加探测器设计预研工作，因此没有掌握核心技术。我们承担了少量 μ 子探测器的生产，并圆满完成其建造。可是我们没有深度地参加探测器的安装、调试和运行维护工作，也没有进行探测器的刻度和运行性能跟踪和研究，更没有在充分了解已有探测器基础上探讨进一步完善改进和升级工作。这样决定了我们在 ATLAS 这样的国际合作大组中既没有话语权，也没有培养真正一流专家的条件，甚至我们没有条件和能力自主安排我们的学生从事得到 ATLAS 合作组发表文章的资格所必须做的基础工作。在 LHC 开始运行，ATLAS 开始收集数据时，我们由四所大学和研究所组成中国组，未能有足够数量的研究人员在研究基地前线跟踪研究最前沿的数据信息。我们未能在基地上形成有可见度的研究团队。全部在前线上的人员甚至不如国外一所一流大学的人员，如密歇根大学长年在 CERN ATLAS 的研究人员是全部中国组的 4～5 倍。

对于国际合作，我们尚缺乏有计划前瞻性的布局；不支持早期的 R&D 项目，而 R&D 是真正掌握核心技术和培养一流人才技术的最佳途径；缺乏和不熟悉国际合作的规范。

二、核物理领域

中国核物理学家过去 10 年来和国外科学家密切合作，参加了许多在国外大科学装置上的实验。例如，以国内核物理学家为主，提出在日本理化学研究所（RIKEN）和日本原子力研究所（JAERI）进行核物理实验的报告，数次被批准进行实验，已完成的实验取得了很好的结果，在国际期刊以中国科学家为主发表了一批高质量实验核物理学论文。近些年，以上海应用物理所，中国科学技术大学和清华大学参加的在美国布鲁克黑文国家实验室进行的重离子对撞实验是一项很成功的国际合作。我国科学家研制成功的多层气隙阻板室被大规模生产应用在 Star 探测器上，大大改善粒子鉴别能力。我国科学家还在探测器运行刻度和物理分析中贡献突出，如对反 Σ 超核发现的贡献。

未来中国核物理学家应进一步加强与国外大型核物理实验室的合作，提出更多的实验报告进行实验。中国核物理学家还应参加国外一些大型实验装置的建设，以取得更多的发言权。例如，德国有重离子大科学装置 FAIR，中国核物理学家应为建造 FAIR 做出积极贡献。到目前为止，虽然人们相信在 RHIC 上发现了夸克物质的相关信号，但是依然认为我们对该物质的产生机制及其性质知之甚少，依然不知道该夸克物质的物态方程，不知道从夸克物质相到强子相的相变级次和部分子的强子化机制，尚缺乏能够正确解释所有实验现象的物理模型。即将在 LHC 上运行的大型重离子对撞实验 ALICE，计划进行 5.5 TeV 的 Pb+Pb，p-p，p+Pb 碰撞，7TeV Ar-Ar 碰撞，以及 O，Kr，Sn 碰撞计划，探寻超高能重离子碰撞诱导产生的夸克胶子等离子体信号。我国高能核物理学家应该加强国际合作，深入系统地研究夸克胶子等离子体的性质及演化规律，是该领域的新生长点，应得到关注。

三、等离子体物理

我国的全超导非圆截面托卡马克 EAST 具有开展稳态高性能等离子体研究的优势，并引起国际同行的高度关注，吸引了众多的国际同行的积极参与。目前围绕 EAST 组成的包括欧洲、美国、日本等主要发达国家的国际合作研究小组已达 20 多个，一方面他们利用了 EAST 特有的稳态和位形灵活的优势条件，另一方面也带来了先进的等离子体控制、诊断、模拟和物理思想，在 EAST 上开展前沿的物理实验研究。我们应该充分利用这一独特的实验研究平台，在一些磁约束聚变领域的重要方向开展国际合作，一方面快速提高我国磁约束聚变等离子体研究的整体水平，另一方面对国际磁约束聚变的研究做出我们应有的贡献，提升我国在这一领域的国际地位。

四、高能量密度物理和惯性约束聚变方面

中国科学院物理研究所与英国科学技术装置局（STFC）卢瑟福实验室开展合作研究，中国科学院与日本科学技术振兴学会（JSPS）有一个持续了近10年的针对等离子体与核聚变研究的所谓核心大学交流计划（CUP），主要侧重双方人员往来交流。在这个方面的中日双方的合作论文每年有10篇以上。另外，针对实验室天体物理的研究，中日韩三方也开展了多年的合作实验研究，近期有高水平的研究论文发表在《自然·物理学》等刊物。我国的神光II升级装置和神光III装置也将陆续投入运行，多台短脉冲百太瓦量级的高功率装置已经开展多方面的实验，得到国外同行的极大关注，有很多同行非常感兴趣在上述装置开展合作实验研究。在保证国内既定实验的基础上进行适当开放，对我国该领域的发展是可以起一定推动作用的。

五、凝聚态物理

我国凝聚态物理界的许多研究单位和人员与发达国家的研究单位和人员开展合作研究。例如，中国科学院物理研究所近年来分别和美国布鲁克黑文国家实验室、Oak Ridge国家实验室、瑞士Paul Scherrer研究所等签署了双边合作意向书，其合作领域包括凝聚态物理、材料科学和大科学装置的应用。主要合作形式包括人员交往、联合研究课题、学生和博士后的联合培养。

我国参加国际合作的模式尚与西方发达国家存在较大差别，目前我国参加国际合作尚处在很低水平的资助程度，其规模、水平、贡献程度都使我国在大科学工程中的合作项目上不具备话语权和影响力。但是通过国际合作，在学习、跟踪、掌握先进技术和直接参加前沿研究课题及人才培养方面受益匪浅。通过国际合作，也为我国以我为主的科学研究提供了技术和人才的储备。

国际合作存在的问题：①缺乏有计划前瞻性的布局；②不支持早期的R&D项目，而R&D是真正掌握核心技术和培养一流人才技术的最佳途径；③不熟悉国际合作的规范、支持力度；④国际合作经费投入和支持力度太小；⑤中国的学术休假制度目前还没有建立起来，从制度上还缺乏鼓励和督促国内高职称的研究人员到国外知名研究机构去再学习的机制和经费上的支持。

第三节　合作与交流的战略需求分析与总体布局

　　我国各学科领域的发展及其国际合作应该从国际政治经济大势、全球科技发展走向、我国社会经济建设大局和国家外交工作总方针的高度，充分认识科学研究和技术研发中国际科技合作的重要性和深远意义。科学研究和技术研发的国际合作应该面向国家经济社会发展的重大需求和科技前沿问题，围绕我国科技发展重要方向，坚持独立自主、合作共赢、立足前沿、着眼长远的原则开展国际合作。通过国际合作促进我国科技创新能力大幅度提升，促进优秀人才的培养和引进，促进我国科学技术走在国际前列，使我国研究机构或大学在世界范围内开展国际合作十分活跃、在区域科技合作中起引领或核心作用、在重要国际科技组织中发挥积极影响。

　　面对国际科技发展的新形势，我国应加强国际科技合作的战略研究与规划工作，国际科技合作要围绕我国总体发展战略目标，服务于我国外交方针，服务于提升自主创新能力，服务于构建和谐社会，以有效吸纳国际科技创新资源为宗旨，根据不同战略板块和国别，开展全方位、多层次、高水平、宽领域、重实效的双边与多边国际科技合作。为此国家相关部门应梳理国际合作思路，明确国际合作的国别政策及重点科技领域。建议坚持以欧洲、美国、日本、俄罗斯、澳大利亚等科技发达国家和地区为重点进行合作，注重开拓与发展中国家，尤其是周边发展中国家的交流，密切与重要国际科学组织的联系。坚持以发展与国际一流研究机构的长期战略合作伙伴关系为核心，促进与国外重要国立科研机构、著名大学和跨国企业进行多种形式的合作，努力引入新的科学思想和先进管理理念，凝聚和培养创新人才，紧密结合重大科研项目和重要科研基础设施建设，充分利用国际资源，提高我国科技创新能力和国际科技合作能力。在国际合作方式上，建议由人员交流、项目合作发展到共建中外联合研究机构、合作研究基地与创新研究团队，合作模式不断创新，确保使合作双方达到共赢的局面。

　　在当今以及以后的物理基础研究中，尤其是基于前沿科学问题的大科学研究中，国际合作具有举足轻重的特殊地位，因此国际合作对我国在今后研究中占据前沿领域，掌握最先进的方法、技术，培养国际一流人才，取得突出性成果，开展与世界各国科学研究工作者之间的交流以及显示中国的国际地位都是至关重要的。因此，应进行前瞻性布局和安排。这对以大科学工程为主的基础前沿研究尤其重要。我们将国际合作分为两类：一类是参加研究数量和基地在国外的合作，另一类是在我国本土上进行的以我为主的国际合作。这两类合作相辅相成，互补受益，对提升我国科学研究能力缺一不可。以我为主的国际合作使我国在前沿学科选题，推动掌握核心技术，实验装置设计，预研方案选择，关键位置人员配备和培养带动国内研究单位和大学进行前沿科研以及带动工业技术发展处于极为主动和有利地位，同时也引进发达国家的前沿高技术和新方法。此外，由于国外科学家、工程技术人员需经常在我国本土装置设备上进行合作研究，他们的到来必然增加世界对中国文化、环境和思想的深层次了解。因此，中国应该考虑安排能形成世界或区域研究中心的，在中国本土的研究基地。目前北京正负电子对撞机上的北京谱仪实验和大亚湾反应堆中微子物理实验属以我为主的国际合作，但尚不能称为世界或区域性的著名前沿研究基地。

以科学前沿研究为目标，参加以国外为主的非中国本土的研究装置和基地的国际合作，是直接进入科学前沿、学习和掌握先进方法和技术，培养造就世界一流科学人才、取得世界一流科研成果的重要途径。但是如果没有以我为主的本土国际合作项目，如北京正负电子对撞机、兰州重离子加速器、大亚湾反应堆中微子实验，我国就难以有进入世界前沿国际合作项目的门票，难以得到重要项目和话语权。

下面就物理学学科国际交流战略需求和总体布局阐述如下。

一、凝聚态物理

为了适应凝聚态物理与国家发展中核心技术的高度关联性特点，应该考虑通过国际合作在充分利用海外研究平台的硬件实力条件下，更需要利用海外研究平台上长期积累的工艺技术上的软实力，为此需要设立专门国际合作计划，可以把经费拿到国际上的实力型研究平台上去，为我们的研究思路提供加工平台。另外也需要建立一种国际合作计划，能够按我们对于他们拥有的先进概念层面的技术品位，提供专项经费，应用在他们的实验室培养我们的人才，以最直接的方式定目标地吸取技术养分，回国后实现与国际技术界同步发展由学科引领的核心技术。应重点考虑资助优秀的博士毕业生去顶尖的研究小组做博士后。

原子分子物理与光学的国际合作可在三个层面展开。第一个层面是在国际上的大科学装置和先进的微结构加工平台上展开合作，通过国际先进的硬件设施来实现我国科学家的创新研究思路。例如，我们可以利用国际上先进的大科学装置开展原子分子超快过程和极端条件下原子分子物理等方面的研究。第二个层面是在国际上的前沿研究领域展开学术合作及人员交流。例如，人工微纳光子结构的相关物理问题研究是目前光学的前沿领域之一，这方面的工作不仅有重要的科学意义，而且研究成果将为国家相关高技术领域的跨越发展提供基础支撑。由于微纳光子结构的奇特物理效应和巨大潜在应用价值，许多国家在该领域投入大量基础研究资源，各种形式的国际会议和国际合作迅速展开。建议协调好国内的研究力量，积极争取或参与重要国际会议的组织工作，并选派人员加入相关国际学术组织。第三个层面是在高精密和先进实验技术方面，例如，精密原子分子结构、光谱研究，超快强激光与原子分子相互作用研究，超冷原子分子研究等，加大支持合作研究的力度，开拓新的实验技术和方法，加快提升我国基础原子分子光学研究实验能力和实验技术的科技创新。

二、理论物理

各领域的国际合作应把握最前沿的物理问题及相关的实验和观察结果。比如在引力理论和宇宙学领域，任何对暗物质、暗能量的理论和实验的实质性进展都值得我们重视，这非常可能是下一场物理学革命的起点。由于我们目前对这些问题的研究层次还不够深刻，开展这方面的国际合作和交流不仅可以加深我们对这些前沿问题的理解，也可避免当机遇来临时不知所措的境地。引力理论如弦理论的研究也是如此。基于我们的现状和发展需要，该领域的国际合作应主要立足于我们的近邻如日本、印度和欧美国家，采取请进来和派出去的方式，尤其鼓励年轻研究生和研究人员走出去再回来，加快适应和融入国际交流与合作环境，同时可以培养掌握相应领域研究前沿的具有国际水准的一流人才。

三、粒子物理

建立以我为主的在我国本土进行的大型国际合作，可能的项目有：

1）以加速器为驱动的高能和核物理实验，如建造超级 τ-粲、超级味物理工厂、先进的重离子加速器（兰州 HIRAF）。我国不应过早排除在本土建直线加速器（LC）的可能性，并积极进行这一项目的预研。

2）基于核反应堆的中微子物理实验。

3）羊八井大面积高山宇宙线观测实验。

4）深度地下实验室。

加强已参加的国际合作项目，主要有：

1）LHC 上的实验。

大型强子对撞机 LHC 是欧洲粒子物理研究中心（CERN）的一个大型强子对撞机。主要研究目标是寻找已被粒子物理标准模型预言但尚未找到的 Higgs

粒子，尤其是寻找一切粒子质量的起源的 Higgs 粒子，可能超出标准模型的新物理规律探索。

我国参与 LHC 全部四个实验装置的国际合作，做了很好的工作，已成为 LHC 国际合作中非常重要的成员。中国组承担 ATLAS 部分探测器的研制，占 ATLAS 计划的 0.5%；中国组参加 CMS 合作项目，投入超过千万元和超过四百万瑞士法郎的实物贡献，总投资约占整个 CMS 计划的 1%；中国参加 LHC-b 国际合作，在 LHC-b 探测器的触发和数据获取系统的研制中做出了有成效的贡献，并且较早地参加了物理研究和基础软件方面的研究工作；中国 ALICE 实验组参加 ALICE 的电子学研制、实验模拟、数据分析和理论研究等工作，并进行了 ALICE 探测器的安装。

参加 LHC 实验的数据分析和物理研究是一个巨大的挑战，数据量巨大，需要庞大的计算设施和高速网络。以欧洲核子研究中心为主导开发的 WLCG（Worldwide LHC Computing Grid）采用最新的网格技术，构建了大规模的数据网格系统，为 LHC 进行数据传输、处理和物理分析工作。通过国际合作，我国采用世界上最先进的网格技术，建设最先进的数据网格系统，与国际高能物理网格实现资源共享。在建设网格环境的过程中要注重积累技术，培养高水平的技术队伍，跟踪国际发展趋势，不仅面向最新高能物理与天体物理的研究等大型物理研究项目，同时能够为生物基因研究、地质、石油、大气等应用提供技术与计算资源服务。

远期我国可以参加 LHC 的升级：Super LHC 和 CLIC（Compact Linear Collider）计划。在探测器方面，着重参与半导体像素探测器、微结构气体探测器和专用集成电路（ASIC）电子学等方面的研制。我国在半导体探测技术方面与国际水平有明显差距，因此通过参加 ATLAS 和 CMS 探测器升级计划 R&D，可以充分利用国际合作的有利条件，以相对较少的投入尽快提高水平。LHC 实验所要求的抗辐照能力强、功耗低的半导体探测器技术，是不可能通过商业渠道获得的。实现半导体探测器和 ASIC 方面的自主研发能力，不仅可以大大提高我国高能物理的研究水平，对空间和天体物理、辐射技术、生物医学成像和国家安全等领域也具有十分重要的意义；而且可以参与强流质子加速器的研制，对我国散裂中子源、核废物嬗变具有重大意义。

2）KEK 上的 Belle II 实验。

B 物理仍然是 Belle II 研究的主要目标。大统计量和高灵敏度决定研究将以寻找 B 的稀有衰变以及相应过程中 CP 不对称参数的测量为主。如果新物理的能标低于 1TeV，在 CP 不对称分布以及以企鹅图为主的 B 衰变过程或轻子衰变中都将有可以测量到的效应。尤为重要的是，如果 LHC 实验中发现了超出标准模型的新粒子，Belle II 实验将是唯一可以精确研究新物理味结构的实验；即使

LHC 实验在其运行的能量区间内不能发现新物理，Belle II 仍将可以把新物理存在的能标延伸到 LHC 能达到的能标之上，甚至可以以更高的灵敏度探测 LHC 能标之上的新物理。在这一点上，可以说 B 工厂和 LHC 互为重要补充，均为未来 10 年迈向新物理的两个重要手段之一。

粲物理在 B 工厂的物理研究中有着越来越重要的地位，因为粲粒子的产额与 B 介子相当，而粲夸克衰变是唯一可以研究上夸克系统中味改变中性流的过程。我们对 B 介子的研究得到的对下夸克系统中新物理的限制要比在上夸克系统中强得多。因此，更高精度的粲介子稀有衰变、中性 D 介子混合以及粲系统中 CP 破坏效应的测量是对新物理的高灵敏度的探测。新近发现的混合参数 1% 水平的中性 D 介子混合似乎表明在粲系统中测量 CP 破坏有很大的可能，这个过程对新物理异常敏感。目前与粲相关的测量都受制于统计量太小，因此 Belle II 上的大统计样本将有效提高测量的精度；另一个重要的优势是标准模型对粲稀有衰变的贡献要比对 B 衰变的贡献小得多，也使得在寻找新物理时，粲衰变中的本底要更低，这将提高在粲系统中发现新物理的几率。

Belle II 中还将积累与 B 介子对几乎相同的 τ 对事例，即 500 亿个 τ 对。这使得精确研究 τ 衰变，以及寻找轻子数破坏过程成为探测新物理的重要手段。夸克系统的混合矩阵 CKM 矩阵元都已测定，但轻子间的混合矩阵尚未测量。通过 $\tau \to e\gamma$ 和 $\tau \to \mu\gamma$ 的寻找，可以在 10 亿分之一的水平上测量轻子间的混合。一旦混合效应被显著测量，将是毋庸置疑的新物理信号。其他对新物理敏感的测量包括 τ 的电偶极矩测量、τ 衰变中的 CP 破坏等。

我国与 Belle II 实验的合作研究存在多方面的优势：快速稳定的网络连接、方便快捷的交通以及仅 1 个小时的时差使得各种交流、合作研究以及相互访问优质而高效；Belle II 物理与我国 BES 物理有很大程度的一致性，而能区的不同又使二者互为补充：如 BES 对粲物理的研究有近阈优势，而 Belle II 则可以测量 D 衰变的时间特性；BES 对粲偶素衰变研究得天独厚而 Belle II 则更适合研究粲偶素能谱等。所有这些都为取得有重要科学意义的成果创造了良好的条件。

近两年来，美国和欧洲各国开始大规模加入 Belle II 实验并在探测器的研制和物理的预研究方面有较大投入。目前我国对 Belle II 实验的投入规模尚小，应在适当时机扩大经费和人力的投入规模，以期在味物理和强子物理等我国传统优势领域取得有重要科学意义的成果。

3）在美国航天飞机上进行的 AMS 实验。

它是超导磁场能鉴别带电粒子并测量其能动量的大型综合探测器。它的主要物理目标是寻找反物质，暗物质，精确研究宇宙线。

4）意大利国家地下实验室（Gran Sasso）。

用以寻找暗物质，无中微子双 β 衰变实验。

5）日本超级 Kamiokande 实验。

采用有 50 000 吨水的 Cherenkov 探测器。其主要物理目标是通过观测太阳中微子，大气中微子等研究中微子特点。

积极准备介入正在建设和进行预研的国际合作项目，主要有：

1）在德国 GSI 的反质和重离子实验（FAIR）；

2）美国 JLAB 已批准的 12 GeV 实验；

3）日本的 JPAC 实验；

4）美国正在建议的深度地下实验；

5）直线对撞机（linear collider）。

国际高能物理学界对建造一个 TeV 能区的国际直线对撞机（international linear collider，ILC）进行了深入论证，自 2005 年起相关预制研究工作以国际合作的方式大规模展开，目前已进入工程设计阶段。拟议中的国际直线对撞机是一台超高能量的正负电子对撞机。它由两台大型低温超导直线加速器组成。首期目标是分别将正负电子加速到 0.25 TeV 的能量，质心系能量达到 0.5 TeV（并可增加到 1 TeV），将建造在总长约 30 千米的地下隧道里。根据目前的参考造价，国际直线对撞机的总投资在 100 亿美元左右。按照计划，2005 年完成了 ILC 的概念设计（baseline configuration design，BCD）；2006 年完成了 ILC 的参考设计（reference design report，RDR）以便确定参考造价；2007 年 2 月在北京的 ICFA 会议上对外正式宣布了 ILC 的参考造价；2007～2012 年为 ILC 技术设计阶段（technical design phase，TDP），在技术设计期间会考虑到 LHC 运行的物理结果的反馈；2013 年后进入承建国选择和立项申请阶段。2015～2022 年为 ILC 的建造阶段。到目前为止，对 ILC 未来选址公开做过地址调查和勘探的国家和地区有：美国、日本、德国、CERN 和俄罗斯。

从图 6-1 可以看出，LHC 是强子对撞机的能量前沿，而 ILC（图 6-1 中的 LC500）将是正负电子对撞机的能量前沿，可以预期这两个大科学装置上的研究工作将成为粒子物理研究的主流。

作为高能量前沿的下一代高能粒子对撞机，ILC 有潜力回答当代物理学的重大问题，极具科学价值，并对整个科学与技术领域具有重要的引领和辐射作用，国际高能物理学界正在积极开展相关研究，迎接这个新时代的到来。ILC 是继 ITER 计划启动之后人类又一超大规模的国际合作科学工程，涉及大量最先进的加速器技术、探测器技术和先进的高科技通用技术。国际高能物理学界已经对 ILC 的科学目标和意义进行了多年的研究论证，达到了广泛共识，TeV 能区物理在未来 20 年左右将是粒子物理研究的主流方向。我国通过参加 ILC 的预制研究工作，可以提升我国在粒子物理理论和实验研究方面的水平，也是我国

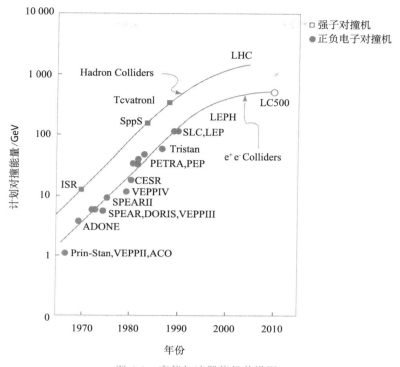

图 6-1　高能加速器能量前沿图

粒子物理学界为保持在本领域占有一席之地所必须应对的挑战。为了最终使 ILC 成为现实，必须在高能粒子加速器和探测器技术方面解决一系列具有挑战性的问题。这些问题的解决，不仅使 ILC 的建造成为可能，还将产生大量的先进技术。参加 ILC 国际合作研究并掌握相关的先进技术，不仅可以使我国对 ILC 的建造做出实质性贡献，还将为我国未来基于相关技术的重大科学工程（如 X 射线自由电子激光装置、加速器驱动的核废料处理等）提供必要的技术储备。同时，还会带动国内高技术企业参与低温超导技术、先进探测器技术、先进电子学技术等方面的研发，提高相应的工业技术水平。ILC 是一个世界性的高能物理大科学工程，从预研工作的组织、工程的建造和建造后的运行等各个方面都将有广泛的国际合作。参加 ILC 的预研将为我国培养一批熟悉国际合作规则、在国际高能物理学界有影响的学术组织者和带头人，以及一支高水平的研究队伍。

　　粒子物理的国际合作应综合把握最前沿的物理问题、关键技术和仪器设备，并直接从 R&D 开始参加国际合作实验的整个过程。学习了解掌握用于仪器设备的方法和手段，而这些技术可以直接用于其他领域和国民经济生活。基于以上考虑国际合作优先支持的方向如下：①具有重大发现潜力的高能量前沿的 LHC

实验研究及其升级，主要是 TeV 能区的物理和实验技术研究（包括网格计算技术）；②FAIR 上的 PANDA 和 CBM 的重大国际合作；③JLAB 的 12 GeV 高能核物理核强子物理实验；④STAR 实验研究及其升级；⑤B 工厂上的 BELLE 实验。

等离子体物理：已有的国际合作极大地提升了我国磁约束聚变研究的水平，加快了我国磁约束聚变研究的进程。一个典型的范例是在 EAST 全超导托卡马克上开展的等离子体控制方面的合作，利用美国提供的等离子体控制系统和发展的控制程序，使得 EAST 从第一次调试放电到稳定偏滤器等离子体仅仅用了 1 年多的时间，而历史上即使常规的托卡马克装置，这一过程花费时间基本上都在 2～3 年。目前在 ITPA 活动中最活跃的物理学家主要来自欧美日，加强与欧美日的合作对快速提升我国磁约束聚变的水平作用显著，我国磁约束聚变领域与这些国家都有不同层次的双边合作协议，为开展合作提供了保证。

建议相关部门应该给予一定的支持，鼓励国内磁约束科研人员积极参与 ITPA 活动，充分利用国际聚变资源。利用 ITPA 平台开展磁约束聚变领域的合作，首先应在集成建模和模拟领域。一方面，目前的实验研究急需这方面工具的支持，但国内基础相当薄弱，没有可供实验用的分析工具；另一方面，未来 ITER 上的物理实验要求，每一个实验都需要利用集成模型和模拟对等离子体作出预测，同时需要对每次等离子体放电开展综合的分析。如果不及时启动这样的工作，不仅制约国内实验的科学水平，还将影响到中国未来在 ITER 上对实验机器时间的竞争，特别是到后 ITER 时代，没有经过实验验证过的集成模型支撑反应堆的概念和物理设计。

根据我国磁约束聚变研究的现状和未来发展的需要，建议重点在下列几个方面加强国际合作：先进的等离子体控制理论和技术；适用于专门等离子体物理研究的诊断，特别是以微波技术为基础的等离子体参数分布和湍流诊断；磁流体不稳定性的实验、诊断和控制，以上这些都是目前国际聚变研究的前沿，也将是国内聚变研究已经或很快就会遇到的问题，国内基础相对薄弱，没有什么积累。这方面的合作可以以两种方式开展。一是在合作协议框架下共同研制需要的诊断和发展实验技术、模型、程序等；二是人员的交流，采用请进来和派出去的方式，参与双方的实验，为此基金项目经费中国际合作的比例应允许有一定的弹性。

基于我国在高能量密度物理和惯性约束聚变研究的重要进展，一些以往只在西方科技强国和日本举办的该领域的重要国际会议，现在国际同行也非常支持在中国举办。合作由点到面，水到渠成。因此建议加大对国际合作的个人支持力度，加大与欧洲和日本的合作支持力度，积极创造条件与美国同行开展合作。目前西方国家很多实验室非常欢迎中国优秀的学生，我们也应该予以鼓励和支持，建议创造条件，以合作培养学生的方式给予支持。

充分利用国际科技资源，优先开展低温和基础等离子体诊断、等离子体应用前沿领域的合作研究，在一些低温等离子体传统研究领域，在等离子体源、材料加工、金属表面工程、污染物脱除、微电子工业及等离子体灭菌等领域开展长期稳定的合作。

ADS 研究计划的实施需要开展广泛的国内外交流与合作：ADS 是以次临界概念为基础的核能系统，具有提高铀资源利用率和嬗变常规核电站产生的长寿命核废料的潜力，将与常规的压水堆、快堆共同构成今后相当长期的裂变能利用模式，对核能的大规模、可持续发展具有重要意义。ADS 研究包括加速器、反应堆、核物理、材料科学和核化学等相关学科，是一项综合性的研究项目。俄罗斯、美国、日本也在开展这一项目的研究，应大力支持和促进中国 ADS 项目与国际同类项目的交流与合作。

第七章

保障措施与建议

　　中国作为经济发展异常迅速的大国，其综合国力必须能够反映并体现基础科学研究的高水平。如何在现有的基础上，加快我国物理科学研究，缩小与发达国家的差距，成为物理强国是我们未来 10 年乃至更长时间内的主要目标。综合当前我国各个物理学学科的发展现状和国家发展需求，提出切实有效的保障措施和建议，将会对我国整个物理研究起到良好的引导作用。我们从以下几个方面给出意见。

第一节　加大经费投入力度，完善科研经费审批管理制度

　　科学研究的投入是科学创新的物质基础，是学科持续发展的重要前提和根本保障。今天的科学研究投入，就是对未来国家竞争力的投资。改革开放以来，我国物理基础科学研究投入不断增长，但与我国科技事业的大发展和全面建设小康社会的重大需求相比，与发达国家和新兴工业化国家相比，我国物理基础科学科技投入的总量和强度仍显不足，投入结构不尽合理。保证持续稳定的经费投入，制定合理的经费分配原则是物理科学研究，尤其是重大科研问题研究的必要保障。

　　近年来，虽然我国的科研经费支出总量不断增长，但从横向比较来看，我国的科研经费状况仍不容乐观，科研经费投入力度仍然需要继续加强。2006 年 OECD 发布的《主要科学技术指标 2006/1》显示，虽然我国科研经费总额位居世界第六位，但 2006 年的经费总额仅相当于美国 2004 年的 1/10，日本 2004 年的 1/4。其次，我国的科研经费来源渠道相对狭窄。据统计，2004 年我国政府所属科研机构的科研经费投入占全社会科研经费投入的比例是 22.0％，而在发达国家，该比重几乎都在 20％以下，有的甚至在 10％以下。例如，美国 2003 年这一比例为 9.1％，日本为 9.3％。此外，我国研发支出结构不合理，基础研究

经费过低。美国 2004 年基础研究经费中科研经费支出的比重为 19.1%，日本 2003 年为 13.3%。相比之下，我国基础研究投入力度严重不足，直到 2005 年这一比值仍只有 5.4%。对基础物理研究来说，所面临的经费困难就更加严峻。各个物理学学科要根据该学科的特点，积极拓展科研经费来源，争取更多的科研经费投入。同时，人们要认识到基础物理研究的重要性和必要性，在经费投入上给以物理基础研究足够的重视。

除了增加科研经费的投入，另外一个重要的任务则是提高科研经费的分配和使用效率。现在表现突出的问题是，由于我国科学研究经费的来源有多种途径，如科技部、国家自然科学基金委员会、教育部、中国科学院等。所以，一方面存在着对同一课题或同一群体的重复资助，另一方面其他众多的研究人员包括大学教师为了申请到必需的资金而苦恼。改变这种状况需要完善相关的规范措施。对于不同的物理学学科，目前的经费分配比例存在不合理之处。当前，政府的投资与经费管理也未能考虑学科的特殊性，造成学校里这些学科生存艰难，发展更无从谈起。许多当年在核物理方面实力很强的学校现在均无此专业了，这对国家安全、工业与经济发展、科学研究造成严重影响。这就需要科研经费管理部门建立和完善适应科学研究规律和科技工作特点的科技经费管理制度，按照国家预算管理的规定，提高财政资金使用的规范性、安全性和有效性。提高国家科技计划管理的公开性、透明度和公正性，逐步建立财政科技经费的预算绩效评价体系，建立健全相应的评估和监督管理机制。

科研经费的投入不应只是为了实验而实验、为了研究而研究，还要着眼于国家战略需求，立足我国国情和需要，确定若干重点领域，重点经费支持，突破一批重大关键研究课题，实现跨越式发展。国家对未来科技发展的规划中已经提出若干个重大研究专项和重大科学研究计划，涉及物理学学科的方方面面。诸如量子调控重大研究计划，纳米科学重大研究计划等，包含了量子信息物理，凝聚态物理，光学，半导体物理，材料物理等学科，相关的研究课题将对社会发展起到关键性作用。例如，量子调控重点研究量子通信的载体和调控原理及方法、量子计算、电荷-自旋-相位-轨道等关联规律以及新的量子调控方法、受限小量子体系的新量子效应、人工带隙材料的宏观量子效应、量子调控表征和测量的新原理和新技术基础等。这一领域正在成为发达国家激烈竞争的焦点，有可能在 20～30 年后对人类社会经济发展产生难以估量的影响。纳米科学重点研究纳米材料的可控制备，自组装和功能化，纳米材料的结构、优异特性及其调控机制，纳加工与集成原理，概念性和原理性纳器件，纳电子学，单分子行为与操纵，分子机器的设计组装与调控，纳米尺度表征与度量学，纳米材料和纳米技术在能源、环境、信息、医药等领域的应用。纳米科学使人们对物质时间的认识进入崭新的阶段，已然成为许多国家提升核心竞争力的战略选择，也是我国有望实现跨越式发展的领域之一。针对这些有重大战略意义的研究领域，国家以及科研单位应该分配较多的资源来支撑，并且保障支持的稳定性，因为重大研究课题通常是周期长，难度大。

科研经费的投入还要考虑对未来人才队伍的培养和学科的发展。我国目前存在一些基础薄弱的物理研究领域。这些物理研究领域起步较晚，研究规模较小，研究水平相比国际先进水平要落后很多。同时，这些物理研究领域发展势头的薄弱也会影响到它们对优秀人才的吸引力，造成科研队伍萎缩，后备人才缺乏的局面。对于这部分学科领域，就要求国家和相关部门重点扶持和培养。像引力和宇宙学，目前对该领域的支持长时期处在不稳定的状态，与欧美和日本、韩国等相比，我国在这方面的经费支持有很大的差距。日本自 2007 年开始连续 10 年支持 5 个全新的研究中心，每个中心每年的研究经费为 5 亿～20 亿日元（0.385 亿～1.54 亿元）。其中，研究暗物质、暗能量、超出粒子物理标准模型、超弦理论及相关数学的纯基础理论研究中心（IPMU）每年的经费约 15 亿日元（约 1.155 亿元）。做得好的研究中心还将获得额外 5 年的支持。我国的液晶物理也是一支规模较小的研究队伍，国内在液晶基础实验方面力量薄弱，能够进行高水平液晶物理实验和器件物理实验的研究院所太少，缺少原创性工作。究其原因，国家前期在液晶研究上的投入较少，使得高水平研究队伍不稳定。但是，这些科研力量比较薄弱的物理研究领域又是我国物理科学发展过程中不可或缺的一部分，更关系着我国科技进步和社会进步的发展。在科研经费审批过程中，就需要考虑到不同学科目前发展水平的特殊性，制定更加合理的评审标准，避免学科萎缩，使得物理学保持整体良好的发展态势。

科研经费中人员费用比例过低，也是目前科研人员普遍反映的一个问题。人员费用的限制，将非常不利于科研队伍的稳定和科研工作的开展。在很多发达国家，科研经费中人员费用占比重较大，美国高达 50%，而我国科研项目预算中人员费用相对偏低。目前大学里有相当一部分参与科研项目的人，是博士、博士后等流动科研人员，但是科研经费预算却很少能保障这部分流动人员的劳动报酬。支付流动科研人员的报酬常常是令项目负责人发愁的一件事。现在要改善的是在研究项目中，安排较大比例的人员费用，保障流动科研人员经费，确保科研工作正常开展，使研究经费通过对优秀人才的培养，真正用在刀刃上。

第二节　提高物理教育水平，培养后备人才

大学是我国培养高层次创新人才的重要基地，是我国基础研究和高技术领

域原始创新的主力军之一，是解决国民经济重大科技问题、实现技术转移、成果转化的生力军。加快建设一批高水平大学，特别是一批世界知名的高水平研究型大学，是我国发展基础研究，提高国家创新能力的必要条件。

我国已经拥有一批规模适当、学科综合和人才汇聚的水平较高的大学，物理教育在大学中已经非常普及，但是我国整体物理教育水平和很多发达国家相比仍有很大差距。另一方面，从国内各个学科教育发展情况来看，物理学研究相对其他一些学科专业来说比较枯燥，学科难度较大，学习研究周期长，这些方面都削弱了物理学对优秀学生的吸引力，进而也限制了我国物理学教育的快速发展。如何加强我国物理学人才的培养，吸引更多优秀的青年投身于基础物理研究，是当前物理学发展所需要考虑的重要问题。

目前国内多个物理学学科都面临着基础教育薄弱，后备人才不足的问题。一些物理学的前沿与领头学科如核物理、粒子物理与天体物理在高校中未能充分发展，规模较小，这些学科在中国最好的物理系中也不超过 10%，而在国外基本占到 50%。同时我国开设核物理与核技术相关专业的高校数量以及招生人数都偏少。目前我国开设相关专业的高校每年培养本科生和研究生总计 700 人左右，而 2010 年此相关专业本科以上人才需求量远超过 6000 人，2020 年的需求量甚至要超过 13 000 人。一些物理专业（如等离子体物理、软凝聚态物理、液晶物理、声学等）的本科教育在高校中几乎没有，这些物理学学科在将来扩大研究队伍的过程中必然会受到很大的影响。针对我国各个物理学学科大学基础教育的现有问题，以下几个问题迫切需要解决。

首先，要尽快恢复和开展一些物理学学科的基础教育课程，声学，统计物理，等离子体物理，核物理与核技术等，大学里增加相关专业的教职岗位。由于这些物理学学科目前的发展规模较小，科研水平与一些发达国家相比差距也很大。所以，我们在发展这些物理学学科的基础教育时，首要的任务就是提高专业教师的水平和能力，建设一支学风优良、富有创新精神和国际竞争力的教学队伍。一方面，大学通过改善工资待遇，教学科研环境等吸引更多优秀的国内外物理学者加入其中；另一方面，大学物理教学单位还要对所拥有的教师队伍给以充分的支持和培养。可以长期举办一些专门吸引高校年轻教师参加的暑期学校和专题研讨会，让基础物理教学的老师能够紧紧跟随着该学科的发展前沿，掌握最新的物理科研进展。鼓励大学教师参加国内外进修交流，增加他们学习提高的机会。

其次，还要平衡我国高校整体的物理教育水平，发挥国内现有大学的资源，特别是那些整体水平稍弱，但是具有特色优势物理学学科的大学。我国目前的物理教育存在一个明显的问题，资源过分集中于少数几个高校，几乎所有的物理学学科都面临这个问题。原子分子光学，统计物理，粒子物理，核物理与核技术，宇宙学等众多物理学学科的基础教育普遍都集中在清华大学、北京大学、中国科学技术大学、南京大学、复旦大学等十几所高校，涉及这些领域的基础教育的其他高校很少，即便有相关专业，通常规模和影响也很小。事实上，我国物理学教育的整体水平的提高仅仅依靠少数的大学远远不能满足需求，有必要全面考虑物理学学科教育的布局。对于一些非综合性大学而言，可以集中本校的人力和物力，重点发展本校的优势学科，在这一领域可以在国内甚至国际产生一定的影响。进一步来说，优秀的成果和广泛的影响也会反过来促进优势学科的发展，形成良性循环。国家以及相关部门在分配资源和经费时也应该避免过于集中。在制定分配原则时不应该只考虑各个高校的整体物理水平和成果，更应该细分到每一个二级学科，以至于每个学科的不同研究领域，重点扶持一些拥有特色优势学科和研究领域的高校。这样才能充分利用国内所有高校的人才资源，广泛地促进物理不同学科不同研究领域的发展。

第三节　调整研究队伍结构，提高科研效率

我国物理科学研究快速发展，对各个物理学学科研究的人才队伍规模以及人才队伍的能力也提出了更高的要求。物理学学科研队伍建设一方面要扩大当前的科研队伍规模，增加科研人员数量，尤其是高水平的科研人才；另一方面还要整合科研队伍，根据不同学科的具体情况，合理配置实验研究人员和理论研究人员，也包括所必需的技术人员和科研管理人员。只有保证物理学研究队伍足够的规模和高效地运行，才能支撑物理学学科快速、持续发展。

增加物理学家队伍规模，使得目前规模还偏小的研究队伍达到其原始创新的临界值。不仅涉及物理学的新兴学科方向和交叉领域，也是一些传统的基础领域需要解决的问题。引进优秀人才是扩大研究队伍规模的一个快速有效的方法。国内目前已有一些比较灵活的政策，如百人计划、长江计划、千人计划等，来吸引在国外取得了一定成绩的中国留学生回国工作，这也是国内培养和建设高级人才队伍的主要渠道。物理领域尤其是那些研究力量相对薄弱的物理学学科应该充分利用当前的有利政策，积极引进高水平的学科带头人。但在具体的执行过程中，存在指标化和指令性倾向，为了完成指标以显示政绩，对招募人才的实际水平和能做的实际贡献缺乏透明的评估和审查，这不仅是一种经费的浪费，而且可能挫伤国内人员的工作积极性。物理研究单位需要建立公正有效的评价体系，在政策和待遇上鼓励年轻人的投入，并让已有的研究人员能真正潜下心来从事研究工作、发挥他们的作用。

研究队伍建设除了依靠人才引进，还需要后续不断的人才培养和支持。对于做出优秀工作的学科带头人给予肯定并重点资助，如教育部新世纪人才计划、国家自然科学基金杰出青年基金资助等。当前国家自然科学基金委员会杰出青年基金已经具有非常高的影响力，这也是我国科研人才鼓励政策的一个典范。只有不仅创造吸引优秀人才的条件，还要创造留住优秀人才的条件，才能为我国高水平的物理研究队伍创造良好的成长环境。只有保持我国高水平研究队伍的稳定性和持续性，人才队伍建设才算是真正落到了实处。

研究队伍建设不仅需要增加人员数量，更需要提高研究队伍的质量。在队伍建设过程中，理论研究和实验研究有机高效地结合，是大家一直讨论的问题，但是在物理学的发展过程中这一问题仍然没有得到很好的解决，理论研究和实验研究相互之间脱节是我国物理学学科发展中存在的一个显著的问题。以量子信息科学为例，我国在这一领域研究起步较早、也取得了一些有意义的结果，一些工作在国际上产生了一定的影响。但是在事实上，我们量子信息的研究工作整体的原创性与国际上相比还有一定距离，特别是在基本理论原理方面，缺少具有主导性作用的理论，理论工作自然不能及实验之所需，更不能为实验提出新的课题。另外，我们若干优秀的实验工作主要是实现国际上他人的理论方案，而非由自己的理论工作者产生的、原始创新的想法。这并非是理论工作没有原始创新的想法，也非实验工作者不愿验证和应用自己的理论方案。若一个学科领域没有理论和实验的实质性结合，就不会产生真正的、有长远目标的原创性研究工作。研究队伍的整合，全面提升研究队伍的科研能力，将是未来物理学发展战略的重要一项，只有这样才能使物理科学研究更深入，更系统。

第四节　完善科研评价体系，营造和谐科研环境

建立合理有效的科研评价体系，坚持公正、公平、公开和鼓励创新的原则，才能在全国范围内形成良好的科学研究氛围，让科学家在宽松的气氛和环境下开展创新研究，提高基础物理研究工作者的工作热情。在今后科研评价体系的完善过程中，需要极力去消除有限资源分配方面的不公，减少学术界某些缺乏公平、公开、透明的评价方式，在评价体制上不再追求短期效应，而是注重对个人的科研工作的中长期评价。

科研项目评估体系需要根据项目的类别建立独立的评估原则。重大项目评审要体现国家目标。完善同行专家评审机制，建立评审专家信用制度，建立国际同行专家参与评议的机制，加强对评审过程的监督，扩大评审活动的公开化

程度和被评审人的知情范围。对创新性强的小项目、非共识项目以及学科交叉项目给予特别关注和支持，注重对科技人员和团队素质、能力和研究水平的评价，鼓励原始创新。建立国家重大科技计划、国家知识创新工程、国家自然科学基金资助计划等实施情况的独立评估制度。

科研成果评价体系的合理与完善对促进物理学发展也起着至关重要的作用。过去有一些急功近利的、以简单数量（如论文数量、一般引用数量和科研经费多少等）为导向的评价体系，严重扼杀了我国物理学发展中真正创新性的研究。评价基础物理研究工作的价值和意义时，需要进一步与时俱进地分学科，分层次，分类别地完善评价标准。特别需要关注几点：①从简单地基于数字上的第几作者进行科学与技术贡献的机械判断转向其中科学技术方面具体进步点上贡献的认定；②从简单的数字上的文章影响因子大小进行学科价值机械判断转向对该工作在相应领域中科学与技术两方面实质性贡献的判断；③鼓励在研究目标的追求上不仅仅考虑到是否为国际前沿热点，而且也考虑研究的工作能否形成科学或技术上达到尘埃落定的结果。

要根据科技创新活动的不同特点，设立有针对性的评价标准。按照公开公正、科学规范、精简高效的原则，完善科研评价制度和指标体系，改变评价过多过繁的现象，避免急功近利和短期行为。面向市场的应用研究和试验开发等创新活动，以获得自主知识产权及其对产业竞争力的贡献为评价重点；公益科研活动以满足公众需求和产生的社会效益为评价重点；基础研究和前沿科学探索以科学意义和学术价值为评价重点。建立适应不同性质科技工作的人才评价体系。改革国家科技奖励制度，减少奖励数量和奖励层次，突出政府科技奖励的重点，在实行对项目奖励的同时，注重对人才的奖励。鼓励和规范社会力量设奖。

第五节　提高科研管理水平，合理安排学科布局

随着我国科研规模的迅速扩张，对科研管理的要求也不断提高。建立科学合理的科研管理体系，在科研成果质量、人才队伍建设、日常运行管理等方面都有巨大的促进作用。从宏观角度，经费分配和政策制定等全国大范围的科研管理工作要求进一步提高水平和效率。要求科学管理者对物理学学科的发展规律有深刻的认识，并可以提供有效的解决措施，真正去推动物理学研究的快速发展。从微观角度，每个物理科研单位的科研管理目标应该是能够做到真正以人为本，围绕科研工作的顺利开展，提供必要的辅助和保障，规范科研管理人

员的职能，减轻科研人员的非科研直接相关的负担，使得科研人员将更多的时间和精力用于科研工作中，才能取得丰硕的成果。

国家有关科研管理部门需要制定正确的科学发展规划，合理安排学科发展布局，监督整体科研经费使用和科研项目进度等，这些管理工作开展的好坏将直接影响我国整体科研的进展。例如，物理学的研究领域有"大"（如高能物理、核物理、强激光和受控核聚变等大型实验装置）和"小"（如理论物理、凝聚态物理和基础光学等）之分。对大科学、大项目的支持，应当统筹考虑我国已有基础、国家战略需求和国际物理科学发展的主流趋势，要认真准备、充分论证，选择建立必要的大型科学装置。对于处于探索阶段、尚未直接导致技术革命阶段的"小"科学，在学科布局合理的前提下，宜采取自由选题、平等竞争的资助模式，采用国际上通行作法，基本以课题组为单位进行运作。对国际上物理科学前沿热点科学问题，可以对基础好的课题组和个人，加大支持力度，形成研究群体，以更好参与国际竞争，更快有实质性突破。在具有"小科学"特征的物理领域，切忌不要以"装筐"的方式，把没有实质性联系的"小"项目集成起来，申请"大"项目经费。这不仅要求物理学家的个体在科学道德方面的自律，也要求科研管理部门改变其传统政绩观，以真正促进科学发展为目的。

国家科研管理部门在科研项目管理过程中还需要从实际情况出发，深入调研，发现问题，及时修正。目前的科研项目管理过程中仍然存在一些需要改进和调整的地方。例如，项目申请，项目中期评估，以及项目总结等种类繁多的程序通常会占去科研人员很大一部分时间和精力。科研经费下拨时间与科研项目执行时间还存在脱节现象。很多情况下从项目批准到科研经费到账需要间隔比较长的一段时间，在这期间，由于经费欠缺，拖延了科研进展。等到经费到账可以使用时，科研人员又开始考虑如何在比较短的时间内花掉经费。这种脱节现象就会导致严重的资金浪费，降低了科研经费使用效率。对于一些科研项目来说，目前的项目执行时间太短，无法完成高水平，高质量的创新性的工作。不同物理学学科具有不同的研究特点。有些学科，特别是需要大型实验支撑的学科，通常需要很长时间的工作积累才能取得成果。还有一些重大的基础性研究课题，这些课题攻关难度大，周期长，短期之内也很难看到成绩。对于这些课题，目前的一些课题执行期限明显不够。在科研工作的开展过程中，仪器设备和实验样品的购置也为科研人员带来了很大的困扰。基础科学研究通常都是面向学科最前沿，对科研设备和样品的要求也非常高，很多情况下需要从国外购置。但是目前科研设备和样品的购置是一个长期而繁琐的过程，包括立项、论证、审批、通关等。一个实验室配备必要的仪器设备常常就需要一两年的时间，甚至更长。以上各种科研一线工作中所存在的弊端就需要各种科研管理部门能够进行全面的了解，与科研一线的科学家共同商讨，制定解决办法。

除了国家统一调控的科研管理机构，各个科研院所、高校也都配备自己的科研管理职能部门。这些下属的科研管理部门将直接面对具体的科研项目管理，其工作涉及科研项目管理细节问题。这些部门的工作效率以及管理方法会最直接地影响到本单位的科研状况。提高和完善各个科研院所、高校的科研管理水平，会直接受益于广大的科研工作者。各个院所单位要对科研管理给以足够的重视和关注，提高科研管理人员的素质，改变科研管理人员的观念，使得科研管理部门能够真正从科研人员的角度出发，与科研人员积极配合，帮助他们解决问题，为科研工作提供必要的辅助保障。

第六节　建设大科学装置，成立国家物理研究基地

物理学发展的基础在于科研仪器设备的进步。随着我国经济的迅速发展，国力的不断增强，对物理学研究的要求也越来越高，建造中国人自己的大型物理实验装置和国家物理研究基地势在必行。只有这样，我国的基础物理科学才可以为人类做出更大贡献。根据学科发展的必要需求以及国家重大战略需求，在少数几个重点科研领域上投入较多的资金，配备和自主研发大科学装置，建设国家物理研究基地，使得资源更为集中更有效。虽然大科学装置单台设备造价昂贵，但这些物理学实验设备的共用性很高，从全国来说，总的投资并不大。特别是这些设备大部分是由中国自己的研究人员研制出来的，规划统筹好国内物理学实验研究技术平台的建设，对推动国内工业发展，培养实验人才具有重要作用。

大型物理科学装置的缺乏无疑会严重制约物理学学科特别是实验物理研究的发展。近年来国外利用许多大型科学仪器装置获得了大批数据，极大地推动了各个物理学学科的发展。国外大型的天文观测地面装置和空间装置已陆续获得大量观测数据，极大地促进了大爆炸宇宙模型的研究，发现宇宙物质的 2/3 由暗能量构成，1/3 由暗物质和常规物质构成。用来检验广义相对论预言的空间弯曲和自旋效应的"引力探测器 B"卫星，也已于 2004 年 4 月 20 日在美国升空，并即将传回观测数据；引力波天文台的"地面激光干涉仪"已有两个在美国初步建成；3 颗卫星相距 500 万千米的空间工程正在研制之中；等效原理的卫星检验计划已经预研了很多年，未来若干年内有望升空；其他大型的地面和空间装置也在计划之中。可以预见，未来一二十年或更长一点的时间之内，引力波的探测可能会取得重大突破，宇宙学的研究将有重大进展，广义相对论包括

大统一理论将会面对真正的严峻考验，因而有可能获得重大的突破性发展。毫无疑问，所有这些都将为理论物理学家和天文学家提供大显身手的广阔天地。但是，这些实验装置毕竟都是外国的，中国科学家不可能获得第一手的数据资料。在可预见的将来重大的突破和进展很难从我们这里产生。

由于大科学装置需要庞大的经费和人力的投入，通常很难由某一所大学或者研究所单独建设。国家通过全局统筹，将国内相关的研究力量有机地结合起来，建设大科学装置研究平台。围绕大科学装置建设国家物理研究基地，这样可以提高大科学装置的使用效率，充分发挥大科学装置的作用。同时，集中相关领域的人才，重点投入，将会促进相关物理学学科的高速发展，做出真正有价值的研究工作。我国已经开展了国家实验室和国家重点实验室的建设。依托国家科研院所和研究型大学，建设若干队伍强，水平高的国家重点实验室，利用稳定的国家重点实验室专项经费以及仪器设备经费，根据国家重大战略需求和物理学学科发展的需求，建设若干大型科学工程和基础研究装置。虽然我国国家实验室和国家重点实验室的建设已经取得了可喜的成果，但是与国家实验室和国家重点实验室建设的预期目标还相差很远。在未来 10～20 年之间，建设国家实验室的定位应该与大科学装置的建设相结合。事实上，只有国家实验室才有能力承担大科学装置的科研任务，这也是国家实验室与其他一般院所、高校的区别所在，国家实验室才能担当起国家物理研究基地的责任。

建立大科学装置，成立国家物理研究基地，另一个必须解决的问题是如何提高大科学装置的利用率，如何使国家物理研究基地发挥其引领学科发展的作用。这些问题需要上层决策与科学家们开展广泛的交流与商讨，寻求各种有价值的发展建议。可以考虑支持国家物理研究基地与高校等合作，发展针对大型装置的有特色的实验诊断条件，支持围绕国家大科学工程进行理论和实验研究，推动大科学装置发挥重要作用，从而尽量最大化大科学工程科技产出。同时，还可以围绕大科学装置开展自主研发，促进大型科研设备的功能延伸开发，充分利用国家研究实验基地和大型实验平台，推动项目、人才、科研条件建设的紧密结合。促进基础科学数据的汇集积累和资源共享，支持重要研究领域虚拟研究中心建设，为科学研究提供更好的条件保障。

第七节　鼓励学术交流与合作，创造良好学术氛围

很难想象在当今时代，开展物理学研究没有合作和交流是什么一种景象。对于某一位特定的研究人员，也许在一定时间里他/她会潜心研究一个具体的问

题，但作为整个学术团体一定要不时地开展国内和国际间的合作和交流。这对于科研人员及时了解当前本域的最新研究动态非常必要，也可以对自己的研究课题有一个比较准确的定位。通过与国内外最优秀科学家的接触、合作和交流，会使科研人员尽快进入最前沿的研究课题。

对于学科的发展而言，加强国内同领域的交流与合作可以更好地整合本领域的科研力量，形成一个密切合作与交流的物理学学科研究整体。这一点对于我国目前研究规模较小，研究力量比较分散的学科显得尤其必要。我国统计物理目前就面临着这样的问题。目前我国从事统计物理研究的人非常少，科研人员分散在不同研究方向。对我国现有的统计物理研究人员进行一定的整合，让这些科学家能够聚在一起，相互交流和讨论，逐步形成一个比较有凝聚力的团体。这个团体相互之间能够保持比较密切的联系，不时能够相互访问，定期举办一些规模不大的研讨会，就一些专题开展深入的交流和讨论。通过这些交流活动，一些研究人员能够找到共同感兴趣的研究课题，一起合作开展研究。特别是，合作交流有利于促使科研人员在目前的新兴领域，如量子热力学、小系统远离平衡统计物理开展协作研究，并逐步形成一定规模的研究队伍，让我国在这些新兴的研究领域占据重要的位置。

合作交流也可以不仅仅局限于学科内部，还要在不同学科之间广泛开展。回顾过去 20 年量子信息的重大发展，不少都是信息科学家和数学家主动参与研究的结果（如大数因子化量子算法和量子离物传态的方案），而在我国只有少数计算机理论家和数学家主动参与量子信息的研究，更缺少物理学家与这方面的研究人员的有机合作。因此，尽管在实验上取得了一些重要的成绩，有些理论研究达到了世界先进水平，但缺少自己创建的原理性的东西。此外，量子信息目前的主流工作还是处在一个"简单交叉"的阶段，即把量子力学的概念直接应用于计算机和信息科学，其重要意义主要是在技术和应用层面上。关于量子信息研究的诸多迹象表明，现在应该进一步思考更加深入的问题，在不同学科之间的交流过程中能否孕育出独特的科学问题，从而生长为独立新兴学科。量子信息，计算机科学，信息科学的合作有可能帮助人们从空间、能量和运动的角度，在微观层次理解信息的存在和意义。统计物理的发展也与其他学科联系紧密，统计物理的数学基础就是概率论和统计理论，大量统计物理研究的系统就是化学系统，统计物理的发展与化学家和数学家的贡献密不可分。而在我国，数学家和化学家在统计物理方面的参与非常少，更加缺乏物理学家与这方面的研究人员在统计物理研究的合作。为了提高我国的统计物理研究水平，需要联合这些领域的科学家来共同努力。

国际学术交流与合作现在已经深入物理学的各个领域，尤其是一些需要大量的人力，物力的大型实验研究，国际合作已经成为最主要的研究开展方式。

通过国际合作，我国的物理研究在学习、跟踪、掌握先进技术和直接参加前沿研究课题及人才培养方面受益匪浅。粒子物理实验是一门综合多学科领域和技术的前沿大科学。人才培养、仪器设备的建造均需较长的周期，它通常要集合当前先进前沿的技术来建立大型的设备，如加速器、粒子探测器等，且需大量经费投入。因此粒子物理实验在几十年前就走向国际合作，最近 20 年来尤为突出，当前几乎没有哪个大型前沿粒子物理实验不是以国际合作的形式出现。我国参加国际合作的模式尚与西方发达国家存在较大差别，投入也相当少。以 LHC 的 ATLAS 和 CMS 为例，我们的总投入与西方发达国家相差很多。我们的合作模式和投入决定了我们在国际合作大项目中的几乎没有话语权的相当微弱的地位。因此，我们国家需要继续加大与其他国家合作的力度。

参 考 文 献

阿蔡塞.2008.惯性聚变物理.沈百飞译.北京：科学出版社

程建春，田静.2008.创新与和谐：中国声学进展.北京：科学出版社

德国物理学会.2005.新世纪物理学.王乃彦主译，中国物理学会译.济南：山东教育出版社

葛墨林.2009.10 000个科学难题（物理学卷）.北京：科学出版社

李家洋.2009.中国科学院国际科技合作六十年.中国科学院院刊，（5）

陆坤权，刘寄星.2006.软物质物理学导论.北京：北京大学出版社

马锦秀.2006.尘埃等离子体.物理，35（3）：244～250

迈克尔·A.力伯曼，阿伦·J.里登伯格.2007.等离子体放电原理与材料处理.蒲以康等
   译.北京：科学出版社

中国科学院大科学装置领域战略研究组.2009.中国至2050年重大科技基础设施发展路线图.
   北京：科学出版社

Alexander Fridman. 2008. Plasma Chemistry. New York：Cambridge University Press

Alexander Fridman. 2010. Plasma Physics and Engineering，Boca Raton，FL：CRC Press

Asner D M，Barnes T，Bian J M，et al. 2009. Physics at BESIII. International Journal of
   Modern Physics A，24（1）

ATLAS Detector and Physics Performance Technical Design Report，CERN/LHCC/99-14 &
   CERN/LHCC/99-15.

ATLAS Technical Proposal，CERN/LHCC/94-43

Ausher T，Bartel W，Bondar A，et al. 2010-02-26. Physics at super B factory. arxiv. org/
   abs/1002. 5012

Aushev T，Bartel W，Bondar A，et al. Physics at Super B Factory. arXiv，1002：5012

Barnes W L，Dereux A，Ebbesen T W. 2003. Surface plasmon subwavelength optics. Nature，
   424：824～830

Baumann D，McAllister L. 2009. Advances in inflation in string theory. Annual Review of
   Nuclear and Particle Science，Part. Sci，59：67～94

Baumann D，McAllister L. 2009. Ann Rev Nucl Part Sci，59：67

BES Collaboration. 1992. Measurement of the mass of the tau Lepton. Phys. Rev. Lett. ，69：
   3021～3024

BES Collaboration. 2000. Measurement of the total cross section for hadronic production by $e^+ e^-$
   annihilation at energies between 2. 6～5 GeV. Physical Review Letters，84：594～597

BES Collaboration. 2002. Measurement of the cross section for $e^+ e^- \longrightarrow$ hadrons at center-of-
   mass energies from 2 to 5 GeV. Physical Review Letters，88：101802

BES Collaboration. 2010. Design and construction of the BESIII detector. Nuclear Instraments
   and Methods in Physics Research Secton A，614：345～399

Bona M, et al. 2007-09-06. SuperB: A high-luminosity asymmetric $e^+ e^-$ super flavor factory. Conceptual design report. arxiv. org/abs/0709. 0451

Boutigny D, Karyotakis Y, Lees-Rosier S, et al. 1995-3 BaBar technical design report. jdsweb. jinr. ru/record/20500

Brabec T. 2008. Strong Field Laser Physics. New York: Springer

Browder T E, Gershon T, Pirjol D, et al. 2009. New physics at a super flavor factory. Reviews of Modern Physics, 81: 1887~1941

Bulutal I, Nori F. 2009. Science, 108, 326

CERN 2008. European Organization for Nuclear Research. http: //public. web. cern. ch/public/en/LHC/WhyLHC-en. html

CERN. 2008. Why the LHC. http: //public. web. cern. ch/public/en/LHC/WhyLHC-en. html

CERN. 2010. CERN-Strings 2008. http: //videolectures. net/cern strings08 _ geneve

CERN-OPEN. 2008. ATLAS CSC Book: Expected Performance of the ATLAS Experiment — Detector. Trigger and Physics

Cheng M T, et al. 1995. A study of CP violation in B meson decays: Technical design report (BELLE Collaboration) . cdsweb. cern. ch/record/475251

Clark J, Lanzani G. 2010. Organic photonics for communications. Nature Photonics, 4: 438~446

Crocker M J. 1998. Handbook of Acoustics. New York: Wiley-Interscience

Decoopman T, Tayeb G, Enoch S, et al. 2006. Photonic crystal lens: from negation refraction and negative index to negative permittivity and permeability. Physical Review Letters, 97

Department of Energy US. 2007. Directing Matter and Energy: Five Challenges for Science and the Imagination. A Report from the Basic Energy Sciences Advisory Committee

Drake R P. 2006. High-Energy-Density Physics: Fundamentals, Inertial Fusion, and Experimental Astrophysics. Berlin, New York: Springer-Verlag

Eckle P, Pfeiffer A N, Cirelli C, et al. 2008. Attosecond ionization and tunneling delay time measurements in helium. Science, 322: 1525~1529

Eichler J, Stöhlker T. 2007. Radiative electron capture in relativistic ion-atom collisions and the photoelectric effect in hydrogen-like high-Z systems. Physics Reports, 439: 1~99

Ekmel Ozbay. 2006. Plasmonics: Merging photonics and electronics at nanoscale dimensions. Science, 311: 189~193

ELI. The Extreme Light Infrastructure: European Project. http: //www. extreme-light infrastructure. eu

Ellis J. 2009. Physics beyond the standard model. Nuclear. Physics, A827: 187~198C

Ellis J. 2010. Prospects for new physics at the LHC. International Journal of Modern Physics, A25: 2409~2420

Fleischhauer M, Imamoglu A, Marangos J P. 2005. Electromagnetically induced transparency: Optics in coherent media. Reviews of Modern Physics, 77: 633~673

Franklin R N. 2003. The plasma—sheath boundary region. Journal of Physics D: Applied

Physics，36：309

Gattass R，Mazur E. 2008. Femtosecond laser micromachining in transparent materials. Nature Photonics，2：219～225

Ghafur O，Rouzee A，Gijsbertsen A，et al. 2009. Impulsive orientation and alignment of quantum-state-selected NO molecules. Nature Physics，5：289～293

Hall J L. 2006. Nobel Lecture：Defining and measuring optical frequencies，Reviews of Modern Physics. 78：1279～1295

Harakeh M，Guerreau D，Henning W，et al. NuPECC Long Range Plan 2004：Perspectives for Nuclear Physics Research in Europe in the Coming Decade and Beyond. NuPECC is an expert Committee of the European Science Foudation

Hawking S W，Hertog T. 2006-02-10. Populating the landscape：A top down approach. arxiv. org/abs/hepth/0602091

Hershkowitz N. 2005. Sheaths：More complicated than you think. Physics of Plasmas，12

Hewett J L，Hitlin D G，Abe T，et al. 2005-4-15. The discovery potential of a super B factory. arxiv. org/abs/hep-ph/0503261

HiPER. European High Power laser Energy Research facility. http：//www. hiper-laser. org

Hosten O，Kwiat P. 2008. Observation of the spin Hall effect of light via weak measurements. Science，319：787～790

Hu X，Jiang P，Ding C，et al. 2008. Picosecond and low-power all-optical switching based on an organic photonic bandgap microcavity. Nature Photonics，185～189

Itatani J，Levesque J，Zeidler D，et al. 2004. Tomographic imaging of molecular orbitals. Nature，432：867～871

ITER Physics Expert Group，Nucl. Fusion 39（1999）2137. 2007. Editors of 'Progress in the ITER Physics Basis'，Nucl. Fusion，47：s1-s413

Kachru S，Kallosh R，Linde A，et al. 2003. Towards inflation in string theory. Journal of Cosmology and Astropartide Physics

Kallosh R，Linde A. 2007. Testing string theory with CMB. arxiv. org/abs/0704. 0647

Killian T C. 2007. Ultracold neutral plasmas. Science，316（5825）：705～708

Kluge H J. 2010. Atomic physics techniques for studying nuclear ground state properties，fundamental interactions and symmetries：status and perspectives. Hyperfine Interactions，196：295～337

Krausz F，Ivanov M. 2009. Attosecond physics. Reviews Modern Physics，81：163～234

Lan S，Link S，Halas N J. 2007. Nano-optics from sensing to waveguiding. Nature Photonics，1：641～648

Leone S R. 2004. The science case for LUX. A Presentation for Ultrafast X-ray Science

Ludlow A，Zelevinsky T，Campbelv G K，et al. 2008. Sr lattice clock at 1×10^{-16} fractional un-certainty by remote optical evaluation with a Ca clock. Science，319：1805～1808

Lykken J D. 2011-01-06. Beyond the standard model. arXiv. org/abs/1005. 1676

Makabe T. 2006. Plasma Electronics：Applications in Microelectronic Device Fabrication. Boca

Raton，FL：Taylor & Francis

Marquardt F，Girvin S M. 2009. Optomechanics. APS Physics，2：40

Maximolian Schlosshaner. 2005. Decoherence，the measurement problem，and interpretations of quantum mechanics. Rev Mod phys，76：1267

McAllister L，Silverstein E. 2008. String cosmology：A review. General Relativity and Gravitation，40：565～605

Merlino R L. Goree J A. 2004. Pusty plasmas in the laboratory，industry，and space Physics Today，57，32

Müller A. 2008. Electron-ion collisions：Fundamental processes in the focus of applied research. Advances in Atomic，Molecular，and Optical Physics，55：293～417

NASA. 2011-11-21. Wilkinson Microwave Anisotropy Probe （WMAP）. http：//map. gsfc. nasa. gov

National Aeronautics and Space Administration（NASA）. Science Plan for NASA's Science Mission Directorate 2007-2016. http：//nasascience. nasa. gov/about-us/science-strategy/ Science _ Plan _ 07. pdf

National Research Council of the National Academies. 2003. Frontiers in High Energy Density Physics：The X-Games of Contemporary Science. Washington DC：The National Academies Press

National Research Council of the National Academies. 2006. Controlling the Quantum World. Washington DC：The National Academies Press

National Research Council of the National Academies. 2007. Plasma Science：Advancing Knowledge in the National Interest. Washington DC：The National Academies Press

National Research Council. 1995. Plasma Science：From Fundamental Research to Technological Applications. Panel on Opportunities in Plasma Science and Technology，Plasma Science Committee，National Research Council，National Academy of Sciences

National Research Council. 2004. Burning Plasma：Bringing a Star to Earth. Washington，DC：National Academies Press

Niikura H，Legare F，Hasbani R，et al. 2003. Probing molecular dynamics with attosecond resolution using correlated wave packet pairs. Nature，421：826～829

Ostrikov K，Xu SY. 2007. Plasma-Aided Nanofabrication. Weinheim：Wiley-VCH Verlag

Park H G，Kim S H，Kwon S H，et al. 2004. Electrically driven single-cell photonic crystal laser. Science，305：1444～1447

Perlmutter S，Aldering G，Goldhaber G，et al. 1999. Measurements of omega and Lambda from 42 high-redshift supernovae. Astrophysics. 517：565～586

Quigg C. 2009. Unanswered questions in the electroweak theory. Annual Review of Nuclear and Particle Science，59：505～555

Riess A G，Filippenko A V. 1998. Observational evidence from supernovae for an accelerating universe and a cosmological constant. The Astronomical Journal，116：1009～1038

Rugar D，Budakian R，Mamin H J，et al. 2004. Single spin detection by magnetic resonance force microscopy. Nature，329，430

Scharf R. 2002. Physics—Physics research：topics，significance and prospects. Deutsche Physikalische Gesellschaft e. V. （DPG）

Schulz M，Moshammer R，Fischer D，et al. 2002. Three dimensional imaging of atomic four-body processes. Nature，422：48～50

Scully M O，Zubairy M S. 1997. Quantum Optics. New York：Cambridge University Press

SDSS. 2011-11-05. The Sloan Digital Sky Survey. http：//www. sdss. org

The DOE/NSF Nuclear Science Advisory Committee. 2007. The Frontiers of Nuclear Science：A Long Range Plan. chaired by Robert Tribble

Udem T，Holzwarth R，Hänsch T W. 2002. Optical frequency metrology. Nature，416 （6877）：233～237

WMAP. 2011-01-04. Content of the Universe—Pie Chart. http：//map. gsfc. nasa. gov/media/ 080998/index. html

WMAP. 2011-01-04. Timeline of the Universe. http：//map. gsfc. nasa. gov/media/060915/in-dex. html